U0181226

国家出版基金资助项目
"十三五"国家重点出版物出版规划项目
现代土木工程精品系列图书·建筑工程安全与质量保障系列

火灾后混凝土结构鉴定与加固修复

Assessment and Strengthening of Building Structures After Fire

侯晓萌　郑文忠　解恒燕　著

哈爾濱工業大學出版社
HARBIN INSTITUTE OF TECHNOLOGY PRESS

内 容 提 要

本书以火灾后某商厦损伤评估与加固修复这一典型工程为背景,详细介绍了火灾后混凝土结构安全性鉴定方法与加固修复技术。本书共分6章,主要内容包括:工程概况;火灾后混凝土结构安全性鉴定方法及思考与启示;基于加大截面法和铁模注浆技术的两种加固修复方案;加固实施效果。

本书可供土木工程专业的高年级本科生、研究生以及相关科研、设计和施工人员参考。

图书在版编目(CIP)数据

火灾后混凝土结构鉴定与加固修复/侯晓萌,郑文忠,解恒燕著. —哈尔滨:
哈尔滨工业大学出版社,2021.3
建筑工程安全与质量保障系列
ISBN 978 - 7 - 5603 - 7850 - 3

Ⅰ.①火…　Ⅱ.①侯…　②郑…　③解…　Ⅲ.①建筑工程-混凝土结构-
建筑结构-耐火性-安全监测　②建筑工程-混凝土结构-建筑结构-修缮加固
Ⅳ.①TU714.3　②TU746

中国版本图书馆 CIP 数据核字(2018)第 269336 号

策划编辑　王桂芝　孙连嵩
责任编辑　张　颖　杨秀华　谢晓彤
出版发行　哈尔滨工业大学出版社
社　　址　哈尔滨市南岗区复华四道街 10 号　邮编 150006
传　　真　0451 - 86414749
网　　址　http://hitpress.hit.edu.cn
印　　刷　辽宁新华印务有限公司
开　　本　787mm×1092mm　1/16　印张 27.25　字数 646 千字
版　　次　2021 年 3 月第 1 版　2021 年 3 月第 1 次印刷
书　　号　ISBN 978 - 7 - 5603 - 7850 - 3
定　　价　128.00 元

国家出版基金资助项目

建筑工程安全与质量保障系列

编 审 委 员 会

序

党的十八大报告曾强调"加强防灾减灾体系建设,提高气象、地质、地震灾害防御能力",这表明党和政府高度重视基础设施和建筑工程的防灾减灾工作。而《国家新型城镇化规划(2014—2020年)》的发布,标志着我国城镇化建设已进入新的历史阶段;习近平主席提出的"一带一路"倡议,更是为世界打开了广阔的"筑梦空间"。不论是国家"新型城镇化"建设,还是"一带一路"伟大构想的实施,都迫切需要实现基础设施的建设安全与质量保障。

哈尔滨工业大学出版社出版的《建筑工程安全与质量保障系列》图书是依托哈尔滨工业大学土木工程学科在与建筑安全紧密相关的几大关键领域——高性能结构、地震工程与工程抗震、火灾科学与工程抗火、环境作用与工程耐久性等取得的多项引领学科发展的标志性成果,以地震动特征与地震作用计算、场地评价和工程选址、火灾作用与损伤分析、环境作用与腐蚀分析为关键,以新材料/新体系研发、新理论/新方法创新为抓手,为实现建筑工程安全、保障建筑工程质量打造的一批具有国际一流水平的学术著作,具有原创性、先进性、实用性和前瞻性。该系列图书的出版将有利于推动科技成果的转化及推广应用,引领行业技术进步,服务经济建设,为"一带一路"和"新型城镇化"建设提供技术支持与质量保障,促进我国土木工程学科的科学发展。

该系列图书具有以下两个显著特点:

(1)面向国际学术前沿,基础创新成果突出。

哈尔滨工业大学土木工程学科面向学术前沿,解决了多概率抗震设防水平决策等重大科学问题,在基础理论研究方面取得多项重大突破,相关成果获国家科技进步一、二等奖共9项。该系列图书中《黑龙江省建筑工程抗震性态设计规范》《岩土工程监测》《岩土地震工程》《土木工程地质与选址》《强地震动特征与抗震设计谱》《活性粉末混凝土结构》《混凝土早期性能与评价方法》等,均是基于相关的国家自然科学基金项目撰写而成,为推动和引领学科发展、建设安全可靠的建筑工程提供了设计依据和技术支撑。

(2)面向国家重大需求,工程应用特色鲜明。

哈尔滨工业大学土木工程学科传承和发展了大跨空间结构、组合结构、轻型钢结构、预应力及砌体结构等优势方向,坚持结构理论创新与重大工程实践紧密结合,有效地支撑了国家大科学工程 500 m 口径巨型射电望远镜(FAST)、2008 年北京奥运会主场馆国家体育场(鸟巢)、深圳大运会体育场馆等工程建设,相关成果获国家科技进步二等奖 5 项。该系列图书中《巨型射电望远镜结构设计》《钢筋混凝土电化学研究》《火灾后混凝土结构鉴定与加固修复》《高层建筑钢结构》《基于 OpenSees 的钢筋混凝土结构非线性分析》等,不仅为该领域工程建设提供了技术支持,也为工程质量监测与控制提供了保障。

该系列图书的作者在科研方面取得了卓越的成就,在学术著作撰写方面具有丰富的经验,他们治学严谨,学术水平高,有效地保证了图书的原创性、先进性和科学性。他们撰写的该系列图书,反映了哈尔滨工业大学土木工程学科近年来取得的具有自主知识产权、处于国际先进水平的多项原创性科研成果,对促进学科发展、科技成果转化意义重大。

中国工程院院士

2019 年 8 月

前　　言

建筑火灾是高频灾种,我国每年发生建筑火灾约 15 万起,全世界每年发生建筑火灾约 360 万起。火灾威胁人身与建筑安全,导致建筑结构损伤,甚至坍塌。混凝土结构量大面广,火灾后混凝土抗压强度低于火灾下的混凝土抗压强度,导致火灾后混凝土结构可能比火灾下更危险。发展火灾后混凝土结构的损伤评估与加固修复技术,是迫切需求。

本书以火灾后某商厦损伤评估与加固修复这一典型工程为背景,详细介绍了火灾后混凝土结构安全性鉴定方法与加固修复技术。本书主要内容包括:工程概况;火灾后混凝土结构安全性鉴定方法及思考与启示;基于加大截面法和铁模注浆技术的两种加固修复方案;加固实施效果。

本书共分 6 章:第 1 章,绪论;第 2 章,工程概况;第 3 章,结构安全性鉴定;第 4 章,基于加大截面法的加固设计(方案一);第 5 章,基于铁模注浆技术的加固设计(方案二);第 6 章,加固实施效果。

2001 年作者及其团队开始从事混凝土结构抗火研究工作,2014 年某商厦在火灾中发生局部坍塌,经过损伤评估及加固修复,于 2015 年重焕生机。陈健、沈斌、陈志东、田航江、曹少俊、菅伟等研究生参与了该商厦损伤评估的具体工作;各位前辈、老师及同仁的相关文献,为我们的工作开阔了视野,提供了参考;没有他们的付出,本书就不可能最终成稿,在此一并表示感谢。

本书的相关研究工作得到了国家自然科学基金和黑龙江省博士后科研启动基金的资助。本书的出版,可为受火房屋的损伤评估与加固修复提供参考。

至今,混凝土高温后的受力性能与损伤评估、理论分析、加固设计技术等还不完善,有待更深入系统的研究。由于作者水平所限,书中难免有疏漏及不足之处,恳请读者批评指正。

作　者

2020 年 8 月

目　　录

第 1 章　绪　　论

　　火灾是高频灾种,我国每年发生建筑火灾约 15 万起,全世界每年发生建筑火灾约 360 万起。火灾常导致建筑结构严重损伤甚至坍塌。2003 年湖南衡阳衡州大厦在火灾中突然整体坍塌,2009 年央视北配楼火灾,2015 年哈尔滨"1 · 2"火灾,无不影响巨大,损失惨重。混凝土工程量大面广,高温影响材料性能和结构内力,温度和荷载有耦合作用,温度－荷载路径对材料本构关系和构件受力性能有影响,火灾下预应力构件混凝土可能发生爆裂。混凝土及预应力混凝土的研究,经历了由构件到体系,由静力到动力,由一般作用到极端作用的多个阶段。火灾对混凝土及预应力混凝土结构影响的研究,成为近年来土木工程行业研究热点之一。世界各国对结构抗火日益关注,结构抗火学会(SIF)是国际上著名的学术团体,该组织定期举行结构抗火学术会议,中国建筑学会结构抗火专业委员会每两年举办一次全国结构抗火研讨会,积极推进我国结构抗火水平的提升。

　　近年来,国内外在混凝土、预应力混凝土及活性粉末混凝土抗火性能的研究现状,火灾后混凝土结构加固修复方面开展了研究工作,分述如下。

1.1　材料的高温力学性能

1.1.1　普通钢筋高温力学性能

　　钢筋的合金成分和生产工艺不同,将导致高温下钢筋力学性能有所差别。高温下,钢筋内部金属晶体结构改变,致使力学性能变化。陆洲导等对屈服强度为 401 MPa 的热轧螺纹钢筋进行了恒温加载试验,发现 400 ℃ 之前钢筋极限抗拉强度下降不明显,温度高于 500 ℃ 后,下降明显,同时他提出了高温下钢筋理想弹塑性的本构关系模型;过镇海等完成了 HPB235 级、HRB335 级、HRB400 级和 RRB400 级普通钢筋恒温加载试验,提出了高温下普通钢筋的极限抗拉强度、屈服强度统一计算式;李明等通过恒温加载试验研究了月牙纹钢筋、光圆钢筋和高强碳素预应力钢丝的强度变化规律,发现预应力钢丝极限强度退化快于普通钢筋,同时他提出了高温下预应力损失计算公式,该公式适用于温度不高于 500 ℃ 的情况;王孔藩等完成了光圆钢筋、螺纹钢筋、冷拔钢丝和冷轧扭钢筋恒温加载试验,发现高温下不同种类钢筋极限抗拉强度退化并不相同,冷拔钢丝强度退化更快;吴波等对国内所完成的高温下普通钢筋、钢材的屈服强度进行了统计分析,提出了具有 95％ 保证率的普通钢筋高温屈服强度计算公式。

　　Ingberg 等采用恒温加载试验研究了屈服强度为 250 MPa 的结构钢高温力学性能,获得了其高温下应力－应变关系曲线;Harmathy 等完成了 ASTM A36(屈服强度为 246 MPa)、CSA G40.12(屈服强度为 300 MPa)低碳结构钢及 ASTM A421－65 (条件屈服强度为 1 550 MPa)预应力钢丝的恒温加载试验,获得了三种钢材的高温应力－应变曲线;Lie 基于上述试验结果,给出了高温下结构钢、热轧钢筋应力－应变曲线计算式,并被美国土木工程师协会(ASCE)结构防火手册采纳,但该计算式的钢筋应力－应变曲线无下降段。

美国混凝土抗火设计规范 ACI216－07 给出了高温下热轧钢筋、合金高强钢筋和冷拉预应力筋屈服强度的退化规律。

欧洲混凝土抗火设计规范 EC2－1－2 给出的高温下热轧钢筋、冷拔钢丝受拉应力－应变关系曲线,分为弹性段、非线性段、塑性段和下降段四部分。该公式给出的钢筋极限拉应变(钢筋极限应力对应的应变)及破断点应变(钢筋被拉断时应力对应的应变)与温度无关,这与高温下钢筋应变发展规律不符。Elghazouli 等采用恒温加载方法,完成的热轧钢筋、冷拉钢筋的力学性能试验表明,高温下钢筋的屈服强度、极限强度退化与欧洲混凝土抗火设计规范的建议值基本一致,但高温下钢筋极限应变高于规范建议值。

为比较 ASCE 结构防火手册、欧洲混凝土抗火设计规范给出的高温下普通钢筋受拉应力－应变计算模型的差别,以屈服强度为 400 MPa 的热轧钢筋为例,高温下其受拉应力－应变曲线如图 1.1.1.1 所示。温度为 20 ℃、300 ℃、500 ℃、700 ℃时,按 ASCE 结构防火手册计算钢筋受拉应力－应变关系为曲线 1、2、3、4;按欧洲混凝土抗火设计规范计算钢筋受拉应力－应变关系为曲线 5、6、7、8。ASCE 结构防火手册考虑了钢筋受拉强化段,按 ASCE 结构防火手册计算的常温下钢筋极限强度大于按欧洲混凝土抗火设计规范计算值,温度低于 500 ℃时,ASCE 结构防火手册给出的钢筋应力－应变曲线强度退化较快。

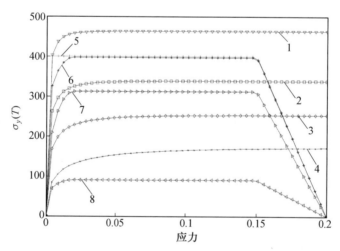

图 1.1.1.1　高温下钢筋受拉应力－应变关系
(ASCE 结构防火手册、欧洲混凝土抗火设计规范)

钢筋高温蠕变影响火灾下的结构反应。钢材熔点约为 1 400 ℃,一般认为,恒载升温状态下,当钢筋温度超过其熔点的 30% 时,高温蠕变明显,即钢筋温度超过 400 ℃时,应合理考虑高温蠕变的影响。Dorn 基于恒温、恒应力高温蠕变试验,提出了不同种类结构钢高温蠕变模型。Harmathy 对 Dorn 高温蠕变模型进行了修正,期望使之适用于变应力状态下结构钢的高温蠕变计算,Dorn—Harmathy 模型经参数标定后也可用于计算钢筋高温蠕变。研究表明,当用 Dorn—Harmathy 模型计算变应力状态下结构钢、钢筋的高温蠕变时,会产生较大偏差。过镇海等完成了 HRB335 级钢筋应力水平为 0.2 ~ 0.8、温度为 200 ~ 600 ℃ 的高温蠕变试验。

国内外对普通钢筋高温性能的研究表明,温度不高于 200 ~ 300 ℃ 时,普通热轧钢筋的屈服强度、极限强度基本不降低;温度超过 400 ℃ 时,钢筋的屈服强度、极限强度急剧降低;600 ℃ 时,屈服强度、极限强度分别为常温下强度的 30%、45%。钢筋强度退化规律有一定差别,这可能是钢筋合金成分、生产工艺(产地)及试验条件的差别所致。不同文献给出的钢筋应力—应变计算模型有一定差异,部分模型的计算应变与高温下钢筋实际应变不符,因此,在进行结构抗火分析时,应合理选择钢筋应力—应变计算模型。

1.1.2　预应力筋高温力学性能

我国每年有逾百万吨高强预应力钢丝／钢绞线用于预应力工程建设,预应力钢丝／钢绞线抗火性能是预应力结构抗火性能的关键影响因素之一。

Day 等对预应力钢丝进行了恒载升温和高温蠕变试验,结果表明,预应力钢丝应力水平(拉应力与极限抗拉强度之比)为 0.6 时,温度升高至 400 ℃ 时,钢丝被拉断,说明高温蠕变引起较大的预应力损失;Abrams 等进行了预应力钢绞线(抗拉强度标准值 f_{ptk} = 1 860 MPa)恒温加载试验,获得了高温下钢绞线极限抗拉强度退化规律,结果表明,温度为 427 ℃ 时,钢绞线极限抗拉强度降低至 50%;过镇海等采用恒温加载方法,完成了用于预应力混凝土结构的消除应力钢丝(直径为 5 mm,条件屈服强度为 1 274 MPa)高温性能试验,提出了高温下消除应力钢丝应力—应变计算公式,发现与 HPB235 ~ RRB400 级普通钢筋相比,消除应力钢丝极限抗拉强度退化更快,故应更重视预应力混凝土结构的抗火性能;范进等进行了预应力钢丝(f_{ptk} = 1 670 MPa)、钢绞线(f_{ptk} = 1 860 MPa)的恒温加载试验,获得了其极限强度、条件屈服强度和弹性模量随温度的变化规律;陈礼刚等完成了 f_{ptk} = 1 570 MPa 预应力钢丝、f_{ptk} = 1 410 MPa 预应力钢丝、77B 螺旋肋钢丝(f_{ptk} = 1 120 MPa)和 LL650 冷轧带肋钢丝(f_{ptk} = 650 MPa)恒温加载和恒载升温试验,提出了高温下预应力钢丝应力—应变关系曲线的二折线模型,发现经过冷拔和回火热处理后的 f_{ptk} = 1 570 MPa 预应力钢丝、f_{ptk} = 1 410 MPa 预应力钢丝和 77B 螺旋肋钢丝,高温下强度下降更快,这主要是当温度高于 300 ℃ 以后,热处理所造成的金属晶体框架的畸变逐渐被解除,热处理作用基本消失所致。此外,恒载升温路径下,经热处理钢丝的极限抗拉强度略高于恒温加载路径下钢丝的强度,而两种路径下 LL650 冷轧带肋钢丝强度基本一致,这主要是恒温加载路径减弱了钢筋热处理作用所致。

PC 钢棒(f_{ptk} = 800 ~ 970 MPa)是近年来发展的新型预应力钢种。侯晓萌等完成了 PC 钢棒高温下力学性能试验,建立了其高温下应力—应变计算公式,发现高温下 PC 钢棒强度退化慢于预应力钢丝,这主要是 PC 钢棒中锰、钒含量较高,提高了其耐火性能所致。为揭示火灾下低松弛高强预应力钢丝的本构模型,郑文忠等采用恒温加载方法,完成了 f_{ptk} 为 1 770 MPa、1 860 MPa 的低松弛高强预应力钢丝的高温力学性能试验,基于试验结果建立了两种强度级别的高温下低松弛高强预应力钢丝的本构关系。热轧钢筋、PC

钢棒、预应力钢丝高温下极限抗拉强度退化关系如图1.1.2.1所示。

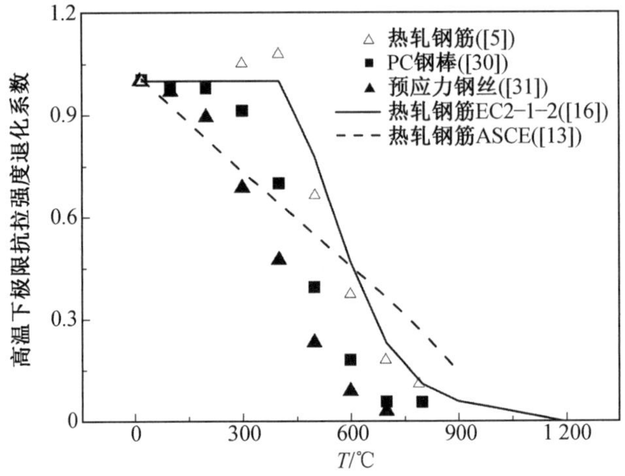

图1.1.2.1　不同钢筋高温下极限抗拉强度退化关系

火灾下预应力结构的钢丝、钢绞线处于高应力状态,产生显著的应力松弛(或蠕变),使结构中预应力明显降低,变形增大。华毅杰、蔡跃等进行了 $f_{ptk}=1\,570$ MPa预应力钢丝的高温拉伸和高温蠕变(ε_{cr})试验,提出了高温蠕变计算公式。

为揭示火灾下预应力筋应力、应变变化规律,张昊宇等开展了52个 $f_{ptk}=1\,770$ MPa低松弛高强预应力钢丝试件的高温蠕变试验、应力松弛试验,提出了低松弛高强预应力钢丝的高温蠕变、高温松弛计算公式。

周焕廷等开展了高温下预应力钢绞线($f_{ptk}=1\,860$ MPa)强度、蠕变性能试验,并提出了钢绞线高温蠕变计算公式,发现预应力钢丝高温蠕变低于钢绞线高温蠕变,这主要是钢绞线捻制完成之后,又经历一次回火所致。

文献[34—38]均是基于恒温、恒应力下的高温蠕变试验结果,提出了预应力钢丝／钢绞线高温蠕变计算公式,但公式计算结果差异较大。以 $f_{ptk}=1\,770$ MPa的预应力钢丝／钢绞线为例,常温下应力为751 N/mm^2、温度为350 ℃时,文献[34,36,38]给出的高温蠕变计算值和实测值对比如图1.1.2.2所示。用预应力钢丝高温蠕变公式计算钢绞线高温蠕变,将偏于保守。

为研究温度－荷载路径对预应力混凝土结构受力性能的影响,郑文忠等考虑了低松弛高强预应力钢丝温度变化过程中蠕变、温度膨胀、应力变化及变形模量变化对钢丝应变的影响,将任意温度－荷载路径分解为恒温加载和恒载升温两种路径,建立了高温下低松弛高强预应力钢丝考虑温度－时间路径的应变和应力计算方法。

1.1.3　混凝土高温力学性能

国内外学者对高温下混凝土的抗压强度、弹性模量、抗拉强度、本构关系、高温膨胀、高温徐变、瞬态热应变等进行了研究。对高温下普通混凝土(混凝土强度等级 ≤ C50,NSC)力学性能的研究表明:在温度低于150 ℃时,混凝土强度降低;在温度为150～300 ℃时,混凝土抗压强度稍有提高,甚至大于常温下强度;温度大于400 ℃时,混

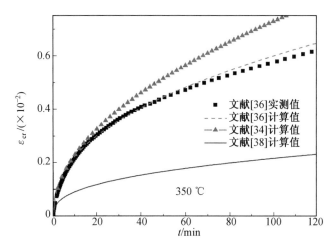

图 1.1.2.2　预应力钢丝／钢绞线高温蠕变计算值和实测值对比

凝土强度快速下降。

Thienel 等研究了高温下 NSC 双轴受压时的本构关系,结果表明,高温下双轴受压强度高于单轴受压强度,双轴受压强度退化规律与单轴受压强度退化规律相似。高温下混凝土抗压强度与混凝土骨料、配合比、升温速率、应力水平等有关。高温与荷载作用下,混凝土游离水先被蒸发,在 200 ℃ 左右,结合水开始分解;在 350 ℃ 左右,发生硅酸钙和铝酸钙等脱水;在 550 ℃ 左右,氢氧化钙开始分解,导致水泥石破坏。针对这一问题,Gawin 等建立了化学反应－温度－应力混凝土本构数值模型,但该模型需要高温下混凝土渗透系数张量、热扩散率张量等众多参数,即使是常温下,这些参数也难以准确确定。

近年来,不少学者对高温下高强混凝土(C55－C95,HSC)力学性能进行了研究,结果表明,高强混凝土掺入矿渣粉、硅灰等,与 NSC 相比,微观结构更为致密,高温下易发生爆裂。高温下 NSC、HSC 抗压强度随温度变化的归一化曲线如图 1.1.3.1 所示。其中,文献[5]采用 100 mm×100 mm×300 mm 棱柱体试件,棱柱体抗压强度为 15 ~ 35 MPa;文献[43－45]分别采用 φ75 mm×150 mm、φ51 mm×102 mm 和 φ80 mm×300 mm 圆柱体试件,圆柱体抗压强度分别为 28 MPa、31 MPa 和 33 MPa;文献[45,51－52]分别采用 φ80 mm×300 mm、φ50 mm×100 mm 和 φ100 mm×310 mm 圆柱体试件,圆柱体抗压强度分别为 107 MPa、69 ~ 118 MPa、60 MPa。

NSC 抗拉强度约为抗压强度的 10%,而 HSC 抗拉强度与抗压强度之比更小。火灾下混凝土抗拉强度对结构构件的受弯承载力贡献极小,但混凝土抗拉强度影响构件的开裂,对混凝土的高温爆裂性能也有显著影响。过镇海等研究表明,NSC 抗拉强度随温度升高而线性降低(20 ~ 1 000 ℃)。高温下 HSC 混凝土抗拉强度退化规律与 NSC 相似,但还受到纤维种类和掺量的影响,有待于进一步研究。

受混凝土强度、骨料类型、混凝土配合比、养护条件、升温条件的影响,不同学者给出的高温下混凝土力学性能试验结果有一定差异,但宏观变化趋势一致:随着温度的升高,混凝土弹性模量的降低速率通常比强度更大,混凝土的峰值应变逐渐增大,单轴应力－应变曲线趋于扁平。

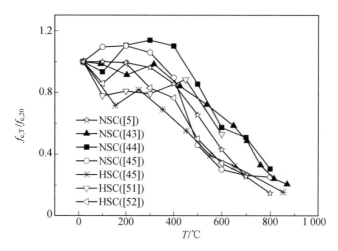

图 1.1.3.1　高温下混凝土抗压强度随温度变化的归一化曲线

高温下混凝土应变主要包括应力引起的应变、自由膨胀应变、高温徐变和瞬态热应变。混凝土在持续应力作用下发生徐变。混凝土的高温徐变远大于常温徐变,Bazant 等、Harmathy 等开展了混凝土高温徐变研究,但最高温度为 140 ℃,不能满足混凝土结构抗火分析需要。Khoury 提出了混凝土高温徐变计算公式,公式表明高温徐变随受火时间、应力水平的增加而增大。过镇海等基于恒温、恒应力状态下的 NSC 高温徐变试验结果,提出了混凝土高温徐变计算模型(适用于温度不大于 700 ℃,应力水平不大于 0.6 的 NSC),并引入了等效时间,使其可用于恒温-变应力状态下的徐变计算,但混凝土高温徐变计算值明显小于按文献[58]的计算值,这可能是混凝土骨料类型、配合比、试件尺寸等差异所致。混凝土强度等级对高温徐变的影响还有待于进一步研究。

高温下混凝土无应力时的伸长为自由膨胀变形,在压应力作用下,混凝土高温变形可能伸长或缩短,将混凝土压应力作用下的变形与自由膨胀变形的差值,定义为瞬态热应变。瞬态热应变与混凝土常温下应力水平和自由膨胀相关,发生的机理尚不清楚。Anderberg 等、南建林等分别给出了 NSC 瞬态热应变计算公式,温度大于 200 ℃ 时,瞬态热应变可达混凝土高温徐变的数倍。胡海涛等给出了 HSC 瞬态热应变计算公式,结果表明随混凝土强度的提高,瞬态热应变降低。过镇海等研究了恒温加载和恒载升温两种基本温度-荷载路径下混凝土的力学性能退化规律,基于这两种基本路径,将混凝土高温应变进行分解,提出了混凝土温度-应力耦合本构关系。高温徐变、瞬态热应变会影响结构变形,且受火时间越长,影响越显著;对超静定结构,还将影响结构的极限荷载,因此应在结构抗火设计时予以重视。

2011 年,我国颁布第一本混凝土结构耐火设计技术规程,规程中高温下普通钢筋屈服强度、弹性模量计算公式采用了文献[8]的研究成果;预应力筋极限强度、高温应力松弛和高温蠕变计算公式分别采用了文献[31-32,34]的研究成果;NSC 和 HSC 高温力学性能分别采用了文献[5,63]的研究成果。

1.1.4　混凝土高温爆裂

高温下混凝土可能发生爆裂。爆裂不仅导致受力钢筋暴露于烈火之中,而且使构件受力截面减小,结构耐火性能急剧降低。如何实现火灾下混凝土不爆裂,一直是混凝土结构抗火研究所关注的问题。混凝土高温爆裂机理仍有争议。蒸汽压力理论认为,高温下混凝土内部水蒸气难以逃逸,混凝土孔隙内部产生蒸汽压力,当蒸汽压力超过混凝土的抗拉强度时发生爆裂。热应力理论认为,高温下混凝土变形受到约束而产生热应力,热应力超过混凝土抗拉强度时,发生爆裂。

吴波对混凝土高温爆裂的研究表明,混凝土表面温度在 200 ～ 500 ℃ 时,易发生爆裂。为研究纤维种类和掺量对 HSC 柱爆裂性能的影响,Kodur 等完成了 4 根 HSC(标准立方体抗压强度为 81 ～ 108 MPa)和 1 根 NSC 方柱四面受火试验,结果表明:掺 0.54% 钢纤维或 0.1% 聚丙烯(PP)纤维可缓解 HSC 高温爆裂,钙质骨料 HSC 较硅质骨料 HSC 爆裂程度低,这主要是由于温度大于 600 ℃ 时,钙质骨料发生分解,导致混凝土比热容增大,进而降低爆裂所致;Kodur 等还编制了考虑高温爆裂影响的 HSC 柱抗火性能分析程序,提出混凝土爆裂临界温度为 350 ℃,为抗火分析中考虑混凝土高温爆裂提供了基础。Xiao 等研究表明,强度等级为 C50、C80、C100 的混凝土,爆裂临界温度分别为 800 ℃、400 ℃、500 ℃。以上研究表明,爆裂临界温度随着混凝土强度和组成的变化而变化。

为避免混凝土高温爆裂,不少学者建议掺 PP 纤维(纤维长度 6 ～ 30 mm,直径 50 ～ 200 μm)以避免混凝土高温爆裂,掺 PP 纤维混凝土在美国、欧洲、日本等国家和地区得到了应用。研究表明,温度为 160 ～ 170 ℃ 时,PP 纤维熔化,在混凝土内形成水蒸气逃逸的孔道,可减缓混凝土爆裂。例如,对强度等级 C60 ～ C80 的混凝土,添加不少于 2 kg/m³ 的短切 PP 纤维可避免爆裂,欧洲混凝土抗火设计规范(EC2－1－2)建议,对标准立方体抗压强度为 73 ～ 113 MPa 的混凝土,添加不少于 2 kg/m³ 的 PP 纤维可避免爆裂。

针对掺 PP 纤维会降低混凝土和易性及常温下抗压强度的问题,不少学者提出在混凝土内合理单掺钢纤维,不仅可防止混凝土高温爆裂,还可以提高混凝土强度;钢纤维在混凝土中是随机分散的,具有较大的热传导性,有利于混凝土内部各处温度的传递,可以减少应力造成的内部损伤,由此减缓混凝土爆裂风险。Chen 等研究表明,标准立方体抗压强度为 85 MPa 的混凝土,掺 0.6% 钢纤维可推迟初爆时刻,但仍发生爆裂;Poon 等研究表明,标准立方体抗压强度为 79 ～ 105 MPa 的混凝土,掺 1% 钢纤维,可防止高温爆裂。

事实上,防爆裂用纤维掺量应随着混凝土抗压强度的变化而变化。应进一步研究不掺纤维或低纤维掺量的混凝土爆裂临界温度,以及防止火灾下不同强度的混凝土爆裂所需 PP 纤维或钢纤维的适宜掺量。

1.1.5 活性粉末混凝土高温性能

Richard 等研制了一种超高强水泥基复合材料,以细度较大的石英砂(粒径小于 0.6 mm)代替粗骨料,由于掺入了具有较高活性的火山灰质材料,被称为活性粉末混凝土(RPC),其抗压强度可达 800 MPa。RPC(100 mm×100 mm×100 mm 立方体抗压强度标准值不低于 100 MPa)受到抗火性能的严峻挑战,制约了其发展与应用。2010 年以来,国内外学者对 RPC 材料的高温性能进行了探索。Ju 等实测了常温至 250 ℃ 时,钢纤维 RPC 热工参数,结果表明,RPC 导热系数低于 NSC。郑文忠等实测了常温至 900 ℃ 时掺纤维 RPC 热工参数,发现 RPC 导热系数高于 NSC 和 HSC,且高温下 RPC 热工参数受其组成成分的影响。

刘红彬完成了钢纤维体积掺量为 0、1% 和 2% 的 RPC 高温爆裂试验,结果表明,100 mm×100 mm×100 mm 立方体试件中心温度为 250 ℃ 时,RPC 发生爆裂,钢纤维对 RPC 爆裂临界温度的提高效果不明显,但可降低 RPC 爆裂程度;陈强研究表明,RPC 初爆温度为 420～583 ℃,随着湿量的增加,RPC 爆裂概率和爆裂损伤程度逐渐增大,含湿量(试件所含可蒸发水的质量与试件饱水状态下所含可蒸发水的质量比)低于 63%,水胶比由 0.16 增大至 0.20 时,试件爆裂概率降低,这主要是由于水胶比增大,RPC 强度降低、渗透性降低所致;郑文忠等通过试验研究了含水率、升温速度、试件尺寸、防火涂料、恒温时间和纤维种类及掺量对 RPC 高温爆裂性能的影响,发现未施加荷载时,单掺 2% 钢纤维 RPC(试件尺寸为 70.7 mm×70.7 mm×70.7 mm)爆裂临界含水率为 0.85%,合理涂抹防火涂料可防止高温下 RPC 爆裂。在 RPC 不爆裂的基础上,有学者采用恒温加载方法,研究了高温下钢纤维体积掺量分别为 1%、2% 和 3% 的 RPC 力学性能,结果表明,随温度升高,钢纤维 RPC 棱柱体抗压强度和弹性模量迅速下降,峰值应变逐渐升高,200 ℃、400 ℃、600 ℃ 和 800 ℃ 时钢纤维 RPC 的抗压强度分别降为常温时的 76%～82%、53%～62%、33%～42% 和 14%～19%,提出了高温下钢纤维 RPC 单轴受压本构模型。Aydin 等进行了 20～800 ℃ 下两种类型 RPC 高温力学性能试验,结果表明,温度超过 300 ℃ 时常规 RPC 易爆裂,而高温下碱矿渣 RPC 不爆裂,其耐火性能优于常规 RPC。Canbaz 的研究表明,先对 RPC 施加 80 MPa 压应力,再用 90 ℃ 热水养护 3 天,常温下 RPC 强度可达 200 MPa,掺 1% 的 PP 纤维降低了 RPC 强度,但可避免高温下爆裂。Ju 等用 COMSOL 软件分析了高温下 RPC 热应力,采用主拉应力和 Von Mises 应力判别 RPC 高温爆裂,为环境温度 20～500 ℃ 的 RPC 爆裂预测提供了参考,但该数值模型未考虑高温下 RPC 蒸汽压力对爆裂的影响,假定 RPC 发生塑性变形后,应力不再变化,这一假定尚缺乏试验验证,爆裂判别方法的适用性还有待商榷。

国内外对 RPC 高温性能的研究表明,高温下 RPC 易发生爆裂,一般通过掺钢纤维或 PP 纤维来避免高温爆裂。RPC 构件抗火性能的试验研究尚未见报道。

1.2　混凝土结构抗火性能

在材料高温性能研究的基础上,国内外学者开展了钢筋混凝土构件抗火性能试验研究,取得如下成果。

1.2.1　高温下钢筋与混凝土间黏结性能

钢筋与混凝土间的可靠黏结性能是两者共同工作的基础。Diederichs 等、Morley 等完成了 20～800 ℃ 高温下中心拔出试验,结果表明,钢筋与混凝土间黏结强度随温度升高而降低,退化规律与混凝土抗拉强度相似。火灾下变形钢筋黏结强度退化慢于光圆钢筋黏结强度退化,光圆钢筋黏结强度退化快于混凝土抗拉强度的退化。袁广林等研究表明:受热温度不超过 450 ℃ 时,黏结强度下降不超过 20%;受热温度达到 650 ℃ 时,高温下试件的黏结强度约下降 40%。胡克旭完成了高温下中心拔出试验,获得了不同温度下的钢筋－混凝土的黏结－滑移曲线,分别给出了火灾下光圆钢筋、变形钢筋与混凝土黏结强度退化影响系数计算式。

Huang、Gao 等建立了考虑火灾下钢筋－混凝土黏结滑移影响的有限元模型,分析了火灾下钢筋混凝土梁截面应力、跨中变形。结果表明,若忽略火灾下钢筋　混凝土黏结滑移的影响,混凝土梁、板变形计算值可能偏小。

这里需要指出,由于混凝土的组分不同,不同学者给出的高温下钢筋与混凝土间黏结强度退化离散较大。

1.2.2　混凝土板抗火性能

1950 年以来,国内外学者开展了钢筋混凝土简支板耐火极限的试验研究,考察了保护层厚度、板厚、荷载水平对耐火极限的影响。基于 ASTM 119 标准升温曲线,以背火面混凝土平均温度超过 121 ℃ 或任意点温度超过 163 ℃ 作为板耐火极限的标志,Thompson 完成了荷载水平为 0.5、计算跨度为 3 650 mm、板厚为 150 mm 的钢筋混凝土简支板耐火试验,结果表明,该板耐火极限大于 3 h。Gustaferro 等的研究表明:梁、板支座约束可提高其耐火极限;膨胀页岩轻质骨料混凝土耐火性能高于普通硅质、钙质骨料混凝土;混凝土含水率越高,由温度控制的板耐火极限越长。混凝土板背火面设置多孔混凝土、珍珠岩混凝土或蛭石混凝土等防火措施,可提高板的耐火极限,且混凝土密度越低,耐火极限越高。Lie 编制了混凝土板温度场计算程序,给出了由温度控制的板耐火极限计算式,结果表明,随板厚、保护层厚度的增大,板耐火极限增大。陈正昌完成了混凝土空心简支板抗火性能试验,结果表明,相同板厚、相同承载力的钢筋混凝土空心板耐火性能优于预应力空心板,保护层厚度增加、荷载水平降低,耐火极限增大。

2004 年以来,国内外学者开始进行混凝土连续板、双向板抗火试验与数值模拟。陈礼刚等完成了 6 块三跨钢筋混凝土连续板抗火试验,分别研究了边跨受火、中跨受火和相邻两跨受火下板的支座反力变化规律,结果表明,火灾下连续板发生明显内力重分布,在负弯矩钢筋截断处出现集中裂缝。Bailey 等完成了 48 块钢筋混凝土简支双向板抗火性能试验,发现常温下混凝土被压碎的试验板,火灾下因钢筋被拉断而破坏,这是钢筋高温下强度降低,由适筋板变为少筋板所致。

王滨等完成了 2 块四边简支和 1 块四边固支钢筋混凝土双向板抗火性能试验,结果表明,四边固支双向板在板顶出现椭圆形裂缝。王勇等对该钢框架二层 2×2 区格双向板进行了抗火试验,受火面积为 8.4 m×8.4 m,结果表明,相邻构件的约束作用提高了钢筋混凝土双向板抗火性能。

为模拟混凝土双向板火灾反应,Huang 等考虑了几何非线性和材料非线性的影响,提出了火灾下混凝土双轴破坏判别准则,编制了考虑火灾下板薄膜效应有限元程序。Zhang 等编制了双向板火灾反应分析程序,结果表明,轴向约束能减少火灾下双向板的变形,但分析过程中未考虑混凝土瞬态热应变、高温徐变的影响。Wang 等提出了火灾下双轴受力混凝土瞬态热应变的计算方法,并编制了双向板抗火性能有限元分析程序,与 Huang 等方法相比,火灾下双向板变形计算值与实测值吻合更好。

1.2.3　混凝土梁抗火性能

Ellingwood 等完成了 6 根钢筋混凝土伸臂梁抗火试验,实测了火灾下混凝土梁温度场分布,获得了基于 ASTM 119 标准升温曲线和高强度火灾两种升温曲线下混凝土梁变形,发现不同升温条件对钢筋混凝土梁变形有明显影响,基于火灾下混凝土、钢筋热工参数和应力－应变关系,编制了火灾下钢筋混凝土梁变形分析程序,但变形计算值小于实测值。Dotreppe 等、Wu 等也开展了火灾下钢筋混凝土简支梁、板抗火性能试验与数值模拟。

Lin 等完成了 11 根单跨两端伸臂梁抗火试验,结果表明,由于梁下部区域的膨胀变形大于梁的上部区域,因此梁顶拉应力增大,进而使得火灾下梁支座负弯矩增大,结构抗火设计时应合理考虑火灾下内力重分布的影响。过镇海等完成了拉区受火、压区受火钢筋混凝土梁力学性能试验,结果表明,压区受火适筋梁极限荷载降低慢于拉区受火,提出了高温下梁板受弯承载力简化计算方法;完成了 4 根双跨升温、2 根单跨升温两跨钢筋混凝土连续梁抗火性能试验,实测了不同荷载水平下连续梁支座反力变化,发现连续梁抗火性能优于简支梁。陆洲导等完成了 12 根钢筋混凝土简支梁一面、二面、三面受火试验,计算了高温下简支梁弯矩－曲率关系和跨中变形,发现当荷载水平大于 0.5 时,简支梁耐火极限降低明显。冯雅等提出了考虑火灾下混凝土湿热变化的温度场数值模拟方法,并得到试验结果的验证。向延念等、张威振利用电炉完成了 8 根 $b \times h = 250\,\mathrm{mm} \times 400\,\mathrm{mm}$ 钢筋混凝土简支梁抗火试验与数值分析,结果表明,在一定受火时段内,随受火时间延长,纵向受拉钢筋应力增大。时旭东等完成了 12 根钢筋混凝土简支梁抗火试验,其中 6 根为恒温加载路径,6 根为恒载升温路径,结果表明,温度－荷载路径不仅影响构件截面应力分布,而且影响结构极限荷载。

苗吉军等完成了 7 根带初始裂缝的钢筋混凝土简支梁抗火性能试验,结果表明,初始裂缝宽度越大,梁耐火性能越差;考虑初始裂缝对梁截面温度场的影响,提出了带裂缝梁受弯承载力简化计算方法。该方法同样适用于研究经氯离子侵蚀后带裂缝钢筋混凝土梁的抗火性能。查晓雄等完成了 4 根 GFRP 筋混凝土简支梁在 ISO 834 标准升温曲线下受力性能试验,高温下 GFRP 筋抗拉强度退化快于普通钢筋,GFRP 筋混凝土梁裂缝开展高度明显大于钢筋混凝土梁。

钢筋混凝土梁抗火性能数值模拟通常采用以下两种方法:一种是基于截面弯矩－曲率关系,分析火灾下梁反应,该方法可较方便地揭示截面承载力退化规律;另一种是有限元分析方法。Kodur 等基于截面分析方法,提出了考虑混凝土高温徐变、瞬态热应变和钢筋高温蠕变影响的简支梁抗火性能数值模拟方法,分析了荷载水平、升温条件、混凝土保护层厚度对梁抗火性能的影响,结果表明,以受拉钢筋温度超过 593 ℃ 或梁达到承载能力极限状态计算确定耐火极限,可能大于变形控制的耐火极限。

实际工程中构件可能受到不同程度的边界约束,Dwaikat 等提出了火灾下考虑支座约束和混凝土高温爆裂影响的钢筋混凝土梁抗火性能数值分析方法,但该程序假定混凝土爆裂临界温度为 350 ℃,未考虑不同混凝土爆裂温度不同的影响;Dwaikat 等完成了 2 根 NSC 梁和 4 根 HSC 梁抗火性能试验,其中 NSC 和 HSC 梁中各有一根施加端部轴向约束,结果表明,带轴向约束梁耐火极限高于简支梁;HSC 梁耐火极限低于 NSC 梁,与 NSC 相比,火灾下 HSC 爆裂更严重。吴波等通过 8 根同时具有端部轴向和转动约束的混凝土梁抗火试验和 3 744 种工况的计算分析,考察了端部约束梁升降温全过程轴力及梁端弯矩的变化,提出了相应的实用计算方法;徐明等完成了 3 根超高韧性水泥基复合材料(ECC,抗压强度实测值为 34.6 MPa)约束梁和 3 根钢筋混凝土(抗压强度实测值为 29.8 MPa)约束梁耐火性能试验,结果表明,跨度相同、截面相同、截面承载力相同的 ECC 梁截面温度低于钢筋混凝土梁,ECC 约束梁跨中变形、跨中及支座截面弯矩均小于钢筋混凝土梁。

1.2.4　混凝土柱抗火性能

1976 年以来,美国硅酸盐水泥协会和加拿大国家研究院合作,完成了 31 根轴压柱和 6 根偏压柱在 ASTM 119 标准升温曲线下四面受火试验,结果表明,钙质骨料混凝土柱耐火性能优于硅质骨料混凝土柱;截面尺寸、柱端约束是影响柱抗火性能的主要因素;截面尺寸越小、荷载水平越高、纵筋配筋率越低,耐火极限越低。轴向荷载水平相同时,偏压柱耐火极限低于轴压柱。Dotreppe 等完成了 6 根 NSC 轴压柱在 ISO 834 标准升温曲线下四面受火试验,提出了火灾下轴压柱承载力简化计算公式。过镇海等完成了三面、两面受火 NSC 轴压柱、偏压柱抗火性能试验,揭示了该类柱在火灾下的轴向变形和侧向变形发展规律,给出了高温下极限轴力－弯矩包络图;发现三面受火轴压柱发生偏心受压破坏,恒载升温柱极限轴力大于恒温加载柱,两面受火柱抗火性能优于三面受火柱。Tan 等提出了一面至四面受火 NSC 轴压柱、偏压柱耐火极限简化计算方法。

2003 年以来,国内外学者进行了 HSC 柱抗火性能试验与数值模拟。为研究箍筋形式对 HSC 柱爆裂的影响,Kodur 等完成了 6 根 HSC(28 天圆柱体强度为 81～107 MPa)轴压方柱四面受火试验,结果表明,截面尺寸为 305 mm×305 mm、406 mm×406 mm 的方柱,当箍筋末端做成 90°弯钩时(箍筋为 2φ8,间距为 406 mm,屈服强度为 414 MPa),混凝土全截面均可能爆裂;当箍筋末端做成 135°弯钩时(箍筋为 2φ6,间距为 76～152 mm),仅箍筋外侧混凝土发生爆裂,而核心区混凝土不爆裂;加密箍筋间距,可减轻爆裂。吴波等完成了 5 根 HSC 方柱(混凝土棱柱体强度为 66～74 MPa)和 2 根 NSC(混凝土棱柱体强度为 33 MPa)方柱四面、三面和两面受火试验,结果表明,随受火面的增加,柱耐火极限降低,相同条件下 HSC 柱的耐火极限低于 NSC 柱,这主要是 HSC 柱高温爆裂更严重所致;同时,他还建立了 HSC 方柱耐火极限和火灾下正截面承载力计算公式。吴波完成了 4 根端部约束高强混凝土柱抗火试验,揭示了端部约束柱火灾行为时变机理,提出了火灾下考虑端部约束影响的柱轴力和弯矩计算方法,发现适当增大端部约束可提升 HSC 柱的耐火性能。

异形柱表体比(表面积与体积比值)大,受火时其内部温度相对常规柱上升更为迅速。针对这一问题,Xu 等进行了 12 根 NSC(试验当天混凝土棱柱体强度为 35～38 MPa)异形柱的抗火试验以及 6 632 种工况的高温反应分析,考察了荷载水平、荷载角、计算长度、偏心率等对异形柱耐火性能的定量影响,研究了高温下异形柱广义中性轴位置、极限承载力、极强中心、极限轴力－弯矩包络图等的演变趋势,提出了混凝土异形柱的耐火设计方法。吴波等完成了 16 根端部约束异形柱的抗火试验和 8 331 种工况的计算分析,完成了可同时在柱伸长和缩短阶段施加端部约束的异形柱全过程明火试验,突破了以往只在柱伸长阶段施加约束而无法在柱缩短阶段实施约束的局限。揭示了端部轴向和转动约束对异形柱高温行为的影响规律,建立了定常端部约束下异形柱高温下轴力和弯矩时变过程的定量描述,并拓展至非定常端部约束情况。

1.2.5　混凝土结构抗火性能

过镇海等完成了 5 榀单层单跨钢筋混凝土框架三面受火试验,实测了火灾下框架梁、柱变形和框架柱内力,结果表明,混凝土框架火灾下发生明显的内力重分布;基于平截面假定,给出了混凝土、钢筋热－力耦合本构关系,推导了适用于任意温度－荷载路径的平衡方程,编制了杆系有限元分析程序 NARCSLT。陆洲导等完成了 5 榀单层双跨混凝土框架在 600 ℃、800 ℃ 单跨受火、双跨受火试验,编制了火灾下框架受力性能的非线性分析程序。Bailey 在 Cardington 建筑结构实验室完成了 7 层混凝土平板柱底层局部受火试验,平板柱横向为 3 m × 7.5 m,纵向为 4 m × 7.5 m,底层层高 4.2 m,其余各层层高 3.75 m,中柱截面尺寸为 400 mm×400 mm,边柱截面尺寸为 250 mm × 400 mm,板厚为 250 mm,作用荷载为 9.25 kN/m²。底层局部受火区域为沿横向两个柱距、沿纵向中间两个柱距所辖区域,面积为 15 m × 15 m。板混凝土 28 天立方体抗压强度实测值为 61 MPa,含水率为 3.8%。火灾下板混凝土爆裂,导致试验设备损坏,仅获得了受火 25 min 内混凝土楼板中心点的变形值。结果表明,火灾下板迎火面混凝土爆裂面积超过 75%,部分受力钢筋被烧断,但由于双向板薄膜效应的有利影响,板并未坍塌。刘永军建立了高温下混凝土双轴应力下的本构模型,开发了平面应力单元和杆单元,编制了非线性有限元分析程序 STRUFIRE,实现了钢筋混凝土梁、板、框架的抗火性能分析。吴波等编制了混凝土框架杆系有限元分析程序,并完成了单层 3 跨钢筋混凝土框架的火灾反应分析,结果表明,火灾下框架梁轴力和梁端弯矩变化明显。陈适才等推导了梁单元非线性应变位移矩阵,编制了基于纤维梁模型的混凝土框架火灾反应非线性分析程序,分析了 3 层 3 跨混凝土平面框架的火灾反应,结果表明,受火位置不同,框架结构破坏形式不同。闫凯等应用 ABAQUS 有限元软件,引入考虑材料各向异性的砖砌体弹塑性模型,建立了底部框架砖房抗火性能有限元模型,结果表明,火灾下框架梁轴向膨胀变形和向下挠曲变形对墙拱传力机制不利,使框架梁轴向压应力显著增大,加速边柱顶端外侧纵向钢筋受拉屈服,内侧混凝土被压碎。

以上研究表明,荷载水平、截面尺寸、保护层厚度、配筋形式及约束条件、混凝土强度、骨料种类、升温条件及受火位置和区域、混凝土爆裂等均影响混凝土结构抗火性能。尽管相关规范对混凝土结构耐火极限做出了规定,但一方面规范考虑的影响因素较少,另一方面是这些规定仅适用于混凝土不爆裂的情况。

1.3　预应力混凝土结构抗火性能

预应力混凝土结构跨度大、截面小、功能好,近 30 年来在我国得到了迅速发展。然而,由于火灾下预应力筋强度损失大、应力退化快,火灾引起的预应力混凝土内部的水蒸气难以逃逸,混凝土具有受火爆裂易发性;因爆裂而暴露于烈火之中的钢筋迅速退出工作,结构可能会突然失效。预应力混凝土耐高温性能和抗火设计受到关注。

1.3.1 预应力混凝土结构构件抗火性能

1953 年,Ashton 等完成了 37 根缩尺有黏结预应力 T 形 NSC 梁恒载升温试验,升温曲线接近 ISO 834 标准升温曲线,实测了火灾下预应力钢丝、混凝土温度变化,结果表明,钢丝的升温速率对梁受弯承载力有显著影响,当张拉控制应力与极限抗拉强度之比为 0.6、钢丝温度超过 400 ℃ 时,预应力混凝土梁发生正截面承载力破坏;部分试验梁因混凝土爆裂而破坏更早。Gustaferro 等完成了按 ASTM 119 标准升温曲线升温的 11 块有黏结预应力混凝土简支板抗火性能试验,以火灾下板达到正截面承载力极限状态的时刻作为耐火极限,结果表明,其他条件相同时,膨胀页岩轻骨料混凝土板耐火极限高于 NSC 板(φ152 mm × 305 mm 圆柱体抗压强度为 24 MPa),预应力筋保护层厚度越大、荷载水平越低,板耐火极限越长。Abrams 等研究了不同种类和厚度的防火涂料对预应力混凝土简支板、双 T 梁、T 形梁抗火性能的影响,结果表明,喷涂防火涂料可有效提高预应力混凝土简支构件耐火性能,火灾下防火涂料与混凝土黏结性能较好;同时给出了对应 2 h、3 h 耐火极限的防火涂料厚度建议值。Joseph 等完成了无黏结预应力混凝土板的试验,研究了预应力筋保护层厚度、荷载和端部约束对板耐火性能的影响。

Herberghen 等完成了 8 块两端伸臂无黏结预应力混凝土板抗火性能试验,结果发现火灾下预应力板混凝土爆裂,配置纵横向非预应力钢筋的板爆裂程度小于全预应力板,提出了增配支座负弯矩钢筋的建议。袁爱民等完成了 4 块无黏结预应力混凝土简支板抗火性能试验,结果表明,保护层厚度越大,板耐火极限越长,预应力度(0.4 ～ 0.6)对板的耐火极限影响越不明显。Bailey 等进行了后张无黏结预应力混凝土单向板抗火性能试验,研究了钙质骨料和硅质骨料、板端自由转动和固定两种边界条件对其抗火性能的影响,结果表明,火灾下硅质骨料试验板变形大于钙质骨料板,板端自由转动较固定的板变形大,无黏结预应力板的耐火极限高于相关抗火规范(BS 8110)的规定。

袁爱民等完成了 9 块 3 跨无黏结预应力混凝土板边、中跨同时受火、边跨受火和中跨受火试验,考察了预应力度、负筋长度等因素对无黏结预应力混凝土连续板耐火性能的影响,结果表明,不同跨受火对无黏结预应力混凝土连续板的抗火性能有重要影响,热膨胀是火灾初期第一内支座两侧控制截面弯矩增大的主要原因。王中强等完成了 26 根无黏结预应力混凝土简支扁梁抗火性能试验,并编制了无黏结预应力混凝土梁抗火性能非线性分析程序 NAUPCLF,结果表明,荷载水平越大,综合配筋指标(0.38 ～ 0.87)越小,扁梁抗火性能越差。

郑文忠等完成了 20 个预应力混凝土简支梁板、18 个两跨连续梁板的抗火性能试验,研制了受火过程中置于炉内可忽略温度变形的中支座和能实时监测边支座反力的边支座。结果表明,预应力混凝土梁板的破坏特征可分为爆裂破坏、变形达到耐火极限限值、承载力达到耐火极限限值三种。基于平截面假定和高温下材料本构关系,将截面划分网格,给出了此类梁板抗力计算方法;在 4 121 个试验数据基础上,综合分析了荷载水平、保护层厚度、预应力度等参数对火灾下预应力混凝土简支及连续梁板变形、支座反力和无黏结筋应力的影响,给出了此类梁板变形和钢丝应力的计算方法。为避免高温下预应力混凝土连续梁板在第一内支座上部用于抵抗负弯矩的钢筋截断处出现裂缝及锚固长度不足,该钢筋在第一内支座两侧长度均不应小于按 $l_d^T = 0.28l_0 + 23d$ 的计算值,其中 l_0 为计算跨度,d 为钢筋直径。

考虑到火灾下梁板呈现出大变形与悬链线特征,为避免在火灾下坍塌,通长布置的受拉钢筋应满足式 $(8A_p f_{pu}^T + 8A_s f_u^T)\Delta_T/l_0^2 \geqslant g_k + \Psi_q q_k$,其中,$A_p$、$A_s$ 分别为通长布置预应力筋、非预应力筋面积,f_{pu}^T、f_u^T 分别为火灾下预应力筋、非预应力筋抗拉屈服强度,Δ_T 为火灾下梁板跨中变形,g_k、q_k 分别为永久荷载标准值、楼面或屋面活荷载标准值,Ψ_q 为楼面或屋面活荷载的准永久值系数。

基于混凝土、非预应力筋和预应力筋的热－力耦合本构关系,用 t 时刻混凝土应力计算 $t+1$ 时刻混凝土的瞬态热应变和高温蠕变,完成了火灾下预应力混凝土梁板截面的弯矩－曲率关系的计算。基于纤维梁单元模型,用割线刚度法对连续梁板支座反力进行迭代求解,计算梁板在曲率与支座反力共同作用下的弯矩、挠度和支座位移,实现了火灾下有黏结预应力混凝土连续梁、板的非线性有限元分析。提出了考虑荷载水平、保护层厚度和梁板截面尺寸影响的预应力混凝土结构抗火设计方法。

Venanzi 等完成了 4 块预应力膨胀黏土轻骨料高性能混凝土(立方体抗压强度标准值为 60 MPa)空心简支板抗火性能试验,结果表明,火灾下预应力空心板迎火面混凝土爆裂,且出现纵向贯通裂缝,导致板破坏;延长板在干燥环境的养护时间,可减缓板火灾下爆裂。Shaky 等完成了 5 块简支和 1 块施加轴向约束的预应力 NSC 空心板抗火试验,并用 ANSYS 有限元软件实现了预应力混凝土空心板抗火性能数值模拟,结果表明,施加轴向约束的试验板耐火极限更长,火灾下硅质骨料试验板比钙质骨料试验板更易爆裂。周绪红等完成了 4 块简支、4 块连续预制叠合板抗火性能试验与有限元分析,结果表明,火灾下预应力叠合板迎火面均发生爆裂,预应力叠合板耐火极限小于等强配筋的非预应力叠合板,连续板耐火极限大于简支板。

与预应力梁、板抗火性能研究相比,预应力框架抗火性能研究较少。陆洲导等完成了 5 榀单层单跨无黏结预应力混凝土框架抗火性能试验,实测了火灾下框架梁变形和无黏结预应力筋应力变化,结果表明,火灾下预应力筋的预应力损失大,是导致框架梁跨中开裂、变形增大的原因,预应力度越高(0.64～0.70),对框架抗火性能越不利。

综上,以往抗火试验多基于标准升温曲线,但标准升温曲线与真实火灾升温曲线有较大差别,应重视真实火灾下结构构件火灾反应的研究。受试验条件限制,预应力混凝土梁和框架结构抗火性能试验尺寸偏小,宜进一步开展足尺预应力混凝土结构抗火性能的研究。

1.3.2 预应力混凝土高温爆裂与防爆裂验算

使用过程中,预应力构件的预压区可能存在压应力,即使在使用荷载下预压区受拉,拉应力水平也较低。一定的压应力或较小的拉应力,使得在使用荷载下梁板迎火面难以出现裂缝,在火灾下内部水蒸气难以逃逸,造成相对较高的蒸汽压,易使蒸汽引起的混凝土内部拉应力达到混凝土抗拉强度而引发预应力构件迎火面混凝土爆裂。郑文忠等对38 个预应力混凝土梁板火灾下的爆裂情况进行总结,结果 15 块简支单向板中有 8 块发生了不同程度的爆裂,9 块连续单向板中有 3 块发生了不同程度的爆裂,试件爆裂如图1.3.2.1 所示,发现作为迎火面的预压区压应力水平越高或拉应力水平越低、混凝土抗压强度及含水率越高,混凝土就越容易发生爆裂或爆裂越严重。

(a) 迎火面爆裂情况

(b) 板受火过程中折断情况

(c) 混凝土从背火面崩出成洞情况

(d) 受火筋被烧断情况

图 1.3.2.1　火灾下预应力连续板混凝土爆裂

　　将常温下名义拉应力(压为正)引入预应力板混凝土爆裂判别方法,提出了如图1.3.2.2(a)、(b) 所示的爆裂上包线,为综合考虑名义拉应力、混凝土抗压强度及含水率的影响,提出了如图 1.3.2.2(c) 所示的预应力板混凝土爆裂上包面。对于预应力板,用$\sigma_{ct} \leqslant 1.36 f_{tk} - 2.3$ 来判别迎火面混凝土爆裂,其中,σ_{ct} 为迎火面混凝土的常温名义拉应力下限值(MPa),f_{tk} 为混凝土常温抗拉强度标准值(MPa);对预应力梁,用图1.3.2.2(d)方法判别爆裂区。该公式被新一轮行业标准《无黏结预应力混凝土结构技术规程》所采纳,为合理判别火灾下预应力梁板混凝土爆裂提供了参考依据。

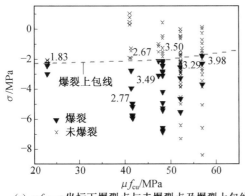

(a) $\mu f_{cu} - \sigma$ 坐标下爆裂点与未爆裂点及爆裂上包线

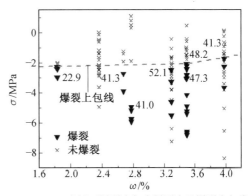

(b) $\omega - \sigma$ 坐标下爆裂点与未爆裂点及爆裂上包线

图 1.3.2.2　预应力混凝土梁板爆裂判别方法

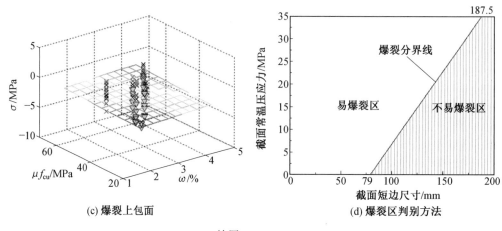

(c) 爆裂上包面   (d) 爆裂区判别方法

续图 1.3.2.2

这里需要指出,基于爆裂试验数据提出的预应力混凝土梁板爆裂判别方法为经验方法,尚宜开展火灾下预应力梁板爆裂机理、爆裂预测模型的研究。

1.4 火灾后混凝土结构加固修复技术

混凝土结构在火灾后可能比火灾下更危险,其火灾后损伤评估实现由定性到定量发展,是迫切需求。吴波考虑火灾荷载密度、通风因子和房间热工特性的影响,建立了简洁实用的室内火灾温度发展全过程计算模型,解决了复杂模拟在工程中应用不便的难题。吴波等、郑文忠等分别完成了混凝土试件高温后力学试验,获得了火灾后掺纤维 HSC、RPC 表面历经最高温度与损伤特征的关系。吴波等提出了确定构件内部最高温度场的简便方法,获得了高温后主导预应力筋、环向约束高强混凝土等剩余力学性能,使高温后环向约束高强混凝土相比无约束时 $20\% \sim 40\%$ 的强度增幅得以有效利用。同时,他们对中等和轻微损坏的过火结构,提出了凿除受火温度 500 ℃ 以上混凝土之后进行有效修复的技术,建立了火灾后混凝土构件的抗震恢复力模型,提出了火灾后混凝土构件评价方法,实现了火灾后混凝土结构损伤评估由定性到定量的跨越。郑文忠等提出了火灾后梁板中预应力筋剩余应力和极限应力的计算方法,发现火灾下预应力筋强度退化快于锚具锚固性能退化,火灾后退下的锚具不能重新使用。以上研究成果为火灾后混凝土及预应力混凝土结构的损伤评估与加固修复提供了技术支撑。到目前为止,火灾后钢筋混凝土结构的一般修复方法有增大截面法、外包钢法、预应力加固法、外部黏钢法、化学注浆法、喷射修补法以及碳纤维加固等。

尽管国内学者在火灾后建筑结构鉴定和加固方面已经取得了不少研究成果,但是由于对火灾后建筑物的加固没有进行过系统全面的研究,而且由于火灾作用以及火灾后结构性能的复杂性,至今还缺乏统一的火灾后建筑结构鉴定的程序。对于火灾后混凝土结构的加固技术及结构加固后效果的检测与评定,同样缺乏系统实例。

1.5　主要内容

由于结构火灾具有多样性与不确定性等特点,因此火灾后结构鉴定与加固存在复杂性。在某商厦过火后的鉴定与加固工程中,需要解决如下问题:

(1)钢筋混凝土结构过火后的加固。有别于常温下钢筋混凝土结构的加固,火灾后(高温后)的钢筋混凝土结构的加固难度大。原因在于目前虽然有很多种加固方法,但是火灾后结构的加固没有规范标准可依,往往依靠的是既有丰富工程经验又有结构抗火专业知识的专家来指导进行。

(2)在结构总高度变化不明显的情况下增加一层。业主根据该商厦的经营需求,提出本次在对结构进行加固的同时,能够新增一层。但是,考虑到商厦周围住宅的采光等问题,只允许结构总高度增加少许部分。这使得加固方案不仅要对原结构进行妥善修复,还需要考虑到严格控制结构高度的情况下新增楼层的设计。

(3)施工工期安排。该商厦于 2014 年 9 月初发生火灾,10 月上旬业主才获得许可对废墟进行清理。预计现场清理完毕时,该市也即将进入漫长的施工冬歇期。由于该商厦承租户达到 1 500 户左右,原本火灾已经对商户造成了严重损失。基于此,业主希望在次年 5 月份时,商厦修复完毕,并投入使用,尽量减少火灾对商户造成进一步的损失。由此,整个施工时间便是 11 月份至次年 5 月份,中间还涵盖了冬歇期。这不仅是对施工组织方法提出的高要求,更是对整个结构加固技术方案提出的高要求。

基于上述难点,在对工程进行鉴定评估后,提出运用焊接密闭钢模注浆加固技术加固商厦柱、梁。该技术目前只在常温下既有建筑加固中使用过,在火灾后钢筋混凝土结构的加固中使用尚属首次。经鉴定后绝大部分需替换的板采用了以压型钢板为模板的组合楼板设计。在加固过程中,采用逆作法先对板进行修复,待板浇筑完成后叠加采用平行施工法同时对负一层、一层、二层的柱、梁、墙进行加固,待次年温度回暖后立刻进行三层顶板及新增层的施工,这样可以节省工期并充分利用冬歇期施工。对于新增层,通过适当降低第三层层高,并将屋面由原来的水平屋面改为双坡屋面获得一定的高度,以此在高度增加少许的情况下实现新增一层的目标。

第2章　工程概况

本书所述某商厦占地面积 5 526 m²,建筑总面积约 22 100 m²。该商厦为地下一层、地上三层的钢筋混凝土框架结构,高度为 14.40 m。商厦一至三层柱网布置如图 2.0.0.1 所示,柱网尺寸为 6.0 m×7.8 m,结构纵向为 122.8 m,横向为 45 m。负一层顶板采用现浇板,楼板大部分采用预制空心板(预制板厚度为 110 mm,宽度为 600 mm,跨度为 3 000 mm),局部采用现浇板和组合楼板。原设计中板、梁、柱混凝土标号为 300♯(C28),钢筋采用 Ⅰ 级(HPB235)和 Ⅱ 级钢(HRB335),板保护层厚度为 10 mm,梁、柱保护层厚度为 25 mm。

该结构基础为带承台和连梁的桩基础,原设计中,桩混凝土标号为 200♯(C18),钢筋为 Ⅰ 级(HPB235);承台混凝土为 200♯(C18),钢筋为 Ⅰ 级(HPB235)和 Ⅱ 级钢(HRB335)。混凝土垫层标号为 100♯(C8),桩成孔直径为 273 mm,基础如图 2.0.0.2 所示。

对负一层、一层、二层、三层梁、柱共取直径为 94 mm,高度为 116～156 mm 的 3 组(每组 3 个试件)、共计 9 个试件进行抗压试验,结果见表 2.1。

表 2.1　混凝土试件抗压强度实测值与换算值　　　　　　　　MPa

试件编号	圆柱体抗压强度实测值	标准立方体抗压强度换算值
S－1	34.2	40.6
S－2	30.9	36.7
S－3	29.8	35.3
S－4	28.4	33.7
S－5	26.6	31.5
S－6	25.3	30.0
S－7	30.6	36.3
S－8	28.3	33.6
S－9	28.7	34.1

注:1. 尽管圆柱体尺寸为 $D \times H = 94$ mm×(116～156)mm,偏于安全地认为所得抗压强度为 $D \times H = 100$ mm×100 mm 的抗压强度。

　　2. 按 $f'_{c100} = 0.8 f_{cu100}$,$f_{cu150} = 0.95 f_{cu100}$ 进行换算。

2013 年业主单位对原结构进行了局部加固改造,即三层顶过 18 轴 8 跨框架梁,过 19 轴 8 跨框架梁,18、19 轴与 A、F 轴所辖 8 跨次梁,过 A 轴与 18、19 轴所辖框架梁,过 B 轴与 18、19 轴所辖框架梁,过 C 轴与 18、19 轴所辖框架梁,过 D 轴与 18、19 轴所辖框架梁,过 E 轴与 18、19 轴所辖框架梁,过 F 轴与 18、19 轴所辖框架梁合计 30 跨梁,在火灾前曾用外贴碳纤维布加固。改造加固如图 2.0.0.3 和图 2.0.0.4 所示。

该商厦 2014 年 9 月 1 日晚 20:59 失火,到 9 月 2 日零时,火势已得到基本控制,截至 9

月 2 日 20 时仍有局部残余明火,受火持续时间相对较长。经初步估算,火灾过火面积约
16 700 m^2。如图 2.0.0.5 所示。

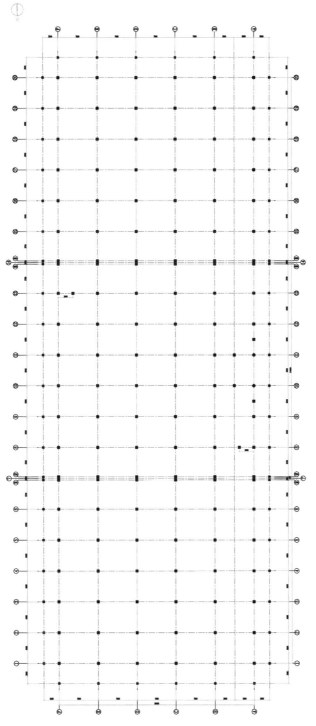

图 2.0.0.1　某商厦一至三层柱网布置

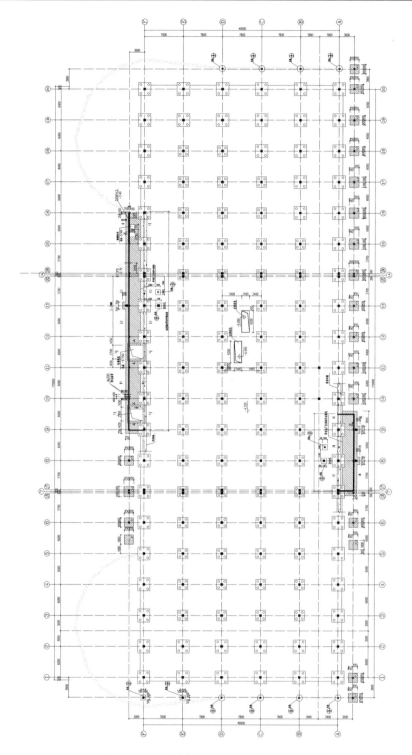

图 2.0.0.2　某商厦基础平面布置(1∶150)

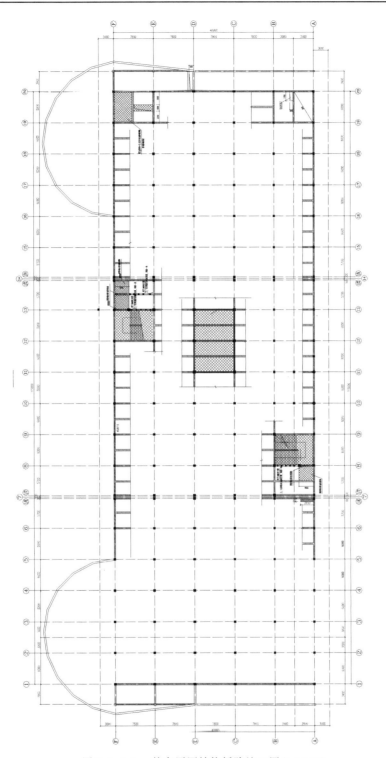

图 2.0.0.3　某商厦原结构拆除施工图(1:150)

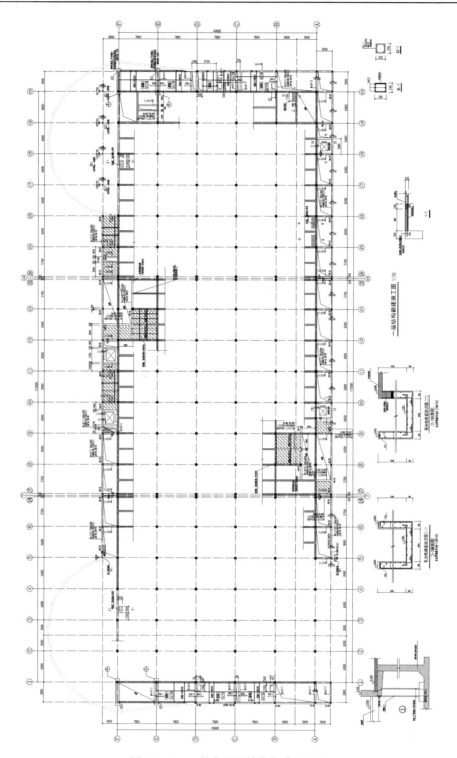

图 2.0.0.4　某商厦原结构新建施工图

(a) 火灾现场(1)　　　　　　　　　(b) 火灾现场(2)

(c) 火灾现场(3)　　　　　　　　　(d) 火灾现场(4)

图 2.0.0.5　某商厦火灾现场

第3章 结构安全性鉴定

3.1 火灾损伤鉴定与加固修复设计依据

(1)《火灾后建筑结构鉴定标准》(CECS 252—2009);

(2)《民用建筑可靠性鉴定标准》(GB 50292—1999);

(3)《危险房屋鉴定标准》(JGJ 125—99,2004年版);

(4)《钻芯法检测混凝土强度技术规程》(CECS 03:2007);

(5)某商厦原设计施工图(1990年);

(6)某商厦改造设计施工图(2013年)。

依据《火灾后建筑结构鉴定标准》(CECS 252—2009)判定历经最高环境温度、结构构件温度场和结构构件损伤程度。作者曾努力尝试用《民用建筑可靠性鉴定标准》(GB 50292—1999)进行这一片区火灾后房屋相对于火灾前的安全性鉴定,但该标准仅给出"可不采取措施""可能有个别或极少数构件应采取措施""应采取措施,且可能有个别构件必须立即采取措施""必须立即采取措施"的判定结论。该标准主要针对正常使用房屋是否应采取措施以及采取措施的紧急程度,为既有建筑的安全与合理使用提供技术依据。而《危险房屋鉴定标准》(JGJ 125—99,2004年版)适用于既有建筑的危险性鉴定,可正确判断房屋结构的危险程度,因此,本研究以《危险房屋鉴定标准》(JGJ 125—99,2004年版)为依据进行这一片区火灾后未坍塌房屋相对于火灾前的安全性鉴定。依据《钻芯法检测混凝土强度技术规程》(CECS 03:2007)检测未过火混凝土的力学性能。

3.2 过火现场初步勘察

某商厦用作针织、棉纺等批发交易场所,火灾可燃物多,现场残留物如图3.2.0.1与图3.2.0.2所示。根据火灾后残留物的形态、混凝土表面颜色、混凝土剥落、钢材扭曲变形、玻璃熔化、木材炭化等初步判定过火环境温度为900～1 100 ℃,混凝土表面温度为500～600 ℃(负一层与一至三层温度分区如图3.2.0.3和图3.2.0.4所示)。梁柱混凝土存在局部剥落及露筋现象,板底混凝土存在局部剥落及露筋现象,部分区域的预制板发生脱落或过大挠曲。同时,因可燃物分布、通风条件、燃烧时间不同,该商厦不同区域的火灾温度也有所差别,导致不同区域的结构构件、竖向交通、墙体等损伤程度不同,应区别对待。根据过火温度及火灾现象,初步判断柱、梁在应急搜救过程中不会出现坍塌。由于板的迎火面在板底,而绝大部分楼板为预制板,火灾对板中受力钢筋与受火混凝土间的黏结锚固性能造成较大影响。考虑到火灾使得部分堆载与装修荷载明显减小,搜救荷载远小于使用荷载,故大部分板在搜救过程中不会坍塌。

图 3.2.0.1　现场燃烧后残留物 1　　　　图 3.2.0.2　现场燃烧后残留物 2

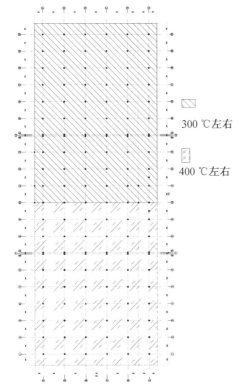

图 3.2.0.3　负一层混凝土表面温度分区　　　图 3.2.0.4　一至三层混凝土表面温度分区

3.3　过火现场复勘

在火灾后的结构鉴定中,结构构件的损伤评估是整个工作的重点,它直接确定了构件是加固还是拆除重建,也是整个研究中工作量最大的部分,其结果可直接用于加固方案的确定。本章将对结构的每个构件逐一进行评价。

3.3.1 结构负一层损伤状况

某商厦负一层损伤概貌如图3.3.1.1所示,该商厦负一层梁、板、柱、墙表面抹灰层大面积剥落。负一层共有混凝土柱136根,部分柱角部混凝土发生爆裂。负一层顶共有框架梁227跨,次梁93跨,合计320跨。部分梁角部混凝土发生爆裂,负一层顶采用现浇板,板底出现不规则裂缝,部分板底部混凝土爆裂,暴露出受力钢筋。

图3.3.1.1　某商厦负一层损伤概貌

1. 柱的损伤情况

火灾后负一层柱的损伤情况如下。

火灾后负一层B轴和12轴所交柱如图3.3.1.2所示,该柱表面水泥砂浆抹灰部分脱落,柱角部混凝土爆裂,该柱周围可燃物少,根据混凝土表面情况,可判断柱受火时的表面最高温度约为400℃。该柱承载力较火灾前下降约10%,不属于危险点。

火灾后负一层C轴和5轴所交柱如图3.3.1.3所示,该柱表面水泥砂浆抹灰部分脱落,柱角部混凝土爆裂、纵筋部分屈曲,该柱周围可燃物少,根据混凝土表面情况,可判断柱受火时的表面最高温度在500℃以上。该柱承载力较火灾前下降约20%,属于危险点。

图3.3.1.2　火灾后负一层B轴　　　图3.3.1.3　火灾后负一层C轴
　　　　　和12轴所交柱　　　　　　　　　　和5轴所交柱

火灾后负一层 C 轴和 6 轴所交柱如图 3.3.1.4 所示,该柱表面水泥砂浆抹灰部分脱落,柱角部混凝土爆裂、纵筋部分屈曲,该柱周围可燃物少,根据混凝土表面情况,可判断柱受火时的表面最高温度在 500 ℃ 以上。该柱承载力较火灾前下降约 20%,属于危险点。

火灾后负一层 C 轴和 8 轴所交柱如图 3.3.1.5 所示,该柱表面水泥砂浆抹灰部分脱落,柱角部混凝土鼓胀和爆裂,该柱周围可燃物少,根据混凝土表面情况,可判断柱受火时的表面最高温度在 500 ℃ 以上。该柱承载力较火灾前下降约 20%,属于危险点。

图 3.3.1.4　火灾后负一层 C 轴和 6 轴所交柱　　图 3.3.1.5　火灾后负一层 C 轴和 8 轴所交柱

火灾后负一层 C 轴和 13 轴所交柱如图 3.3.1.6 所示,该柱表面水泥砂浆抹灰部分脱落,柱角部混凝土爆裂、纵筋部分屈曲,该柱周围可燃物少,根据混凝土表面情况,可判断柱受火时的表面最高温度在 500 ℃ 以上。该柱承载力较火灾前下降约 20%,属于危险点。

火灾后负一层 D 轴和 4 轴所交柱如图 3.3.1.7 所示,该柱表面水泥砂浆抹灰部分脱落,柱角部混凝土轻微爆裂,该柱周围可燃物少,根据混凝土表面情况,可判断柱受火时的表面最高温度在 500 ℃ 以上。该柱承载力较火灾前下降约 20%,属于危险点。

图 3.3.1.6　火灾后负一层 C 轴
和 13 轴所交柱　　　图 3.3.1.7　火灾后负一层 D 轴
和 4 轴所交柱

　　火灾后负一层 D 轴和 6 轴所交柱如图 3.3.1.8 所示,该柱表面水泥砂浆抹灰部分脱落,柱角部混凝土爆裂、纵筋部分屈曲,该柱周围可燃物少,根据混凝土表面情况,可判断柱受火时的表面最高温度在 500 ℃ 以上。该柱承载力较火灾前下降约 20%,属于危险点。

　　火灾后负一层 D 轴和 8 轴所交柱如图 3.3.1.9 所示,该柱表面水泥砂浆抹灰部分脱落,柱角部混凝土鼓胀和爆裂,该柱周围可燃物少,根据混凝土表面情况,可判断柱受火时的表面最高温度在 500 ℃ 以上。该柱承载力较火灾前下降约 20%,属于危险点。

图 3.3.1.8　火灾后负一层 D 轴和 6 轴所交柱　　　图 3.3.1.9　火灾后负一层 D 轴和 8 轴所交柱

　　火灾后负一层 D 轴和 10 轴所交柱如图 3.3.1.10 所示,该柱表面水泥砂浆抹灰部分脱落,柱角部混凝土鼓胀和轻微爆裂,该柱周围可燃物少,根据混凝土表面情况,可判断柱受火时的表面最高温度约为 400 ℃。该柱承载力较火灾前下降约 10%,不属于危险点。

　　火灾后负一层 E 轴和 10 轴所交柱如图 3.3.1.11 所示,该柱表面水泥砂浆抹灰部分脱落,柱角部混凝土鼓胀和爆裂,该柱周围可燃物少,根据混凝土表面情况,可判断柱受火时的表面最高温度约为 400 ℃。该柱承载力较火灾前下降约 10%,不属于危险点。

图 3.3.1.10　火灾后负一层 D 轴　　图 3.3.1.11　火灾后负一层 E 轴
　　　　　　　和 10 轴所交柱　　　　　　　　　　　和 10 轴所交柱

　　火灾后负一层 1～9 轴与 B～E 轴所辖区柱承载力判定为危险构件;火灾后大部分负一层柱损伤轻微,即 1～9 轴与 B～E 轴所辖区之外的柱承载力判定为不属于危险点,需剔除松散酥脆混凝土,抹灰找平后可直接使用,这里不再赘述。

2.梁的损伤情况

火灾后负 ·层顶 C 轴和 4 轴、5 轴所交主梁如图 3.3.1.12 所示,该梁表面积有炭黑,水泥砂浆抹灰层部分剥落,混凝土出现细微裂缝,角部混凝土中度剥落,钢筋露出。根据混凝土表面外观特征,可判断梁表面温度在 300～500 ℃ 之间。该跨极限荷载较火灾前降低约 18%,属于危险点。

火灾后负一层顶 B 轴、C 轴和 7 轴、8 轴所围次梁如图 3.3.1.13 所示,该梁表面积有炭黑,水泥砂浆抹灰层部分剥落,混凝土出现细微裂缝,角部混凝土中度剥落,钢筋露出。根据混凝土表面外观特征,可判断梁表面温度在 300～500 ℃ 之间。该跨极限荷载较火灾前降低约 18%,属于危险点。

图 3.3.1.12　火灾后负一层顶 C 轴和 4 轴、5 轴　　图 3.3.1.13　火灾后负一层顶 B 轴、C 轴和 7 轴、
　　　　　　所交主梁　　　　　　　　　　　　　　　　　　　8 轴所围次梁

火灾后负一层顶 E 轴、F 轴和 6 轴、7 轴所围次梁如图 3.3.1.14 所示,该梁表面积有炭黑,水泥砂浆抹灰层部分剥落,混凝土出现细微裂缝,角部混凝土中度剥落,钢筋露出。根据混凝土表面外观特征,可判断梁表面温度在 300～500 ℃ 之间。该跨极限荷载较火灾前降低约 18%,属于危险点。

火灾后负一层顶 1～9 轴与 B～E 轴所辖区主梁、次梁承载力判定为属于危险点;火灾后大部分负一层顶梁损伤轻微,即负一层顶 1～9 轴与 B～E 轴所辖区之外的梁承载力判定为不属于危险点,需剔除松散酥脆混凝土,抹灰找平后可直接使用,这里不再赘述。

3.板的损伤情况

火灾后负一层顶 C 轴、D 轴和 2 轴、3 轴所围板如图 3.3.1.15 所示,该板为混凝土现浇板,混凝土呈浅灰色,底部混凝土部分剥落,局部露出钢筋,板下可燃物少,可判断板底受火时的表面最高温度在 400 ℃ 以上。该板极限荷载较火灾前下降约 25%,属于危险点。

图 3.3.1.14 火灾后负一层顶 E 轴、F 轴和 6 轴、　　图 3.3.1.15 火灾后负一层顶 C 轴、D 轴和 2 轴、
　　　　　　　7 轴所围次梁　　　　　　　　　　　　　　　3 轴所围板

　　火灾后负一层顶 C 轴、D 轴和 3 轴、4 轴所围板如图 3.3.1.16 所示,该板为混凝土现浇板,混凝土呈灰白色,底部混凝土剥落,大面积露出钢筋,没有挠曲变形,板下钢材变形,可判断板底受火时的表面最高温度在 400 ℃ 以上。该板极限荷载较火灾前下降约 25%,属于危险点。

　　火灾后负一层顶 C 轴、D 轴和 4 轴、5 轴所围板如图 3.3.1.17 所示,该板为混凝土现浇板,混凝土呈灰白色,底部混凝土剥落,大面积露出钢筋,没有挠曲变形,板下钢材变形,可判断板底受火时的表面最高温度在 400 ℃ 以上。该板极限荷载较火灾前下降约 25%,属于危险点。

图 3.3.1.16 火灾后负一层顶 C 轴、D 轴和 3 轴、　　图 3.3.1.17 火灾后负一层顶 C 轴、D 轴和 4 轴、
　　　　　　　4 轴所围板　　　　　　　　　　　　　　　　5 轴所围板

　　火灾后负一层顶 C 轴、D 轴和 5 轴、6 轴所围板如图 3.3.1.18 所示,该板为混凝土现浇板,混凝土呈灰白色,底部混凝土剥落,局部露出钢筋,没有挠曲变形,板下钢材变形,可判断板底受火时的表面最高温度在 400 ℃ 以上。该板极限荷载较火灾前下降约 25%,属于危险点。

　　火灾后负一层顶 C 轴、D 轴和 6 轴、7 轴所围板如图 3.3.1.19 所示,该板为混凝土现浇板,混凝土呈灰白色,底部混凝土剥落,有微小的挠曲变形,板下钢材变形,可判断板底受火时的表面最高温度在 400 ℃ 以上。该板极限荷载较火灾前下降约 25%,属于危险点。

图3.3.1.18　火灾后负一层顶C轴、D轴和5轴、　　图3.3.1.19　火灾后负一层顶C轴、D轴和6轴、
　　　　　6轴所围板　　　　　　　　　　　　　　　　　　　7轴所围板

　　火灾后负一层顶D轴、E轴和3轴、4轴所围板如图3.3.1.20所示,该板为混凝土现浇板,底部混凝土轻微剥落,出现缝隙,板下钢材扭曲变形,可判断板底受火时的表面最高温度在400 ℃以上。该板极限荷载较火灾前下降约25%,属于危险点。

　　火灾后负一层顶E轴、F轴和3轴、4轴所围板如图3.3.1.21所示,该板为混凝土现浇板,底部混凝土轻微剥落,出现缝隙,板下钢材扭曲变形,可判断板底受火时的表面最高温度在400 ℃以上。该板极限荷载较火灾前下降约25%,属于危险点。

图3.3.1.20　火灾后负一层顶D轴、E轴和3轴、　　图3.3.1.21　火灾后负一层顶E轴、F轴和3轴、
　　　　　4轴所围板　　　　　　　　　　　　　　　　　　　4轴所围板

　　火灾后负一层顶E轴、F轴和6轴、7轴所围板如图3.3.1.22所示,该板为混凝土现浇板,底部混凝土轻微剥落,出现缝隙,板下钢材扭曲变形,可判断板底受火时的表面最高温度在400 ℃以上。该板极限荷载较火灾前下降约25%,属于危险点。

　　火灾后负一层顶1～9轴与B～E轴所辖区板承载力判定为属于危险点;火灾后大部分负一层顶板损伤轻微,即负一层顶1～9轴与B～E轴所辖区之外的板承载力判定不属于危险点,需剔除松散酥脆混凝土,抹灰找平后可直接使用,这里不再赘述。

　　负一层1～7轴所辖柱、梁、板及过8轴、10轴、11轴部分柱需加固,柱、梁、板加固。其余部分梁、板、柱需剔除表面松散酥脆混凝土,面层重新抹灰后继续使用。商厦负一层防水层受火灾的影响,均已发生破坏,负一层墙体、底板等部位开始渗水,如图3.3.1.23所示。

图 3.3.1.22　火灾后负一层顶 E 轴、F 轴和 6 轴、　　图 3.3.1.23　火灾后负一层墙体渗水情况
　　　　　　　7 轴所围板

3.3.2　结构一层损伤状况

某商厦一层损伤概貌如图 3.3.2.1 所示,商厦一层梁、板、柱、墙表面抹灰层大面积剥落。一层共有混凝土柱 136 根,部分柱角部混凝土发生爆裂。一层顶共有框架梁 227 跨,次梁 103 跨,合计 330 跨。部分梁角部混凝土发生爆裂,商厦一层顶采用预制空心板,部分板已烧塌,部分挠度过大,部分轻微损伤。

1. 柱的损伤情况

按照 A 纵轴与 2—4—20 轴所交柱至 F 纵轴与 2—4—20 轴所交柱排序,火灾后一层柱损伤状况如下:

火灾后一层 A 轴和 2 轴所交柱如图 3.3.2.2 所示。该柱表面呈浅灰色,抹灰层剥落,根据混凝土表面情况,可判断柱受火时的表面最高温度在 300 ℃ 以下。该柱承载力较火灾前下降约 3%,不属于危险点。

　　图 3.3.2.1　火灾后一层损伤概貌　　　　　图 3.3.2.2　火灾后一层 A 轴和 2 轴所交柱

火灾后一层 A 轴和 8 轴所交柱如图 3.3.2.3 所示,该柱表面水泥砂浆抹灰大面积脱落,柱角部混凝土爆裂,该柱周围可燃物少,根据混凝土爆裂情况,可判断柱受火时的表面最高温度在 500 ℃ 以上。该柱承载力较火灾前下降约 20%,属于危险点。

火灾后一层 A 轴和 9 轴所交柱如图 3.3.2.4 所示,该柱表面水泥砂浆抹灰大面积脱落,柱角部混凝土爆裂,该柱周围可燃物少,根据混凝土爆裂情况,可判断柱受火时的表面最高温度在 500 ℃ 以上。该柱承载力较火灾前下降约 20%,属于危险点。

图 3.3.2.3　火灾后一层 A 轴和 8 轴所交柱　　　图 3.3.2.4　火灾后一层 A 轴和 9 轴所交柱

　火灾后一层 A 轴和 10 轴所交柱如图 3.3.2.5 所示,该柱表面水泥砂浆抹灰大面积脱落,混凝土细微开裂,该柱缠绕的胶皮电线被烧化,根据胶皮的烧化情况及混凝土表面情况,可判断柱受火时的表面最高温度在 500 ℃ 以上。该柱承载力较火灾前下降约 20%,属于危险点。

　火灾后一层 A 轴和 11 轴所交柱如图 3.3.2.6 所示,该柱表面水泥砂浆抹灰大面积脱落,混凝土细微开裂,该柱周围可燃物较少,根据混凝土表面情况,可判断柱受火时的表面最高温度在 500 ℃ 以上。该柱承载力较火灾前下降约 20%,属于危险点。

图 3.3.2.5　火灾后一层 A 轴和 10 轴所交柱　　　图 3.3.2.6　火灾后一层 A 轴和 11 轴所交柱

　火灾后一层 A 轴和 11 轴与 12 轴中间所交柱如图 3.3.2.7 所示,该柱表面水泥砂浆抹灰大面积脱落,混凝土细微开裂,该柱周围可燃物较少,根据混凝土表面情况,可判断柱受火时的表面最高温度约为 400 ℃。该柱承载力较火灾前下降约 10%,不属于危险点。

　火灾后一层 A 轴和 12 轴所交柱如图 3.3.2.8 所示,该柱表面水泥砂浆抹灰大面积脱落,混凝土细微开裂,砌体墙烧为黄色,该柱周围可燃物较少,根据混凝土表面情况,可判断柱受火时的表面最高温度约为 400 ℃。该柱承载力较火灾前下降约 10%,不属于危险点。

图 3.3.2.7　火灾后一层 A 轴和 11 轴与 12 轴中　　图 3.3.2.8　火灾后一层 A 轴和 12 轴所交柱
　　　　　　间所交柱

　　火灾后一层 A 轴和 13 轴所交柱如图 3.3.2.9 所示,该柱表面水泥砂浆抹灰大面积脱落,混凝土细微开裂,砌体墙烧为黄色,该柱周围钢架扭曲变形,根据混凝土表面情况,可判断柱受火时的表面最高温度约为 400 ℃。该柱承载力较火灾前下降约 10%,不属于危险点。

　　火灾后一层 A 轴和 14 轴所交柱如图 3.3.2.10 所示,该柱表面水泥砂浆抹灰大面积脱落,混凝土细微开裂,柱顶露出钢筋,砌体墙烧为黄色,该柱周围钢架扭曲变形,根据混凝土表面情况,可判断柱受火时的表面最高温度约为 400 ℃。该柱承载力较火灾前下降约 10%,不属于危险点。

图 3.3.2.9　火灾后一层 A 轴和 13 轴所交柱　　图 3.3.2.10　火灾后一层 A 轴和 14 轴所交柱

　　火灾后一层 A 轴和 15 轴所交柱如图 3.3.2.11 所示,该柱表面水泥砂浆抹灰大面积脱落,混凝土细微开裂,砌体墙烧为黄色,该柱周围钢架扭曲变形,根据混凝土表面情况,可判断柱受火时的表面最高温度约为 400 ℃。该柱承载力较火灾前下降约 10%,不属于危险点。

　　火灾后一层 A 轴和 16 轴所交柱如图 3.3.2.12 所示,该柱表面水泥砂浆抹灰大面积脱落,混凝土细微开裂剥落,砌体墙烧为黄色,该柱周围钢架扭曲变形,根据混凝土表面情况,可判断柱受火时的表面最高温度约为 400 ℃。该柱承载力较火灾前下降约 10%,不属于危险点。

图 3.3.2.11 火灾后一层 A 轴和 15 轴所交柱 　　图 3.3.2.12 火灾后一层 A 轴和 16 轴所交柱

　　火灾后一层 A 轴和 17 轴所交柱如图 3.3.2.13 所示,该柱表面水泥砂浆抹灰大面积脱落,混凝土细微开裂剥落,砌体墙烧为黄色,该柱周围钢架扭曲变形,根据混凝土表面情况,可判断柱受火时的表面最高温度约为 400 ℃。该柱承载力较火灾前下降约 10%,不属于危险点。

　　火灾后一层 A 轴和 18 轴所交柱如图 3.3.2.14 所示,该柱表面水泥砂浆抹灰大面积脱落,混凝土细微开裂剥落,砌体墙烧为黄色,该柱周围钢架扭曲变形,根据混凝土表面情况,可判断柱受火时的表面最高温度约为 400 ℃。该柱承载力较火灾前下降约 10%,不属于危险点。

图 3.3.2.13 火灾后一层 A 轴和 17 轴所交柱 　　图 3.3.2.14 火灾后一层 A 轴和 18 轴所交柱

　　火灾后一层 A 轴和 19 轴所交柱如图 3.3.2.15 所示,该柱表面水泥砂浆抹灰没有脱落,只出现细密的裂纹,柱子和周围被气体熏黑,该柱子上的钢板被烧变形,根据混凝土表面情况,可判断柱受火时的表面最高温度约为 400 ℃。该柱承载力较火灾前下降约 10%,不属于危险点。

　　火灾后一层 B 轴和 1 轴所交柱如图 3.3.2.16 所示,该柱表面水泥砂浆抹灰没有大面积脱落,混凝土开裂,该柱周围可燃物较多,木材少部分炭化,根据混凝土表面情况,可判断柱受火时的表面最高温度在 300 ℃ 以下。该柱承载力较火灾前下降约 3%,不属于危险点。

　　火灾后一层 B 轴和 2 轴所交柱如图 3.3.2.17 所示,该柱表面水泥砂浆抹灰大面积脱落,混凝土开裂,该柱周围可燃物较多,保温材料烧化,可判断柱受火时的表面最高温度在 300 ℃ 以下。该柱承载力较火灾前下降约 3%,不属于危险点。

图 3.3.2.15　火灾后一层 A 轴和 19 轴所交柱　　图 3.3.2.16　火灾后一层 B 轴和 1 轴所交柱

(a) 所交柱(1)　　　　　　　　(b) 所交柱(2)

图 3.3.2.17　火灾后一层 B 轴和 2 轴所交柱

　　火灾后一层 B 轴和 3 轴所交柱如图 3.3.2.18 所示,该柱表面水泥砂浆抹灰部分脱落,混凝土开裂,混凝土颜色发白,该柱周围可燃物较少,可判断柱受火时的表面最高温度在300 ℃ 以下。该柱承载力较火灾前下降约 3%,不属于危险点。

　　火灾后一层 B 轴和 4 轴所交柱如图 3.3.2.19 所示,该柱表面水泥砂浆抹灰部分脱落,混凝土开裂,柱角混凝土剥落,混凝土颜色发白带浅黄,该柱周围可燃物较多,钢材烧弯变形,根据混凝土表面情况,可判断柱受火时的表面最高温度在 300 ℃ 以下。该柱承载力较火灾前下降约 3%,不属于危险点。

　　火灾后一层 B 轴和 5 轴所交柱如图 3.3.2.20 所示,该柱表面水泥砂浆抹灰大面积脱落,混凝土开裂,该柱周围钢材受热严重变形,根据混凝土表面情况,可判断柱受火时的表面最高温度在 500 ℃ 以上。该柱承载力较火灾前下降约 20%,属于危险点。

　　火灾后一层 B 轴和 6 轴所交柱如图 3.3.2.21 所示,该柱表面水泥砂浆抹灰大面积脱落,混凝土开裂,该柱周围钢材受热严重变形,根据混凝土表面情况,可判断柱受火时的表面最高温度在 500 ℃ 以上。该柱承载力较火灾前下降约 20%,属于危险点。

图 3.3.2.18　火灾后一层 B 轴和 3 轴所交柱　　图 3.3.2.19　火灾后一层 B 轴和 4 轴所交柱

图 3.3.2.20　火灾后一层 B 轴和 5 轴所交柱　　图 3.3.2.21　火灾后一层 B 轴和 6 轴所交柱

火灾后一层 B 轴和 7 轴所交柱如图 3.3.2.22 所示,该柱表面水泥砂浆抹灰大面积脱落,混凝土开裂,柱角混凝土剥落,该柱周围钢材受热严重变形,根据混凝土表面情况,可判断柱受火时的表面最高温度在 500 ℃ 以上。该柱承载力较火灾前下降约 20%,属于危险点。

火灾后一层 B 轴和 8 轴所交柱如图 3.3.2.23 所示,该柱表面水泥砂浆抹灰大面积脱落,混凝土开裂,柱角混凝土剥落,该柱周围钢材受热严重变形,根据混凝土表面情况,可判断柱受火时的表面最高温度在 500 ℃ 以上。该柱承载力较火灾前下降约 20%,属于危险点。

图 3.3.2.22　火灾后一层 B 轴和 7 轴所交柱　　图 3.3.2.23　火灾后一层 B 轴和 8 轴所交柱

火灾后一层 B 轴和 9 轴所交柱如图 3.3.2.24 所示,该柱表面水泥砂浆抹灰大面积脱落,混凝土微开裂,该柱周围钢材未严重变形,根据混凝土表面情况,可判断柱受火时的表面最高温度在 500 ℃ 以上。该柱承载力较火灾前下降约 20%,属于危险点。

火灾后一层 B 轴和 10 轴所交柱如图 3.3.2.25 所示,该柱表面水泥砂浆抹灰大面积脱落,混凝土开裂剥落,该柱周围钢材受热严重变形,根据混凝土表面情况,可判断柱受火时的表面最高温度在 500 ℃ 以上。该柱承载力较火灾前下降约 20%,属于危险点。

图 3.3.2.24　火灾后一层 B 轴和 9 轴所交柱　　图 3.3.2.25　火灾后一层 B 轴和 10 轴所交柱

火灾后一层 B 轴和 11 轴所交柱如图 3.3.2.26 所示,该柱表面水泥砂浆抹灰大面积脱落,混凝土开裂剥落,该柱周围钢材微小变形,根据混凝土表面情况,可判断柱受火时的表面最高温度在 500 ℃ 以上。该柱承载力较火灾前下降约 20%,属于危险点。

火灾后一层 B 轴和 12 轴所交柱如图 3.3.2.27 所示,该柱表面水泥砂浆抹灰大面积脱落,柱角混凝土开裂剥落,柱头部分柱角露出钢筋,周围钢材严重变形,根据混凝土表面情况,可判断柱受火时的表面最高温度在 500 ℃ 以上。该柱承载力较火灾前下降约 20%,属于危险点。

图 3.3.2.26　火灾后一层 B 轴和 11 轴所交柱　　图 3.3.2.27　火灾后一层 B 轴和 12 轴所交柱

火灾后一层 B 轴和 13 轴所交柱如图 3.3.2.28 所示,该柱表面水泥砂浆抹灰大面积脱落,柱角混凝土开裂剥落,石子石灰化,大部分柱角露出钢筋,周围钢材严重变形,根据混凝土表面情况,可判断柱受火时的表面最高温度在 500 ℃ 以上。该柱承载力较火灾前下降约 20%,属于危险点。

火灾后一层 A 轴和 B 轴之间与 10 轴所交柱如图 3.3.2.29 所示,该柱表面水泥砂浆抹灰大面积脱落,柱角混凝土开裂剥落,根据混凝土表面情况,可判断柱受火时的表面最高温度在 500 ℃ 以上。该柱承载力较火灾前下降约 20%,属于危险点。

图 3.3.2.28　火灾后一层 B 轴和 13 轴所交柱　　图 3.3.2.29　火灾后一层 A 轴和 B 轴之间与 10 轴所交柱

　　火灾后一层 A 轴和 B 轴之间与 11 轴所交柱如图 3.3.2.30 所示,该柱表面水泥砂浆抹灰大面积脱落,柱角混凝土疏松大面积开裂剥落,锤击声音发哑,根据混凝土表面情况,可判断柱受火时的表面最高温度在 500 ℃ 以上。该柱承载力较火灾前下降约 20%,属于危险点。

　　火灾后一层 B 轴和 14 轴所交双柱如图 3.3.2.31 所示,该柱表面水泥砂浆抹灰大面积脱落,柱角混凝土开裂剥落,石子石灰化,双柱柱角均露出钢筋,周围钢材严重变形,根据混凝土表面情况,可判断柱受火时的表面最高温度在 500 ℃ 以上。该柱承载力较火灾前下降约 20%,属于危险点。

图 3.3.2.30　火灾后一层 A 轴和 B 轴之间与 11　　图 3.3.2.31　火灾后一层 B 轴和 14 轴所交双柱
　　　　　　　　轴所交柱

　　火灾后一层 B 轴和 15 轴所交柱如图 3.3.2.32 所示,该柱表面水泥砂浆抹灰大面积脱落,柱角混凝土开裂剥落,混凝土外鼓,石子石灰化,柱角露出钢筋,周围钢材严重变形,楼板坍塌,根据混凝土表面情况,可判断柱受火时的表面最高温度在 500 ℃ 以上。该柱承载力较火灾前下降约 20%,属于危险点。

　　火灾后一层 B 轴和 16 轴所交柱如图 3.3.2.33 所示,该柱表面水泥砂浆抹灰大面积脱落,柱角混凝土开裂剥落,石子石灰化,柱角露出钢筋,周围钢材严重变形,楼板坍塌,根据混凝土表面情况,可判断柱受火时的表面最高温度在 500 ℃ 以上。该柱承载力较火灾前下降约 20%，属于危险点。

图 3.3.2.32　火灾后一层 B 轴和 15 轴所交柱　　图 3.3.2.33　火灾后一层 B 轴和
16 轴所交柱

　　火灾后一层 B 轴和 17 轴所交柱如图 3.3.2.34 所示，该柱表面水泥砂浆抹灰大面积脱落，柱角混凝土开裂剥落，混凝土黄色发红，石子石灰化，柱角露出钢筋，周围钢材严重变形，根据混凝土表面情况，可判断柱受火时的表面最高温度在 500 ℃ 以上。该柱承载力较火灾前下降约 20%，属于危险点。

　　火灾后一层 B 轴和 18 轴所交柱如图 3.3.2.35 所示，该柱表面水泥砂浆抹灰大面积脱落，柱角混凝土开裂剥落，周围钢材变形，根据混凝土表面情况，可判断柱受火时的表面最高温度在 500 ℃ 以上。该柱承载力较火灾前下降约 20%，属于危险点。

图 3.3.2.34　火灾后一层 B 轴和 17 轴所交柱　　图 3.3.2.35　火灾后一层 B 轴和
18 轴所交柱

　　火灾后一层 B 轴和 19 轴所交柱如图 3.3.2.36 所示，该柱表面水泥砂浆抹灰大面积脱落，柱角混凝土开裂剥落，周围钢材没有变形，有烧化的塑料黏在钢管上，根据混凝土表面情况，可判断柱受火时的表面最高温度在 500 ℃ 以上。该柱承载力较火灾前下降约 20%，属于危险点。

　　火灾后一层 C 轴和 1 轴所交柱如图 3.3.2.37 所示,该柱表面水泥砂浆抹灰大面积脱落,混凝土微开裂,周围木材炭化,根据混凝土表面情况,可判断柱受火时的表面最高温度在 300 ℃ 以下。该柱承载力较火灾前下降约 3%,不属于危险点。

图 3.3.2.36　火灾后一层 B 轴和 19 轴所交柱　　　图 3.3.2.37　火灾后一层 C 轴和 1 轴所交柱

　　火灾后一层 C 轴和 2 轴所交柱如图 3.3.2.38 所示,该柱表面水泥砂浆抹灰部分脱落,混凝土微开裂,周围木材炭化,根据混凝土表面情况,可判断柱受火时的表面最高温度在 300 ℃ 以下。该柱承载力较火灾前下降约 3%,不属于危险点。

　　火灾后一层 C 轴和 3 轴所交柱如图 3.3.2.39 所示,该柱表面水泥砂浆抹灰部分脱落,混凝土微开裂,周围钢材微小变形,根据混凝土表面情况,可判断柱受火时的表面最高温度在 300 ℃ 以下。该柱承载力较火灾前下降约 3%,不属于危险点。

图 3.3.2.38　火灾后一层 C 轴和 2 轴所交柱　　　图 3.3.2.39　火灾后一层 C 轴和 3 轴所交柱

　　火灾后一层 C 轴和 4 轴所交柱如图 3.3.2.40 所示,该柱表面水泥砂浆抹灰大面积脱落,混凝土微开裂,周围钢材微小变形,根据混凝土表面情况,可判断柱受火时的表面最高温度在 300 ℃ 以下。该柱承载力较火灾前下降约 3%,不属于危险点。

　　火灾后一层 C 轴和 5 轴所交柱如图 3.3.2.41 所示,该柱表面水泥砂浆抹灰大面积脱落,柱角混凝土开裂剥落,周围钢材受热变形,混凝土白中带黄,根据混凝土表面情况,可判断柱受火时的表面最高温度在 500 ℃ 以上。该柱承载力较火灾前下降约 20%,属于危险点。

图 3.3.2.40　火灾后一层 C 轴和 4 轴所交柱　　　图 3.3.2.41　火灾后一层 C 轴和 5 轴所交柱

　　火灾后一层 C 轴和 6 轴所交柱如图 3.3.2.42 所示,该柱表面水泥砂浆抹灰大面积脱落,柱角混凝土开裂剥落,露出钢筋,石子呈红色石灰化,混凝土白中带黄,根据混凝土表面情况,可判断柱受火时的表面最高温度在 500 ℃ 以上。该柱承载力较火灾前下降约20%,属于危险点。

　　火灾后一层 C 轴和 7 轴所交双柱如图 3.3.2.43 所示,双柱表面水泥砂浆抹灰大面积脱落,柱角混凝土开裂剥落,露出钢筋,石子呈红色石灰化,混凝土白中带黄,敲击声音发哑,根据混凝土表面情况,可判断柱受火时的表面最高温度在 500 ℃ 以上。该柱承载力较火灾前下降约 20%,属于危险点。

图 3.3.2.42　火灾后一层 C 轴和 6 轴所交柱　　　图 3.3.2.43　火灾后一层 C 轴和
　　　　　　　　　　　　　　　　　　　　　　　　　　　　　　　　7 轴所交双柱

　　火灾后一层 C 轴和 8 轴所交柱如图 3.3.2.44 所示,该柱表面水泥砂浆抹灰大面积脱落,柱角混凝土开裂剥落,周围钢材变形,根据混凝土表面情况,可判断柱受火时的表面最高温度在 500 ℃ 以上。该柱承载力较火灾前下降约 20%,属于危险点。

　　火灾后一层 C 轴和 9 轴所交柱如图 3.3.2.45 所示,该柱表面水泥砂浆抹灰大面积脱落,柱角混凝土严重开裂剥落,露出钢筋,周围钢材变形,根据混凝土表面情况,可判断柱受火时的表面最高温度在 500 ℃ 以上。该柱承载力较火灾前下降约 20%,属于危险点。

图 3.3.2.44   火灾后一层 C 轴和   图 3.3.2.45   火灾后一层 C 轴和 9 轴所交柱

　　　　　8 轴所交柱

　　火灾后一层 C 轴和 10 轴所交柱如图 3.3.2.46 所示,该柱表面水泥砂浆抹灰大面积脱落,混凝土开裂,周围钢材微小变形,根据混凝土表面情况,可判断柱受火时的表面最高温度在 500 ℃ 以上。该柱承载力较火灾前下降约 20%,属于危险点。

　　火灾后一层 C 轴和 11 轴所交柱如图 3.3.2.47 所示,该柱表面水泥砂浆抹灰大面积脱落,混凝土开裂烧成白色,根据混凝土表面情况,可判断柱受火时的表面最高温度在 500 ℃ 以上。该柱承载力较火灾前下降约 20%,属于危险点。

图 3.3.2.46   火灾后一层 C 轴和 10 轴所交柱   图 3.3.2.47   火灾后一层 C 轴和 11 轴所交柱

　　火灾后一层 C 轴和 12 轴所交柱如图 3.3.2.48 所示,该柱表面水泥砂浆抹灰大面积脱落,混凝土开裂,柱角混凝土剥落,根据混凝土表面情况,可判断柱受火时的表面最高温度在 500 ℃ 以上。该柱承载力较火灾前下降约 20%,属于危险点。

　　火灾后一层 C 轴和 13 轴所交柱如图 3.3.2.49 所示,该柱表面水泥砂浆抹灰大面积脱落,混凝土开裂,柱角混凝土严重剥落,露出钢筋,根据混凝土表面情况,可判断柱受火时的表面最高温度在 500 ℃ 以上。该柱承载力较火灾前下降约 20%,属于危险点。

图 3.3.2.48　火灾后一层 C 轴和 12 轴所交柱　　图 3.3.2.49　火灾后一层 C 轴和
13 轴所交柱

　　火灾后一层 C 轴和 14 轴所交双柱如图 3.3.2.50 所示,该双柱表面水泥砂浆抹灰大面积脱落,混凝土开裂,柱角混凝土严重剥落,露出钢筋,根据混凝土表面情况,可判断柱受火时的表面最高温度在 500 ℃ 以上。该柱承载力较火灾前下降约 20%,属于危险点。

　　火灾后一层 C 轴和 15 轴所交柱如图 3.3.2.51 所示,该柱表面水泥砂浆抹灰大面积脱落,混凝土开裂,混凝土呈黄色,柱角混凝土严重剥落,露出钢筋,根据混凝土表面情况,可判断柱受火时的表面最高温度在 500 ℃ 以上。该柱承载力较火灾前下降约 20%,属于危险点。

图 3.3.2.50　火灾后一层 C 轴和 14 轴所交双柱　　图 3.3.2.51　火灾后一层 C 轴和 15 轴所交柱

　　火灾后一层 C 轴和 16 轴所交柱如图 3.3.2.52 所示,该柱表面水泥砂浆抹灰大面积脱落,混凝土开裂,混凝土呈黄色,柱角混凝土严重剥落,露出钢筋,周围楼板塌落,根据混凝土表面情况,可判断柱受火时的表面最高温度在 500 ℃ 以上。该柱承载力较火灾前下降约 20%,属于危险点。

　　火灾后一层 C 轴和 17 轴所交柱如图 3.3.2.53 所示,该柱表面水泥砂浆抹灰大面积脱落,混凝土开裂,混凝土呈黄色,柱角混凝土严重剥落,露出钢筋,钢筋剥离,根据混凝土表面情况,可判断柱受火时的表面最高温度在 500 ℃ 以上。该柱承载力较火灾前下降约 20%,属于危险点。

图 3.3.2.52 火灾后一层 C 轴和　　　图 3.3.2.53 火灾后一层 C 轴和 17 轴所交柱
16 轴所交柱

　　火灾后一层 C 轴和 18 轴所交柱如图 3.3.2.54 所示,该柱表面水泥砂浆抹灰大面积脱落,混凝土开裂,混凝土呈黄色,柱角混凝土严重剥落,露出钢筋,根据混凝土表面情况,可判断柱受火时的表面最高温度在 500 ℃ 以上。该柱承载力较火灾前下降约 20%,属于危险点。

　　火灾后一层 C 轴和 19 轴所交柱如图 3.3.2.55 所示,该柱表面水泥砂浆抹灰大面积脱落,混凝土开裂,混凝土呈黄色,柱角混凝土剥落,根据混凝土表面情况,可判断柱受火时的表面最高温度在 500 ℃ 以上。该柱承载力较火灾前下降约 20%,属于危险点。

图 3.3.2.54 火灾后一层 C 轴和　　　图 3.3.2.55 火灾后一层 C 轴和
18 轴所交柱　　　　　　　　　　　19 轴所交柱

　　火灾后一层 C 轴和 20 轴所交柱如图 3.3.2.56 所示,该柱表面水泥砂浆抹灰出现裂纹没有脱落,周围的木材炭化,根据混凝土表面情况,可判断柱受火时的表面最高温度在 500 ℃ 以上。该柱承载力较火灾前下降约 20%,属于危险点。

　　火灾后一层 D 轴和 1 轴所交柱如图 3.3.2.57 所示,该柱表面水泥砂浆抹灰部分脱落,周围燃烧物较多,木材严重炭化,根据混凝土表面情况,可判断柱受火时的表面最高温度在 300 ℃ 以下。该柱承载力较火灾前下降约 3%,不属于危险点。

图 3.3.2.56　火灾后一层 C 轴和 20 轴所交柱　　图 3.3.2.57　火灾后一层 D 轴和 1 轴所交柱

火灾后一层 D 轴和 2 轴所交柱如图 3.3.2.58 所示,该柱表面水泥砂浆抹灰部分脱落,混凝土开裂,柱角混凝土剥落,周围钢筋软化,根据混凝土表面情况,可判断柱受火时的表面最高温度在 300 ℃ 以下。该柱承载力较火灾前下降约 3%,不属于危险点。

火灾后一层 D 轴和 3 轴所交柱如图 3.3.2.59 所示,该柱表面水泥砂浆抹灰部分脱落,混凝土开裂,柱角装修炭化,根据混凝土表面情况,可判断柱受火时的表面最高温度在 300 ℃ 以下。该柱承载力较火灾前下降约 3%,不属于危险点。

图 3.3.2.58　火灾后一层 D 轴和 2 轴所交柱　　图 3.3.2.59　火灾后一层 D 轴和 3 轴所交柱

火灾后一层 D 轴和 4 轴所交柱如图 3.3.2.60 所示,该柱表面水泥砂浆抹灰大面积脱落,混凝土开裂,柱角装修炭化,周围钢材软化,根据混凝土表面情况,可判断柱受火时的表面最高温度在 300 ℃ 以下。该柱承载力较火灾前下降约 3%,不属于危险点。

火灾后一层 D 轴和 5 轴所交柱如图 3.3.2.61 所示,该柱表面水泥砂浆抹灰大面积脱落,混凝土开裂,柱角装修炭化,周围钢材软化,根据混凝土表面情况,可判断柱受火时的表面最高温度在 500 ℃ 以上。该柱承载力较火灾前下降约 20%,属于危险点。

图 3.3.2.60　火灾后一层 D 轴和 4 轴所交柱　　图 3.3.2.61　火灾后一层 D 轴和 5 轴所交柱

火灾后一层 D 轴和 6 轴所交柱如图 3.3.2.62 所示,该柱表面水泥砂浆抹灰大面积脱落,混凝土开裂,柱角装修炭化,周围钢材软化,根据混凝土表面情况,可判断柱受火时的表面最高温度在 500 ℃ 以上。该柱承载力较火灾前下降约 20%,属于危险点。

火灾后一层 D 轴和 7 轴所交双柱如图 3.3.2.63 所示,该柱表面水泥砂浆抹灰大面积脱落,混凝土开裂,柱角装修炭化,周围钢材软化,楼板坍塌,根据混凝土表面情况,可判断柱受火时的表面最高温度在 500 ℃ 以上。该柱承载力较火灾前下降约 20%,属于危险点。

图 3.3.2.62　火灾后一层 D 轴和 6 轴所交柱　　图 3.3.2.63　火灾后一层 D 轴和 7 轴所交双柱

火灾后一层 D 轴和 8 轴所交柱如图 3.3.2.64 所示,该柱表面水泥砂浆抹灰大面积脱落,混凝土开裂,柱角混凝土剥落,周围钢材软化,柱角露出钢筋,根据混凝土表面情况,可判断柱受火时的表面最高温度在 500 ℃ 以上。该柱承载力较火灾前下降约 20%,属于危险点。

火灾后一层 D 轴和 9 轴所交柱如图 3.3.2.65 所示,该柱表面水泥砂浆抹灰大面积脱落,混凝土开裂,柱角混凝土剥落,露出钢筋,周围钢材软化,根据混凝土表面情况,可判断柱受火时的表面最高温度在 500 ℃ 以上。该柱承载力较火灾前下降约 20%,属于危险点。

火灾后一层 D 轴和 10 轴所交柱如图 3.3.2.66 所示,该柱表面水泥砂浆抹灰大面积脱落,混凝土开裂,柱角混凝土剥落,周围钢材软化,根据混凝土表面情况,可判断柱受火时的表面最高温度在 500 ℃ 以上。该柱承载力较火灾前下降约 20%,属于危险点。

火灾后一层 D 轴和 11 轴所交柱如图 3.3.2.67 所示,该柱表面水泥砂浆抹灰大面积脱落,混凝土开裂,柱角混凝土剥落,周围钢材软化,根据混凝土表面情况,可判断柱受火时的表面最高温度在 500 ℃ 以上。该柱承载力较火灾前下降约 20%,属于危险点。

图 3.3.2.64　火灾后一层 D 轴和　　图 3.3.2.65　　火灾后一层 D 轴和
　　　　　　　8 轴所交柱　　　　　　　　　　　9 轴所交柱

图 3.3.2.66　火灾后一层 D 轴和 10 轴所交柱　　图 3.3.2.67　火灾后一层 D 轴和 11 轴所交柱

　　火灾后一层 D 轴和 12 轴所交柱如图 3.3.2.68 所示,该柱表面水泥砂浆抹灰大面积脱落,混凝土开裂,柱角混凝土剥落,柱顶劈裂,混凝土呈黄色,声音发哑,周围钢材软化,根据混凝土表面情况,可判断柱受火时的表面最高温度在 500 ℃ 以上。该柱承载力较火灾前下降约 20%,属于危险点。

　　火灾后一层 D 轴和 13 轴所交柱如图 3.3.2.69 所示,该柱表面水泥砂浆抹灰大面积脱落,混凝土开裂,柱角混凝土剥落,石子石灰化,混凝土呈黄色,声音发哑,周围钢材软化,根据混凝土表面情况,可判断柱受火时的表面最高温度在 500 ℃ 以上。该柱承载力较火灾前下降约 20%,属于危险点。

　　火灾后一层 D 轴和 14 轴所交双柱如图 3.3.2.70 所示,该柱表面水泥砂浆抹灰大面积脱落,混凝土开裂,柱角混凝土剥落,露出钢筋,石子石灰化,混凝土呈黄色,周围钢材软化,根据混凝土表面情况,可判断柱受火时的表面最高温度在 500 ℃ 以上。该柱承载力较火灾前下降约 20%,属于危险点。

　　火灾后一层 D 轴和 15 轴所交柱如图 3.3.2.71 所示,该柱表面水泥砂浆抹灰大面积脱落,混凝土开裂,柱角混凝土剥落,钢筋外露,石子石灰化,混凝土呈黄色,声音发哑,周围钢材软化,楼板坍塌,根据混凝土表面情况,可判断柱受火时的表面最高温度在 500 ℃ 以上。该柱承载力较火灾前下降约 20％,属于危险点。

图 3.3.2.68   火灾后一层 D 轴和 12 轴所交柱   图 3.3.2.69   火灾后一层 D 轴和 13 轴所交柱

图 3.3.2.70   火灾后一层 D 轴和 14 轴所交双柱   图 3.3.2.71   火灾后一层 D 轴和 15 轴所交柱

火灾后一层 D 轴和 16 轴所交柱如图 3.3.2.72 所示,该柱表面水泥砂浆抹灰大面积脱落,混凝土开裂,柱角混凝土剥落,露出钢筋,石子石灰化,混凝土呈黄色,声音发哑,周围钢材软化,楼板坍塌,根据混凝土表面情况,可判断柱受火时的表面最高温度在 500 ℃ 以上。该柱承载力较火灾前下降约 20％,属于危险点。

火灾后一层 D 轴和 17 轴所交柱如图 3.3.2.73 所示,该柱表面水泥砂浆抹灰大面积脱落,混凝土开裂,柱角混凝土剥落,露出钢筋,石子石灰化,混凝土呈黄色,声音发哑,周围钢材软化,根据混凝土表面情况,可判断柱受火时的表面最高温度在 500 ℃ 以上。该柱承载力较火灾前下降约 20％,属于危险点。

火灾后一层 D 轴和 18 轴所交柱如图 3.3.2.74 所示,该柱表面水泥砂浆抹灰大面积脱落,混凝土开裂,柱子倾斜,柱角混凝土剥落,露出钢筋,石子石灰化,混凝土呈黄色,声音发哑,周围钢材软化,根据混凝土表面情况,可判断柱受火时的表面最高温度在 500 ℃ 以上。该柱承载力较火灾前下降约 20％,属于危险点。

火灾后一层 D 轴和 19 轴所交柱如图 3.3.2.75 所示,该柱表面水泥砂浆抹灰大面积脱落,混凝土开裂,柱角混凝土剥落,露出钢筋,混凝土呈灰白色,声音发哑,周围钢材软化,根据混凝土表面情况,可判断柱受火时的表面最高温度在 500 ℃ 以上。该柱承载力较火灾前下降约 20％,属于危险点。

图 3.3.2.72　火灾后一层 D 轴和 16 轴所交柱　　图 3.3.2.73　火灾后一层 D 轴和 17 轴所交柱

图 3.3.2.74　火灾后一层 D 轴和　　图 3.3.2.75　火灾后一层 D 轴和

18 轴所交柱　　　　　　　　　　19 轴所交柱

火灾后一层 D 轴和 20 轴所交柱如图 3.3.2.76 所示,该柱位于砌块包围之中,周围砌块呈灰白色,周围钢材变形,根据混凝土表面情况,可判断柱受火时的表面最高温度在 500 ℃ 以上。该柱承载力较火灾前下降约 20%,属于危险点。

火灾后一层 E 轴和 1 轴所交柱如图 3.3.2.77 所示,该柱表面局部粉刷层脱落,表面有细微裂缝,可判断柱受火时的表面最高温度在 300 ℃ 以下。该柱承载力较火灾前下降约 3%,不属于危险点。

图 3.3.2.76　火灾后一层 D 轴和 20 轴所交柱　　图 3.3.2.77　火灾后一层 E 轴和 1 轴所交柱

　　火灾后一层 E 轴和 2 轴所交柱如图 3.3.2.78 所示,该柱混凝土呈浅灰白色,表面有较多细裂纹,表面疏松棱角处有轻度脱落,可判断柱受火时的表面最高温度在 300 ℃ 以下。该柱承载力较火灾前下降约 3%,不属于危险点。

　　火灾后一层 E 轴和 3 轴所交柱如图 3.3.2.79 所示,该柱表面局部粉刷层脱落,表面有细微裂缝,根据混凝土剥落及开裂情况,可判断柱受火时的表面最高温度在 300 ℃ 以下。该柱承载力较火灾前下降约 3%,不属于危险点。

图 3.3.2.78　火灾后一层 E 轴和 2 轴所交柱　　图 3.3.2.79　火灾后一层 E 轴和 3 轴所交柱

　　火灾后一层 E 轴和 4 轴所交柱如图 3.3.2.80 所示,该柱混凝土呈浅灰白色略显黄色,表面有较多细裂纹,表面疏松棱角处有轻度脱落,柱周围钢条发生扭曲变形,可判断柱受火时的表面最高温度在 300 ℃ 以下。该柱承载力较火灾前下降约 3%,不属于危险点。

　　火灾后一层 E 轴和 5 轴所交柱如图 3.3.2.81 所示,该柱混凝土呈浅灰白色略显浅红色,柱混凝土棱角处脱落较重,柱周围钢条发生扭曲变形,根据混凝土表面情况,可判断柱受火时的表面最高温度在 500 ℃ 以上。该柱承载力较火灾前下降约 20%,属于危险点。

图 3.3.2.80　火灾后一层 E 轴和 4 轴所交柱　　图 3.3.2.81　火灾后一层 E 轴和 5 轴所交柱

　　火灾后一层 E 轴和 6 轴所交柱如图 3.3.2.82 所示,该柱混凝土呈浅灰白色略显浅红色,柱混凝土棱角处脱落较重,周围钢条发生扭曲变形,根据混凝土表面情况,可判断柱受火时的表面最高温度在 500 ℃ 以上。该柱承载力较火灾前下降约 20%,属于危险点。

　　火灾后一层 E 轴和 7 轴所交双柱如图 3.3.2.83 所示,该双柱混凝土呈浅灰白色略显浅黄色,柱混凝土表面疏松,棱角处有轻度脱落,柱周围钢条发生扭曲变形,根据混凝土表面情况,可判断柱受火时的表面最高温度在 500 ℃ 以上。该柱承载力较火灾前下降约 20%,属于危险点。

图 3.3.2.82　火灾后一层 E 轴和　图 3.3.2.83　火灾后一层 E 轴和 7 轴所交双柱
　　　　　　6 轴所交柱

　　火灾后一层 E 轴和 8 轴所交柱如图 3.3.2.84 所示,该柱混凝土呈浅黄色,棱角处严重脱落且露筋,柱周围钢架发生扭曲变形,根据混凝土表面情况,可判断柱受火时的表面最高温度在 500 ℃ 以上。该柱承载力较火灾前下降约 20％,属于危险点。

　　火灾后一层 E 轴和 9 轴所交柱如图 3.3.2.85 所示,该柱混凝土呈浅黄色,棱角处严重脱落且露筋,柱周围钢架发生扭曲变形,根据混凝土表面情况,可判断柱受火时的表面最高温度在 500 ℃ 以上。该柱承载力较火灾前下降约 20％,属于危险点。

图 3.3.2.84　火灾后一层 E 轴和 8 轴所交柱　　图 3.3.2.85　火灾后一层 E 轴和 9 轴所交柱

　　火灾后一层 E 轴和 10 轴所交柱如图 3.3.2.86 所示,该柱混凝土呈浅黄色,混凝土表面大面积脱落且有较多裂缝,柱周围钢架发生扭曲变形,根据混凝土表面情况,可判断柱受火时的表面最高温度在 500 ℃ 以上。该柱承载力较火灾前下降约 20％,属于危险点。

　　火灾后一层 E 轴和 11 轴所交柱如图 3.3.2.87 所示,该柱混凝土呈浅黄色,棱角处严重脱落且露筋,柱周围钢架发生扭曲变形,根据混凝土表面情况,可判断柱受火时的表面最高温度在 500 ℃ 以上。该柱承载力较火灾前下降约 20％,属于危险点。

　　火灾后一层 E 轴和 12 轴所交柱如图 3.3.2.88 所示,该柱混凝土呈灰白色略显浅黄色,混凝土表面大面积剥落且有较多裂缝,柱周围钢架发生扭曲变形,根据混凝土表面情况,可判断柱受火时的表面最高温度在 500 ℃ 以上。该柱承载力较火灾前下降约 20％,

属于危险点。

　　火灾后一层 E 轴和 13 轴所交柱如图 3.3.2.89 所示,该柱混凝土呈浅黄色,棱角处严重脱落且露筋,柱周围钢架发生扭曲变形,根据混凝土表面情况,可判断柱受火时的表面最高温度在 500 ℃ 以上。该柱承载力较火灾前下降约 20%,属于危险点。

图 3.3.2.86　火灾后一层 E 轴和 10 轴所交柱　　图 3.3.2.87　火灾后一层 E 轴和 11 轴所交柱

图 3.3.2.88　火灾后一层 E 轴和 12 轴所交柱　　图 3.3.2.89　火灾后一层 E 轴和 13 轴所交柱

　　火灾后一层 E 轴和 14 轴所交柱如图 3.3.2.90 所示,该柱混凝土呈浅黄色,棱角处严重脱落且露筋,柱周围钢架发生扭曲变形,根据混凝土表面情况,可判断柱受火时的表面最高温度在 500 ℃ 以上。该柱承载力较火灾前下降约 20%,属于危险点。

　　火灾后一层 E 轴和 15 轴所交柱如图 3.3.2.91 所示,该柱混凝土呈浅黄色,棱角处严重脱落且露筋,柱周围钢架发生扭曲变形,根据混凝土表面情况,可判断柱受火时的表面最高温度在 500 ℃ 以上。该柱承载力较火灾前下降约 20%,属于危险点。

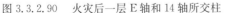

图 3.3.2.90　火灾后一层 E 轴和 14 轴所交柱　　图 3.3.2.91　火灾后一层 E 轴和 15 轴所交柱

火灾后一层 E 轴和 16 轴所交柱如图 3.3.2.92 所示,该柱混凝土呈浅黄色,棱角处严重脱落且露筋,柱周围钢架发生扭曲变形,根据混凝土表面情况,可判断柱受火时的表面最高温度在 500 ℃ 以上。该柱承载力较火灾前下降约 20％,属于危险点。

火灾后一层 E 轴和 17 轴所交柱如图 3.3.2.93 所示,该柱混凝土呈浅黄色,棱角处严重脱落且露筋,柱周围钢架发生扭曲变形,根据混凝土表面情况,可判断柱受火时的表面最高温度在 500 ℃ 以上。该柱承载力较火灾前下降约 20％,属于危险点。

图 3.3.2.92　火灾后一层 E 轴和 16 轴所交柱　　图 3.3.2.93　火灾后一层 E 轴和
17 轴所交柱

火灾后一层 E 轴和 18 轴所交柱如图 3.3.2.94 所示,该柱混凝土呈浅黄色,棱角处严重脱落且露筋,柱周围钢架发生扭曲变形,根据混凝土表面情况,可判断柱受火时的表面最高温度在 500 ℃ 以上。该柱承载力较火灾前下降约 20％,属于危险点。

火灾后一层 E 轴和 19 轴所交柱如图 3.3.2.95 所示,该柱混凝土呈浅黄色,混凝土开裂布满裂纹,柱周围钢架发生扭曲变形,根据混凝土表面情况,可判断柱受火时的表面最高温度在 500 ℃ 以上。该柱承载力较火灾前下降约 20％,属于危险点。

图 3.3.2.94　火灾后一层 E 轴和　　图 3.3.2.95　火灾后一层 E 轴和 19 轴所交柱
18 轴所交柱

　　火灾后一层 E 轴和 20 轴所交柱如图 3.3.2.96 所示,该柱周围钢架发生扭曲变形,根据混凝土表面情况,可判断柱受火时的表面最高温度在 500 ℃ 以上。该柱承载力较火灾前下降约 20%,属于危险点。

　　火灾后一层 F 轴和 3 轴所交柱如图 3.3.2.97 所示,该柱混凝土呈浅灰白色略显浅红色,柱角部混凝土剥落且出现裂缝,根据混凝土表面情况,可判断柱受火时的表面最高温度在 300 ℃ 以下。该柱承载力较火灾前下降约 3%,不属于危险点。

图 3.3.2.96　火灾后一层 E 轴和 20 轴所交柱　　　图 3.3.2.97　火灾后一层 F 轴和 3 轴所交柱

　　火灾后一层 F 轴和 7 轴所交双柱如图 3.3.2.98 所示,该双柱混凝土呈浅黄色,棱角处严重脱落且露筋,根据混凝土表面情况,可判断柱受火时的表面最高温度约为 400 ℃。该柱承载力较火灾前下降约 10%,不属于危险点。

　　火灾后一层 F 轴和 8 轴所交柱如图 3.3.2.99 所示,该柱混凝土呈浅黄色,棱角处严重脱落且露筋,根据混凝土表面情况,可判断柱受火时的表面最高温度约为 400 ℃。该柱承载力较火灾前下降约 10%,不属于危险点。

图 3.3.2.98　火灾后一层 F 轴和 7 轴所交双柱　　　图 3.3.2.99　火灾后一层 F 轴和 8 轴所交柱

　　火灾后一层 F 轴和 9 轴所交柱如图 3.3.2.100 所示,该柱混凝土呈浅黄色,棱角处严重脱落且露筋,根据混凝土表面情况,可判断柱受火时的表面最高温度约为 400 ℃。该柱承载力较火灾前下降约 10%,不属于危险点。

　　火灾后一层 F 轴和 10 轴所交柱如图 3.3.2.101 所示,该柱混凝土呈浅灰白色,柱角部混凝土剥落,根据混凝土表面情况,可判断柱受火时的表面最高温度约为 400 ℃。该柱承载力较火灾前下降约 10%,不属于危险点。

图 3.3.2.100　火灾后一层 F 轴和 9 轴所交柱　　图 3.3.2.101　火灾后一层 F 轴和 10 轴所交柱

　　火灾后一层 F 轴和 11 轴所交柱如图 3.3.2.102 所示,该柱混凝土呈浅灰白色,柱角部混凝土剥落,根据混凝土表面情况,可判断柱受火时的表面最高温度约为 400 ℃。该柱承载力较火灾前下降约 10%,不属于危险点。

　　火灾后一层 F 轴和 12 轴所交柱如图 3.3.2.103 所示,该柱混凝土呈浅黄色,棱角处严重脱落且露筋,根据混凝土表面情况,可判断柱受火时的表面最高温度约为 400 ℃。该柱承载力较火灾前下降约 10%,不属于危险点。

图 3.3.2.102　火灾后一层 F 轴和 11 轴所交柱　　图 3.3.2.103　火灾后一层 F 轴和 12 轴所交柱

　　火灾后一层 F 轴和 13 轴所交柱如图 3.3.2.104 所示,该柱混凝土呈浅灰色,柱表面混凝土局部粉刷层剥落且表面有细微裂缝,根据混凝土表面情况,可判断柱受火时的表面最高温度约为 400 ℃。该柱承载力较火灾前下降约 10%,不属于危险点。

　　火灾后一层 F 轴和 14 轴所交双柱如图 3.3.2.105 所示,该柱混凝土呈浅灰色,柱表面混凝土局部粉刷层剥落且表面有细微裂缝,根据混凝土表面情况,可判断柱受火时的表面最高温度约为 400 ℃。该柱承载力较火灾前下降约 10%,不属于危险点。

　　火灾后一层 F 轴和 15 轴所交柱如图 3.3.2.106 所示,该柱混凝土呈青灰色,柱表面混凝土局部粉刷层基本无剥落,根据混凝土表面情况,可判断柱受火时的表面最高温度在 300 ℃ 以下。该柱承载力较火灾前下降约 3%,不属于危险点。

　　火灾后一层 F 轴和 16 轴所交柱如图 3.3.2.107 所示,该柱混凝土呈黄色,柱表面混凝土局部粉刷层剥落,混凝土柱角剥落,与柱子相连的梁出现棱角剥落露出钢筋的现象,周围砌块呈黄色,钢材变形,根据混凝土表面情况,可判断柱受火时的表面最高温度约为 400 ℃。该柱承载力较火灾前下降约 10%,不属于危险点。

图 3.3.2.104　火灾后一层 F 轴和 13 轴所交柱

图 3.3.2.105　火灾后一层 F 轴和 14 轴所交双柱

图 3.3.2.106　火灾后一层 F 轴和 15 轴所交柱

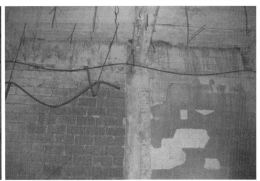
图 3.3.2.107　火灾后一层 F 轴和 16 轴所交柱

　　火灾后一层 F 轴和 17 轴所交柱如图 3.3.2.108 所示,该柱混凝土呈黄色,柱表面混凝土局部粉刷层剥落,混凝土柱角剥落,与柱子相连的梁出现棱角剥落露出钢筋的现象,周围砌块呈黄色,钢材变形,根据混凝土表面情况,可判断柱受火时的表面最高温度约为400 ℃。该柱承载力较火灾前下降约 10%,不属于危险点。

　　火灾后一层 F 轴和 18 轴所交柱如图 3.3.2.109 所示,该柱表面混凝土抹灰层未剥落,周围钢材变形,根据混凝土表面情况,可判断柱受火时的表面最高温度约为 400 ℃。该柱承载力较火灾前下降约 10%,不属于危险点。

图 3.3.2.108　火灾后一层 F 轴和 17 轴所交柱

图 3.3.2.109　火灾后一层 F 轴和 18 轴所交柱

　　火灾后一层 F 轴和 19 轴所交柱如图 3.3.2.110 所示,该柱表面混凝土抹灰层开裂,但未剥落,墙体被熏黑,根据混凝土表面情况,可判断柱受火时的表面最高温度约为

400 ℃。该柱承载力较火灾前下降约10%，不属于危险点。

图 3.3.2.110　火灾后一层 F 轴和 19 轴所交柱

火灾后一小部分一层柱几乎未损伤（1 轴、20 轴与 A 轴、F 轴所辖区域之外的柱），这里不再赘述。

2. 梁的损伤情况

按照 A、B 纵轴与 1 ～ 20 轴所交主梁、次梁至 E、F 纵轴与 1 ～ 20 轴所交主梁、次梁排序，火灾后一层顶梁损伤状况如下。

火灾后一层顶 A 轴、B 轴、4 轴和 5 轴所围次梁如图 3.3.2.111 所示，该梁表面积满炭黑，水泥砂浆抹灰层大面积剥落，混凝土出现细微裂缝，角部混凝土轻度剥落，无钢筋露出。梁周围钢架轻度变形，根据混凝土表面外观特征，可判断梁受火时的表面最高温度在 300 ～ 500 ℃ 之间。该跨极限荷载较火灾前降低约18%，属于危险点。

火灾后一层顶 A 轴、4 轴和 5 轴所交主梁如图 3.3.2.112 所示，该梁表面积满炭黑，水泥砂浆抹灰层大面积剥落，混凝土出现细微裂缝，角部混凝土轻度剥落，无钢筋露出。梁周围钢架轻度变形，根据混凝土表面外观特征，可判断梁受火时的表面最高温度在 300 ～ 500 ℃ 之间。该跨极限荷载较火灾前降低约18%，属于危险点。

图 3.3.2.111　火灾后一层顶 A 轴、B 轴、4 轴和 5　　图 3.3.2.112　火灾后一层顶 A 轴、4 轴和 5 轴所
　　　　　　　轴所围次梁　　　　　　　　　　　　　　　　　　　交主梁

火灾后一层顶 A 轴、B 轴和 5 轴所交主梁如图 3.3.2.113 所示，该梁表面积满炭黑，水泥砂浆抹灰层大面积剥落，混凝土出现细微裂缝，角部混凝土轻度剥落，无钢筋露出。梁周围钢架轻度变形，根据混凝土表面外观特征，可判断梁受火时的表面最高温度在 500 ℃

以上。该跨极限荷载较火灾前降低约 30%,属于危险点。

　　火灾后一层顶 A 轴、B 轴和 7 轴所交主梁如图 3.3.2.114 所示,该梁表面积满炭黑,混凝土出现细微裂缝,角部混凝土轻度剥落,无钢筋露出。梁周围钢架严重变形,根据混凝土表面外观特征,可判断梁受火时的表面最高温度在 500 ℃ 以上。该跨极限荷载较火灾前降低约 30%,属于危险点。

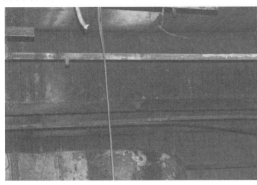 

图 3.3.2.113　火灾后一层顶 A 轴、B 轴和 5 轴所　　　图 3.3.2.114　火灾后一层顶 A 轴、B 轴和 7 轴所
　　　　　　　交主梁　　　　　　　　　　　　　　　　　　　　交主梁

　　火灾后一层顶 A 轴、7 轴和 8 轴所交主梁如图 3.3.2.115 所示,该梁表面积满炭黑,混凝土出现细微裂缝,角部混凝土轻度剥落,无钢筋露出,根据混凝土表面外观特征,可判断梁受火时的表面最高温度在 300 ~ 500 ℃ 之间。该跨极限荷载较火灾前降低约 18%,属于危险点。

　　火灾后一层顶 A 轴、B 轴、7 轴和 8 轴所围次梁如图 3.3.2.116 所示,该梁表面积满炭黑,混凝土出现细微裂缝,角部混凝土轻度剥落,无钢筋露出,周围钢架挠曲变形,根据混凝土表面外观特征,可判断梁受火时的表面最高温度在 500 ℃ 以上。该跨极限荷载较火灾前降低约 30%,属于危险点。

图 3.3.2.115　火灾后一层顶 A 轴、7 轴和 8 轴所　　　图 3.3.2.116　火灾后一层顶 A 轴、B 轴、7 轴和 8
　　　　　　　交主梁　　　　　　　　　　　　　　　　　　　　轴所围次梁

　　火灾后一层顶 A 轴、B 轴和 8 轴所交主梁如图 3.3.2.117 所示,该梁表面积满炭黑,混凝土出现细微裂缝,角部混凝土轻度剥落,无钢筋露出,周围钢架挠曲变形,根据混凝土表面开裂情况可判断梁受火时的表面最高温度在 350 ~ 500 ℃ 之间,根据混凝土表面外观特征,可进一步判断梁受火时的表面最高温度在 500 ℃ 以上。该跨极限荷载较火灾前降

低约 30%,属于危险点。

　　火灾后一层顶 A 轴、B 轴和 9 轴所交主梁如图 3.3.2.118 所示,该梁表面积满炭黑,混凝土出现细微裂缝,梁角部混凝土剥落,无钢筋露出,周围钢架挠曲变形,根据混凝土表面开裂情况可判断梁受火时的表面最高温度在 300 ～ 500 ℃ 之间,根据混凝土表面外观特征,可判断梁受火时的表面最高温度在 500 ℃ 以上。该跨极限荷载较火灾前降低约 30%,属于危险点。

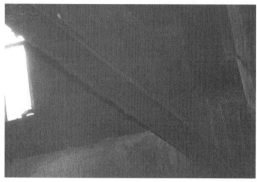 

图 3.3.2.117　火灾后一层顶 A 轴、B 轴和 8 轴所　图 3.3.2.118　火灾后一层顶 A 轴、B 轴和 9 轴所
　　　　　　　交主梁　　　　　　　　　　　　　　　　　　交主梁

　　火灾后一层顶 A 轴、B 轴和 10 轴所交主梁如图 3.3.2.119 所示,该梁表面积满炭黑,混凝土出现细微裂缝,梁角部混凝土剥落,无钢筋露出,周围钢架挠曲变形,根据混凝土表面开裂情况可判断梁受火时的表面最高温度在 300 ～ 500 ℃ 之间,根据混凝土表面外观特征,可判断梁受火时的表面最高温度在 500 ℃ 以上。该跨极限荷载较火灾前降低约 30%,属于危险点。

　　火灾后一层顶 A 轴、10 轴和 11 轴所交主梁如图 3.3.2.120 所示,该梁表面积满炭黑,混凝土出现细微裂缝,梁角部混凝土剥落,钢筋露出(施工时所留),周围钢架挠曲变形,根据混凝土表面外观特征,可判断梁受火时的表面最高温度在 500 ℃ 以上。该跨极限荷载较火灾前降低约 30%,属于危险点。

图 3.3.2.119　火灾后一层顶 A 轴、B 轴和 10 轴　图 3.3.2.120　火灾后一层顶 A 轴、10 轴和 11 轴
　　　　　　　所交主梁　　　　　　　　　　　　　　　　　　所交主梁

　　火灾后一层顶 A 轴、B 轴、10 轴和 11 轴所围次梁如图 3.3.2.12 所示,该梁表面呈灰白色,混凝土出现细微裂缝,梁角部混凝土剥落,钢筋未露出,周围钢架挠曲变形,根据混凝

土表面外观特征,可判断梁受火时的表面最高温度在 500 ℃ 以上。该跨极限荷载较火灾前降低约 30%,属于危险点。

火灾后一层顶 A 轴、B 轴和 11 轴所交主梁如图 3.3.2.122 所示,该梁表面呈灰白色,混凝土出现细微裂缝,梁角部混凝土剥落,钢筋未露出,周围钢架轻度挠曲变形,根据混凝土表面外观特征,可判断梁受火时的表面最高温度在 500 ℃ 以上。该跨极限荷载较火灾前降低约 30%,属于危险点。

图 3.3.2.121　火灾后一层顶 A 轴、B 轴、10 轴和　　图 3.3.2.122　火灾后一层顶 A 轴、B 轴和 11 轴
　　　　　　　11 轴所围次梁　　　　　　　　　　　　　　　　所交主梁

火灾后一层顶 A 轴、11 轴和 12 轴所交主梁如图 3.3.2.123 所示,该梁表面积满炭黑,混凝土出现细微裂缝,梁角部混凝土剥落,有钢筋露出(施工时预留),周围钢架轻度挠曲变形,根据混凝土表面外观特征,可判断梁受火时的表面最高温度在 300 ~ 500 ℃ 之间。该跨极限荷载较火灾前降低约 18%,属于危险点。

火灾后一层顶 A 轴、B 轴、11 轴和 12 轴所围次梁如图 3.3.2.124 所示,该梁表面呈灰白色,混凝土出现细微裂缝,梁角部混凝土剥落,有钢筋露出(施工时预留),周围钢架轻度挠曲变形,根据混凝土表面外观特征,可判断梁受火时的表面最高温度在 500 ℃ 以上。该跨极限荷载较火灾前降低约 30%,属于危险点。

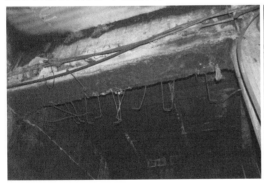 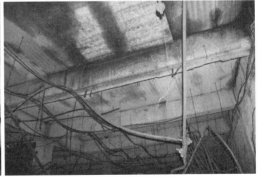

图 3.3.2.123　火灾后一层顶 A 轴、11 轴和 12 轴　　图 3.3.2.124　火灾后一层顶 A 轴、B 轴、11 轴和
　　　　　　　所交主梁　　　　　　　　　　　　　　　　　　12 轴所围次梁

火灾后一层顶 A 轴、B 轴和 12 轴所交主梁如图 3.3.2.125 所示,该梁表面呈灰白带黄色,混凝土出现细微裂缝,角部混凝土轻度剥落,周围钢架挠曲变形,根据混凝土表面外观特征,可判断梁受火时的表面最高温度在 500 ℃ 以上。该跨极限荷载较火灾前降低约

30%，属于危险点。

火灾后一层顶 A 轴、12 轴和 13 轴所交主梁如图 3.3.2.126 所示，该梁表面呈灰白带黄色，混凝土出现裂缝，角部混凝土轻度剥落，有钢筋露出（施工时预留），周围钢架挠曲变形，根据混凝土表面外观特征，可判断梁受火时的表面最高温度在 500 ℃ 以上。该跨极限荷载较火灾前降低约 30%，属于危险点。

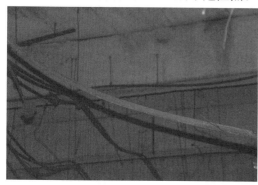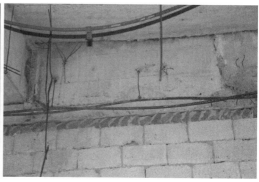

图 3.3.2.125　火灾后一层顶 A 轴、B 轴和 12 轴　　图 3.3.2.126　火灾后一层顶 A 轴、12 轴和 13 轴
　　　　　　　所交主梁　　　　　　　　　　　　　　　　　　所交主梁

火灾后一层顶 A 轴、B 轴、12 轴和 13 轴所围次梁如图 3.3.2.127 所示，该梁表面呈灰白带黄色，混凝土出现裂缝，角部混凝土轻度剥落，有钢筋露出，周围钢架挠曲变形，根据混凝土表面外观特征，可判断梁受火时的表面最高温度在 300 ～ 500 ℃ 之间。该跨极限荷载较火灾前降低约 18%，属于危险点。

火灾后一层顶 A 轴、B 轴和 13 轴所交主梁如图 3.3.2.128 所示，该梁表面呈灰白带黄色，混凝土出现裂缝，角部混凝土严重剥落，有钢筋露出，周围钢架挠曲变形严重，根据混凝土表面外观特征，可判断梁受火时的表面最高温度在 500 ℃ 以上。该跨极限荷载较火灾前降低约 30%，属于危险点。

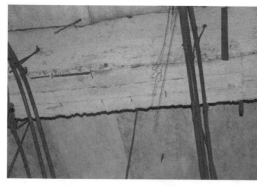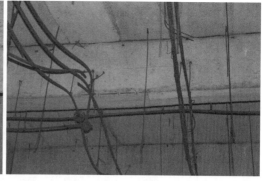

图 3.3.2.127　火灾后一层顶 A 轴、B 轴、12 轴和　图 3.3.2.128　火灾后一层顶 A 轴、B 轴和 13 轴
　　　　　　　13 轴所围次梁　　　　　　　　　　　　　　　　所交主梁

火灾后一层顶 A 轴、13 轴和 14 轴所交主梁如图 3.3.2.129 所示，该梁表面呈灰白带黄色，混凝土出现裂缝，梁角部混凝土剥落，无钢筋露出，周围钢架挠曲变形严重，根据混凝土表面外观特征，可判断梁受火时的表面最高温度在 300 ～ 500 ℃ 之间。该跨极限荷载较火灾前降低约 18%，属于危险点。

火灾后一层顶 A 轴、B 轴、13 轴和 14 轴所围次梁如图 3.3.2.130 所示,该梁表面呈灰白色,混凝土出现裂缝,梁角部混凝土剥落,钢筋露出,周围钢架挠曲变形严重,根据混凝土表面外观特征,可判断梁受火时的表面最高温度在 500 ℃ 以上。该跨极限荷载较火灾前降低约 30%,属于危险点。

 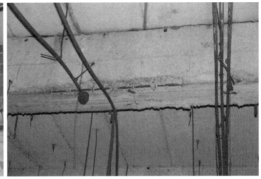

图 3.3.2.129   火灾后一层顶 A 轴、13 轴和 14 轴   图 3.3.2.130   火灾后一层顶 A 轴、B 轴、13 轴和
所交主梁   14 轴所围次梁

火灾后一层顶 A 轴、B 轴和 14 轴所交主梁如图 3.3.2.131 所示,该梁表面呈灰白色,混凝土出现裂缝,梁角部混凝土剥落,无钢筋露出,周围钢架挠曲变形严重,根据混凝土表面外观特征,可判断梁受火时的表面最高温度在 500 ℃ 以上。该跨极限荷载较火灾前降低约 30%,属于危险点。

火灾后一层顶 A 轴、14 轴和 15 轴所交主梁如图 3.3.2.132 所示,该梁表面呈灰白色,混凝土出现裂缝,梁角部混凝土剥落,钢筋露出,周围钢架挠曲变形严重,根据混凝土表面外观特征,可判断梁受火时的表面最高温度在 300 ～ 500 ℃ 之间。该跨极限荷载较火灾前降低约 18%,属于危险点。

图 3.3.2.131   火灾后一层顶 A 轴、B 轴和 14 轴   图 3.3.2.132   火灾后一层顶 A 轴、14 轴和 15 轴
所交主梁   所交主梁

火灾后一层顶 A 轴、B 轴、14 轴和 15 轴所围次梁如图 3.3.2.133 所示,该梁表面呈灰白带黄色,混凝土出现纵向裂缝,梁角部混凝土剥落,梁腹混凝土剥落,钢筋露出,周围钢架挠曲变形严重,根据混凝土表面外观特征,可判断梁受火时的表面最高温度在 500 ℃ 以上。该跨极限荷载较火灾前降低约 30%,属于危险点。

火灾后一层顶 A 轴、B 轴和 15 轴所交主梁如图 3.3.2.134 所示,该梁表面呈灰白带黄色,混凝土出现纵向裂缝,梁角部混凝土剥落,梁腹混凝土剥落,钢筋露出,周围钢架挠曲变形严重,根据混凝土表面外观特征,可判断梁受火时的表面最高温度在 500 ℃ 以上。该跨极限荷载较火灾前降低约 30%,属于危险点。

 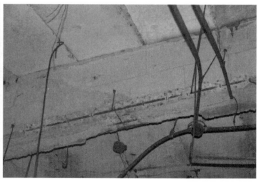

图 3.3.2.133　火灾后一层顶 A 轴、B 轴、14 轴和　　图 3.3.2.134　火灾后一层顶 A 轴、B 轴和 15 轴
　　　　　　15 轴所围次梁　　　　　　　　　　　　　　　　　所交主梁

　　火灾后一层顶 A 轴、B 轴、15 轴和 16 轴所围次梁如图 3.3.2.135 所示,该梁表面呈灰白带黄色,混凝土出现纵向裂缝,梁角部混凝土剥落,梁腹混凝土剥落,钢筋露出,周围钢架挠曲变形严重,根据混凝土表面外观特征,可判断梁受火时的表面最高温度在 500 ℃ 以上。该跨极限荷载较火灾前降低约 30%,属于危险点。

　　火灾后一层顶 A 轴、B 轴和 16 轴所交主梁如图 3.3.2.136 所示,该梁表面呈灰白带黄色,混凝土出现纵向裂缝,梁角部混凝土剥落,梁腹混凝土剥落,钢筋露出,周围钢架挠曲变形严重,根据混凝土表面外观特征,可判断梁受火时的表面最高温度在 500 ℃ 以上。该跨极限荷载较火灾前降低约 30%,属于危险点。

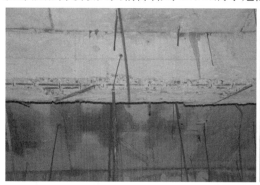 

图 3.3.2.135　火灾后一层顶 A 轴、B 轴、15 轴和　　图 3.3.2.136　火灾后一层顶 A 轴、B 轴和 16 轴
　　　　　　16 轴所围次梁　　　　　　　　　　　　　　　　　所交主梁

　　火灾后一层顶 A 轴、16 轴和 17 轴所交主梁如图 3.3.2.137 所示,该梁表面呈灰白带黄色,混凝土出现纵向裂缝,梁角部混凝土剥落,钢筋露出,周围钢材挠曲变形严重,根据混凝土表面外观特征,可判断梁受火时的表面最高温度在 300 ～ 500 ℃ 之间。该跨极限荷载较火灾前降低约 18%,属于危险点。

　　火灾后一层 A 轴、B 轴、16 轴和 17 轴所围次梁如图 3.3.2.138 所示,该梁表面呈灰白带黄色,混凝土出现纵向裂缝,梁角部混凝土剥落,钢筋露出,周围钢材挠曲变形严重,根据混凝土表面外观特征,可判断梁受火时的表面最高温度在 $300\sim500\,℃$ 之间。该跨极限荷载较火灾前降低约 18%,属于危险点。

图 3.3.2.137　火灾后一层顶 A 轴、16 轴和 17 轴　　图 3.3.2.138　火灾后一层顶 A 轴、B 轴、16 轴和
　　　　　　　所交主梁　　　　　　　　　　　　　　　　　17 轴所围次梁

　　火灾后一层顶 A 轴、B 轴和 17 轴所交主梁如图 3.3.2.139 所示,该梁表面呈灰白带黄色,混凝土出现纵向裂缝,梁角部混凝土剥落,无钢筋露出,周围钢材挠曲变形严重,根据混凝土表面外观特征,可判断梁受火时的表面最高温度在 $500\,℃$ 以上。该跨极限荷载较火灾前降低约 30%,属于危险点。

　　火灾后一层顶 A 轴、17 轴和 18 轴所交主梁如图 3.3.2.140 所示,该梁表面呈灰白带黄色,混凝土出现纵向裂缝,梁角部混凝土剥落,无钢筋露出,周围钢材挠曲变形严重,根据混凝土表面外观特征,可判断梁受火时的表面最高温度在 $300\sim500\,℃$ 之间。该跨极限荷载较火灾前降低约 18%,属于危险点。

图 3.3.2.139　火灾后一层顶 A 轴、B 轴和 17 轴　　图 3.3.2.140　火灾后一层顶 A 轴、17 轴和 18 轴
　　　　　　　所交主梁　　　　　　　　　　　　　　　　　所交主梁

　　火灾后一层顶 A 轴、B 轴、17 轴和 18 轴所围次梁如图 3.3.2.141 所示,该梁表面呈灰白带黄色,混凝土出现纵向裂缝,梁角部混凝土剥落,钢筋露出,周围钢材挠曲变形严重,根据混凝土表面外观特征,可判断梁受火时的表面最高温度在 $500\,℃$ 以上。该跨极限荷载较火灾前降低约 30%,属于危险点。

　　火灾后一层顶 A 轴、B 轴和 18 轴所交主梁如图 3.3.2.142 所示,该梁表面呈灰白带黄色,混凝土出现纵向裂缝,梁角部混凝土剥落,梁腹混凝土剥落,钢筋露出,周围钢材挠曲变形严重,根据混凝土表面外观特征,可判断梁受火时的表面最高温度在 $500\,℃$ 以上。

该跨极限荷载较火灾前降低约30％,属于危险点。

图 3.3.2.141 火灾后一层顶 A 轴、B 轴、17 轴和　　图 3.3.2.142 火灾后一层顶 A 轴、B 轴和 18 轴
　　　　　　18 轴所围次梁　　　　　　　　　　　　　　　　所交主梁

　　火灾后一层顶 A 轴、18 轴和 19 轴所交主梁如图 3.3.2.143 所示,该梁表面呈灰白带黄色,混凝土出现纵向裂缝,梁角部混凝土剥落,无钢筋露出,周围钢材挠曲变形严重,根据混凝土表面外观特征,可判断梁受火时的表面最高温度在 300 ～ 500 ℃ 之间。该跨极限荷载较火灾前降低约 18％,属于危险点。

　　火灾后一层顶 A 轴、B 轴、18 轴和 19 轴所围次梁如图 3.3.2.144 所示,该梁表面呈灰白色,混凝土出现纵向裂缝,梁角部混凝土剥落,无钢筋露出,周围钢材挠曲变形严重,根据混凝土表面外观特征,可判断梁受火时的表面最高温度在 500 ℃ 以上。该跨极限荷载较火灾前降低约 30％,属于危险点。

图 3.3.2.143 火灾后一层顶 A 轴、18 轴和 19 轴　　图 3.3.2.144 火灾后一层顶 A 轴、B 轴、18 轴和
　　　　　　所交主梁　　　　　　　　　　　　　　　　　　19 轴所围次梁

　　火灾后一层顶 A 轴、B 轴和 19 轴所交主梁如图 3.3.2.145 所示,该梁表面积满炭黑,混凝土出现纵向裂缝,梁角部混凝土剥落,无钢筋露出,周围钢材挠曲变形严重,根据混凝土表面外观特征,可判断梁受火时的表面最高温度在 500 ℃ 以上。该跨极限荷载较火灾前降低约 30％,属于危险点。

　　火灾后一层顶 B 轴、C 轴和 1 轴所交主梁如图 3.3.2.146 所示,该梁表面积满炭黑,周围木材炭化,电线胶皮烧掉,钢材未变形,根据混凝土表面外观特征,可判断梁受火时的表面最高温度在 300 ℃ 以下。该跨极限荷载较火灾前降低约 12％,不属于危险点。

图 3.3.2.145　火灾后一层顶 A 轴、B 轴和 19 轴　　图 3.3.2.146　火灾后一层顶 B 轴、C 轴和 1 轴所
　　　　　　　所交主梁　　　　　　　　　　　　　　　　　　　交主梁

　　火灾后一层顶 B 轴、1 轴和 2 轴所交主梁如图 3.3.2.147 所示,该梁表面积满炭黑,混凝土有裂纹,梁角部混凝土剥落,周围钢材微变形,根据混凝土表面外观特征,可判断梁受火时的表面最高温度在 300 ℃ 以下。该跨极限荷载较火灾前降低约 12%,不属于危险点。

　　火灾后一层顶 B 轴、C 轴、1 轴和 2 轴所围次梁如图 3.3.2.148 所示,该梁表面积满炭黑,混凝土有裂纹,梁角部混凝土剥落,周围钢材微变形,根据混凝土表面外观特征,可判断梁受火时的表面最高温度在 300 ℃ 以下。该跨极限荷载较火灾前降低约 12%,不属于危险点。

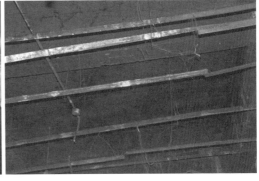

图 3.3.2.147　火灾后一层顶 B 轴、1 轴和 2 轴所　　图 3.3.2.148　火灾后一层顶 B 轴、C 轴、1 轴和 2
　　　　　　　交主梁　　　　　　　　　　　　　　　　　　　　轴所围次梁

　　火灾后一层顶 1 轴和 2 轴、B 轴和 C 轴所围次梁如图 3.3.2.149 所示,该梁表面积满炭黑,混凝土有裂纹,梁角部混凝土剥落,周围钢材微变形,根据混凝土表面外观特征,可判断梁受火时的表面最高温度在 300 ℃ 以下。该跨极限荷载较火灾前降低约 12%,不属于危险点。

　　火灾后一层顶 B 轴、C 轴和 2 轴所交主梁如图 3.3.2.150 所示,该梁表面积满炭黑,混凝土有裂纹,梁角部混凝土剥落,周围钢材微变形,根据混凝土表面外观特征,可判断梁受火时的表面最高温度在 300 ℃ 以下。该跨极限荷载较火灾前降低约 12%,不属于危险点。

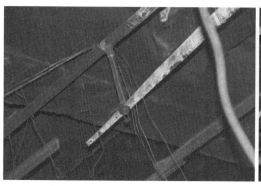 

图 3.3.2.149　火灾后一层顶 1 轴和 2 轴、B 轴和　图 3.3.2.150　火灾后一层顶 B 轴、C 轴和 2 轴所
　　　　　　　C 轴所围次梁　　　　　　　　　　　　　　　　交主梁

　　火灾后一层顶 B 轴、2 轴和 3 轴所交主梁如图 3.3.2.151 所示,该梁表面积满炭黑,电线烧化,混凝土有裂纹,梁角部混凝土剥落,周围钢材微变形,根据混凝土表面外观特征,可判断梁受火时的表面最高温度在 300 ℃ 以下。该跨极限荷载较火灾前降低约 12％,不属于危险点。

　　火灾后一层顶 B 轴、C 轴、2 轴和 3 轴所围次梁如图 3.3.2.152 所示,该梁表面积满炭黑,混凝土有裂纹,梁角部混凝土剥落,周围钢材微变形,根据混凝土表面外观特征,可判断梁受火时的表面最高温度在 300 ℃ 以下。该跨极限荷载较火灾前降低约 12％,不属于危险点。

图 3.3.2.151　火灾后一层顶 B 轴、2 轴和 3 轴所　图 3.3.2.152　火灾后一层顶 B 轴、C 轴、2 轴和 3
　　　　　　　交主梁　　　　　　　　　　　　　　　　　　　轴所围次梁

　　火灾后一层顶 B 轴、C 轴和 3 轴所交主梁如图 3.3.2.153 所示,该梁表面积满炭黑,混凝土有裂纹,梁角部混凝土剥落,周围钢材微变形,根据混凝土表面外观特征,可判断梁受火时的表面最高温度在 300 ℃ 以下。该跨极限荷载较火灾前降低约 12％,不属于危险点。

　　火灾后一层顶 B 轴、3 轴和 4 轴所交主梁如图 3.3.2.154 所示,该梁表面积满炭黑,混凝土有裂纹,梁角部混凝土剥落,周围钢材挠曲变形,根据混凝土表面外观特征,可判断梁受火时的表面最高温度在 300 ℃ 以下。该跨极限荷载较火灾前降低约 12％,不属于危险点。

 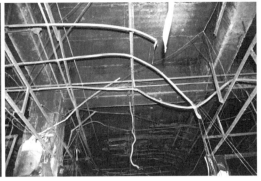

图 3.3.2.153　火灾后一层顶 B 轴、C 轴和 3 轴所　　图 3.3.2.154　火灾后一层顶 B 轴、3 轴和 4 轴所
　　　　　　　交主梁　　　　　　　　　　　　　　　　　　　　交主梁

　　火灾后一层顶 B 轴、C 轴、3 轴和 4 轴所围次梁如图 3.3.2.155 所示,该梁表面积满炭黑,混凝土有裂纹,梁角部混凝土剥落,周围钢材挠曲变形,根据混凝土表面外观特征,可判断梁受火时的表面最高温度在 300 ℃ 以下。该跨极限荷载较火灾前降低约 12%,不属于危险点。

　　火灾后一层顶 B 轴、C 轴和 4 轴所交主梁如图 3.3.2.156 所示,该梁表面积满炭黑,混凝土有裂纹,梁角部混凝土剥落,周围钢材挠曲变形,根据混凝土表面外观特征,可判断梁受火时的表面最高温度在 300 ℃ 以下。该跨极限荷载较火灾前降低约 12%,不属于危险点。

图 3.3.2.155　火灾后一层顶 B 轴、C 轴、3 轴和 4　　图 3.3.2.156　火灾后一层顶 B 轴、C 轴和 4 轴所
　　　　　　　轴所围次梁　　　　　　　　　　　　　　　　　　　交主梁

　　火灾后一层顶 B 轴、4 轴和 5 轴所交主梁如图 3.3.2.157 所示,该梁表面积满炭黑,混凝土有裂纹,梁角部混凝土剥落,周围钢材挠曲变形,根据混凝土表面外观特征,可判断梁受火时的表面最高温度在 500 ℃ 以上。该跨极限荷载较火灾前降低约 30%,属于危险点。

　　火灾后一层顶 B 轴、C 轴、4 轴和 5 轴所围次梁如图 3.3.2.158 所示,该梁表面积满炭黑,混凝土有裂纹,梁角部混凝土剥落,周围钢材挠曲变形,根据混凝土表面外观特征,可判断梁受火时的表面最高温度在 500 ℃ 以上。该跨极限荷载较火灾前降低约 30%,属于危险点。

图 3.3.2.157　火灾后一层顶 B 轴、4 轴和 5 轴所　　图 3.3.2.158　火灾后一层顶 B 轴、C 轴、4 轴和 5
　　　　　　交主梁　　　　　　　　　　　　　　　　　　　　轴所围次梁

　　火灾后一层顶 B 轴、C 轴和 5 轴所交主梁如图 3.3.2.159 所示,该梁表面积满炭黑,混凝土有裂纹,梁角部混凝土剥落,周围钢材挠曲变形,根据混凝土表面外观特征,可判断梁受火时的表面最高温度在 500 ℃ 以上。该跨极限荷载较火灾前降低约 30%,属于危险点。

　　火灾后一层顶 B 轴、5 轴和 6 轴所交主梁如图 3.3.2.160 所示,该梁表面呈灰白色,混凝土有裂纹,梁角部混凝土剥落,周围钢材严重挠曲变形,根据混凝土表面外观特征,可判断梁受火时的表面最高温度在 500 ℃ 以上。该跨极限荷载较火灾前降低约 30%,属于危险点。

图 3.3.2.159　火灾后一层顶 B 轴、C 轴和 5 轴所　　图 3.3.2.160　火灾后一层顶 B 轴、5 轴和 6 轴所
　　　　　　交主梁　　　　　　　　　　　　　　　　　　　　交主梁

　　火灾后一层顶 B 轴、C 轴、5 轴和 6 轴所围次梁如图 3.3.2.161 所示,该梁表面呈灰白色,混凝土有裂纹,梁角部混凝土剥落,周围钢材严重挠曲变形,根据混凝土表面外观特征,可判断梁受火时的表面最高温度在 500 ℃ 以上。该跨极限荷载较火灾前降低约 30%,属于危险点。

　　火灾后一层顶 B 轴、C 轴和 6 轴所交主梁如图 3.3.2.162 所示,该梁表面呈灰白色,混凝土有裂纹,梁角部混凝土剥落,露出钢筋,周围钢材严重挠曲变形,根据混凝土表面外观特征,可判断梁受火时的表面最高温度在 500 ℃ 以上。该跨极限荷载较火灾前降低约 30%,属于危险点。

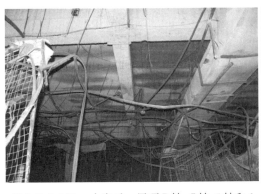

图 3.3.2.161　火灾后一层顶 B 轴、C 轴、5 轴和 6
　　　　　　　轴所围次梁

图 3.3.2.162　火灾后一层顶 B 轴、C 轴和 6 轴所
　　　　　　　交主梁

　　火灾后一层顶 B 轴、6 轴和 7 轴所交主梁如图 3.3.2.163 所示,该梁表面呈灰白色,混凝土有裂纹,梁角部混凝土剥落,梁底部开裂,周围钢材严重挠曲变形,根据混凝土表面外观特征,可判断梁受火时的表面最高温度在 500 ℃ 以上。该跨极限荷载较火灾前降低约30％,属于危险点。

　　火灾后一层顶 B 轴、C 轴、6 轴和 7 轴所围次梁如图 3.3.2.164 所示,该梁表面呈灰白色,混凝土有裂纹,梁角部混凝土剥落,梁底部开裂,周围钢材严重挠曲变形,根据混凝土表面外观特征,可判断梁受火时的表面最高温度在 500 ℃ 以上。该跨极限荷载较火灾前降低约 30％,属于危险点。

图 3.3.2.163　火灾后一层顶 B 轴、6 轴和 7 轴所
　　　　　　　交主梁

图 3.3.2.164　火灾后一层顶 B 轴、C 轴、6 轴和 7
　　　　　　　轴所围次梁

　　火灾后一层顶 B 轴、C 轴和 7 轴所交主梁如图 3.3.2.165 所示,该梁表面呈灰白色,混凝土有裂纹,梁角部混凝土剥落,梁底部开裂,周围钢材严重挠曲变形,根据混凝土表面外观特征,可判断梁受火时的表面最高温度在 500 ℃ 以上。该跨极限荷载较火灾前降低约30％,属于危险点。

　　火灾后一层顶 B 轴、7 轴和 8 轴所交主梁如图 3.3.2.166 所示,该梁表面有炭黑,混凝土有裂纹,梁角部混凝土剥落,梁底部开裂,周围钢材严重挠曲变形,根据混凝土表面外观特征,可判断梁受火时的表面最高温度在 500 ℃ 以上。该跨极限荷载较火灾前降低约30％,属于危险点。

图 3.3.2.165　火灾后一层顶 B 轴、C 轴和 7 轴所　图 3.3.2.166　火灾后一层顶 B 轴、7 轴和 8 轴所
　　　　　　　交主梁　　　　　　　　　　　　　　　　　　　　　交主梁

　　火灾后一层顶 B 轴、C 轴、7 轴和 8 轴所围次梁如图 3.3.2.167 所示,该梁表面呈灰白
色,混凝土有裂纹,梁角部混凝土剥落,梁底部开裂,周围钢材严重挠曲变形,根据混凝土
表面外观特征,可判断梁受火时的表面最高温度在 500 ℃ 以上。该跨极限荷载较火灾前
降低约 30%,属于危险点。

　　火灾后一层顶 B 轴、C 轴和 8 轴所交主梁如图 3.3.2.168 所示,该梁表面呈灰白色,混
凝土有裂纹,梁角部混凝土剥落,梁底部开裂,混凝土石子烧为红色石灰化,周围钢材严重
挠曲变形,根据混凝土表面外观特征,可判断梁受火时的表面最高温度在 500 ℃ 以上。
该跨极限荷载较火灾前降低约 30%,属于危险点。

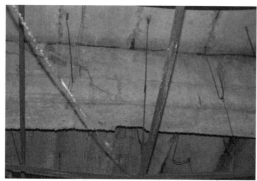 

图 3.3.2.167　火灾后一层顶 B 轴、C 轴、7 轴和 8　图 3.3.2.168　火灾后一层顶 B 轴、C 轴和 8 轴所
　　　　　　　轴所围次梁　　　　　　　　　　　　　　　　　　　交主梁

　　火灾后一层顶 B 轴、8 轴和 9 轴所交主梁如图 3.3.2.169 所示,该梁表面积满炭黑,混
凝土有裂纹,梁角部混凝土剥落,梁底部开裂,周围钢材挠曲变形,根据混凝土表面外观特
征,可判断梁受火时的表面最高温度在 500 ℃ 以上。该跨极限荷载较火灾前降低约
30%,属于危险点。

　　火灾后一层顶 B 轴、C 轴、8 轴和 9 轴所围次梁如图 3.3.2.170 所示,该梁表面呈灰白
色,混凝土有裂纹,梁角部混凝土剥落,梁底部混凝土开裂,周围钢材挠曲变形,根据混凝
土表面外观特征,可判断梁受火时的表面最高温度在 500 ℃ 以上。该跨极限荷载较火灾
前降低约 30%,属于危险点。

图 3.3.2.169　火灾后一层顶 B 轴、8 轴和 9 轴所　　图 3.3.2.170　火灾后一层顶 B 轴、C 轴、8 轴和 9
　　　　　　　交主梁　　　　　　　　　　　　　　　　　　　　　　轴所围次梁

　　火灾后一层顶 B 轴、C 轴和 9 轴所交主梁如图 3.3.2.171 所示,该梁表面呈灰白色,混凝土有裂纹,梁角部混凝土剥落,梁底部混凝土开裂,周围钢材挠曲变形,根据混凝土表面外观特征,可判断梁受火时的表面最高温度在 500 ℃ 以上。该跨极限荷载较火灾前降低约 30%,属于危险点。

　　火灾后一层顶 B 轴、9 轴和 10 轴所交主梁如图 3.3.2.172 所示,该梁表面积满炭黑,混凝土有裂纹,梁角部混凝土剥落,梁底部混凝土开裂,周围钢材挠曲变形,根据混凝土表面外观特征,可判断梁受火时的表面最高温度在 500 ℃ 以上。该跨极限荷载较火灾前降低约 30%,属于危险点。

图 3.3.2.171　火灾后一层顶 B 轴、C 轴和 9 轴所　　图 3.3.2.172　火灾后一层顶 B 轴、9 轴和 10 轴
　　　　　　　交主梁　　　　　　　　　　　　　　　　　　　　　　所交主梁

　　火灾后一层顶 B 轴、C 轴、9 轴和 10 轴所围次梁如图 3.3.2.173 所示,该梁表面呈灰白色,混凝土有裂纹,梁角部混凝土剥落,梁底部混凝土开裂,露出钢筋,周围钢材挠曲变形,根据混凝土表面外观特征,可判断梁受火时的表面最高温度在 500 ℃ 以上。该跨极限荷载较火灾前降低约 30%,属于危险点。

　　火灾后一层顶 B 轴、C 轴和 10 轴所交主梁如图 3.3.2.174 所示,该梁表面呈灰白色,混凝土有裂纹,梁角部混凝土剥落,梁底部混凝土开裂,钢筋未露出,周围钢材挠曲变形,根据混凝土表面外观特征,可判断梁受火时的表面最高温度在 500 ℃ 以上。该跨极限荷载较火灾前降低约 30%,属于危险点。

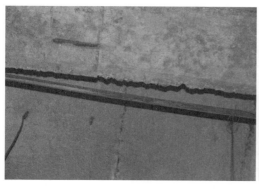 

图 3.3.2.173　火灾后一层顶 B 轴、C 轴、9 轴和 10 轴所围次梁　　图 3.3.2.174　火灾后一层顶 B 轴、C 轴和 10 轴所交主梁

　　火灾后一层顶 B 轴、10 轴和 11 轴所交主梁如图 3.3.2.175 所示,该梁表面积满炭黑,混凝土有裂纹,梁角部混凝土剥落,梁底部混凝土开裂,钢筋未露出,周围钢材微小挠曲变形,根据混凝土表面外观特征,可判断梁受火时的表面最高温度在 500 ℃ 以上。该跨极限荷载较火灾前降低约 30%,属于危险点。

　　火灾后一层顶 B 轴、C 轴、10 轴和 11 轴所围次梁如图 3.3.2.176 所示,该梁表面积满炭黑,混凝土有裂纹,梁角部混凝土剥落较重,梁底部混凝土开裂,钢筋未露出,周围钢材挠曲变形,根据混凝土表面外观特征,可判断梁受火时的表面最高温度在 500 ℃ 以上。该跨极限荷载较火灾前降低约 30%,属于危险点。

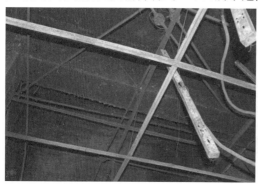 

图 3.3.2.175　火灾后一层顶 B 轴、10 轴和 11 轴所交主梁　　图 3.3.2.176　火灾后一层顶 B 轴、C 轴、10 轴和 11 轴所围次梁

　　火灾后一层顶 B 轴、C 轴和 11 轴所交主梁如图 3.3.2.177 所示,该梁表面呈灰白色,混凝土有裂纹,梁角部混凝土剥落较重,梁底部混凝土开裂,钢筋未露出,周围钢材挠曲变形,根据混凝土表面外观特征,可判断梁受火时的表面最高温度在 500 ℃ 以上。该跨极限荷载较火灾前降低约 30%,属于危险点。

　　火灾后一层顶 B 轴、11 轴和 12 轴所交主梁如图 3.3.2.178 所示,该梁表面呈灰白色,混凝土有裂纹,梁角部混凝土剥落较重,梁底部混凝土开裂,钢筋未露出,周围钢材严重挠曲变形,根据混凝土表面外观特征,可判断梁受火时的表面最高温度在 500 ℃ 以上。该跨极限荷载较火灾前降低约 30%,属于危险点。

图 3.3.2.177　火灾后一层顶 B 轴、C 轴和 11 轴　　图 3.3.2.178　火灾后一层顶 B 轴、11 轴和 12 轴
　　　　　　　　所交主梁　　　　　　　　　　　　　　　　　　　　所交主梁

　　火灾后一层顶 B 轴、C 轴、11 轴和 12 轴所围次梁如图 3.3.2.179 所示,该梁表面呈灰白色,混凝土有裂纹,梁角部混凝土剥落较重,梁底部混凝土开裂,钢筋未露出,周围钢材严重挠曲变形,根据混凝土表面外观特征,可判断梁受火时的表面最高温度在 500 ℃ 以上。该跨极限荷载较火灾前降低约 30%,属于危险点。

　　火灾后一层顶 B 轴、C 轴和 12 轴所交主梁如图 3.3.2.180 所示,该梁表面呈灰白色带黄色,混凝土有裂纹,梁角部混凝土剥落较重,梁底部混凝土开裂,钢筋未露出,周围钢材严重挠曲变形,根据混凝土表面外观特征,可判断梁受火时的表面最高温度在 500 ℃ 以上。该跨极限荷载较火灾前降低约 30%,属于危险点。

 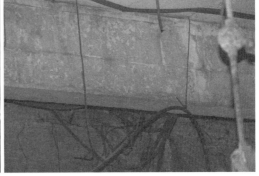

图 3.3.2.179　火灾后一层顶 B 轴、C 轴、11 轴和　　图 3.3.2.180　火灾后一层顶 B 轴、C 轴和 12 轴
　　　　　　　12 轴所围次梁　　　　　　　　　　　　　　　　　　所交主梁

　　火灾后一层顶 B 轴、12 轴和 13 轴所交主梁如图 3.3.2.181 所示,该梁表面呈灰白色带黄色,混凝土有裂纹,梁角部混凝土剥落较重,梁底部混凝土开裂,露出钢筋,周围钢材严重挠曲变形,根据混凝土表面外观特征,可判断梁受火时的表面最高温度在 500 ℃ 以上。该跨极限荷载较火灾前降低约 30%,属于危险点。

　　火灾后一层顶 B 轴、C 轴、12 轴和 13 轴所围次梁如图 3.3.2.182 所示,该梁表面呈灰白色带黄色,混凝土有裂纹,梁角部混凝土剥落较重,梁底部混凝土开裂,钢筋未露出,周围钢材严重挠曲变形,根据混凝土表面外观特征,可判断梁受火时的表面最高温度在 500 ℃ 以上。该跨极限荷载较火灾前降低约 30%,属于危险点。

图 3.3.2.181　火灾后一层顶 B 轴、12 轴和 13 轴　　图 3.3.2.182　火灾后一层顶 B 轴、C 轴、12 轴和
　　　　　　所交主梁　　　　　　　　　　　　　　　　　　　　13 轴所围次梁

　　火灾后一层顶 B 轴、C 轴和 13 轴所交主梁如图 3.3.2.183 所示，该梁表面呈灰白色带黄色，混凝土有裂纹，梁角部混凝土剥落较重，梁底部混凝土开裂，钢筋未露出，周围钢材严重挠曲变形，根据混凝土表面外观特征，可判断梁受火时的表面最高温度在 500 ℃ 以上。该跨极限荷载较火灾前降低约 30%，属于危险点。

　　火灾后一层顶 B 轴、13 轴和 14 轴所交主梁如图 3.3.2.184 所示，该梁表面呈灰白色带黄色，混凝土有裂纹，梁角部混凝土剥落较重，梁底部混凝土开裂，露出钢筋，周围钢材严重挠曲变形，根据混凝土表面外观特征，可判断梁受火时的表面最高温度在 500 ℃ 以上。该跨极限荷载较火灾前降低约 30%，属于危险点。

 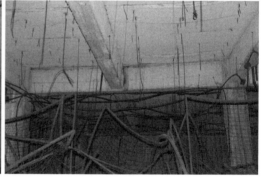

图 3.3.2.183　火灾后一层顶 B 轴、C 轴和 13 轴　　图 3.3.2.184　火灾后一层顶 B 轴、13 轴和 14 轴
　　　　　　所交主梁　　　　　　　　　　　　　　　　　　　　　所交主梁

　　火灾后一层顶 B 轴、C 轴、13 轴和 14 轴所围次梁如图 3.3.2.185 所示，该梁表面呈灰白色带黄色，混凝土有裂纹，梁角部混凝土剥落较重，梁底部混凝土开裂，将要露出钢筋，周围钢材严重挠曲变形，根据混凝土表面外观特征，可判断梁受火时的表面最高温度在 500 ℃ 以上。该跨极限荷载较火灾前降低约 30%，属于危险点。

　　火灾后一层顶 B 轴、C 轴和 14 轴所交主梁如图 3.3.2.186 所示，该梁表面呈灰白色带黄色，混凝土有裂纹，梁角部混凝土剥落较重，梁底部混凝土开裂，露出钢筋，周围钢材严重挠曲变形，根据混凝土表面外观特征，可判断梁受火时的表面最高温度在 500 ℃ 以上。该跨极限荷载较火灾前降低约 30%，属于危险点。

 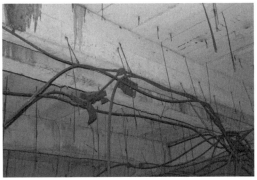

图 3.3.2.185　火灾后一层顶 B 轴、C 轴、13 轴和　　图 3.3.2.186　火灾后一层顶 B 轴、C 轴和 14 轴
　　　　　　　 14 轴所围次梁　　　　　　　　　　　　　　　　　　所交主梁

　　火灾后一层顶 B 轴、14 轴和 15 轴所交主梁如图 3.3.2.187 所示,该梁表面呈灰白色带黄色,混凝土有裂纹,梁角部混凝土剥落较重,梁底部混凝土开裂,露出钢筋,周围钢材严重挠曲变形,根据混凝土表面外观特征,可判断梁受火时的表面最高温度在 500 ℃ 以上。该跨极限荷载较火灾前降低约 30%,属于危险点。

　　火灾后一层顶 B 轴、C 轴、14 轴和 15 轴所围次梁如图 3.3.2.188 所示,该梁表面呈灰白色带黄色,混凝土有裂纹,梁角部混凝土剥落较重,梁底部混凝土开裂,露出钢筋,周围钢材严重挠曲变形,根据混凝土表面外观特征,可判断梁受火时的表面最高温度在 500 ℃以上。该跨极限荷载较火灾前降低约 30%,属于危险点。

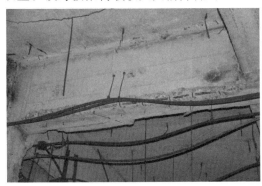 

图 3.3.2.187　火灾后一层顶 B 轴、14 轴和 15　　图 3.3.2.188　火灾后一层顶 B 轴、C 轴、14 轴和
　　　　　　　 轴所交主梁　　　　　　　　　　　　　　　　　　15 轴所围次梁

　　火灾后一层顶 B 轴、C 轴和 15 轴所交主梁如图 3.3.2.189 所示,该梁表面呈灰白色带黄色,混凝土有裂纹,梁角部混凝土剥落较重,梁底部混凝土开裂,露出钢筋,周围钢材严重挠曲变形,根据混凝土表面外观特征,可判断梁受火时的表面最高温度在 500 ℃ 以上。该跨极限荷载较火灾前降低约 30%,属于危险点。

　　火灾后一层顶 B 轴、15 轴和 16 轴所交主梁如图 3.3.2.190 所示,该梁表面呈灰白色带黄色,混凝土有裂纹,梁角部混凝土剥落较重,梁底部混凝土开裂,露出钢筋,周围钢材严重挠曲变形,根据混凝土表面外观特征,可判断梁受火时的表面最高温度在 500 ℃ 以上。该跨极限荷载较火灾前降低约 30%,属于危险点。

图 3.3.2.189　火灾后一层顶 B 轴、C 轴和 15 轴　　　图 3.3.2.190　火灾后一层顶 B 轴、15 轴和 16 轴

所交主梁　　　　　　　　　　　　　　　　　　　　　所交主梁

　　火灾后一层顶 B 轴、C 轴、15 轴和 16 轴所围次梁如图 3.3.2.191 所示,该梁表面呈灰白色带黄色,混凝土有裂纹,梁角部混凝土剥落较重,梁底部混凝土开裂,露出钢筋,周围楼板塌落,钢材严重变形挠曲,根据混凝土表面外观特征,可判断梁受火时的表面最高温度在500 ℃ 以上。该跨极限荷载较火灾前降低约 30％,属于危险点。

　　火灾后一层顶 B 轴、C 轴和 16 轴所交主梁如图 3.3.2.192 所示,该梁表面呈灰白色带黄色,混凝土有裂纹,梁角部混凝土剥落较重,梁底部混凝土开裂,露出钢筋,周围楼板塌落,钢材严重挠曲变形,根据混凝土表面外观特征,可判断梁受火时的表面最高温度在 500 ℃ 以上。该跨极限荷载较火灾前降低约 30％,属于危险点。

图 3.3.2.191　火灾后一层顶 B 轴、C 轴、15 轴和　　　图 3.3.2.192　火灾后一层顶 B 轴、C 轴和 16 轴

16 轴所围次梁　　　　　　　　　　　　　　　　　　　　所交主梁

　　火灾后一层顶 B 轴、16 轴和 17 轴所交主梁如图 3.3.2.193 所示,该梁表面呈灰白色带黄色,混凝土有裂纹,梁角部混凝土剥落较重,梁底部混凝土开裂,露出钢筋,根据混凝土表面外观特征,可判断梁受火时的表面最高温度在 500 ℃ 以上。该跨极限荷载较火灾前降低约 30％,属于危险点。

　　火灾后一层顶 B 轴、C 轴、16 轴和 17 轴所围次梁如图 3.3.2.194 所示,该梁表面呈灰白色带黄色,混凝土有裂纹,梁角部混凝土剥落较重,梁底部混凝土开裂,露出钢筋,周围钢材严重挠曲变形,根据混凝土表面外观特征,可判断梁受火时的表面最高温度在 500 ℃ 以上。该跨极限荷载较火灾前降低约 30％,属于危险点。

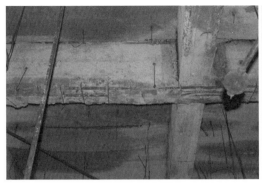 

图 3.3.2.193   火灾后一层顶 B 轴、16 轴和 17 轴   图 3.3.2.194   火灾后一层顶 B 轴、C 轴、16 轴和
　　　　　　　所交主梁   　　　　　　　17 轴所围次梁

　　火灾后一层顶 B 轴、C 轴和 17 轴所交主梁如图 3.3.2.195 所示,该梁表面呈灰白色带黄色,混凝土有裂纹,梁角部混凝土剥落较重,梁底部混凝土开裂,露出钢筋,周围钢材严重挠曲变形,根据混凝土表面外观特征,可判断梁受火时的表面最高温度在 500 ℃ 以上。该跨极限荷载较火灾前降低约 30%,属于危险点。

　　火灾后一层顶 B 轴、17 轴和 18 轴所交主梁如图 3.3.2.196 所示,该梁表面呈灰白色带黄色,混凝土有裂纹,梁角部混凝土剥落较重,梁底部混凝土开裂,露出钢筋,周围钢材严重挠曲变形,根据混凝土表面外观特征,可判断梁受火时的表面最高温度在 500 ℃ 以上。该跨极限荷载较火灾前降低约 30%,属于危险点。

图 3.3.2.195   火灾后一层顶 B 轴、C 轴和 17 轴   图 3.3.2.196   火灾后一层顶 B 轴、17 轴和 18 轴
　　　　　　　所交主梁   　　　　　　　所交主梁

　　火灾后一层顶 B 轴、C 轴、17 轴和 18 轴所围次梁如图 3.3.2.197 所示,该梁表面呈灰白色带黄色,混凝土有裂纹,梁角部混凝土剥落较重,梁底部混凝土开裂,露出钢筋,周围钢材严重挠曲变形,根据混凝土表面外观特征,可判断梁受火时的表面最高温度在 500 ℃ 以上。该跨极限荷载较火灾前降低约 30%,属于危险点。

　　火灾后一层顶 B 轴、C 轴和 18 轴所交主梁如图 3.3.2.198 所示,该梁表面呈灰白色带黄色,混凝土有裂纹,梁角部混凝土剥落较重,梁底部混凝土开裂,露出钢筋,周围钢材严重挠曲变形,根据混凝土表面外观特征,可判断梁受火时的表面最高温度在 500 ℃ 以上。该跨极限荷载较火灾前降低约 30%,属于危险点。

图 3.3.2.197　火灾后一层顶 B 轴、C 轴、17 轴和 　　图 3.3.2.198　　火灾后一层顶 B 轴、C 轴和 18 轴
　　　　　　　18 轴所围次梁 　　　　　　　　　　　　　所交主梁

　　火灾后一层顶 B 轴、18 轴和 19 轴所交主梁如图 3.3.2.199 所示,该梁表面积满炭黑,混凝土有裂纹,梁角部混凝土剥落较重,梁底部混凝土开裂,钢筋未露出,周围钢材严重挠曲变形,根据混凝土表面外观特征,可判断梁受火时的表面最高温度在 500 ℃ 以上。该跨极限荷载较火灾前降低约 30%,属于危险点。

　　火灾后一层顶 B 轴、C 轴、18 轴和 19 轴所围次梁如图 3.3.2.200 所示,该梁表面积满炭黑,混凝土有裂纹,梁角部混凝土剥落较重,梁底部混凝土开裂,钢筋未露出,周围钢材挠曲变形,根据混凝土表面外观特征,可判断梁受火时的表面最高温度在 500 ℃ 以上。该跨极限荷载较火灾前降低约 30%,属于危险点。

图 3.3.2.199　火灾后一层顶 B 轴、18 轴和 19 轴 　　图 3.3.2.200　　火灾后一层顶 B 轴、C 轴、18 轴和
　　　　　　　所交主梁 　　　　　　　　　　　　　19 轴所围次梁

　　火灾后一层顶 B 轴、C 轴和 19 轴所交主梁如图 3.3.2.201 所示,该梁表面积满炭黑,混凝土有裂纹,梁角部混凝土剥落较重,梁底部混凝土开裂,钢筋未露出,周围钢材挠曲变形,根据混凝土表面外观特征,可判断梁受火时的表面最高温度在 500 ℃ 以上。该跨极限荷载较火灾前降低约 30%,属于危险点。

　　火灾后一层顶 B 轴、C 轴、19 轴和 20 轴所围次梁如图 3.3.2.202 所示,该梁表面呈灰白色,混凝土有裂纹,梁角部混凝土剥落较重,梁底部混凝土开裂,钢筋未露出,根据混凝土表面外观特征,可判断梁受火时的表面最高温度在 500 ℃ 以上。该跨极限荷载较火灾前降低约 30%,属于危险点。

图 3.3.2.201　火灾后一层顶 B 轴、C 轴和 19 轴　　图 3.3.2.202　火灾后一层顶 B 轴、C 轴、19 轴和
　　　　　　　所交主梁　　　　　　　　　　　　　　　　　　20 轴所围次梁

　　火灾后一层顶 B 轴、C 轴和 20 轴所交主梁如图 3.3.2.203 所示,该梁表面呈灰白色,
混凝土有裂纹,梁角部混凝土剥落较重,梁底部混凝土开裂,钢筋未露出,周围钢材挠曲变
形,根据混凝土表面外观特征,可判断梁受火时的表面最高温度在 500 ℃ 以上。该跨极
限荷载较火灾前降低约 30%,属于危险点。

　　火灾后一层顶 19 轴、20 轴和 B 轴、C 轴所围次梁如图 3.3.2.204 所示,该梁表面呈灰
白色,混凝土有裂纹,梁角部混凝土剥落较重,梁底部混凝土开裂,钢筋未露出,周围钢材
挠曲变形,根据混凝土表面外观特征,可判断梁受火时的表面最高温度在 500 ℃ 以上。
该跨极限荷载较火灾前降低约 30%,属于危险点。

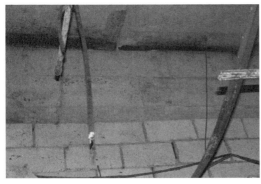 

图 3.3.2.203　火灾后一层顶 B 轴、C 轴和 20 轴　　图 3.3.2.204　火灾后一层顶 19 轴、20 轴和 B
　　　　　　　所交主梁　　　　　　　　　　　　　　　　　　轴、C 轴所围次梁

　　火灾后一层顶 C 轴、D 轴和 1 轴所交主梁如图 3.3.2.205 所示,该梁表面积满炭黑,周
围木材炭化,根据混凝土表面外观特征,可判断梁受火时的表面最高温度在 300 ℃ 以
下。该跨极限荷载较火灾前降低约 12%,不属于危险点。

　　火灾后一层顶 C 轴、1 轴和 2 轴所交主梁如图 3.3.2.206 所示,该梁表面积满炭黑,梁
角部混凝土剥落,出现裂纹,周围钢架小变形,根据混凝土表面外观特征,可判断梁受火时
的表面最高温度在 300 ℃ 以下。该跨极限荷载较火灾前降低约 12%,不属于危险点。

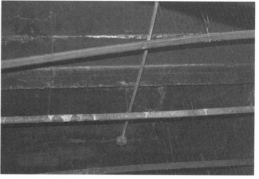

图 3.3.2.205　火灾后一层顶 C 轴、D 轴和 1 轴所　　图 3.3.2.206　火灾后一层顶 C 轴、1 轴和 2 轴所
　　　　　　　交主梁　　　　　　　　　　　　　　　　　　　　交主梁

　　火灾后一层顶 1 轴和 2 轴、C 轴、D 轴所围次梁如图 3.3.2.207 所示,该梁表面积满炭黑,梁角部混凝土剥落,出现裂纹,周围钢架小变形,根据混凝土表面外观特征,可判断梁受火时的表面最高温度在 300 ℃ 以下。该跨极限荷载较火灾前降低约 12%,不属于危险点。

　　火灾后一层顶 C 轴、D 轴和 2 轴所交主梁如图 3.3.2.208 所示,该梁表面积满炭黑,梁角部混凝土剥落,出现裂纹,周围钢架小变形,电线胶皮烧化,根据混凝土表面外观特征,可判断梁受火时的表面最高温度在 300 ℃ 以下。该跨极限荷载较火灾前降低约 12%,不属于危险点。

图 3.3.2.207　火灾后一层顶 1 轴和 2 轴、C 轴、D　　图 3.3.2.208　火灾后一层顶 C 轴、D 轴和 2 轴所
　　　　　　　轴所围次梁　　　　　　　　　　　　　　　　　　交主梁

　　火灾后一层顶 C 轴、2 轴和 3 轴所交主梁如图 3.3.2.209 所示,该梁表面积满炭黑,梁角部混凝土剥落,出现裂纹,周围钢架小变形,根据混凝土表面外观特征,可判断梁受火时的表面最高温度在 300 ℃ 以下。该跨极限荷载较火灾前降低约 12%,不属于危险点。

　　火灾后一层顶 C 轴、D 轴、2 轴和 3 轴所围次梁如图 3.3.2.210 所示,该梁表面积满炭黑,梁角部混凝土剥落,出现裂纹,周围钢架挠曲变形,根据混凝土表面外观特征,可判断梁受火时的表面最高温度在 300 ℃ 以下。该跨极限荷载较火灾前降低约 12%,不属于危险点。

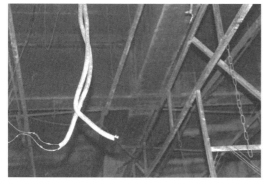

图 3.3.2.209　火灾后一层顶 C 轴、2 轴和 3 轴所　　图 3.3.2.210　火灾后一层顶 C 轴、D 轴、2 轴和 3
　　　　　　　交主梁　　　　　　　　　　　　　　　　　　　　　　　轴所围次梁

　　火灾后一层顶 C 轴、D 轴和 3 轴所交主梁如图 3.3.2.211 所示,该梁表面积满炭黑,梁
角部混凝土剥落,出现裂纹,周围钢架挠曲变形,根据混凝土表面外观特征,可判断梁受火
时的表面最高温度在 300 ℃ 以下。该跨极限荷载较火灾前降低约 12%,不属于危险点。

　　火灾后一层顶 C 轴、3 轴和 4 轴所交主梁如图 3.3.2.212 所示,该梁表面积满炭黑,梁
角部混凝土剥落,出现裂纹,周围钢架挠曲变形,根据混凝土表面外观特征,可判断梁受火
时的表面最高温度在 300 ℃ 以下。该跨极限荷载较火灾前降低约 12%,不属于危险点。

图 3.3.2.211　火灾后一层顶 C 轴、D 轴和 3 轴所　　图 3.3.2.212　火灾后一层顶 C 轴、3 轴和 4 轴所
　　　　　　　交主梁　　　　　　　　　　　　　　　　　　　　　　　交主梁

　　火灾后一层顶 C 轴、D 轴、3 轴和 4 轴所围次梁如图 3.3.2.213 所示,该梁表面积满炭
黑,梁角部混凝土剥落,出现裂纹,周围钢架挠曲变形,根据混凝土表面外观特征,可判断
梁受火时的表面最高温度在 300 ℃ 以下。该跨极限荷载较火灾前降低约 12%,不属于危
险点。

　　火灾后一层顶 C 轴、D 轴和 4 轴所交主梁如图 3.3.2.214 所示,该梁表面呈灰白色,梁
角部混凝土剥落,出现裂纹,周围钢架挠曲变形,根据混凝土表面外观特征,可判断梁受火
时的表面最高温度在 300 ℃ 以下。该跨极限荷载较火灾前降低约 12%,不属于危险点。

图 3.3.2.213　火灾后一层顶 C 轴、D 轴、3 轴和 4　　图 3.3.2.214　　火灾后一层顶 C 轴、D 轴和 4 轴所
　　　　　　　　轴所围次梁　　　　　　　　　　　　　　　　　　　　交主梁

　　火灾后一层顶 C 轴、4 轴和 5 轴所交主梁如图 3.3.2.215 所示,该梁表面呈灰白色,梁角部混凝土剥落,出现裂纹,周围钢架挠曲变形,根据混凝土表面外观特征,可判断梁受火时的表面最高温度在 500 ℃ 以上。该跨极限荷载较火灾前降低约 30%,属于危险点。

　　火灾后一层顶 C 轴、D 轴、4 轴和 5 轴所围次梁如图 3.3.2.216 所示,该梁表面呈灰白色,梁角部混凝土剥落,梁表面布满裂纹,周围钢架挠曲变形,根据混凝土表面外观特征,可判断梁受火时的表面最高温度在 500 ℃ 以上。该跨极限荷载较火灾前降低约 30%,属于危险点。

图 3.3.2.215　火灾后一层顶 C 轴、4 轴和 5 轴所　　图 3.3.2.216　　火灾后一层顶 C 轴、D 轴、4 轴和 5
　　　　　　　　交主梁　　　　　　　　　　　　　　　　　　　　　轴所围次梁

　　火灾后一层顶 C 轴、D 轴和 5 轴所交主梁如图 3.3.2.217 所示,该梁表面呈灰白色,梁角部混凝土剥落,梁表面布满裂纹,周围钢架挠曲变形,根据混凝土表面外观特征,可判断梁受火时的表面最高温度在 500 ℃ 以上。该跨极限荷载较火灾前降低约 30%,属于危险点。

　　火灾后一层顶 C 轴、5 轴和 6 轴所交主梁如图 3.3.2.218 所示,该梁表面呈灰白色,梁角部混凝土剥落,梁表面布满裂纹,周围钢架严重挠曲变形,根据混凝土表面外观特征,可判断梁受火时的表面最高温度在 500 ℃ 以上。该跨极限荷载较火灾前降低约 30%,属于危险点。

图 3.3.2.217　火灾后一层顶 C 轴、D 轴和 5 轴所交主梁

图 3.3.2.218　火灾后一层顶 C 轴、5 轴和 6 轴所交主梁

火灾后一层顶 C 轴、D 轴、5 轴和 6 轴所围次梁如图 3.3.2.219 所示,该梁表面呈灰白色,梁角部混凝土剥落,梁表面布满裂纹,周围钢架严重挠曲变形,根据混凝土表面外观特征,可判断梁受火时的表面最高温度在 500 ℃ 以上。该跨极限荷载较火灾前降低约 30%,属于危险点。

火灾后一层顶 C 轴、D 轴和 6 轴所交主梁如图 3.3.2.220 所示,该梁表面呈灰白色,梁角部混凝土剥落,梁表面布满裂纹,周围钢架严重挠曲变形,根据混凝土表面外观特征,可判断梁受火时的表面最高温度在 500 ℃ 以上。该跨极限荷载较火灾前降低约 30%,属于危险点。

图 3.3.2.219　火灾后一层顶 C 轴、D 轴、5 轴和 6 轴所围次梁

图 3.3.2.220　火灾后一层顶 C 轴、D 轴和 6 轴所交主梁

火灾后一层顶 C 轴、6 轴和 7 轴所交主梁如图 3.3.2.221 所示,该梁表面呈灰白带黄色,梁角部混凝土严重剥落,梁表面布满裂纹,周围钢架严重挠曲变形,根据混凝土表面外观特征,可判断梁受火时的表面最高温度在 500 ℃ 以上。该跨极限荷载较火灾前降低约 30%,属于危险点。

火灾后一层顶 C 轴、D 轴、6 轴和 7 轴所围次梁如图 3.3.2.222 所示,该梁表面呈灰白带黄色,梁角部混凝土严重剥落,梁表面布满裂纹,周围钢架严重挠曲变形,根据混凝土表面外观特征,可判断梁受火时的表面最高温度在 500 ℃ 以上。该跨极限荷载较火灾前降低约 30%,属于危险点。

图 3.3.2.221　火灾后一层顶 C 轴、6 轴和 7 轴所　　图 3.3.2.222　火灾后一层顶 C 轴、D 轴、6 轴和 7
　　　　　　　交主梁　　　　　　　　　　　　　　　　　　　轴所围次梁

　　火灾后一层顶 C 轴、D 轴和 7 轴所交主梁如图 3.3.2.223 所示,该梁表面呈灰白带黄色,梁角部混凝土严重剥落,梁表面布满裂纹,周围钢架严重挠曲变形,根据混凝土表面外观特征,可判断梁受火时的表面最高温度在 500 ℃ 以上。该跨极限荷载较火灾前降低约 30%,属于危险点。

　　火灾后一层顶 C 轴、7 轴和 8 轴所交主梁如图 3.3.2.224 所示,该梁表面呈灰白带黄色,梁角部混凝土严重剥落,梁表面布满裂纹,周围钢架严重挠曲变形,根据混凝土表面外观特征,可判断梁受火时的表面最高温度在 500 ℃ 以上。该跨极限荷载较火灾前降低约 30%,属于危险点。

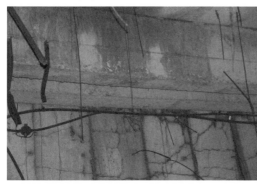

图 3.3.2.223　火灾后一层顶 C 轴、D 轴和 7 轴所　　图 3.3.2.224　火灾后一层顶 C 轴、7 轴和 8 轴所
　　　　　　　交主梁　　　　　　　　　　　　　　　　　　　交主梁

　　火灾后一层顶 C 轴、D 轴和 8 轴所交主梁如图 3.3.2.225 所示,该梁表面呈灰白带黄色,梁角部混凝土严重剥落,梁表面布满裂纹,周围钢架严重挠曲变形,楼板坍塌,根据混凝土表面外观特征,可判断梁受火时的表面最高温度在 500 ℃ 以上。该跨极限荷载较火灾前降低约 30%,属于危险点。

　　火灾后一层顶 C 轴、8 轴和 9 轴所交主梁如图 3.3.2.226 所示,该梁表面呈灰白带黄色,梁角部混凝土严重剥落,梁表面布满裂纹,周围钢架严重挠曲变形,楼板坍塌,根据混凝土表面外观特征,可判断梁受火时的表面最高温度在 500 ℃ 以上。该跨极限荷载较火灾前降低约 30%,属于危险点。

图 3.3.2.225　火灾后一层顶 C 轴、D 轴和 8 轴所 　图 3.3.2.226　火灾后一层顶 C 轴、8 轴和 9 轴所
　　　　　　　交主梁　　　　　　　　　　　　　　　　　　　交主梁

火灾后一层顶 C 轴、D 轴、8 轴和 9 轴所围次梁如图 3.3.2.227 所示,该梁表面呈灰白带黄色,梁角部混凝土严重剥落,梁表面布满裂纹,周围钢架严重挠曲变形,楼板坍塌,根据混凝土表面外观特征,可判断梁受火时的表面最高温度在 500 ℃ 以上。该跨极限荷载较火灾前降低约 30%,属于危险点。

火灾后一层顶 C 轴、D 轴和 9 轴所交主梁如图 3.3.2.228 所示,该梁表面呈灰白带黄色,梁角部混凝土严重剥落,梁表面布满裂纹,周围钢架严重挠曲变形,楼板坍塌,根据混凝土表面外观特征,可判断梁受火时的表面最高温度在 500 ℃ 以上。该跨极限荷载较火灾前降低约 30%,属于危险点。

图 3.3.2.227　火灾后一层顶 C 轴、D 轴、8 轴和 9 　图 3.3.2.228　火灾后一层顶 C 轴、D 轴和 9 轴所
　　　　　　　轴所围次梁　　　　　　　　　　　　　　　　　　　交主梁

火灾后一层顶 C 轴、9 轴和 10 轴所交主梁如图 3.3.2.229 所示,该梁表面呈黑色,梁角部混凝土剥落,梁表面布满裂纹,周围钢架挠曲变形,根据混凝土表面外观特征,可判断梁受火时的表面最高温度在 500 ℃ 以上。该跨极限荷载较火灾前降低约 30%,属于危险点。

火灾后一层顶 C 轴、D 轴、9 轴和 10 轴所围横向次梁如图 3.3.2.230 所示,该梁表面呈灰白带黄色,梁角部混凝土严重剥落,梁表面布满裂纹,周围钢架严重挠曲变形,楼板坍塌,根据混凝土表面外观特征,可判断梁受火时的表面最高温度在 500 ℃ 以上。该跨极限荷载较火灾前降低约 30%,属于危险点。

 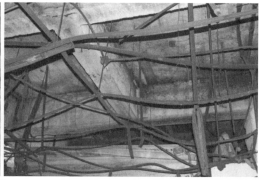

图 3.3.2.229 火灾后一层顶 C 轴、9 轴和 10 轴　　图 3.3.2.230 火灾后一层顶 C 轴、D 轴、9 轴和
　　　　　　　所交主梁　　　　　　　　　　　　　　　　　　　10 轴所围横向次梁

　　火灾后一层顶 C 轴、10 轴和 11 轴所交主梁如图 3.3.2.231 所示,该梁表面呈黑色,梁角部混凝土剥落,梁表面布满裂纹,周围钢架挠曲变形,根据混凝土表面外观特征,可判断梁受火时的表面最高温度在 500 ℃ 以上。该跨极限荷载较火灾前降低约 30%,属于危险点。

　　火灾后一层顶 C 轴、D 轴、10 轴和 11 轴所围次梁如图 3.3.2.232 所示,该梁表面呈黑色,梁角部混凝土剥落,梁表面布满裂纹,周围钢架挠曲变形,根据混凝土表面外观特征,可判断梁受火时的表面最高温度在 500 ℃ 以上。该跨极限荷载较火灾前降低约 30%,属于危险点。

图 3.3.2.231 火灾后一层顶 C 轴、10 轴和 11 轴　　图 3.3.2.232 火灾后一层顶 C 轴、D 轴、10 轴和
　　　　　　　所交主梁　　　　　　　　　　　　　　　　　　　11 轴所围次梁

　　火灾后一层顶 C 轴、D 轴和 11 轴所交主梁如图 3.3.2.233 所示,该梁表面呈黑色,梁角部混凝土剥落,梁表面布满裂纹,周围钢架挠曲变形,根据混凝土表面外观特征,可判断梁受火时的表面最高温度在 500 ℃ 以上。该跨极限荷载较火灾前降低约 30%,属于危险点。

　　火灾后一层顶 C 轴、11 轴和 12 轴所交主梁如图 3.3.2.234 所示,该梁表面呈黑色,梁角部混凝土剥落,梁表面布满裂纹,周围钢架挠曲变形,根据混凝土表面外观特征,可判断梁受火时的表面最高温度在 500 ℃ 以上。该跨极限荷载较火灾前降低约 30%,属于危险点。

图 3.3.2.233　火灾后一层顶 C 轴、D 轴和 11 轴　　图 3.3.2.234　　火灾后一层顶 C 轴、11 轴和 12 轴
　　　　　　　所交主梁　　　　　　　　　　　　　　　　　　　所交主梁

　　火灾后一层顶 C 轴、12 轴和 13 轴所交主梁如图 3.3.2.235 所示,该梁表面呈灰白色,
梁角部混凝土剥落,梁表面布满裂纹,露出钢筋,根据混凝土表面外观特征,可判断梁受火
时的表面最高温度在 500 ℃ 以上。该跨极限荷载较火灾前降低约 30%,属于危险点。

　　火灾后一层顶 C 轴、D 轴和 13 轴所交主梁如图 3.3.2.236 所示,该梁表面呈灰白色,
梁角部混凝土剥落,梁表面布满裂纹,钢筋未露出,周围钢材挠曲变形,根据混凝土表面外
观特征,可判断梁受火时的表面最高温度在 500 ℃ 以上。该跨极限荷载较火灾前降低约
30%,属于危险点。

图 3.3.2.235　火灾后一层顶 C 轴、12 轴和 13 轴　　图 3.3.2.236　　火灾后一层顶 C 轴、D 轴和 13 轴
　　　　　　　所交主梁　　　　　　　　　　　　　　　　　　　所交主梁

　　火灾后一层顶 C 轴、13 轴和 14 轴所交主梁如图 3.3.2.237 所示,该梁表面呈灰白色,
梁角部混凝土剥落,梁表面布满裂纹,露出钢筋,周围钢材挠曲变形,根据混凝土表面外观
特征,可判断梁受火时的表面最高温度在 500 ℃ 以上。该跨极限荷载较火灾前降低约
30%,属于危险点。

　　火灾后一层顶 C 轴、D 轴、13 轴和 14 轴所围次梁如图 3.3.2.238 所示,该梁表面呈灰
白色,梁角部混凝土剥落,梁表面布满裂纹,钢筋未露出,周围钢材挠曲变形,梁和周围楼
板均出现挠曲,根据混凝土表面外观特征,可判断梁受火时的表面最高温度在 500 ℃ 以
上。该跨极限荷载较火灾前降低约 30%,属于危险点。

图 3.3.2.237　火灾后一层顶 C 轴、13 轴和 14 轴　　图 3.3.2.238　　火灾后一层顶 C 轴、D 轴、13 轴和
　　　　　　　所交主梁　　　　　　　　　　　　　　　　　　　　14 轴所围次梁

　　火灾后一层顶 C 轴、D 轴和 14 轴所围双主梁如图 3.3.2.239 所示,该梁表面呈灰白色,梁角部混凝土剥落,梁表面布满裂纹,露出钢筋,周围钢材挠曲变形,周围楼板均出现挠曲,根据混凝土表面外观特征,可判断梁受火时的表面最高温度在 500 ℃ 以上。该跨极限荷载较火灾前降低约 30%,属于危险点。

　　火灾后一层顶 C 轴、14 轴和 15 轴所交主梁如图 3.3.2.240 所示,该梁表面呈黄白色,梁角部混凝土剥落,梁表面布满裂纹,出现沿梁长度的大裂缝,露出钢筋,周围钢材挠曲变形,周围楼板坍塌,根据混凝土表面外观特征,可判断梁受火时的表面最高温度在 500 ℃ 以上。该跨极限荷载较火灾前降低约 30%,属于危险点。

图 3.3.2.239　火灾后一层顶 C 轴、D 轴和 14 轴　　图 3.3.2.240　　火灾后一层顶 C 轴、14 轴和 15 轴
　　　　　　　所围双主梁　　　　　　　　　　　　　　　　　　　　所交主梁

　　火灾后一层顶 C 轴、D 轴、14 轴和 15 轴所围次梁如图 3.3.2.241 所示,该梁表面呈黄白色,梁角部混凝土剥落,梁表面布满裂纹,出现沿梁长度的大裂缝,露出钢筋,梁有挠度,周围钢材挠曲变形,周围楼板坍塌,根据混凝土表面外观特征,可判断梁受火时的表面最高温度在 500 ℃ 以上。该跨极限荷载较火灾前降低约 30%,属于危险点。

　　火灾后一层顶 C 轴、D 轴和 15 轴所交主梁如图 3.3.2.242 所示,该梁表面呈黄白色,梁角部混凝土剥落,梁表面布满裂纹,出现沿梁长度的大裂缝,露出钢筋,周围钢材挠曲变形,周围楼板坍塌,根据混凝土表面外观特征,可判断梁受火时的表面最高温度在 500 ℃ 以上。该跨极限荷载较火灾前降低约 30%,属于危险点。

图 3.3.2.241　火灾后一层顶 C 轴、D 轴、14 轴和　　图 3.3.2.242　火灾后一层顶 C 轴、D 轴和 15 轴
　　　　　　　15 轴所围次梁　　　　　　　　　　　　　　　　　　所交主梁

　　火灾后一层顶 C 轴、15 轴和 16 轴所交主梁如图 3.3.2.243 所示,该梁表面呈黄白色,梁角部混凝土剥落,梁表面布满裂纹,出现大裂缝,露出钢筋,周围钢材挠曲变形,周围楼板坍塌,根据混凝土表面外观特征,可判断梁受火时的表面最高温度在 500 ℃ 以上。该跨极限荷载较火灾前降低约 30%,属于危险点。

　　火灾后一层顶 C 轴、D 轴、15 轴和 16 轴所围次梁如图 3.3.2.244 所示,该梁表面呈黄白色,梁角部混凝土剥落,梁表面布满裂纹,出现沿梁长度的大裂缝,露出钢筋,周围钢材挠曲变形,周围楼板坍塌,根据混凝土表面外观特征,可判断梁受火时的表面最高温度在 500 ℃ 以上。该跨极限荷载较火灾前降低约 30%,属于危险点。

图 3.3.2.243　火灾后一层顶 C 轴、15 轴和 16 轴　　图 3.3.2.244　火灾后一层顶 C 轴、D 轴、15 轴和
　　　　　　　所交主梁　　　　　　　　　　　　　　　　　　　16 轴所围次梁

　　火灾后一层顶 C 轴、D 轴和 16 轴所交主梁如图 3.3.2.245 所示,该梁表面呈黄白色,混凝土表面疏松,并出现大的挠曲变形(1/80L),梁角部混凝土剥落,梁表面布满裂纹,出现沿梁长度的大裂缝,大量露出钢筋,周围钢材挠曲变形,周围楼板坍塌,根据混凝土表面外观特征,可判断梁受火时的表面最高温度在 500 ℃ 以上。该跨极限荷载较火灾前降低约 30%,属于危险点。

　　火灾后一层顶 C 轴、16 轴和 17 轴所交主梁如图 3.3.2.246 所示,该梁表面呈黄白色,混凝土表面疏松,并出现大的挠曲变形(1/80L),梁角部混凝土剥落,梁表面布满裂纹,出现沿梁长度的大裂缝,大量露出钢筋,周围钢材挠曲变形,周围楼板坍塌,根据混凝土表面外观特征,可判断梁受火时的表面最高温度在 500 ℃ 以上。该跨极限荷载较火灾前降低约 30%，属于危险点。

图 3.3.2.245　火灾后一层顶 C 轴、D 轴和 16 轴　　图 3.3.2.246　火灾后一层顶 C 轴、16 轴和 17 轴
　　　　　　　所交主梁　　　　　　　　　　　　　　　　　　所交主梁

　　火灾后一层顶 C 轴、D 轴、16 轴和 17 轴所围次梁如图 3.3.2.247 所示，该梁表面呈黄白色，混凝土表面疏松，梁角部混凝土剥落，梁表面布满裂纹，出现大裂缝，大量露出钢筋，周围钢材挠曲变形，周围楼板坍塌，根据混凝土表面外观特征，可判断梁受火时的表面最高温度在 500 ℃ 以上。该跨极限荷载较火灾前降低约 30%，属于危险点。

　　火灾后一层顶 C 轴、D 轴和 17 轴所交主梁如图 3.3.2.248 所示，该梁表面呈黄白色，混凝土表面疏松，梁角部混凝土剥落，梁表面布满裂纹，出现大裂缝，露出钢筋，周围钢材挠曲变形，周围楼板坍塌，根据混凝土表面外观特征，可判断梁受火时的表面最高温度在 500 ℃ 以上。该跨极限荷载较火灾前降低约 30%，属于危险点。

图 3.3.2.247　火灾后一层顶 C 轴、D 轴、16 轴和　　图 3.3.2.248　火灾后一层顶 C 轴、D 轴和 17 轴
　　　　　　　17 轴所围次梁　　　　　　　　　　　　　　　　　所交主梁

　　火灾后一层顶 C 轴、17 轴和 18 轴所交主梁如图 3.3.2.249 所示，该梁表面呈黄白色，混凝土表面疏松，梁角部混凝土剥落，梁表面布满裂纹，出现大裂缝，露出钢筋，周围钢材挠曲变形，根据混凝土表面外观特征，可判断梁受火时的表面最高温度在 500 ℃ 以上。该跨极限荷载较火灾前降低约 30%，属于危险点。

　　火灾后一层顶 C 轴、D 轴、17 轴和 18 轴所围次梁如图 3.3.2.250 所示，该梁表面呈黄白色，混凝土表面疏松，梁角部混凝土剥落，梁表面布满裂纹，出现大裂缝，露出钢筋，周围钢材挠曲变形，周围楼板大挠度塌落，根据混凝土表面外观特征，可判断梁受火时的表面最高温度在 500 ℃ 以上。该跨极限荷载较火灾前降低约 30%，属于危险点。

图 3.3.2.249　火灾后一层顶 C 轴、17 轴和 18 轴　　图 3.3.2.250　火灾后一层顶 C 轴、D 轴、17 轴和
　　　　　　　所交主梁　　　　　　　　　　　　　　　　　　18 轴所围次梁

　　火灾后一层顶 C 轴、D 轴和 18 轴所交主梁如图 3.3.2.251 所示,该梁表面呈黄白色,
混凝土表面疏松,梁角部混凝土剥落,梁表面布满裂纹,露出钢筋,周围钢材挠曲变形,根
据混凝土表面外观特征,可判断梁受火时的表面最高温度在 500 ℃ 以上。该跨极限荷载
较火灾前降低约 30%,属于危险点。

　　火灾后一层顶 C 轴、18 轴和 19 轴所交主梁如图 3.3.2.252 所示,该梁表面呈黄白色,
混凝土表面疏松,梁角部混凝土剥落,梁表面布满裂纹,大量露出钢筋,周围钢材挠曲变
形,根据混凝土表面外观特征,可判断梁受火时的表面最高温度在 500 ℃ 以上。该跨极
限荷载较火灾前降低约 30%,属于危险点。

图 3.3.2.251　火灾后一层顶 C 轴、D 轴和 18 轴　　图 3.3.2.252　火灾后一层顶 C 轴、18 轴和 19 轴
　　　　　　　所交主梁　　　　　　　　　　　　　　　　　　　　所交主梁

　　火灾后一层顶 C 轴、D 轴、18 轴和 19 轴所围次梁如图 3.3.2.253 所示,该梁表面呈黄
白色,混凝土表面疏松,梁角部混凝土剥落,梁表面布满裂纹,大量露出钢筋,周围钢材挠
曲变形,根据混凝土表面外观特征,可判断梁受火时的表面最高温度在 500 ℃ 以上。该
跨极限荷载较火灾前降低约 30%,属于危险点。

　　火灾后一层顶 C 轴、D 轴和 19 轴所交主梁如图 3.3.2.254 所示,该梁表面呈灰白色,
混凝土表面疏松,梁角部混凝土剥落,梁表面布满裂纹,露出钢筋,根据混凝土表面外观特
征,可判断梁受火时的表面最高温度在 500 ℃ 以上。该跨极限荷载较火灾前降低约
30%,属于危险点。

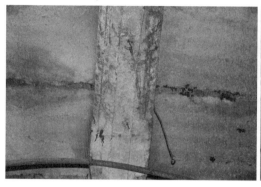 

图 3.3.2.253　火灾后一层顶 C 轴、D 轴、18 轴和　　图 3.3.2.254　火灾后一层顶 C 轴、D 轴和 19 轴
19 轴所围次梁　　　　　　　　　　　　所交主梁

　　火灾后一层顶 C 轴、19 轴和 20 轴所交主梁如图 3.3.2.255 所示,该梁表面呈灰白色,梁角部混凝土剥落,梁表面布满裂纹,露出钢筋,周围钢材微变形,根据混凝土表面外观特征,可判断梁受火时的表面最高温度在 500 ℃ 以上。该跨极限荷载较火灾前降低约30%,属于危险点。

　　火灾后一层顶 C 轴、D 轴、19 轴和 20 轴所围次梁如图 3.3.2.256 所示,该梁表面积满炭黑,梁角部混凝土剥落,梁表面布满裂纹,钢筋未露出,周围钢材微变形,根据混凝土表面外观特征,可判断梁受火时的表面最高温度在 500 ℃ 以上。该跨极限荷载较火灾前降低约 30%,属于危险点。

图 3.3.2.255　火灾后一层顶 C 轴、19 轴和 20 轴　　图 3.3.2.256　火灾后一层顶 C 轴、D 轴、19 轴和
所交主梁　　　　　　　　　　　　20 轴所围次梁

　　火灾后一层顶 C 轴、D 轴、19 轴和 20 轴所围横向次梁如图 3.3.2.257 所示,该梁表面呈灰白色,梁角部混凝土剥落,梁表面布满裂纹,露出钢筋,周围钢材微变形,根据混凝土表面外观特征,可判断梁受火时的表面最高温度在 500 ℃ 以上。该跨极限荷载较火灾前降低约 30%,属于危险点。

　　火灾后一层顶 C 轴、D 轴和 20 轴所交主梁如图 3.3.2.258 所示,该梁表面呈灰白色,梁角部混凝土剥落,梁表面布满裂纹,露出钢筋,周围钢材微变形,根据混凝土表面外观特征,可判断梁受火时的表面最高温度在 500 ℃ 以上。该跨极限荷载较火灾前降低约30%,属于危险点。

图 3.3.2.257　火灾后一层顶 C 轴、D 轴、19 轴和　　图 3.3.2.258　火灾后一层顶 C 轴、D 轴和 20 轴
　　　　　　　20 轴所围横向次梁　　　　　　　　　　　　　　　　所交主梁

　　火灾后一层顶 D 轴、E 轴和 1 轴所交主梁如图 3.3.2.259 所示,该梁表面积满炭黑,混凝土出现细微裂缝。梁周围钢架轻度变形,根据混凝土表面外观特征,可判断梁受火时的表面最高温度在 300 ℃ 以下。该跨极限荷载较火灾前降低约 12%,不属于危险点。

　　火灾后一层顶 D 轴、1 轴和 2 轴所交主梁如图 3.3.2.260 所示,该梁表面积满炭黑,混凝土出现细微裂缝,角部混凝土轻度剥落,无钢筋露出。根据混凝土表面外观特征,可判断梁受火时的表面最高温度在 300 ℃ 以下。该跨极限荷载较火灾前降低约 12%,不属于危险点。

图 3.3.2.259　火灾后一层 D 轴、E 轴和 1 轴所交　　图 3.3.2.260　火灾后一层顶 D 轴、1 轴和 2 轴所
　　　　　　　主梁　　　　　　　　　　　　　　　　　　　　　　交主梁

　　火灾后一层顶 D 轴、E 轴、1 轴和 2 轴所围横向次梁如图 3.3.2.261 所示,该梁表面呈浅灰白色,混凝土出现细微裂缝,梁角部混凝土轻度剥落,无钢筋露出。梁周围钢架挠曲变形,根据混凝土表面外观特征,可判断梁受火时的表面最高温度在 300 ℃ 以下。该跨极限荷载较火灾前降低约 12%,不属于危险点。

　　火灾后一层顶 D 轴、E 轴、1 轴和 2 轴所围纵向次梁如图 3.3.2.262 所示,该梁表面呈浅灰白色,混凝土出现细微裂缝,梁角部混凝土剥落,无钢筋露出。梁周围钢架挠曲变形,根据混凝土表面外观特征,可判断梁受火时的表面最高温度在 300 ℃ 以下。该跨极限荷载较火灾前降低约 12%,不属于危险点。

图3.3.2.261　火灾后一层顶D轴、E轴、1轴和2轴所围横向次梁　　图3.3.2.262　火灾后一层顶D轴、E轴、1轴和2轴所围纵向次梁

火灾后一层顶D轴、E轴和2轴所交主梁如图3.3.2.263所示，该梁表面呈浅灰白色，混凝土出现细微裂缝，梁角部混凝土剥落，无钢筋露出。梁周围钢架挠曲变形，根据混凝土表面外观特征，可判断梁受火时的表面最高温度在300 ℃以下。该跨极限荷载较火灾前降低约12％，不属于危险点。

火灾后一层顶D轴、2轴和3轴所交主梁如图3.3.2.264所示，该梁表面呈浅灰白色，混凝土出现轻微裂缝，梁角部混凝土剥落，无钢筋露出。梁周围钢架挠曲变形，根据混凝土表面外观特征，可判断梁受火时的表面最高温度在300 ℃以下。该跨极限荷载较火灾前降低约12％，不属于危险点。

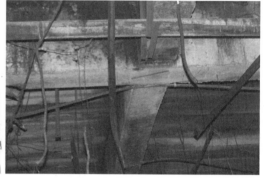

图3.3.2.263　火灾后一层顶D轴、E轴和2轴所交主梁　　图3.3.2.264　火灾后一层顶D轴、2轴和3轴所交主梁

火灾后一层顶D轴、E轴、2轴和3轴所围次梁如图3.3.2.265所示，该梁表面呈灰白色，混凝土出现轻微裂缝，梁角部混凝土剥落，无钢筋露出。梁周围钢架挠曲变形，根据混凝土表面外观特征，可判断梁受火时的表面最高温度在300 ℃以下。该跨极限荷载较火灾前降低约12％，不属于危险点。

火灾后一层顶D轴、E轴和3轴所交主梁如图3.3.2.266所示，该梁表面呈浅灰白色，混凝土出现轻微裂缝，梁角部混凝土轻度剥落，无钢筋露出。梁周围钢架挠曲变形较大，根据混凝土表面外观特征，可判断梁受火时的表面最高温度在300 ℃以下。该跨极限荷载较火灾前降低约12％，不属于危险点。

图 3.3.2.265　火灾后一层顶 D 轴、E 轴、2 轴和 3　　图 3.3.2.266　火灾后一层顶 D 轴、E 轴和 3 轴所
　　　　　　　轴所围次梁　　　　　　　　　　　　　　　　　　　　交主梁

　　火灾后一层顶 D 轴、3 轴和 4 轴所交主梁如图 3.3.2.267 所示,该梁表面呈浅灰白色,混凝土出现细微裂缝,梁角部混凝土剥落,无钢筋露出。梁周围钢架挠曲变形较大,根据混凝土表面外观特征,可判断梁受火时的表面最高温度在 300 ℃ 以下。该跨极限荷载较火灾前降低约 12%,不属于危险点。

　　火灾后一层顶 D 轴、E 轴、3 轴和 4 轴所围次梁如图 3.3.2.268 所示,该梁表面呈浅灰白色,混凝土出现轻微裂缝,梁角部混凝土剥落,无钢筋露出。梁周围钢架挠曲变形较大,根据混凝土表面外观特征,可判断梁受火时的表面最高温度在 300 ℃ 以下。该跨极限荷载较火灾前降低约 12%,不属于危险点。

图 3.3.2.267　火灾后一层顶 D 轴、3 轴和 4 轴所　　图 3.3.2.268　火灾后一层顶 D 轴、E 轴、3 轴和 4
　　　　　　　交主梁　　　　　　　　　　　　　　　　　　　　　　轴所围次梁

　　火灾后一层顶 D 轴、E 轴和 4 轴所交主梁如图 3.3.2.269 所示,该梁表面呈浅灰白色,混凝土出现轻微裂缝,梁角部混凝土剥落,梁角部、底部有钢筋露出。梁周围钢架挠曲变形,根据混凝土表面外观特征,可判断梁受火时的表面最高温度在 300 ℃ 以下。该跨极限荷载较火灾前降低约 12%,不属于危险点。

　　火灾后一层顶 D 轴、4 轴和 5 轴所交主梁如图 3.3.2.270 所示,该梁表面呈浅灰白色,混凝土出现轻微裂缝,梁角部混凝土剥落,无钢筋露出。梁周围钢管挠曲变形,根据混凝土表面外观特征,可判断梁受火时的表面最高温度在 500 ℃ 以上。该跨极限荷载较火灾前降低约 30%,属于危险点。

图 3.3.2.269　火灾后一层顶 D 轴、E 轴和 4 轴所 　图 3.3.2.270　火灾后一层顶 D 轴、4 轴和 5 轴所
　　　　　　　交主梁　　　　　　　　　　　　　　　　　　交主梁

　　火灾后一层顶 D 轴、E 轴、4 轴和 5 轴所围次梁如图 3.3.2.271 所示,该梁表面呈浅灰白色,混凝土出现轻微裂缝,梁角部混凝土剥落,无钢筋露出。梁周围钢架挠曲变形较大,根据混凝土表面外观特征,可判断梁受火时的表面最高温度在 500 ℃ 以上。该跨极限荷载较火灾前降低约 30%,属于危险点。

　　火灾后一层顶 D 轴、E 轴和 5 轴所交主梁如图 3.3.2.272 所示,该梁表面呈浅灰白色,混凝土出现轻微裂缝,梁角部混凝土剥落,无钢筋露出。梁周围钢架、管道挠曲变形较大,根据混凝土表面外观特征,可判断梁受火时的表面最高温度在 500 ℃ 以上。该跨极限荷载较火灾前降低约 30%,属于危险点。

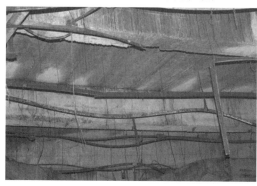 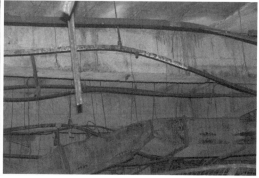

图 3.3.2.271　火灾后一层顶 D 轴、E 轴、4 轴和 5 　图 3.3.2.272　火灾后一层顶 D 轴、E 轴和 5 轴所
　　　　　　　轴所围次梁　　　　　　　　　　　　　　　　　交主梁

　　火灾后一层顶 D 轴、5 轴和 6 轴所交主梁如图 3.3.2.273 所示,该梁表面呈浅灰白色,混凝土出现轻微裂缝,梁角部混凝土剥落,无钢筋露出。梁周围钢架挠曲变形较大,根据混凝土表面外观特征,可判断梁受火时的表面最高温度在 500 ℃ 以上。该跨极限荷载较火灾前降低约 30%,属于危险点。

　　火灾后一层顶 D 轴、E 轴、5 轴和 6 轴所围次梁如图 3.3.2.274 所示,该梁表面呈灰白色,混凝土出现轻微裂缝,梁角部混凝土剥落,有钢筋露出。梁周围钢架挠曲变形较大,根据混凝土表面外观特征,可判断梁受火时的表面最高温度在 500 ℃ 以上。该跨极限荷载较火灾前降低约 30%,属于危险点。

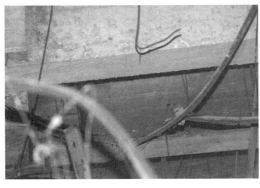
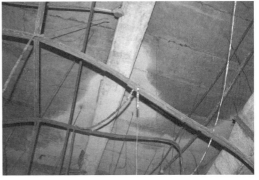

图 3.3.2.273　火灾后一层顶 D 轴、5 轴和 6 轴所　图 3.3.2.274　火灾后一层顶 D 轴、E 轴、5 轴和 6
　　　　　　　交主梁　　　　　　　　　　　　　　　　　　　　　轴所围次梁

　　火灾后一层顶 D 轴、E 轴和 6 轴所交主梁如图 3.3.2.275 所示,该梁表面呈浅灰白色,混凝土出现轻微裂缝,梁角部混凝土剥落较严重,有钢筋露出。梁周围钢架挠曲变形较大,根据混凝土表面外观特征,可判断梁受火时的表面最高温度在 500 ℃ 以上。该跨极限荷载较火灾前降低约 30%,属于危险点。

　　火灾后一层顶 D 轴、6 轴和 7 轴所交主梁如图 3.3.2.276 所示,该梁表面呈浅灰白色,混凝土出现轻微裂缝,梁角部混凝土有起鼓、剥落现象,有钢筋露出。梁周围钢架变形较大,根据混凝土表面外观特征,可判断梁受火时的表面最高温度在 500 ℃ 以上。该跨极限荷载较火灾前降低约 30%,属于危险点。

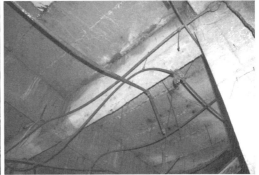

图 3.3.2.275　火灾后一层顶 D 轴、E 轴和 6 轴所　图 3.3.2.276　火灾后一层顶 D 轴、6 轴和 7 轴所
　　　　　　　交主梁　　　　　　　　　　　　　　　　　　　　　交主梁

　　火灾后一层顶 D 轴、E 轴、6 轴和 7 轴所围次梁如图 3.3.2.277 所示,该梁表面呈灰白色,混凝土出现轻微裂缝,梁角部、底部混凝土有剥落,无钢筋露出。根据混凝土表面外观特征,可判断梁受火时的表面最高温度在 500 ℃ 以上。该跨极限荷载较火灾前降低约 30%,属于危险点。

　　火灾后一层顶 D 轴、E 轴和 7 轴所交主梁如图 3.3.2.278 所示,该梁表面呈灰白色,混凝土出现裂缝,梁角部混凝土剥落,无钢筋露出。梁周围钢架变形较大,根据混凝土表面外观特征,可判断梁受火时的表面最高温度在 500 ℃ 以上。该跨极限荷载较火灾前降低约 30%,属于危险点。

图 3.3.2.277　火灾后一层顶 D 轴、E 轴、6 轴和 7 轴所围次梁　　图 3.3.2.278　火灾后一层顶 D 轴、E 轴和 7 轴所交主梁

　　火灾后一层顶 D 轴、E 轴和 8 轴所交主梁如图 3.3.2.279 所示,该梁表面呈浅黄色,混凝土出现裂缝,梁角部混凝土剥落,有钢筋露出。梁周围钢架变形严重,根据混凝土表面外观特征,可判断梁受火时的表面最高温度在 500 ℃ 以上。该跨极限荷载较火灾前降低约 30%,属于危险点。

　　火灾后一层顶 D 轴、8 轴和 9 轴所交主梁如图 3.3.2.280 所示,该梁表面积有炭黑,梁靠近 8 轴一侧因剪切破坏而断裂,钢筋外露,梁角部混凝土剥落。梁周围钢架变形严重,根据混凝土表面外观特征,可判断梁受火时的表面最高温度在 500 ℃ 以上。该跨极限荷载较火灾前降低约 30%,属于危险点。

图 3.3.2.279　火灾后一层顶 D 轴、E 轴和 8 轴所交主梁　　图 3.3.2.280　火灾后一层顶 D 轴、8 轴和 9 轴所交主梁

　　火灾后一层顶 D 轴、E 轴、8 轴和 9 轴所围次梁如图 3.3.2.281 所示,该梁表面呈浅黄色,积有炭黑,混凝土保护层剥落,有钢筋露出。梁周围钢架变形严重,根据混凝土表面外观特征,可判断梁受火时的表面最高温度在 500 ℃ 以上。该跨极限荷载较火灾前降低约 30%,属于危险点。

　　火灾后一层顶 D 轴、E 轴和 9 轴所交主梁如图 3.3.2.282 所示,该梁表面呈灰白略显浅黄色,梁角部混凝土剥落,无钢筋露出。梁周围钢架变形严重,根据混凝土表面外观特征,可判断梁受火时的表面最高温度在 500 ℃ 以上。该跨极限荷载较火灾前降低约 30%,属于危险点。

图 3.3.2.281　火灾后一层顶 D 轴、E 轴、8 轴和 9　　图 3.3.2.282　火灾后一层顶 D 轴、E 轴和 9 轴所
　　　　　　　轴所围次梁　　　　　　　　　　　　　　　　　　　交主梁

火灾后一层顶 D 轴、E 轴和 10 轴所交主梁如图 3.3.2.283 所示,该梁表面呈灰白色,混凝土出现裂缝,梁角部混凝土剥落,梁底部有钢筋露出。梁周围钢架变形严重,根据混凝土表面外观特征,可判断梁受火时的表面最高温度在 500 ℃ 以上。该跨极限荷载较火灾前降低约 30%,属于危险点。

火灾后一层顶 D 轴、10 轴和 11 轴所交主梁如图 3.3.2.284 所示,该梁表面呈灰白色,积有炭黑,混凝土出现裂缝,梁角部混凝土剥落,有钢筋露出。梁周围钢架变形较严重,根据混凝土表面外观特征,可判断梁受火时的表面最高温度在 500 ℃ 以上。该跨极限荷载较火灾前降低约 30%,属于危险点。

图 3.3.2.283　火灾后一层顶 D 轴、E 轴和 10 轴　　图 3.3.2.284　火灾后一层顶 D 轴、10 轴和 11 轴
　　　　　　　所交主梁　　　　　　　　　　　　　　　　　　　所交主梁

火灾后一层顶 D 轴、E 轴、10 轴和 11 轴所围次梁如图 3.3.2.285 所示,该梁表面呈灰白色,混凝土出现裂缝,梁角部混凝土剥落,梁底部有钢筋露出。根据混凝土表面外观特征,可判断梁受火时的表面最高温度在 500 ℃ 以上。该跨极限荷载较火灾前降低约 30%,属于危险点。

火灾后 一层顶 D 轴、E 轴和 11 轴所交主梁如图 3.3.2.286 所示,该梁表面呈灰白色,混凝土出现裂缝,梁角部混凝土剥落,底部有钢筋露出。梁周围钢架变形较严重,根据混凝土表面外观特征,可判断梁受火时的表面最高温度在 500 ℃ 以上。该跨极限荷载较火灾前降低约 30%,属于危险点。

图3.3.2.285　火灾后一层顶D轴、E轴、10轴和　　图3.3.2.286　火灾后一层顶D轴、E轴和11轴
　　　　　　　11轴所围次梁　　　　　　　　　　　　　　　　所交主梁

　　火灾后一层顶D轴、11轴和12轴所交主梁如图3.3.2.287所示,该梁表面呈灰白色,混凝土出现裂缝,梁角部混凝土剥落。梁周围钢架、钢板变形较严重,根据混凝土表面外观特征,可判断梁受火时的表面最高温度在500℃以上。该跨极限荷载较火灾前降低约30%,属于危险点。

　　火灾后一层顶D轴、E轴、11轴和12轴所围次梁如图3.3.2.288所示,该梁表面呈灰白色,混凝土出现裂缝,梁角部混凝土剥落,底部有钢筋露出。梁周围钢架变形较严重,根据混凝土表面外观特征,可判断梁受火时的表面最高温度在500℃以上。该跨极限荷载较火灾前降低约30%,属于危险点。

图3.3.2.287　火灾后一层顶D轴、11轴和12轴　　图3.3.2.288　火灾后一层顶D轴、E轴、11轴和
　　　　　　　所交主梁　　　　　　　　　　　　　　　　　　12轴所围次梁

　　火灾后一层顶D轴、E轴和12轴所交主梁如图3.3.2.289所示,该梁表面呈灰白色,混凝土出现裂缝,梁角部混凝土剥落,有钢筋露出。根据混凝土表面外观特征,可判断梁受火时的表面最高温度在500℃以上。该跨极限荷载较火灾前降低约30%,属于危险点。

　　火灾后一层顶D轴、12轴和13轴所交主梁如图3.3.2.290所示,该梁表面呈灰白色,混凝土出现裂缝,梁角部混凝土剥落较严重,底部有钢筋露出。梁周围钢架变形较严重,根据混凝土表面外观特征,可判断梁受火时的表面最高温度在500℃以上。该跨极限荷载较火灾前降低约30%,属于危险点。

图 3.3.2.289　火灾后一层顶 D 轴、E 轴和 12 轴　　图 3.3.2.290　火灾后一层顶 D 轴、12 轴和 13 轴
　　　　　　　所交主梁　　　　　　　　　　　　　　　　　　所交主梁

　　火灾后一层顶 D 轴、E 轴、12 轴和 13 轴所围次梁如图 3.3.2.291 所示,该梁表面呈灰白色,混凝土出现裂缝,梁角部混凝土剥落,底部有钢筋露出。梁周围钢架变形较严重,根据混凝土表面外观特征,可判断梁受火时的表面最高温度在 500 ℃ 以上。该跨极限荷载较火灾前降低约 30%,属于危险点。

　　火灾后一层顶 D 轴、E 轴和 13 轴所交主梁如图 3.3.2.292 所示,该梁混凝土出现裂缝,梁角部混凝土剥落,底部有钢筋露出。梁周围钢架变形严重,根据混凝土表面外观特征,可判断梁受火时的表面最高温度在 500 ℃ 以上。该跨极限荷载较火灾前降低约 30%,属于危险点。

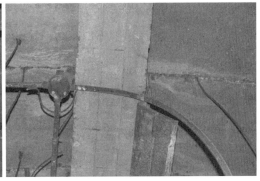

图 3.3.2.291　火灾后一层顶 D 轴、E 轴、12 轴和　　图 3.3.2.292　火灾后一层顶 D 轴、E 轴和 13 轴
　　　　　　　13 轴所围次梁　　　　　　　　　　　　　　　　　　所交主梁

　　火灾后一层顶 D 轴、13 轴和 14 轴所交主梁如图 3.3.2.293 所示,该梁表面呈灰白色,梁靠近 13 轴一侧因发生剪切破坏而断裂,梁角部混凝土剥落,有钢筋露出。梁周围钢架变形较严重,根据混凝土表面外观特征,可判断梁受火时的表面最高温度在 500 ℃ 以上。该跨极限荷载较火灾前降低约 30%,属于危险点。

　　火灾后一层顶 D 轴、E 轴、13 轴和 14 轴所围次梁如图 3.3.2.294 所示,该梁混凝土出现裂缝,梁角部混凝土剥落,底部有钢筋露出。梁周围钢架变形严重,根据混凝土表面外观特征,可判断梁受火时的表面最高温度在 500 ℃ 以上。该跨极限荷载较火灾前降低约 30%,属于危险点。

图 3.3.2.293　火灾后一层顶 D 轴、13 轴和 14 轴　　图 3.3.2.294　火灾后一层顶 D 轴、E 轴、13 轴和
　　　　　　　所交主梁　　　　　　　　　　　　　　　　　　　14 轴所围次梁

　　火灾后一层顶 D 轴、E 轴和 14 轴所交主梁如图 3.3.2.295 所示,该梁表面呈灰白色,混凝土出现裂缝,梁角部混凝土剥落较严重,有钢筋露出。梁周围钢架变形严重,根据混凝土表面外观特征,可判断梁受火时的表面最高温度在 500 ℃ 以上。该跨极限荷载较火灾前降低约 30%,属于危险点。

　　火灾后一层顶 D 轴、14 轴和 15 轴所交主梁如图 3.3.2.296 所示,该梁表面呈灰白略显浅黄色,混凝土出现裂缝,梁角部混凝土剥落严重,有钢筋露出。梁周围钢架变形严重,根据混凝土表面外观特征,可判断梁受火时的表面最高温度在 500 ℃ 以上。该跨极限荷载较火灾前降低约 30%,属于危险点。

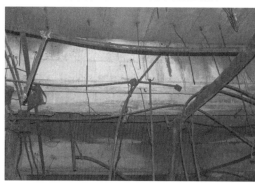 

图 3.3.2.295　火灾后一层顶 D 轴、E 轴和 14 轴　　图 3.3.2.296　火灾后一层顶 D 轴、14 轴和 15 轴
　　　　　　　所交主梁　　　　　　　　　　　　　　　　　　　所交主梁

　　火灾后一层顶 D 轴、E 轴、14 轴和 15 轴所围次梁如图 3.3.2.297 所示,该梁表面呈灰白略显浅黄色,混凝土出现裂缝,梁角部混凝土剥落,底部有钢筋露出。根据混凝土表面外观特征,可判断梁受火时的表面最高温度在 500 ℃ 以上。该跨极限荷载较火灾前降低约 30%,属于危险点。

　　火灾后一层顶 D 轴、E 轴和 15 轴所交主梁如图 3.3.2.298 所示,该梁表面呈灰白略显浅黄色,混凝土出现裂缝,梁角部混凝土剥落严重,有钢筋露出。梁周围钢架变形严重,根据混凝土表面外观特征,可判断梁受火时的表面最高温度在 500 ℃ 以上。该跨极限荷载较火灾前降低约 30%,属于危险点。

图 3.3.2.297 火灾后一层顶 D 轴、E 轴、14 轴和   图 3.3.2.298 火灾后一层顶 D 轴、E 轴和 15 轴
　　　　　　　15 轴所围次梁　　　　　　　　　　　　　　　　所交主梁

　　火灾后一层顶 D 轴、15 轴和 16 轴所交主梁如图 3.3.2.299 所示,该梁表面呈浅黄色,混凝土出现裂缝,梁上混凝土剥落严重,有钢筋露出。梁周围钢架变形严重,根据混凝土表面外观特征,可判断梁受火时的表面最高温度在 500 ℃ 以上。该跨极限荷载较火灾前降低约 30%,属于危险点。

　　火灾后一层顶 D 轴、E 轴、15 轴和 16 轴所围次梁如图 3.3.2.300 所示,该梁表面呈浅黄色,混凝土剥落严重,有钢筋露出。根据混凝土表面外观特征,可判断梁受火时的表面最高温度在 500 ℃ 以上。该跨极限荷载较火灾前降低约 30%,属于危险点。

图 3.3.2.299 火灾后一层顶 D 轴、15 轴和 16 轴   图 3.3.2.300 火灾后一层顶 D 轴、E 轴、15 轴和
　　　　　　　所交主梁　　　　　　　　　　　　　　　　　　　16 轴所围次梁

　　火灾后一层顶 D 轴、E 轴和 16 轴所交主梁如图 3.3.2.301 所示,该梁表面呈浅黄色,混凝土出现裂缝,梁上混凝土剥落,有钢筋露出。根据混凝土表面外观特征,可判断梁受火时的表面最高温度在 500 ℃ 以上。该跨极限荷载较火灾前降低约 30%,属于危险点。

　　火灾后一层顶 D 轴、16 轴和 17 轴所交主梁如图 3.3.2.302 所示,该梁表面呈浅黄色,混凝土出现裂缝,梁上混凝土剥落严重,有钢筋露出。梁周围钢架变形严重,根据混凝土表面外观特征,可判断梁受火时的表面最高温度在 500 ℃ 以上。该跨极限荷载较火灾前降低约 30%,属于危险点。

图 3.3.2.301　火灾后一层顶 D 轴、E 轴和 16 轴　　图 3.3.2.302　火灾后一层顶 D 轴、16 轴和 17 轴
　　　　　　　所交主梁　　　　　　　　　　　　　　　　　所交主梁

　　火灾后一层顶 D 轴、E 轴、16 轴和 17 轴所围次梁如图 3.3.2.303 所示，该梁表面呈浅黄色，混凝土出现裂缝，梁角部混凝土剥落严重，有钢筋露出。梁周围钢架变形严重，根据混凝土表面外观特征，可判断梁受火时的表面最高温度在 500 ℃ 以上。该跨极限荷载较火灾前降低约 30%，属于危险点。

　　火灾后一层顶 D 轴、E 轴和 17 轴所交主梁如图 3.3.2.304 所示，该梁表面呈浅黄色，梁角部混凝土剥落严重，有钢筋露出。根据混凝土表面外观特征，可判断梁受火时的表面最高温度在 500 ℃ 以上。该跨极限荷载较火灾前降低约 30%，属于危险点。

图 3.3.2.303　火灾后一层顶 D 轴、E 轴、16 轴和　　图 3.3.2.304　火灾后一层顶 D 轴、E 轴和 17 轴
　　　　　　　17 轴所围次梁　　　　　　　　　　　　　　　　　所交主梁

　　火灾后一层顶 D 轴、17 轴和 18 轴所交主梁如图 3.3.2.305 所示，该梁表面呈浅黄色，梁角部混凝土剥落严重，有钢筋露出。梁周围钢架变形严重，根据混凝土表面外观特征，可判断梁受火时的表面最高温度在 500 ℃ 以上。该跨极限荷载较火灾前降低约 30%，属于危险点。

　　火灾后一层顶 D 轴、E 轴、17 轴和 18 轴所围次梁如图 3.3.2.306 所示，该梁表面呈灰白略显浅黄色，梁角部混凝土剥落严重，有钢筋露出。梁周围钢架变形严重，根据混凝土表面外观特征，可判断梁受火时的表面最高温度在 500 ℃ 以上。该跨极限荷载较火灾前降低约 30%，属于危险点。

图 3.3.2.305　火灾后一层顶 D 轴、17 轴和 18 轴　　　图 3.3.2.306　火灾后一层顶 D 轴、E 轴、17 轴和
　　　　　　　所交主梁　　　　　　　　　　　　　　　　　　　18 轴所围次梁

　　火灾后一层顶 D 轴、E 轴和 18 轴所交主梁如图 3.3.2.307 所示,该梁表面呈灰白色,梁上混凝土剥落严重,有钢筋露出。梁周围钢架变形严重,根据混凝土表面外观特征,可判断梁受火时的表面最高温度在 500 ℃ 以上。该跨极限荷载较火灾前降低约 30%,属于危险点。

　　火灾后一层顶 D 轴、18 轴和 19 轴所交主梁如图 3.3.2.308 所示,该梁表面呈灰白色,混凝土出现裂缝,底部混凝土剥落严重,有钢筋露出。根据混凝土表面外观特征,可判断梁受火时的表面最高温度在 500 ℃ 以上。该跨极限荷载较火灾前降低约 30%,属于危险点。

图 3.3.2.307　火灾后一层顶 D 轴、E 轴和 18 轴　　　图 3.3.2.308　火灾后一层顶 D 轴、18 轴和 19 轴
　　　　　　　所交主梁　　　　　　　　　　　　　　　　　　　所交主梁

　　火灾后一层顶 D 轴、E 轴、18 轴和 19 轴所围次梁如图 3.3.2.309 所示,该梁表面呈灰白色,积有炭黑,梁角部混凝土剥落严重,有钢筋露出。梁周围钢架变形严重,根据混凝土表面外观特征,可判断梁受火时的表面最高温度在 500 ℃ 以上。该跨极限荷载较火灾前降低约 30%,属于危险点。

　　火灾后一层顶 D 轴、E 轴和 19 轴所交主梁如图 3.3.2.310 所示,该梁表面呈灰白色,积有炭黑,混凝土出现裂缝,梁角部混凝土剥落较严重,有钢筋露出。梁周围钢架变形严重,根据混凝土表面外观特征,可判断梁受火时的表面最高温度在 500 ℃ 以上。该跨极限荷载较火灾前降低约 30%,属于危险点。

图 3.3.2.309　火灾后一层顶 D 轴、E 轴、18 轴和　　图 3.3.2.310　火灾后一层顶 D 轴、E 轴和 19 轴
　　　　　　　19 轴所围次梁　　　　　　　　　　　　　　　　　所交主梁

　　火灾后一层顶 D 轴、19 轴和 20 轴所交主梁如图 3.3.2.311 所示,该梁表面呈灰白色,积有炭黑,混凝土出现裂缝,梁角部混凝土剥落,有钢筋露出。根据混凝土表面外观特征,可判断梁受火时的表面最高温度在 500 ℃ 以上。该跨极限荷载较火灾前降低约 30%,属于危险点。

　　火灾后一层顶 D 轴、E 轴、19 轴和 20 轴所围横向次梁如图 3.3.2.312 所示,该梁表面呈灰白色,梁角部混凝土剥落,有钢筋露出。梁周围钢架变形较大,根据混凝土表面外观特征,可判断梁受火时的表面最高温度在 500 ℃ 以上。该跨极限荷载较火灾前降低约 30%,属于危险点。

图 3.3.2.311　火灾后一层顶 D 轴、19 轴和 20 轴　　图 3.3.2.312　火灾后一层顶 D 轴、E 轴、19 轴和
　　　　　　　所交主梁　　　　　　　　　　　　　　　　　　　20 轴所围横向次梁

　　火灾后一层顶 D 轴、E 轴、19 轴和 20 轴所围纵向次梁如图 3.3.2.313 所示,该梁表面呈灰白色,积有炭黑,梁上混凝土剥落严重,有钢筋露出。根据混凝土表面外观特征,可判断梁受火时的表面最高温度在 500 ℃ 以上。该跨极限荷载较火灾前降低约 30%,属于危险点。

　　火灾后一层顶 D 轴、E 轴和 20 轴所交主梁如图 3.3.2.314 所示,该梁表面呈浅灰白略显浅红色,混凝土有剥落,无钢筋露出。梁周围钢架变形较大,根据混凝土表面外观特征,可判断梁受火时的表面最高温度在 500 ℃ 以上。该跨极限荷载较火灾前降低约 30%,属于危险点。

图 3.3.2.313 火灾后一层顶 D 轴、E 轴、19 轴和　图 3.3.2.314 火灾后一层顶 D 轴、E 轴和 20 轴
20 轴所围纵向次梁　　　　　　　　　　　　所交主梁

　　火灾后一层顶 E 轴、F 轴和 1 轴所交主梁如图 3.3.2.315 所示,该梁表面积满炭黑,混凝土出现细微裂缝,梁角部混凝土轻度剥落,无钢筋露出。根据混凝土表面外观特征,可判断梁受火时的表面最高温度在 300 ℃ 以下。该跨极限荷载较火灾前降低约 12%,不属于危险点。

　　火灾后一层顶 E 轴、1 轴和 2 轴所交主梁如图 3.3.2.316 所示,该梁表面呈浅灰白色,梁角部混凝土轻度剥落,无钢筋露出。梁周围钢架轻度变形,根据混凝土表面外观特征,可判断梁受火时的表面最高温度在 300 ℃ 以下。该跨极限荷载较火灾前降低约 12%,不属于危险点。

图 3.3.2.315 火灾后一层顶 E 轴、F 轴和 1 轴所　图 3.3.2.316 火灾后一层顶 E 轴、1 轴和 2 轴所
交主梁　　　　　　　　　　　　　　　　交主梁

　　火灾后一层顶 E 轴、F 轴、1 轴和 2 轴所围次梁如图 3.3.2.317 所示,该梁表面呈浅灰白色,混凝土表面出现细微裂缝,梁角部混凝土轻度剥落,无钢筋露出。根据混凝土表面外观特征,可判断梁受火时的表面最高温度在 300 ℃ 以下。该跨极限荷载较火灾前降低约 12%,不属于危险点。

　　火灾后一层顶 E 轴、F 轴和 2 轴所交主梁如图 3.3.2.318 所示,该梁表面呈浅灰白略显浅红色,梁角部混凝土轻度剥落,底部有箍筋露出。根据混凝土表面外观特征,可判断梁受火时的表面最高温度在 300 ℃ 以下。该跨极限荷载较火灾前降低约 12%,不属于危险点。

图 3.3.2.317　火灾后一层顶 E 轴、F 轴、1 轴和 2　　图 3.3.2.318　火灾后一层顶 E 轴、F 轴和 2 轴所
　　　　　　　轴所围次梁　　　　　　　　　　　　　　　　　　　交主梁

　　火灾后一层顶 E 轴、2 轴和 3 轴所交主梁如图 3.3.2.319 所示,该梁表面呈浅灰白略显浅红色,梁角部混凝土轻度剥落,无钢筋露出。梁周围钢架变形较大,根据混凝土表面外观特征,可判断梁受火时的表面最高温度在 300 ℃ 以下。该跨极限荷载较火灾前降低约 12%,不属于危险点。

　　火灾后一层顶 E 轴、F 轴、2 轴和 3 轴所围横向次梁如图 3.3.2.320 所示,该梁表面呈浅灰白色,混凝土表面出现轻微裂缝,梁角部混凝土剥落,无钢筋露出。根据混凝土表面外观特征,可判断梁受火时的表面最高温度在 300 ℃ 以下。该跨极限荷载较火灾前降低约 12%,不属于危险点。

图 3.3.2.319　火灾后一层顶 E 轴、2 轴和 3 轴所　　图 3.3.2.320　火灾后一层顶 E 轴、F 轴、2 轴和 3
　　　　　　　交主梁　　　　　　　　　　　　　　　　　　　　轴所围横向次梁

　　火灾后一层顶 E 轴、F 轴、2 轴和 3 轴所围纵向次梁如图 3.3.2.321 所示,该梁角部混凝土轻微剥落,无钢筋露出。梁周围钢架变形较大,根据混凝土表面外观特征,可判断梁受火时的表面最高温度在 300 ℃ 以下。该跨极限荷载较火灾前降低约 12%,不属于危险点。

　　火灾后一层顶 E 轴、F 轴和 3 轴所交主梁如图 3.3.2.322 所示,该梁表面呈浅灰白色,梁角部混凝土局部有较严重剥落,无钢筋露出。梁周围钢架变形较大,根据混凝土表面外观特征,可判断梁受火时的表面最高温度在 300 ℃ 以下。该跨极限荷载较火灾前降低约 12%,不属于危险点。

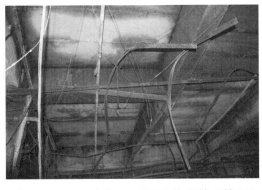 

图 3.3.2.321　火灾后一层顶 E 轴、F 轴、2 轴和 3　　图 3.3.2.322　火灾后一层顶 E 轴、F 轴和 3 轴所
　　　　　　　轴所围纵向次梁　　　　　　　　　　　　　　　　　　交主梁

　　火灾后一层顶 E 轴、3 轴和 4 轴所交主梁如图 3.3.2.323 所示,该梁表面呈浅灰白色,混凝土表面有轻微裂缝,梁角部混凝土剥落,局部有钢筋露出。根据混凝土表面外观特征,可判断梁受火时的表面最高温度在 300 ℃ 以下。该跨极限荷载较火灾前降低约 12%,不属于危险点。

　　火灾后一层顶 E 轴、F 轴、3 轴和 4 轴所围次梁如图 3.3.2.324 所示,该梁表面呈浅灰白色,混凝土表面有轻微裂缝,梁角部混凝土剥落,局部有钢筋露出。根据混凝土表面外观特征,可判断梁受火时的表面最高温度在 300 ℃ 以下。该跨极限荷载较火灾前降低约 12%,不属于危险点。

图 3.3.2.323　火灾后一层顶 E 轴、3 轴和 4 轴所　　图 3.3.2.324　火灾后一层顶 E 轴、F 轴、3 轴和 4
　　　　　　　交主梁　　　　　　　　　　　　　　　　　　　　　轴所围次梁

　　火灾后一层顶 E 轴、F 轴和 4 轴所交主梁如图 3.3.2.325 所示,该梁表面呈浅灰白色,混凝土表面有轻微裂缝,梁角部混凝土轻度剥落,梁底局部有钢筋露出。根据混凝土表面外观特征,可判断梁受火时的表面最高温度在 300 ℃ 以下。该跨极限荷载较火灾前降低约 12%,不属于危险点。

　　火灾后一层顶 E 轴、4 轴和 5 轴所交主梁如图 3.3.2.326 所示,该梁表面呈灰白色,梁角部混凝土爆裂剥落较严重,有钢筋露出。梁周围钢架变形较大,根据混凝土表面外观特征,可判断梁受火时的表面最高温度在 500 ℃ 以上。该跨极限荷载较火灾前降低约 30%,属于危险点。

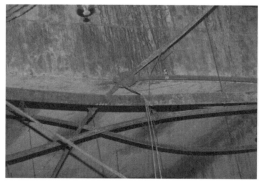 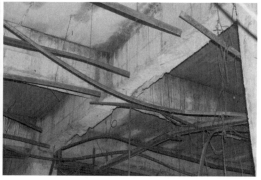

图3.3.2.325　火灾后一层顶E轴、F轴和4轴所　图3.3.2.326　火灾后一层顶E轴、4轴和5轴所
　　　　　　　交主梁　　　　　　　　　　　　　　　　　交主梁

　　火灾后一层顶E轴、F轴、4轴和5轴所围次梁如图3.3.2.327所示,该梁表面呈灰白色,梁角部混凝土剥落,无钢筋露出。梁周围钢架变形较大,根据混凝土表面外观特征,可判断梁受火时的表面最高温度在500℃以上。该跨极限荷载较火灾前降低约30%,属于危险点。

　　火灾后一层顶E轴、F轴和5轴所交主梁如图3.3.2.328所示,该梁表面呈灰白色,梁角部混凝土剥落,无钢筋露出。梁周围钢架、管道变形严重,根据混凝土表面外观特征,可判断梁受火时的表面最高温度在500℃以上。该跨极限荷载较火灾前降低约30%,属于危险点。

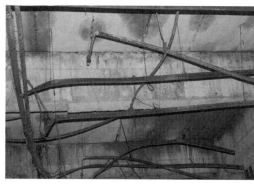 

图3.3.2.327　火灾后一层顶E轴、F轴、4轴和5　图3.3.2.328　火灾后一层顶E轴、F轴和5轴所
　　　　　　　轴所围次梁　　　　　　　　　　　　　　　交主梁

　　火灾后一层顶E轴、5轴和6轴所交主梁如图3.3.2.329所示,该梁表面呈灰白色,梁角部混凝土局部爆裂,有钢筋露出。梁周围钢架变形严重,根据混凝土表面外观特征,可判断梁受火时的表面最高温度在500℃以上。该跨极限荷载较火灾前降低约30%,属于危险点。

　　火灾后一层顶E轴、F轴、5轴和6轴所围次梁如图3.3.2.330所示,该梁表面呈灰白色,混凝土出现裂缝,梁角部混凝土剥落严重,有钢筋露出。梁周围钢架、管道变形严重,根据混凝土表面外观特征,可判断梁受火时的表面最高温度在500℃以上。该跨极限荷载较火灾前降低约30%,属于危险点。

图 3.3.2.329　火灾后一层顶 E 轴、5 轴和 6 轴所　　图 3.3.2.330　火灾后一层顶 E 轴、F 轴、5 轴和 6
　　　　　　　　交主梁　　　　　　　　　　　　　　　　　　　　　　轴所围次梁

　　火灾后一层顶 E 轴、F 轴和 6 轴所交主梁如图 3.3.2.331 所示,该梁表面呈灰白显浅黄色,梁角部混凝土剥落较严重,有钢筋露出。梁周围钢架、管道变形严重,根据混凝土表面外观特征,可判断梁受火时的表面最高温度在 500 ℃ 以上。该跨极限荷载较火灾前降低约 30%,属于危险点。

　　火灾后一层顶 E 轴、6 轴和 7 轴所交主梁如图 3.3.2.332 所示,该梁表面呈灰白色,梁角部混凝土剥落,底部有钢筋露出。根据混凝土表面外观特征,可判断梁受火时的表面最高温度在 500 ℃ 以上。该跨极限荷载较火灾前降低约 30%,属于危险点。

图 3.3.2.331　火灾后一层顶 E 轴、F 轴和 6 轴所　　图 3.3.2.332　火灾后一层顶 E 轴、6 轴和 7 轴所
　　　　　　　　交主梁　　　　　　　　　　　　　　　　　　　　　　交主梁

　　火灾后一层顶 E 轴、F 轴、6 轴和 7 轴所围次梁如图 3.3.2.333 所示,该梁表面呈灰白略显浅黄色,梁角部混凝土剥落,有钢筋露出。梁周围钢架、管道变形严重,根据混凝土表面外观特征,可判断梁受火时的表面最高温度在 500 ℃ 以上。该跨极限荷载较火灾前降低约 30%,属于危险点。

　　火灾后一层顶 E 轴、F 轴和 7 轴所交主梁如图 3.3.2.334 所示,该梁表面呈灰白略显浅黄色,梁角部混凝土剥落,有钢筋露出。梁周围钢架变形严重,根据混凝土表面外观特征,可判断梁受火时的表面最高温度在 500 ℃ 以上。该跨极限荷载较火灾前降低约 30%,属于危险点。

图 3.3.2.333　火灾后一层顶 E 轴、F 轴、6 轴和 7 轴所围次梁　　图 3.3.2.334　火灾后一层顶 E 轴、F 轴和 7 轴所交主梁

　　火灾后一层顶 E 轴、7 轴和 8 轴所交主梁如图 3.3.2.335 所示,该梁表面呈浅黄色,梁角部混凝土剥落,有钢筋露出。梁周围钢架变形严重,根据混凝土表面外观特征,可判断梁受火时的表面最高温度在 500 ℃ 以上。该跨极限荷载较火灾前降低约 30%,属于危险点。

　　火灾后一层顶 E 轴、F 轴、7 轴和 8 轴所围次梁如图 3.3.2.336 所示,该梁表面呈灰白略显浅黄色,混凝土表面出现裂缝,梁角部混凝土剥落较严重,有钢筋露出。梁周围钢架变形严重,根据混凝土表面外观特征,可判断梁受火时的表面最高温度在 500 ℃ 以上。该跨极限荷载较火灾前降低约 30%,属于危险点。

图 3.3.2.335　火灾后一层顶 E 轴、7 轴和 8 轴所交主梁　　图 3.3.2.336　火灾后一层顶 E 轴、F 轴、7 轴和 8 轴所围次梁

　　火灾后一层顶 E 轴、F 轴和 8 轴所交主梁如图 3.3.2.337 所示,该梁表面呈浅黄色,混凝土表面出现裂缝,梁角部混凝土剥落,底部有箍筋露出。根据混凝土表面外观特征,可判断梁受火时的表面最高温度在 500 ℃ 以上。该跨极限荷载较火灾前降低约 30%,属于危险点。

　　火灾后一层顶 E 轴、8 轴和 9 轴所交主梁如图 3.3.2.338 所示,该梁表面呈浅黄色,混凝土表面出现裂缝,梁角部混凝土剥落,有钢筋露出。梁周围钢架变形严重,根据混凝土表面外观特征,可判断梁受火时的表面最高温度在 500 ℃ 以上。该跨极限荷载较火灾前降低约 30%,属于危险点。

图 3.3.2.337　火灾后一层顶 E 轴、F 轴和 8 轴所　　图 3.3.2.338　火灾后一层顶 E 轴、8 轴和 9 轴所
　　　　　　　交主梁　　　　　　　　　　　　　　　　　　　　交主梁

　　火灾后一层顶 E 轴、F 轴、8 轴和 9 轴所围次梁如图 3.3.2.339 所示,该梁表面呈灰白略显浅黄色,混凝土表面出现裂缝,梁角部混凝土剥落,有钢筋露出。梁周围钢架变形严重,根据混凝土表面外观特征,可判断梁受火时的表面最高温度在 500 ℃ 以上。该跨极限荷载较火灾前降低约 30%,属于危险点。

　　火灾后一层顶 E 轴、F 轴和 9 轴所交主梁如图 3.3.2.340 所示,该梁表面呈灰白略显浅黄色,混凝土表面出现裂缝,梁角部混凝土剥落,有钢筋露出。梁周围钢架、管道变形严重,根据混凝土表面外观特征,可判断梁受火时的表面最高温度在 500 ℃ 以上。该跨极限荷载较火灾前降低约 30%,属于危险点。

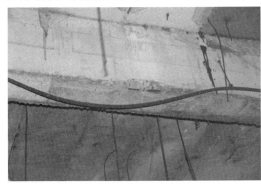

图 3.3.2.339　火灾后一层顶 E 轴、F 轴、8 轴和 9　　图 3.3.2.340　火灾后一层顶 E 轴、F 轴和 9 轴所
　　　　　　　轴所围次梁　　　　　　　　　　　　　　　　　　　交主梁

　　火灾后一层顶 E 轴、9 轴和 10 轴所交主梁如图 3.3.2.341 所示,该梁表面呈灰白色,混凝土表面出现裂缝,梁底部混凝土保护层剥落严重,钢筋露出。梁周围钢架变形严重,根据混凝土表面外观特征,可判断梁受火时的表面最高温度在 500 ℃ 以上。该跨极限荷载较火灾前降低约 30%,属于危险点。

　　火灾后一层顶 E 轴、F 轴、9 轴和 10 轴所围次梁如图 3.3.2.342 所示,该梁表面呈灰白色,梁角部混凝土剥落,有钢筋露出。梁周围钢架变形较大,根据混凝土表面外观特征,可判断梁受火时的表面最高温度在 500 ℃ 以上。该跨极限荷载较火灾前降低约 30%,属于危险点。

图 3.3.2.341　火灾后一层顶 E 轴、9 轴和 10 轴　　图 3.3.2.342　火灾后一层顶 E 轴、F 轴、9 轴和
　　　　　　　所交主梁　　　　　　　　　　　　　　　　　　　　　10 轴所围次梁

　　火灾后一层顶 E 轴、F 轴和 10 轴所交主梁如图 3.3.2.343 所示,该梁表面呈灰白色,混凝土表面出现裂缝,梁角部混凝土剥落,底部有钢筋露出。梁周围钢架变形严重,根据混凝土表面外观特征,可判断梁受火时的表面最高温度在 500 ℃ 以上。该跨极限荷载较火灾前降低约 30%,属于危险点。

　　火灾后一层顶 E 轴、10 轴和 11 轴所交主梁如图 3.3.2.344 所示,该梁表面呈灰白略显浅黄色,混凝土表面出现裂缝,梁角部混凝土剥落,有钢筋露出。梁周围钢架变形严重,根据混凝土表面外观特征,可判断梁受火时的表面最高温度在 500 ℃ 以上。该跨极限荷载较火灾前降低约 30%,属于危险点。

图 3.3.2.343　火灾后一层顶 E 轴、F 轴和 10 轴　　图 3.3.2.344　火灾后一层顶 E 轴、10 轴和 11 轴
　　　　　　　所交主梁　　　　　　　　　　　　　　　　　　　　　所交主梁

　　火灾后一层顶 E 轴、F 轴、10 轴和 11 轴所围次梁如图 3.3.2.345 所示,该梁表面呈灰白色,混凝土表面出现裂缝,梁角部混凝土剥落,底部有钢筋露出。梁周围钢架变形较大,根据混凝土表面外观特征,可判断梁受火时的表面最高温度在 500 ℃ 以上。该跨极限荷载较火灾前降低约 30%,属于危险点。

　　火灾后一层顶 E 轴、F 轴和 11 轴所交主梁如图 3.3.2.346 所示,该梁表面呈灰白色,混凝土表面出现裂缝,梁角部混凝土剥落,底部有钢筋露出。梁周围钢架变形较大,根据混凝土表面外观特征,可判断梁受火时的表面最高温度在 500 ℃ 以上。该跨极限荷载较火灾前降低约 30%,属于危险点。

 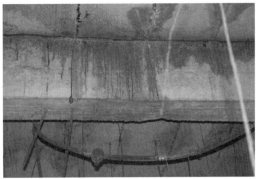

图 3.3.2.345　火灾后一层顶 E 轴、F 轴、10 轴和　　图 3.3.2.346　火灾后一层顶 E 轴、F 轴和 11 轴
　　　　　　　11 轴所围次梁　　　　　　　　　　　　　　　　　所交主梁

　　火灾后一层顶 E 轴、11 轴和 12 轴所交主梁如图 3.3.2.347 所示,该梁表面呈灰白色,混凝土表面出现裂缝,梁角部混凝土剥落,底部有钢筋露出。梁周围钢架变形较大,根据混凝土表面外观特征,可判断梁受火时的表面最高温度在 500 ℃ 以上。该跨极限荷载较火灾前降低约 30%,属于危险点。

　　火灾后一层顶 E 轴、F 轴、11 轴和 12 轴所围次梁如图 3.3.2.348 所示,该梁表面呈灰白色,混凝土表面出现裂缝,梁角部混凝土剥落,底部有钢筋露出。梁周围钢架变形较大,根据混凝土表面外观特征,可判断梁受火时的表面最高温度在 500 ℃ 以上。该跨极限荷载较火灾前降低约 30%,属于危险点。

 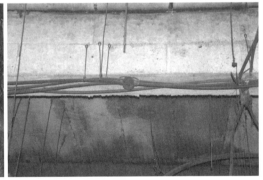

图 3.3.2.347　火灾后一层顶 E 轴、11 轴和 12 轴　　图 3.3.2.348　火灾后一层顶 E 轴、F 轴、11 轴和
　　　　　　　所交主梁　　　　　　　　　　　　　　　　　　　12 轴所围次梁

　　火灾后一层顶 E 轴、F 轴和 12 轴所交主梁如图 3.3.2.349 所示,该梁表面呈灰白色,梁角部混凝土轻度剥落,底部有钢筋露出。根据混凝土表面外观特征,可判断梁受火时的表面最高温度在 500 ℃ 以上。该跨极限荷载较火灾前降低约 30%,属于危险点。

　　火灾后一层顶 E 轴、12 轴和 13 轴所交主梁如图 3.3.2.350 所示,该梁表面呈灰白色,混凝土表面出现裂缝,梁角部混凝土剥落较严重,底部有钢筋露出。根据混凝土表面外观特征,可判断梁受火时的表面最高温度在 500 ℃ 以上。该跨极限荷载较火灾前降低约 30%,属于危险点。

图 3.3.2.349　火灾后一层顶 E 轴、F 轴和 12 轴　　图 3.3.2.350　火灾后一层顶 E 轴、12 轴和 13 轴
　　　　　　　所交主梁　　　　　　　　　　　　　　　　　所交主梁

　　火灾后一层顶 E 轴、F 轴、12 轴和 13 轴所围次梁如图 3.3.2.351 所示,该梁混凝土表面出现裂缝,底部混凝土有剥落,无钢筋露出。根据混凝土表面外观特征,可判断梁受火时的表面最高温度在 500 ℃ 以上。该跨极限荷载较火灾前降低约 30%,属于危险点。

　　火灾后一层顶 E 轴、F 轴和 13 轴所交主梁如图 3.3.2.352 所示,该梁表面呈灰白略显浅黄色,表面混凝土爆裂,梁角部混凝土剥落,有钢筋露出。根据混凝土表面外观特征,可判断梁受火时的表面最高温度在 500 ℃ 以上。该跨极限荷载较火灾前降低约 30%,属于危险点。

 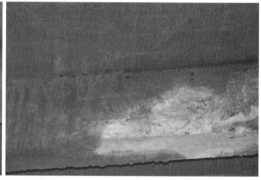

图 3.3.2.351　火灾后一层顶 E 轴、F 轴、12 轴和　　图 3.3.2.352　火灾后一层顶 E 轴、F 轴和 13 轴
　　　　　　　13 轴所围次梁　　　　　　　　　　　　　　　　所交主梁

　　火灾后一层顶 E 轴、13 轴和 14 轴所交主梁如图 3.3.2.353 所示,该梁表面呈灰白色,混凝土表面出现裂缝,梁角部混凝土剥落,底部有钢筋露出。梁周围钢架变形较大,根据混凝土表面外观特征,可判断梁受火时的表面最高温度在 500 ℃ 以上。该跨极限荷载较火灾前降低约 30%,属于危险点。

　　火灾后一层顶 E 轴、F 轴、13 轴和 14 轴所围次梁如图 3.3.2.354 所示,该梁表面呈灰白色,混凝土表面出现裂缝,梁角部混凝土轻度剥落,底部有钢筋露出。梁周围钢架变形较大,根据混凝土表面外观特征,可判断梁受火时的表面最高温度在 500 ℃ 以上。该跨极限荷载较火灾前降低约 30%,属于危险点。

 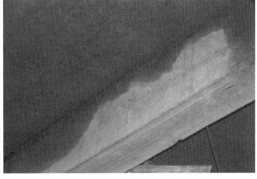

图 3.3.2.353 火灾后一层顶 E 轴、13 轴和 14 轴 所交主梁

图 3.3.2.354 火灾后一层顶 E 轴、F 轴、13 轴和 14 轴所围次梁

火灾后一层顶 E 轴、F 轴和 14 轴所交主梁如图 3.3.2.355 所示,该梁表面呈灰白色,混凝土表面出现裂缝,梁角部混凝土剥落,底部有钢筋露出。梁周围钢架、管道变形较大,根据混凝土表面外观特征,可判断梁受火时的表面最高温度在 500 ℃ 以上。该跨极限荷载较火灾前降低约 30%,属于危险点。

火灾后一层顶 E 轴、14 轴和 15 轴所交主梁如图 3.3.2.356 所示,该梁表面呈灰白色,混凝土表面出现裂缝,梁角部混凝土剥落,有钢筋露出。梁周围钢架变形严重,根据混凝土表面外观特征,可判断梁受火时的表面最高温度在 500 ℃ 以上。该跨极限荷载较火灾前降低约 30%,属于危险点。

图 3.3.2.355 火灾后一层顶 E 轴、F 轴和 14 轴 所交主梁

图 3.3.2.356 火灾后一层顶 E 轴、14 轴和 15 轴 所交主梁

火灾后一层顶 E 轴、F 轴、14 轴和 15 轴所围次梁如图 3.3.2.357 所示,该梁表面呈灰白色,混凝土表面出现裂缝,梁角部混凝土剥落较严重,有钢筋露出。梁周围钢架变形严重,根据混凝土表面外观特征,可判断梁受火时的表面最高温度在 500 ℃ 以上。该跨极限荷载较火灾前降低约 30%,属于危险点。

火灾后一层顶 E 轴、F 轴和 15 轴所交主梁如图 3.3.2.358 所示,该梁表面呈灰白略显浅黄色,混凝土表面出现裂缝,梁角部混凝土爆裂、剥落严重,有钢筋露出。梁周围钢架变形严重,根据混凝土表面外观特征,可判断梁受火时的表面最高温度在 500 ℃ 以上。该跨极限荷载较火灾前降低约 30%,属于危险点。

图 3.3.2.357　火灾后一层顶 E 轴、F 轴、14 轴和　图 3.3.2.358　火灾后一层顶 E 轴、F 轴和 15 轴
　　　　　　　15 轴所围次梁　　　　　　　　　　　　　　　　所交主梁

　　火灾后一层顶 E 轴、15 轴和 16 轴所交主梁如图 3.3.2.359 所示,该梁表面呈浅黄色,混凝土表面出现裂缝,底部混凝土爆裂、剥落严重,钢筋外露。梁周围钢架变形严重,根据混凝土表面外观特征,可判断梁受火时的表面最高温度在 500 ℃ 以上。该跨极限荷载较火灾前降低约 30%,属于危险点。

　　火灾后一层顶 E 轴、F 轴、15 轴和 16 轴所围次梁如图 3.3.2.360 所示,该梁表面呈灰白略显浅黄色,混凝土表面出现裂缝,梁角部混凝土爆裂、剥落严重,有钢筋露出。梁周围钢架变形严重,根据混凝土表面外观特征,可判断梁受火时的表面最高温度在 500 ℃ 以上。该跨极限荷载较火灾前降低约 30%,属于危险点。

图 3.3.2.359　火灾后一层顶 E 轴、15 轴和 16 轴　图 3.3.2.360　火灾后一层顶 E 轴、F 轴、15 轴和
　　　　　　　所交主梁　　　　　　　　　　　　　　　　　16 轴所围次梁

　　火灾后一层顶 E 轴、F 轴和 16 轴所交主梁如图 3.3.2.361 所示,该梁表面呈灰白略显浅黄色,混凝土表面出现裂缝,梁角部混凝土爆裂、剥落严重,有钢筋露出。梁周围钢架变形严重,根据混凝土表面外观特征,可判断梁受火时的表面最高温度在 500 ℃ 以上。该跨极限荷载较火灾前降低约 30%,属于危险点。

　　火灾后一层顶 E 轴、16 轴和 17 轴所交主梁如图 3.3.2.362 所示,该梁表面呈灰白略显浅黄色,混凝土表面爆裂、剥落严重,钢筋外露。根据混凝土表面外观特征,可判断梁受火时的表面最高温度在 500 ℃ 以上。该跨极限荷载较火灾前降低约 30%,属于危险点。

 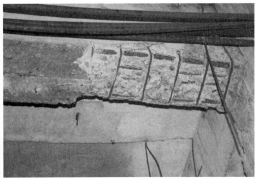

图 3.3.2.361   火灾后一层顶 E 轴、F 轴和 16 轴　　图 3.3.2.362   火灾后一层顶 E 轴、16 轴和 17 轴
　　　　　　　所交主梁　　　　　　　　　　　　　　　　　　　所交主梁

　　火灾后一层顶 E 轴、F 轴、16 轴和 17 轴所围次梁如图 3.3.2.363 所示,该梁表面呈灰白略显浅黄色,混凝土表面出现裂缝,梁角部混凝土剥落严重,有钢筋露出。根据混凝土表面外观特征,可判断梁受火时的表面最高温度在 500 ℃ 以上。该跨极限荷载较火灾前降低约 30%,属于危险点。

　　火灾后一层顶 E 轴、F 轴和 17 轴所交主梁如图 3.3.2.364 所示,该梁表面呈灰白略显浅黄色,混凝土表面出现裂缝,梁角部和底部混凝土剥落严重,有钢筋露出。梁周围钢架变形严重,根据混凝土表面外观特征,可判断梁受火时的表面最高温度在 500 ℃ 以上。该跨极限荷载较火灾前降低约 30%,属于危险点。

图 3.3.2.363   火灾后一层顶 E 轴、F 轴、16 轴和　　图 3.3.2.364   火灾后一层顶 E 轴、F 轴和 17 轴
　　　　　　　17 轴所围次梁　　　　　　　　　　　　　　　　　　　所交主梁

　　火灾后一层顶 E 轴、17 轴和 18 轴所交主梁如图 3.3.2.365 所示,该梁表面呈灰白略显浅黄色,底部保护层混凝土剥落严重,钢筋外露。梁周围钢架变形严重,根据混凝土表面外观特征,可判断梁受火时的表面最高温度在 500 ℃ 以上。该跨极限荷载较火灾前降低约 30%,属于危险点。

　　火灾后一层顶 E 轴、F 轴、17 轴和 18 轴所围次梁如图 3.3.2.366 所示,该梁表面呈灰白略显浅黄色,混凝土表面出现裂缝,梁角部和底部混凝土剥落严重,有钢筋露出。梁周围钢架变形严重,根据混凝土表面外观特征,可判断梁受火时的表面最高温度在 500 ℃ 以上。该跨极限荷载较火灾前降低约 30%,属于危险点。

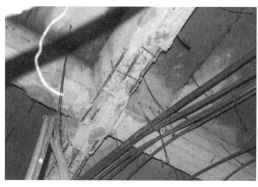 

图 3.3.2.365　火灾后一层顶 E 轴、17 轴和 18 轴
所交主梁

图 3.3.2.366　火灾后一层顶 E 轴、F 轴、17 轴和
18 轴所围次梁

　　火灾后一层顶 E 轴、F 轴和 18 轴所交主梁如图 3.3.2.367 所示,该梁表面呈灰白色,混凝土表面出现裂缝,梁角部混凝土剥落严重,有钢筋露出。梁周围钢架变形严重,根据混凝土表面外观特征,可判断梁受火时的表面最高温度在 500 ℃ 以上。该跨极限荷载较火灾前降低约 30%,属于危险点。

　　火灾后一层顶 E 轴、18 轴和 19 轴所交主梁如图 3.3.2.368 所示,该梁表面呈灰白色,积有炭黑,混凝土表面出现裂缝,底部混凝土剥落严重,有钢筋露出。梁周围钢架变形严重,根据混凝土表面外观特征,可判断梁受火时的表面最高温度在 500 ℃ 以上。该跨极限荷载较火灾前降低约 30%,属于危险点。

图 3.3.2.367　火灾后一层顶 E 轴、F 轴和 18 轴
所交主梁

图 3.3.2.368　火灾后一层顶 E 轴、18 轴和 19 轴
所交主梁

　　火灾后一层顶 E 轴、F 轴、18 轴和 19 轴所围次梁如图 3.3.2.369 所示,该梁表面呈灰白色,混凝土表面出现裂缝,并有起鼓现象,梁角部混凝土剥落较严重,有钢筋露出。梁周围钢架变形严重,根据混凝土表面外观特征,可判断梁受火时的表面最高温度在 500 ℃ 以上。该跨极限荷载较火灾前降低约 30%,属于危险点。

　　火灾后一层顶 E 轴、19 轴和 20 轴所交主梁如图 3.3.2.370 所示,该梁表面呈灰白色,混凝土表面出现裂缝,梁角部混凝土剥落,有钢筋露出。梁周围钢架变形严重,根据混凝土表面外观特征,可判断梁受火时的表面最高温度在 500 ℃ 以上。该跨极限荷载较火灾前降低约 30%,属于危险点。

图 3.3.2.369　火灾后一层顶 E 轴、F 轴、18 轴和　图 3.3.2.370　火灾后一层顶 E 轴、19 轴和 20 轴
　　　　　　　19 轴所围次梁　　　　　　　　　　　　　　　　　所交主梁

　　火灾后一层顶 F 轴、2 轴和 3 轴所交主梁如图 3.3.2.371 所示,该梁表面呈浅灰白色,混凝土表面出现裂缝,梁角部混凝土脱落,无钢筋露出。梁周围钢架变形较严重,根据混凝土表面外观特征,可判断梁受火时的表面最高温度在 300 ℃ 以下。该跨极限荷载较火灾前降低约 12%,不属于危险点。

　　火灾后一层顶 F 轴、3 轴和 4 轴所交主梁如图 3.3.2.372 所示,该梁表面呈浅灰白色,积有炭黑,混凝土表面出现裂缝,梁角部混凝土脱落,无钢筋露出。梁周围钢架变形较严重,根据混凝土表面外观特征,可判断梁受火时的表面最高温度在 300 ℃ 以下。该跨极限荷载较火灾前降低约 12%,不属于危险点。

图 3.3.2.371　火灾后一层顶 F 轴、2 轴和 3 轴所　图 3.3.2.372　火灾后一层顶 F 轴、3 轴和 4 轴所
　　　　　　　交主梁　　　　　　　　　　　　　　　　　　　　交主梁

　　火灾后一层顶 F 轴、7 轴和 8 轴所交主梁如图 3.3.2.373 所示,该梁表面呈灰白色,混凝土表面出现裂缝,梁角部混凝土脱落,有钢筋露出。根据混凝土表面外观特征,可判断梁受火时的表面最高温度在 300 ~ 500 ℃ 之间。该跨极限荷载较火灾前降低约 18%,属于危险点。

　　火灾后一层顶 F 轴、8 轴和 9 轴所交主梁如图 3.3.2.374 所示,该梁表面呈灰白略显浅红色,混凝土表面出现裂缝,梁角部混凝土脱落,无钢筋露出。梁周围钢架变形严重,根据混凝土表面外观特征,可判断梁受火时的表面最高温度在 300 ~ 500 ℃ 之间。该跨极限荷载较火灾前降低约 18%,属于危险点。

图 3.3.2.373　火灾后一层顶 F 轴、7 轴和 8 轴所　　图 3.3.2.374　火灾后一层顶 F 轴、8 轴和 9 轴所
　　　　　　交主梁　　　　　　　　　　　　　　　　　交主梁

　　火灾后一层顶 F 轴、9 轴和 10 轴所交主梁如图 3.3.2.375 所示,该梁表面呈灰白色,
混凝土表面出现裂缝,梁角部混凝土脱落,有钢筋露出。梁周围钢架变形较严重,根据混
凝土表面外观特征,可判断梁受火时的表面最高温度在 300 ～ 500 ℃ 之间。该跨极限荷
载较火灾前降低约 18%,属于危险点。

　　火灾后一层顶 F 轴、10 轴和 11 轴所交主梁如图 3.3.2.376 所示,该梁表面积有炭黑,
混凝土表面出现裂缝,梁角部混凝土脱落,无钢筋露出。梁周围钢架变形较大,根据混凝
土表面外观特征,可判断梁受火时的表面最高温度在 300 ～ 500 ℃ 之间。该跨极限荷载
较火灾前降低约 18%,属于危险点。

 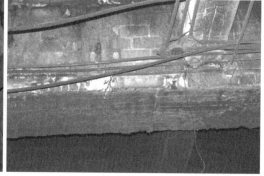

图 3.3.2.375　火灾后一层顶 F 轴、9 轴和 10 轴　　图 3.3.2.376　火灾后一层顶 F 轴、10 轴和 11 轴
　　　　　　所交主梁　　　　　　　　　　　　　　　　所交主梁

　　火灾后一层顶 F 轴、11 轴和 12 轴所交主梁如图 3.3.2.377 所示,该梁表面呈灰白色,
混凝土表面出现裂缝,梁角部混凝土轻度脱落,无钢筋露出。根据混凝土表面外观特征,
可判断梁受火时的表面最高温度在 300 ～ 500 ℃ 之间。该跨极限荷载较火灾前降低约
18%,属于危险点。

　　火灾后一层顶 F 轴、12 轴和 13 轴所交主梁如图 3.3.2.378 所示,该梁表面呈灰白色,
混凝土表面出现裂缝,梁角部混凝土轻度脱落,无钢筋露出。根据混凝土表面外观特征,
可判断梁受火时的表面最高温度在 300 ～ 500 ℃ 之间。该跨极限荷载较火灾前降低约
18%,属于危险点。

图 3.3.2.377　火灾后一层顶 F 轴、11 轴和 12 轴　　图 3.3.2.378　火灾后一层顶 F 轴、12 轴和 13 轴
　　　　　　　所交主梁　　　　　　　　　　　　　　　　　　　所交主梁

　　火灾后一层顶 F 轴、13 轴和 14 轴所交主梁如图 3.3.2.379 所示,该梁表面呈灰白略
显粉红色,梁角部混凝土轻度脱落,无钢筋露出。根据混凝土表面外观特征,可判断梁受
火时的表面最高温度在 300 ～ 500 ℃ 之间。该跨极限荷载较火灾前降低约 18%,属于危
险点。

　　火灾后一层顶 F 轴、15 轴和 16 轴所交主梁如图 3.3.2.380 所示,该梁表面呈灰白略
显浅黄色,梁角部混凝土脱落,有钢筋露出。根据混凝土表面外观特征,可判断梁受火时
的表面最高温度在 300 ～ 500 ℃ 之间。该跨极限荷载较火灾前降低约 18%,属于危
险点。

图 3.3.2.379　火灾后一层顶 F 轴、13 轴和 14 轴　　图 3.3.2.380　火灾后一层顶 F 轴、15 轴和 16 轴
　　　　　　　所交主梁　　　　　　　　　　　　　　　　　　　所交主梁

　　火灾后一小部分一层顶梁几乎未损伤(1、20 轴和 A、F 轴所辖区域之外的梁),这里不
再赘述。

3. 板的损伤情况

　　按照 A、B 纵轴与 1～20 轴所围板至 E、F 纵轴与 1～20 轴所围板排序,火灾后一层顶
梁板损伤状况如下。

　　火灾后一层顶 A、B 轴和 1、2 轴所围板如图 3.3.2.381 所示,该板为混凝土现浇板,混
凝土呈浅灰色,底部混凝土部分剥落,局部露筋,板下可燃物少,可判断板底受火时的表面
最高温度为 300 ℃。该板极限荷载较火灾前下降约 13%,不属于危险点。

火灾后一层顶 A、B 轴和 2、3 轴所围板如图 3.3.2.382 所示,该板为混凝土预制板,混凝土积满炭黑,底部混凝土轻微剥落,板下钢材微小变形,可判断板底受火时的表面最高温度为 300 ℃。该板极限荷载较火灾前下降约 13%,不属于危险点。

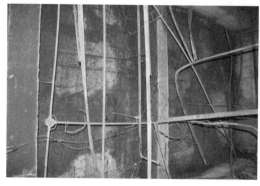

图 3.3.2.381　火灾后一层顶 A、B 轴和 1、2 轴所围板　　图 3.3.2.382　火灾后一层顶 A、B 轴和 2、3 轴所围板

火灾后一层顶 A、B 轴和 3、4 轴所围板如图 3.3.2.383 所示,该板为混凝土预制板,混凝土积满炭黑,底部混凝土轻微剥落,板下木材炭化严重,钢材变形,可判断板底受火时的表面最高温度为 300 ℃。该板极限荷载较火灾前下降约 13%,不属于危险点。

火灾后一层顶 A、B 轴和 4、5 轴所围板如图 3.3.2.384 所示,该板为混凝土预制板,混凝土积满炭黑,底部混凝土轻微剥落,板下钢材变形,可判断板底受火时的表面最高温度在 400 ℃ 以上。该板极限荷载较火灾前下降约 25%,属于危险点。

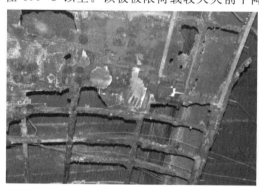

图 3.3.2.383　火灾后一层顶 A、B 轴和 3、4 轴所围板　　图 3.3.2.384　火灾后一层顶 A、B 轴和 4、5 轴所围板

火灾后一层顶 A、B 轴和 5、6 轴所围板如图 3.3.2.385 所示,该板为混凝土预制板,混凝土呈灰白色,底部混凝土剥落,出现裂缝,板下钢材变形,可判断板底受火时的表面最高温度在 400 ℃ 以上。该板极限荷载较火灾前下降约 25%,属于危险点。

火灾后一层顶 A、B 轴和 6、7 轴所围板如图 3.3.2.386 所示,该板为混凝土预制板,混凝土呈灰白色,底部混凝土剥落,出现裂缝,板下钢材严重变形,可判断板底受火时的表面最高温度在 400 ℃ 以上。该板极限荷载较火灾前下降约 25%,属于危险点。

火灾后一层顶 A、B 轴和 7、8 轴所围板如图 3.3.2.387 所示,该板为混凝土预制板,左边楼板掏空,混凝土呈灰白色,底部混凝土剥落,出现裂缝,可判断板底受火时的表面最高温度在 400 ℃ 以上。该板极限荷载较火灾前下降约 25%，属于危险点。

火灾后一层顶 A、B 轴和 9、10 轴所围板如图 3.3.2.388 所示，该板为混凝土预制板，混凝土积满炭黑，底部混凝土剥落，未出现裂缝，板下钢材变形，可判断板底受火时的表面最高温度在 400 ℃ 以上。该板极限荷载较火灾前下降约 25%，属于危险点。

图 3.3.2.385　火灾后一层顶 A、B 轴和 5、6 轴所围板　　　图 3.3.2.386　火灾后一层顶 A、B 轴和 6、7 轴所围板

图 3.3.2.387　火灾后一层顶 A、B 轴和 7、8 轴所围板　　　图 3.3.2.388　火灾后一层顶 A、B 轴和 9、10 轴所围板

火灾后一层顶 A、B 轴和 10、11 轴所围板如图 3.3.2.389 所示，该板为混凝土现浇板和预制板结合，混凝土呈灰白色，底部混凝土剥落，出现裂缝，板下钢材变形，可判断板底受火时的表面最高温度在 400 ℃ 以上。该板极限荷载较火灾前下降约 25%，属于危险点。

火灾后一层顶 A、B 轴和 11、12 轴所围板如图 3.3.2.390 所示，该板一边为混凝土预制板，另一边为混凝土现浇板，预制板混凝土呈灰白色，底部混凝土剥落，出现大的裂缝，板发生大的挠曲，现浇板呈灰白色，底部布满裂纹，板下钢材变形，可判断板底受火时的表面最高温度在 400 ℃ 以上。该板极限荷载较火灾前下降约 25%，属于危险点。

火灾后一层顶 A、B 轴和 12、13 轴所围板如图 3.3.2.391 所示，该板为混凝土预制板，混凝土呈灰白色，底部混凝土剥落，出现裂缝，板出现挠曲变形，板下钢材变形，可判断板底受火时的表面最高温度在 400 ℃ 以上。该板极限荷载较火灾前下降约 25%，属于危险点。

火灾后一层顶 A、B 轴和 13、14 轴所围板如图 3.3.2.392 所示，该板为混凝土预制板，混凝土呈灰白色,底部混凝土剥落,出现裂缝,局部露出钢筋,板出现小的挠曲变形,板下钢材变形,可判断板底受火时的表面最高温度在 400 ℃ 以上。该板极限荷载较火灾前下降约 25%,属于危险点。

图 3.3.2.389　火灾后一层顶 A、B 轴和 10、11 轴所围板

图 3.3.2.390　火灾后一层顶 A、B 轴和 11、12 轴所围板

图 3.3.2.391　火灾后一层顶 A、B 轴和 12、13 轴所围板

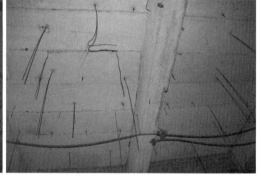

图 3.3.2.392　火灾后一层顶 A、B 轴和 13、14 轴所围板

　　火灾后一层顶 A、B 轴和 14、15 轴所围板如图 3.3.2.393 所示,该板为混凝土预制板,混凝土呈黄白色,底部混凝土剥落,出现裂缝,板出现大的挠曲变形,周围梁混凝土剥落,露出钢筋,板下钢材变形,可判断板底受火时的表面最高温度在 400 ℃ 以上。该板极限荷载较火灾前下降约 25%,属于危险点。

　　火灾后一层顶 A、B 轴和 15、16 轴所围板如图 3.3.2.394 所示,该板为混凝土预制板,混凝土呈黄白色,底部混凝土剥落,出现裂缝,板出现大的挠曲变形,部分板断裂,周围梁混凝土剥落,露出钢筋,板下钢材变形,可判断板底受火时的表面最高温度在 400 ℃ 以上。该板极限荷载较火灾前下降约 25%,属于危险点。

　　火灾后一层顶 A、B 轴和 16、17 轴所围板如 3.3.2.395 所示,该板为混凝土预制板,混凝土呈黄白色,底部混凝土剥落,出现裂缝,板出现小的挠曲变形,周围梁混凝土剥落,露出钢筋,板下钢材变形,可判断板底受火时的表面最高温度在 400 ℃ 以上。该板极限荷载较火灾前下降约 25%,属于危险点。

　　火灾后一层顶 A、B 轴和 17、18 轴所围板如图 3.3.2.396 所示,该板为混凝土预制板,混凝土呈黄白色,底部混凝土剥落,出现裂缝,板出现小的挠曲变形,周围梁混凝土剥落,露出钢筋,板下钢材变形,可判断板底受火时的表面最高温度在 400 ℃ 以上。该板极限荷载较火灾前下降约 25%,属于危险点。

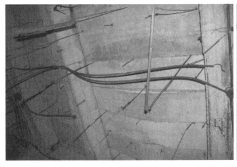
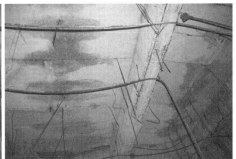

图 3.3.2.393　火灾后一层顶 A、B 轴和 14、15 轴所围板　　图 3.3.2.394　火灾后一层顶 A、B 轴和 15、16 轴所围板

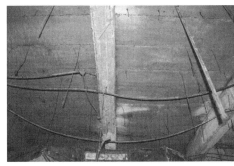

图 3.3.2.395　火灾后一层顶 A、B 轴和 16、17 轴所围板　　图 3.3.2.396　火灾后一层顶 A、B 轴和 17、18 轴所围板

火灾后一层顶 A、B 轴和 18、19 轴所围板如图 3.3.2.397 所示,该板为混凝土现浇板和预制板结合,混凝土呈灰白色,底部混凝土剥落,出现裂缝,板出现小的挠曲变形,板下钢材变形,可判断板底受火时的表面最高温度在 400 ℃ 以上。该板极限荷载较火灾前下降约 25%,属于危险点。

火灾后一层顶 B、C 轴和 1、2 轴所围板如图 3.3.2.398 所示,该板为混凝土现浇板,混凝土积满炭黑,底部混凝土剥落,板下钢材微小变形,可判断板底受火时的表面最高温度为 300 ℃。该板极限荷载较火灾前下降约 13%,不属于危险点。

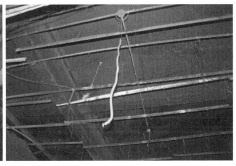

图 3.3.2.397　火灾后一层顶 A、B 轴和 18、19 轴所围板　　图 3.3.2.398　火灾后一层顶 B、C 轴和 1、2 轴所围板

火灾后一层顶B、C轴和2、3轴所围板如图3.3.2.399所示,该板为混凝土预制板,混凝土积满炭黑,底部混凝土剥落,板下钢材微小变形,可判断板底受火时的表面最高温度为300 ℃。该板极限荷载较火灾前下降约13%,不属于危险点。

火灾后一层顶B、C轴和3、4轴所围板如图3.3.2.400所示,该板为混凝土预制板,混凝土积满炭黑,底部混凝土剥落,板下钢材微小变形,可判断板底受火时的表面最高温度为300 ℃。该板极限荷载较火灾前下降约13%,不属于危险点。

图3.3.2.399　火灾后一层顶B、C轴和2、3轴所围板　　图3.3.2.400　火灾后一层顶B、C轴和3、4轴所围板

火灾后一层顶B、C轴和4、5轴所围板如图3.3.2.401所示,该板为混凝土预制板,混凝土积满炭黑,底部混凝土剥落,板下钢材变形,可判断板底受火时的表面最高温度在400 ℃以上。该板极限荷载较火灾前下降约25%,属于危险点。

火灾后一层顶B、C轴和5、6轴所围板如图3.3.2.402所示,该板为混凝土预制板,混凝土呈灰白色,底部混凝土剥落,板下钢材严重变形,可判断板底受火时的表面最高温度在400 ℃以上。该板极限荷载较火灾前下降约25%,属于危险点。

 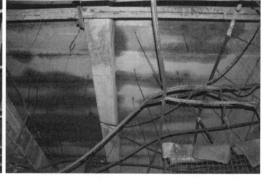

图3.3.2.401　火灾后一层顶B、C轴和4、5轴所围板　　图3.3.2.402　火灾后一层顶B、C轴和5、6轴所围板

火灾后一层顶B、C轴和6、7轴所围板如图3.3.2.403所示,该板为混凝土预制板,混凝土呈灰白色,底部混凝土剥落,左边楼板断裂,右边楼板出现裂缝和小的挠曲,板下钢材严重变形,可判断板底受火时的表面最高温度在400 ℃以上。该板极限荷载较火灾前下降约25%,属于危险点。

火灾后一层顶 B、C 轴和 7、8 轴所围板如图 3.3.2.404 所示,该板为混凝土预制板,混凝土呈灰白色,底部混凝土剥落,楼板出现裂缝和小的挠曲,板下钢材严重变形,可判断板底受火时的表面最高温度在 400 ℃ 以上。该板极限荷载较火灾前下降约 25%,属于危险点。

 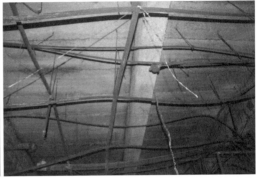

图 3.3.2.403　火灾后一层顶 B、C 轴和 6、7 轴所围板　　图 3.3.2.404　火灾后一层顶 B、C 轴和 7、8 轴所围板

火灾后一层顶 B、C 轴和 8、9 轴所围板如图 3.3.2.405 所示,该板为混凝土预制板,混凝土呈灰白色,底部混凝土剥落,楼板出现裂缝和小的挠曲,板下钢材严重变形,可判断板底受火时的表面最高温度在 400 ℃ 以上。该板极限荷载较火灾前下降约 25%,属于危险点。

火灾后一层顶 B、C 轴和 9、10 轴所围板如图 3.3.2.406 所示,该板为混凝土预制板,混凝土呈灰白色,底部混凝土剥落,楼板出现裂缝和小的挠曲,板下钢材严重变形,可判断板底受火时的表面最高温度在 400 ℃ 以上。该板极限荷载较火灾前下降约 25%,属于危险点。

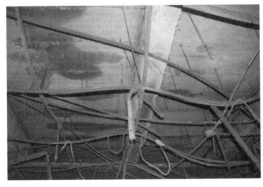 

图 3.3.2.405　火灾后一层顶 B、C 轴和 8、9 轴所围板　　图 3.3.2.406　火灾后一层顶 B、C 轴和 9、10 轴所围板

火灾后一层顶 B、C 轴和 10、11 轴所围板如图 3.3.2.407 所示,该板为混凝土预制板,混凝土呈灰白色,底部混凝土剥落,楼板出现裂缝,板下钢材变形,可判断板底受火时的表面最高温度在 400 ℃ 以上。该板极限荷载较火灾前下降约 25%,属于危险点。

火灾后一层顶 B、C 轴和 11、12 轴所围板如图 3.3.2.408 所示,该板为混凝土预制板和现浇板的结合,混凝土呈灰白色,底部混凝土剥落,楼板出现裂缝,板下钢材严重变形,可判断板底受火时的表面最高温度在 400 ℃ 以上。该板极限荷载较火灾前下降约 25％，属于危险点。

图 3.3.2.407　火灾后一层顶 B、C 轴和 10、11 轴所围板　　图 3.3.2.408　火灾后一层顶 B、C 轴和 11、12 轴所围板

　　火灾后一层顶 B、C 轴和 12、13 轴所围板如图 3.3.2.409 所示，该板为混凝土预制板，混凝土呈灰白色，左侧楼板断裂坍塌，露出钢筋，底部混凝土剥落，右侧楼板出现裂缝和小的挠曲变形，板下钢材严重变形，可判断板底受火时的表面最高温度在 400 ℃ 以上。该板极限荷载较火灾前下降约 25％，属于危险点。

　　火灾后一层顶 B、C 轴和 13、14 轴所围板如图 3.3.2.410 所示，该板为混凝土预制板，混凝土呈灰白色，底部混凝土剥落，右侧楼板出现裂缝和大的挠曲变形，板下钢材严重变形，可判断板底受火时的表面最高温度在 400 ℃ 以上。该板极限荷载较火灾前下降约 25％，属于危险点。

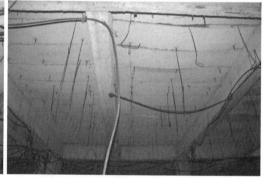

图 3.3.2.409　火灾后一层顶 B、C 轴和 12、13 轴所围板　　图 3.3.2.410　火灾后一层顶 B、C 轴和 13、14 轴所围板

　　火灾后一层顶 B、C 轴和 14、15 轴所围板如图 3.3.2.411 所示，该板为混凝土预制板，混凝土呈灰白色，底部混凝土剥落，两侧楼板均出现裂缝和大的挠曲变形，右侧楼板断裂明显，板下梁露出钢筋，板下钢材严重变形，可判断板底受火时的表面最高温度在 400 ℃ 以上。该板极限荷载较火灾前下降约 25％，属于危险点。

　　火灾后一层顶 B、C 轴和 15、16 轴所围板如图 3.3.2.412 所示，该板为混凝土预制板，混凝土呈灰白色，底部混凝土剥落，左侧楼板出现断裂和大的挠曲变形，右侧楼板坍塌，露出钢筋，板下梁露出钢筋，板下钢材严重变形，可判断板底受火时的表面最高温度在

400 ℃ 以上。该板极限荷载较火灾前下降约 25%,属于危险点。

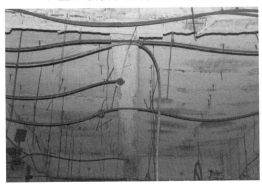 

图 3.3.2.411　火灾后一层顶 B、C 轴和 14、15 轴　　图 3.3.2.412　火灾后一层顶 B、C 轴和 15、16 轴
　　　　　　　所围板　　　　　　　　　　　　　　　　　　　所围板

　　火灾后一层顶 B、C 轴和 16、17 轴所围板如图 3.3.2.413 所示,该板为混凝土预制板,混凝土呈灰白色,底部混凝土剥落,左侧楼板出现裂缝和大的挠曲变形,右侧楼板出现小的挠曲变形,板下梁露出钢筋,板下钢材严重变形,可判断板底受火时的表面最高温度在 400 ℃ 以上。该板极限荷载较火灾前下降约 25%,属于危险点。

　　火灾后一层顶 B、C 轴和 17、18 轴所围板如图 3.3.2.414 所示,该板为混凝土预制板,混凝土呈灰白色,底部混凝土剥落,左右两侧楼板均出现裂缝和大的挠曲变形,板下梁露出钢筋,板下钢材严重变形,可判断板底受火时的表面最高温度在 400 ℃ 以上。该板极限荷载较火灾前下降约 25%,属于危险点。

 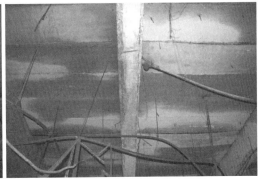

图 3.3.2.413　火灾后一层顶 B、C 轴和 16、17 轴　　图 3.3.2.414　火灾后一层顶 B、C 轴和 17、18 轴
　　　　　　　所围板　　　　　　　　　　　　　　　　　　　所围板

　　火灾后一层顶 B、C 轴和 18、19 轴所围板如图 3.3.2.415 所示,该板为混凝土预制板,混凝土呈灰白色,底部混凝土剥落,左右两侧楼板均出现裂缝,没有挠曲变形,板下钢材严重变形,可判断板底受火时的表面最高温度在 400 ℃ 以上。该板极限荷载较火灾前下降约 25%,属于危险点。

　　火灾后一层顶 B、C 轴和 19、20 轴所围板如图 3.3.2.416 所示,该板为混凝土预制板,混凝土呈灰白色,底部混凝土剥落,左右两侧楼板均出现裂缝,没有挠曲变形,板下钢材严重变形,可判断板底受火时的表面最高温度在 400 ℃ 以上。该板极限荷载较火灾前下降约 25%,属于危险点。

图 3.3.2.415　火灾后一层顶 B、C 轴和 18、19 轴　图 3.3.2.416　火灾后一层顶 B、C 轴和 19、
　　　　　　　所围板　　　　　　　　　　　　　　　　　　　20 轴所围板

　　火灾后一层顶 C、D 轴和 1、2 轴所围板如图 3.3.2.417 所示,该板为混凝土现浇板,混凝土积满炭黑,底部混凝土剥落,没有挠曲变形,板下钢材微小变形,可判断板底受火时的表面最高温度为 300 ℃。该板极限荷载较火灾前下降约 13%,不属于危险点。

　　火灾后一层顶 C、D 轴和 2、3 轴所围板如图 3.3.2.418 所示,该板为混凝土预制板,混凝土积满炭黑,底部混凝土剥落,没有挠曲变形,板下钢材微小变形,可判断板底受火时的表面最高温度为 300 ℃。该板极限荷载较火灾前下降约 13%,不属于危险点。

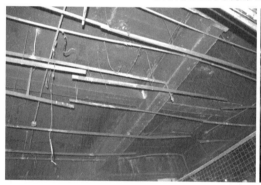

图 3.3.2.417　火灾后一层顶 C、D 轴和 1、2 轴所　图 3.3.2.418　火灾后一层顶 C、D 轴和 2、3 轴所
　　　　　　　围板　　　　　　　　　　　　　　　　　　　围板

　　火灾后一层顶 C、D 轴和 3、4 轴所围板如图 3.3.2.419 所示,该板为混凝土预制板,混凝土呈灰白色,底部混凝土剥落,没有挠曲变形,板下钢材变形,可判断板底受火时的表面最高温度为 300 ℃。该板极限荷载较火灾前下降约 13%,不属于危险点。

　　火灾后一层顶 C、D 轴和 4、5 轴所围板如图 3.3.2.420 所示,该板为混凝土预制板,混凝土呈灰白色,底部混凝土剥落,没有挠曲变形,板下钢材变形,可判断板底受火时的表面最高温度在 400 ℃ 以上。该板极限荷载较火灾前下降约 25%,属于危险点。

　　火灾后一层顶 C、D 轴和 5、6 轴所围板如图 3.3.2.421 所示,该板为混凝土预制板,混凝土呈灰白色,底部混凝土剥落,有微小的挠曲变形,板下钢材变形,可判断板底受火时的表面最高温度在 400 ℃ 以上。该板极限荷载较火灾前下降约 25%,属于危险点。

火灾后一层顶 C、D 轴和 6、7 轴所围板如图 3.3.2.422 所示,该板为混凝土预制板,混凝土呈灰白色,底部混凝土剥落,有微小的挠曲变形,板下钢材变形,可判断板底受火时的表面最高温度在 400 ℃ 以上。该板极限荷载较火灾前下降约 25%,属于危险点。

图 3.3.2.419　火灾后一层顶 C、D 轴和 3、4 轴所围板　　图 3.3.2.420　火灾后一层顶 C、D 轴和 4、5 轴所围板

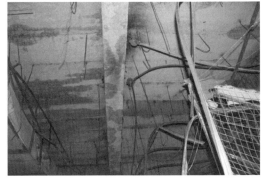

图 3.3.2.421　火灾后一层顶 C、D 轴和 5、6 轴所围板　　图 3.3.2.422　火灾后一层顶 C、D 轴和 6、7 轴所围板

火灾后一层顶 C、D 轴和 7、8 轴所围板如图 3.3.2.423 所示,该板为混凝土预制板,混凝土呈灰白色,底部混凝土剥落,有部分楼板断裂,出现较大的挠曲变形,大部分楼板坍塌,露出钢筋,板下钢材严重变形,可判断板底受火时的表面最高温度在 400 ℃ 以上。该板极限荷载较火灾前下降约 25%,属于危险点。

火灾后一层顶 C、D 轴和 8、9 轴所围板如图 3.3.2.424 所示,该板为混凝土预制板,混凝土呈灰白色,底部混凝土剥落,左侧楼板断裂,出现较大的挠曲变形,右侧楼板坍塌,露出钢筋,板下钢材严重变形,可判断板底受火时的表面最高温度在 400 ℃ 以上。该板极限荷载较火灾前下降约 25%,属于危险点。

火灾后一层顶 C、D 轴和 9、10 轴所围板如图 3.3.2.425 所示,该板为混凝土预制板和钢楼板,混凝土呈灰白色,底部混凝土剥落,前侧楼板出现较大的挠曲变形,后侧楼板变形较小,板下钢材严重变形,可判断板底受火时的表面最高温度在 400 ℃ 以上。该板极限荷载较火灾前下降约 25%,属于危险点。

火灾后一层顶 C、D 轴和 10、11 轴所围板如图 3.3.2.426 所示,该板为混凝土预制板,混凝土呈灰白色,底部混凝土剥落,楼板下钢材严重变形,可判断板底受火时的表面最高温度在 400 ℃ 以上。该板极限荷载较火灾前下降约 25%,属于危险点。

图 3.3.2.423　火灾后一层顶 C、D 轴和 7、8 轴所围板　　图 3.3.2.424　火灾后一层顶 C、D 轴和 8、9 轴所围板

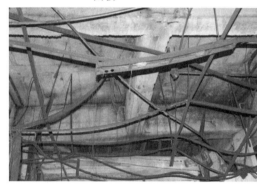

图 3.3.2.425　火灾后一层顶 C、D 轴和 9、10 轴所围板　　图 3.3.2.426　火灾后一层顶 C、D 轴和 10、11 轴所围板

火灾后一层顶 C、D 轴和 13、14 轴所围板如图 3.3.2.427 所示,该板为混凝土预制板,混凝土呈灰白色,底部混凝土剥落,左侧楼板变形较小,右侧楼板底部断裂,出现大的挠曲变形,板下钢材严重变形,可判断板底受火时的表面最高温度在 400 ℃ 以上。该板极限荷载较火灾前下降约 25%,属于危险点。

火灾后一层顶 C、D 轴和 14、15 轴所围板如图 3.3.2.428 所示,该板为混凝土预制板,混凝土呈灰白色,底部混凝土剥落,左侧楼板变形较小,右侧楼板底部断裂,出现大面积的坍塌,露出钢筋,板下钢材严重变形,可判断板底受火时的表面最高温度在 400 ℃ 以上。该板极限荷载较火灾前下降约 25%,属于危险点。

火灾后一层顶 C、D 轴和 15、16 轴所围板如图 3.3.2.429 所示,该板为混凝土预制板,混凝土呈灰白色,左侧、右侧楼板均底部断裂,出现全面的坍塌,露出钢筋,板下梁破坏严重,露出钢筋,板下钢材严重变形,可判断板底受火时的表面最高温度在 400 ℃ 以上。该板极限荷载较火灾前下降约 25%,属于危险点。

火灾后一层顶 C、D 轴和 16、17 轴所围板如图 3.3.2.430 所示,该板为混凝土预制板,混凝土呈灰白色,左侧、右侧楼板均底部断裂,出现全面的坍塌,露出钢筋,板下梁破坏严重,露出钢筋,板下钢材严重变形,可判断板底受火时的表面最高温度在 400 ℃ 以上。该板极限荷载较火灾前下降约 25%,属于危险点。

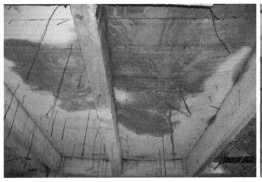
图 3.3.2.427　火灾后一层顶 C、D 轴和 13、14 轴
所围板

图 3.3.2.428　火灾后一层顶 C、D 轴和 14、15 轴
所围板

图 3.3.2.429　火灾后一层顶 C、D 轴和 15、16 轴
所围板

图 3.3.2.430　火灾后一层顶 C、D 轴和 16、17 轴
所围板

　　火灾后一层顶 C、D 轴和 17、18 轴所围板如图 3.3.2.431 所示,该板为混凝土预制板,混凝土呈灰白色,左侧楼板混凝土剥落、断裂,右侧楼板底部断裂,出现全面的坍塌,露出钢筋,板下梁破坏严重,露出钢筋,板下钢材严重变形,可判断板底受火时的表面最高温度在 400 ℃ 以上。该板极限荷载较火灾前下降约 25%,属于危险点。

　　火灾后一层顶 C、D 轴和 18、19 轴所围板如图 3.3.2.432 所示,该板为混凝土预制板,混凝土呈灰白色,楼板混凝土剥落,出现裂纹,板下梁破坏严重,露出钢筋,板下钢材严重变形,可判断板底受火时的表面最高温度在 400 ℃ 以上。该板极限荷载较火灾前下降约 25%,属于危险点。

　　火灾后一层顶 C、D 轴和 19、20 轴所围板如图 3.3.2.433 所示,该板为混凝土现浇板,混凝土呈灰白色,楼板混凝土剥落,出现大量裂纹,前侧楼板出现挠曲变形,板下钢材严重变形,可判断板底受火时的表面最高温度在 400 ℃ 以上。该板极限荷载较火灾前下降约 25%,属于危险点。

　　火灾后一层顶 D、E 轴和 1、2 轴所围板如图 3.3.2.434 所示,该板为混凝土预制板,混凝土呈浅灰色,积满炭黑,梁角部混凝土剥落,出现微细裂缝,板下钢材轻微变形,可判断板底受火时的表面最高温度为 300 ℃。该板极限荷载较火灾前下降约 13%,不属于危险点。

图 3.3.2.431 火灾后一层顶 C、D 轴和 17、18 轴所围板

图 3.3.2.432 火灾后一层顶 C、D 轴和 18、19 轴所围板

图 3.3.2.433 火灾后一层顶 C、D 轴和 19、20 轴所围板

图 3.3.2.434 火灾后一层顶 D、E 轴和 1、2 轴所围板

　　火灾后一层顶 D、E 轴和 2、3 轴所围板如图 3.3.2.435 所示，该板为混凝土预制板，局部预制板之间出现缝隙，混凝土爆裂，板下钢材扭曲变形，可判断板底受火时的表面最高温度为 300 ℃。该板极限荷载较火灾前下降约 13%，不属于危险点。

　　火灾后一层顶 D、E 轴和 3、4 轴所围板如图 3.3.2.436 所示，该板为混凝土预制板，底部混凝土轻微剥落，出现缝隙，板下钢材扭曲变形，可判断板底受火时的表面最高温度为 300 ℃。该板极限荷载较火灾前下降约 13%，不属于危险点。

图 3.3.2.435 火灾后一层顶 D、E 轴和 2、3 轴所围板

图 3.3.2.436 火灾后一层顶 D、E 轴和 3、4 轴所围板

火灾后一层顶 D、E 轴和 4、5 轴所围板如图 3.3.2.437 所示,该板为混凝土预制板,混凝土呈黄色,底部混凝土剥落,出现缝隙,板下钢材轻微扭曲变形,可判断板底受火时的表面最高温度在 400 ℃ 以上。该板极限荷载较火灾前下降约 25%,属于危险点。

火灾后一层顶 D、E 轴和 5、6 轴所围板如图 3.3.2.438 所示,该板为混凝土预制板,混凝土呈灰白色,底部混凝土剥落,出现缝隙,靠近 6 轴的板挠度较大,板下钢材扭曲变形,可判断板底受火时的表面最高温度在 400 ℃ 以上。该板极限荷载较火灾前下降约 25%,属于危险点。

图 3.3.2.437　火灾后一层顶 D、E 轴和 4、5 轴所　　　图 3.3.2.438　　火灾后一层顶 D、E 轴和 5、6 轴所
　　　　　　　　围板　　　　　　　　　　　　　　　　　　　　　　围板

火灾后一层顶 D、E 轴和 6、7 轴所围板如图 3.3.2.439 所示,该板为混凝土预制板,混凝土呈灰白色,底部混凝土剥落,出现缝隙,靠近 6 轴的板挠度很大,接近梁高的 1/4,板下钢材扭曲变形,可判断板底受火时的表面最高温度在 400 ℃ 以上。该板极限荷载较火灾前下降约 25%,属于危险点。

火灾后一层顶 D、E 轴和 7、8 轴所围板如图 3.3.2.440 所示,该板为混凝土预制板,全部坍塌,属于危险点。

图 3.3.2.439　火灾后一层顶 D、E 轴和 6、7 轴所　　　图 3.3.2.440　　火灾后一层顶 D、E 轴和 7、8 轴所
　　　　　　　　围板　　　　　　　　　　　　　　　　　　　　　　围板

火灾后一层顶 D、E 轴和 8、9 轴所围板如图 3.3.2.441 所示,该板为混凝土预制板,混凝土呈灰白色,左侧楼板断裂坍塌,露出钢筋,底部混凝土剥落,右侧楼板出现裂缝,挠曲变形大,接近梁高的一半,板下钢材严重变形,可判断板底受火时的表面最高温度在 400 ℃ 以上。该板极限荷载较火灾前下降约 25%,属于危险点。

火灾后一层顶 D、E 轴和 9、10 轴所围板如图 3.3.2.442 所示,该板为混凝土预制板,混凝土呈灰白色,中部楼板大面积坍塌,露出钢筋,底部混凝土剥落,板下钢材严重变形,属于危险点。

图 3.3.2.441　火灾后一层顶 D、E 轴和 8、9 轴所围板　　图 3.3.2.442　火灾后一层顶 D、E 轴和 9、10 轴所围板

火灾后一层顶 D、E 轴和 10、11 轴所围板如图 3.3.2.443 所示,该板为混凝土预制板,混凝土呈灰白色,底部混凝土轻微爆裂,板下钢材发生变形,可判断板底受火时的表面最高温度在 400 ℃ 以上。该板极限荷载较火灾前下降约 25%,属于危险点。

火灾后一层顶 D、E 轴和 11、12 轴所围板如图 3.3.2.444 所示,该板为混凝土预制板,混凝土呈灰白色,积有炭黑,底部混凝土爆裂,板下钢材发生变形,可判断板底受火时的表面最高温度在 400 ℃ 以上。该板极限荷载较火灾前下降约 25%,属于危险点。

图 3.3.2.443　火灾后一层顶 D、E 轴和 10、11 轴所围板　　图 3.3.2.444　火灾后一层顶 D、E 轴和 11、12 轴所围板

火灾后一层顶 D、E 轴和 12、13 轴所围板如图 3.3.2.445 所示,该板为混凝土预制板,混凝土呈灰白色略显浅黄色,底部混凝土爆裂,板下钢材发生变形,可判断板底受火时的表面最高温度在 400 ℃ 以上。该板极限荷载较火灾前下降约 25%,属于危险点。

火灾后一层顶 D、E 轴和 13、14 轴所围板如图 3.3.2.446 所示,该板为混凝土预制板,混凝土呈浅黄色,底部混凝土爆裂,靠近 14 轴的板沿长度方向出现较多裂缝,出现小挠曲变形,板下钢材扭曲变形,可判断板底受火时的表面最高温度在 400 ℃ 以上。该板极限荷载较火灾前下降约 25%,属于危险点。

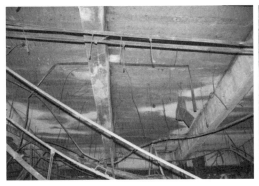 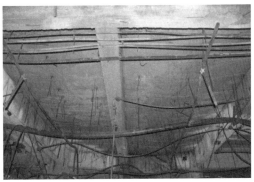

图 3.3.2.445　火灾后一层顶 D、E 轴和 12、13 轴 　 图 3.3.2.446　火灾后一层顶 D、E 轴和 13、14 轴
　　　　　　　　所围板 　　　　　　　　　　　　　　　　　所围板

　　火灾后一层顶 D、E 轴和 14、15 轴所围板如图 3.3.2.447 所示,该板为混凝土预制板,
混凝土呈灰白色。靠近 14 轴的板沿长度方向出现贯穿裂缝,挠度很大,接近梁高的一半,
靠近 15 轴的板出现贯穿裂缝,挠度大,接近梁高的 1/4。板下钢材扭曲变形,可判断板底
受火时的表面最高温度在 400 ℃ 以上。该板极限荷载较火灾前下降约 25%,属于危
险点。

　　火灾后一层顶 D、E 轴和 15、16 轴所围板如图 3.3.2.448 所示,该板为混凝土预制板,
混凝土呈灰白色。两侧板均出现沿长度方向的贯穿裂缝,裂缝宽度大,板挠度很大,接近
梁高的一半。板下钢材扭曲变形,可判断板底受火时的表面最高温度在 400 ℃ 以上。该
板极限荷载较火灾前下降约 25%,属于危险点。

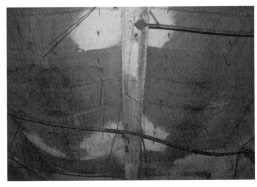 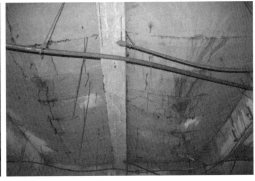

图 3.3.2.447　火灾后一层顶 D、E 轴和 14、15 轴 　 图 3.3.2.448　火灾后一层顶 D、E 轴和 15、16 轴
　　　　　　　　所围板 　　　　　　　　　　　　　　　　　所围板

　　火灾后一层顶 D、E 轴和 16、17 轴所围板如图 3.3.2.449 所示,该板为混凝土预制板,
混凝土呈浅黄色。板出现轻微挠曲,底部混凝土爆裂,板下钢材扭曲变形,可判断板底受
火时的表面最高温度在 400 ℃ 以上。该板极限荷载较火灾前下降约 25%,属于危险点。

　　火灾后一层顶 D、E 轴和 17、18 轴所围板如图 3.3.2.450 所示,该板为混凝土预制板,
混凝土呈浅黄色。板底部混凝土爆裂,出现板间缝隙,板下钢材发生变形,可判断板底受
火时的表面最高温度在 400 ℃ 以上。该板极限荷载较火灾前下降约 25%,属于危险点。

图 3.3.2.449　火灾后一层顶 D、E 轴和 16、17 轴　　图 3.3.2.450　火灾后一层顶 D、E 轴和 17、18 轴
　　　　　　　所围板　　　　　　　　　　　　　　　　　　　所围板

　　火灾后一层顶 D、E 轴和 18、19 轴所围板如图 3.3.2.451 所示,该板为混凝土预制板,混凝土呈灰白色,板底部混凝土爆裂,出现板间缝隙,板下钢材发生变形,可判断板底受火时的表面最高温度在 400 ℃ 以上。该板极限荷载较火灾前下降约 25%,属于危险点。

　　火灾后一层顶 D、E 轴和 19、20 轴所围板如图 3.3.2.452 所示,该板为混凝土预制板,混凝土呈浅灰白色,积有炭黑,板底部混凝土爆裂,出现较多裂缝,板下钢材发生扭曲变形,可判断板底受火时的表面最高温度在 400 ℃ 以上。该板极限荷载较火灾前下降约 25%,属于危险点。

图 3.3.2.451　火灾后一层顶 D、E 轴和 18、19 轴　　图 3.3.2.452　火灾后一层顶 D、E 轴和 19、20 轴
　　　　　　　所围板　　　　　　　　　　　　　　　　　　　所围板

　　火灾后一层顶 E、F 轴和 1、2 轴所围板如图 3.3.2.453 所示,该板为混凝土现浇板,混凝土呈灰白色,楼板混凝土剥落,板下钢材变形,可判断板底受火时的表面最高温度为 300 ℃。该板极限荷载较火灾前下降约 13%,不属于危险点。

　　火灾后一层顶 E、F 轴和 2、3 轴所围板如图 3.3.2.454 所示,该板为混凝土预制板,混凝土呈灰白色,楼板混凝土剥落,板下钢材变形,电线胶皮烧化,可判断板底受火时的表面最高温度为 300 ℃。该板极限荷载较火灾前下降约 13%,不属于危险点。

　　火灾后一层顶 E、F 轴和 3、4 轴所围板如图 3.3.2.455 所示,该板为混凝土预制板,混凝土呈灰白色,楼板混凝土剥落,板下钢材变形,电线胶皮烧化,可判断板底受火时的表面最高温度为 300 ℃。该板极限荷载较火灾前下降约 13%,不属于危险点。

　　火灾后一层顶 E、F 轴和 4、5 轴所围板如图 3.3.2.456 所示,该板为混凝土预制板,混凝土呈灰白色,楼板混凝土剥落,板下钢材变形,板下梁混凝土剥落严重,可判断板底受火时的表面最高温度在 400 ℃ 以上。该板极限荷载较火灾前下降约 25%,属于危险点。

图 3.3.2.453　火灾后一层顶 E、F 轴和 1、2 轴所围板

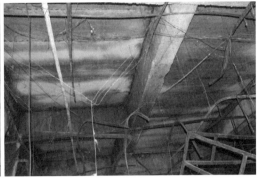

图 3.3.2.454　火灾后一层顶 E、F 轴和 2、3 轴所围板

图 3.3.2.455　火灾后一层顶 E、F 轴和 3、4 轴所围板

图 3.3.2.456　火灾后一层顶 E、F 轴和 4、5 轴所围板

　　火灾后一层顶 E、F 轴和 5、6 轴所围板如图 3.3.2.457 所示,该板为混凝土预制板,混凝土呈黄白色,楼板混凝土剥落,板出现大裂缝和大的挠曲变形,板下钢材变形,板下梁混凝土剥落严重,可判断板底受火时的表面最高温度在 400 ℃ 以上。该板极限荷载较火灾前下降约 25%,属于危险点。

　　火灾后一层顶 E、F 轴和 6、7 轴所围板如图 3.3.2.458 所示,该板为混凝土预制板,混凝土呈灰白色,楼板混凝土剥落,板出现大裂缝和大的挠曲变形,板下钢材变形,板下梁混凝土剥落严重,可判断板底受火时的表面最高温度在 400 ℃ 以上。该板极限荷载较火灾前下降约 25%,属于危险点。

　　火灾后一层顶 E、F 轴和 7、8 轴所围板如图 3.3.2.459 所示,该板为混凝土预制板,混凝土呈灰白色,楼板混凝土剥落,板出现大裂缝和大的挠曲变形,右侧板出现断裂,板下钢材变形,板下梁混凝土剥落严重,可判断板底受火时的表面最高温度在 400 ℃ 以上。该板极限荷载较火灾前下降约 25%,属于危险点。

　　火灾后一层顶 E、F 轴和 8、9 轴所围板如图 3.3.2.460 所示,该板为混凝土预制板,混凝土呈黄白色,楼板混凝土剥落,板出现大裂缝和大的挠曲变形,板出现断裂,板下钢材变形,板下梁混凝土剥落严重,露出钢筋,可判断板底受火时的表面最高温度在 400 ℃ 以上。该板极限荷载较火灾前下降约 25％,属于危险点。

图 3.3.2.457　火灾后一层顶 E、F 轴和 5、6 轴所　　图 3.3.2.458　火灾后一层顶 E、F 轴和 6、7 轴所
　　　　　　　围板　　　　　　　　　　　　　　　　　　围板

 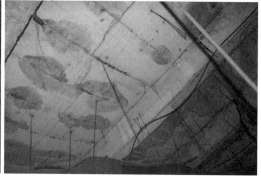

图 3.3.2.459　火灾后一层顶 E、F 轴和 7、8 轴所　　图 3.3.2.460　火灾后一层顶 E、F 轴和 8、9 轴所
　　　　　　　围板　　　　　　　　　　　　　　　　　　围板

火灾后一层顶 E、F 轴和 9、10 轴所围板如图 3.3.2.461 所示,该板为混凝土预制板,混凝土呈黄白色,楼板混凝土剥落,板出现大裂缝和小的挠曲变形,板出现纵向的断裂,板下钢材变形,板下梁混凝土剥落严重,可判断板底受火时的表面最高温度在 400 ℃ 以上。该板极限荷载较火灾前下降约 25％,属于危险点。

火灾后一层顶 E、F 轴和 10、11 轴所围板如图 3.3.2.462 所示,该板为混凝土预制板,混凝土呈灰白色,楼板混凝土剥落,板出现裂缝和小的挠曲变形,板下钢材变形,板下梁混凝土剥落严重,可判断板底受火时的表面最高温度在 400 ℃ 以上。该板极限荷载较火灾前下降约 25％,属于危险点。

火灾后一层顶 E、F 轴和 11、12 轴所围板如图 3.3.2.463 所示,该板为混凝土预制板,混凝土呈灰白色,楼板混凝土剥落,板出现裂缝,板下钢材变形,板下梁混凝土剥落严重,可判断板底受火时的表面最高温度在 400 ℃ 以上。该板极限荷载较火灾前下降约 25％,属于危险点。

火灾后一层顶 E、F 轴和 12、13 轴所围板如图 3.3.2.464 所示,该板为混凝土现浇板,混凝土呈黄白色,楼板混凝土严重剥落,板出现裂缝,露出钢筋,板下钢材变形,板下梁混凝土剥落严重,可判断板底受火时的表面最高温度在 400 ℃ 以上。该板极限荷载较火灾前下降约 25％,属于危险点。

图 3.3.2.461　火灾后一层顶 E、F 轴和 9、10 轴所围板

图 3.3.2.462　火灾后一层顶 E、F 轴和 10、11 轴所围板

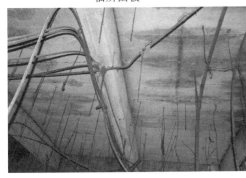

图 3.3.2.463　火灾后一层顶 E、F 轴和 11、12 轴所围板

图 3.3.2.464　火灾后一层顶 E、F 轴和 12、13 轴所围板

　　火灾后一层顶 E、F 轴和 13、14 轴所围板如图 3.3.2.465 所示,该板为混凝土现浇板,混凝土呈黄白色,楼板混凝土严重剥落,板出现裂缝,露出钢筋,板下钢材变形,板下梁混凝土剥落严重,可判断板底受火时的表面最高温度在 400 ℃ 以上。该板极限荷载较火灾前下降约 25%,属于危险点。

　　火灾后一层顶 E、F 轴和 14、15 轴所围板如图 3.3.2.466 所示,该板为混凝土预制板,混凝土呈灰白色,楼板混凝土严重剥落,板出现裂缝和大的挠曲变形,右侧板断裂,板下钢材变形,板下梁混凝土剥落严重,露出钢筋,可判断板底受火时的表面最高温度在 400 ℃ 以上。该板极限荷载较火灾前下降约 25%,属于危险点。

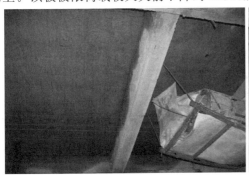

图 3.3.2.465　火灾后一层顶 E、F 轴和 13、14 轴所围板

图 3.3.2.466　火灾后一层顶 E、F 轴和 14、15 轴所围板

　　火灾后一层顶 E、F 轴和 15、16 轴所围板如图 3.3.2.467 所示,该板为混凝土预制板,混凝土呈灰白色,楼板混凝土严重剥落,板出现裂缝和大的挠曲变形,左侧板断裂,板下钢材变形,板下梁混凝土剥落严重,露出钢筋,可判断板底受火时的表面最高温度在 400 ℃以上。该板极限荷载较火灾前下降约 25%,属于危险点。

　　火灾后一层顶 E、F 轴和 16、17 轴所围板如图 3.3.2.468 所示,该板为混凝土预制板,混凝土呈黄白色,楼板混凝土严重剥落,板出现裂缝和大的挠曲变形,板下钢材变形,板下梁混凝土剥落严重,露出钢筋,可判断板底受火时的表面最高温度在 400 ℃ 以上。该板极限荷载较火灾前下降约 25%,属于危险点。

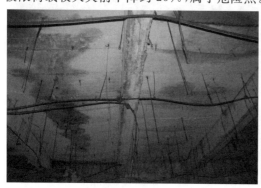 

图 3.3.2.467　火灾后一层顶 E、F 轴和 15、16 轴所围板　　图 3.3.2.468　火灾后一层顶 E、F 轴和 16、17 轴所围板

　　火灾后一层顶 E、F 轴和 17、18 轴所围板如图 3.3.2.469 所示,该板为混凝土预制板,混凝土呈黄白色,楼板混凝土严重剥落,板出现裂缝和大的挠曲变形,板下钢材变形,左侧楼板断裂,板下梁混凝土剥落严重,露出钢筋,可判断板底受火时的表面最高温度在 400 ℃ 以上。该板极限荷载较火灾前下降约 25%,属于危险点。

　　火灾后一层顶 E、F 轴和 18、19 轴所围板如图 3.3.2.470 所示,该板为混凝土预制板,混凝土呈灰白色,楼板混凝土严重剥落,板出现裂缝和小的挠曲变形,板下钢材变形,板下梁混凝土剥落严重,露出钢筋,可判断板底受火时的表面最高温度在 400 ℃ 以上。该板极限荷载较火灾前下降约 25%,属于危险点。

如图 3.3.2.469　火灾后一层顶 E、F 轴和 17、18 轴所围板　　图 3.3.2.470　火灾后一层 E、F 轴和 18、19 轴所围板

　　1 ~ 4 轴和 A ~ F 轴所辖一层顶板损伤中等,可判断板底受火时的表面最高温度在

300 ℃。该板极限荷载较火灾前下降约 13％,不属于危险点。5～20 轴和 A～F 轴所辖一层顶板损伤严重,可判断板底受火时的表面最高温度在 400 ℃ 以上。该板极限荷载较火灾前下降约 25％,属于危险点。

火灾后一小部分一层顶板几乎未损伤(1～20 轴和 A～F 轴所辖区之外的板),判定不属于危险点。

对一层外围护墙,经过现场踏勘确认,20 轴南侧外墙无明显损伤;1 轴北侧外墙 A～F 轴无明显损伤,但北侧与东西两侧连接处的 L 转角处的外墙开裂严重,东、西两侧 1～20 轴的外墙无明显损伤。

3.3.3　结构二层损伤状况

某商厦二层损伤概貌如图 3.3.3.1 所示,该商厦二层梁、板、柱、墙表面抹灰层大面积剥落。商厦二层共有混凝土柱 136 根,部分柱角部混凝土发生爆裂。商厦二层顶共有框架梁 227 跨,次梁 103 跨,合计 330 跨。部分梁角部混凝土发生爆裂,二层顶采用预制空心板,部分板已烧塌,部分挠度过大,部分轻微损伤。

1.柱的损伤情况

按照 A 纵轴与 1～20 轴所交柱至 F 纵轴与 1～20 轴所交柱排序,火灾后二层柱损伤状况如下。

火灾后二层 A 轴和 1 轴所交柱如图 3.3.3.2 所示,该柱表面水泥砂浆抹灰大面积脱落,该柱周围可燃物少。根据混凝土表面情况,可判断柱受火时的表面最高温度在 300 ℃ 以下。该柱承载力较火灾前下降约 3％,不属于危险点。

图 3.3.3.1　某商厦二层损伤概貌　　　　图 3.3.3.2　火灾后二层 A 轴和 1 轴所交柱

火灾后二层 A 轴和 2 轴所交柱如图 3.3.3.3 所示,该柱表面水泥砂浆抹灰大面积脱落,该柱周围可燃物少,出现微细裂缝。根据混凝土表面情况,可判断柱受火时的表面最高温度在 300 ℃ 以下。该柱承载力较火灾前下降约 3％,不属于危险点。

火灾后二层 A 轴和 3 轴所交柱如图 3.3.3.4 所示,该柱表面水泥砂浆抹灰局部脱落,该柱周围可燃物少。根据混凝土表面情况,可判断柱受火时的表面最高温度在 300 ℃ 以下。该柱承载力较火灾前下降约 3％,不属于危险点。

图 3.3.3.3　火灾后二层 A 轴和 2 轴所交柱　　　图 3.3.3.4 火灾后二层 A 轴和 3 轴所交柱

火灾后二层 A 轴和 4 轴所交柱如图 3.3.3.5 所示,该柱角部水泥砂浆抹灰层脱落,混凝土细微开裂,该柱被铁网等可燃物包围。根据混凝土表面情况,可判断柱受火时的表面最高温度在 300 ℃ 以下。该柱承载力较火灾前下降约 3%,不属于危险点。

火灾后二层 A 轴和 5 轴所交柱如图 3.3.3.6 所示,该柱水泥砂浆抹灰层脱落,混凝土细微开裂,该柱周围堆积可燃物。根据混凝土表面情况,可判断柱受火时的表面最高温度在 500 ℃ 以上。该柱承载力较火灾前下降约 20%,属于危险点。

图 3.3.3.5　火灾后二层 A 轴和 4 轴所交柱　　　图 3.3.3.6　火灾后二层 A 轴和 5 轴所交柱

火灾后二层 A 轴和 6 轴所交柱如图 3.3.3.7 所示,该柱角部水泥砂浆抹灰层大面积脱落,混凝土细微开裂,该柱周围钢架发生扭曲变形。根据混凝土表面情况,可判断柱受火时的表面最高温度在 500 ℃ 以上。该柱承载力较火灾前下降约 20%,属于危险点。

火灾后二层 A 轴和 7 轴所交柱如图 3.3.3.8 所示,该柱水泥砂浆抹灰层大面积脱落,混凝土细微开裂。根据混凝土表面情况,可判断柱受火时的表面最高温度在 500 ℃ 以上。该柱承载力较火灾前下降约 20%,属于危险点。

火灾后二层 A 轴和 8 轴所交柱如图 3.3.3.9 所示,该柱水泥砂浆抹灰层大面积脱落,混凝土细微开裂,梁角部混凝土剥落,该柱周围无明显可燃物。根据混凝土表面情况,可判断柱受火时的表面最高温度在 500 ℃ 以上。该柱承载力较火灾前下降约 20%,属于危险点。

火灾后二层 A 轴和 9 轴所交柱如图 3.3.3.10 所示,该柱水泥砂浆抹灰层大面积脱落,混凝土石子呈浅红色,梁角部混凝土剥落,钢筋外露。根据混凝土爆裂情况,可判断柱受火时的表面最高温度在 500 ℃ 以上。该柱承载力较火灾前下降约 20%,属于危险点。

图 3.3.3.7　火灾后二层 A 轴和 6 轴所交柱　　图 3.3.3.8　火灾后二层 A 轴和 7 轴所交柱

图 3.3.3.9　火灾后二层 A 轴和 8 轴所交柱　　图 3.3.3.10　火灾后二层 A 轴和 9 轴所交柱

火灾后二层 A 轴和 10 轴所交柱如图 3.3.3.11 所示,该柱水泥砂浆抹灰层大面积脱落,该柱上部钢梁、板挠曲变形。根据混凝土表面情况,可判断柱受火时的表面最高温度在 500 ℃ 以上。该柱承载力较火灾前下降约 20%,属于危险点。

火灾后二层 A 轴和 11 轴所交柱如图 3.3.3.12 所示,该柱水泥砂浆抹灰层大面积脱落,柱角部混凝土爆裂、剥落。根据混凝土表面情况,可判断柱受火时的表面最高温度在 500 ℃ 以上。该柱承载力较火灾前下降约 20%,属于危险点。

图 3.3.3.11　火灾后二层 A 轴和 10 轴所交柱　　图 3.3.3.12　火灾后二层 A 轴和 11 轴所交柱

火灾后二层 A 轴和 12 轴所交柱如图 3.3.3.13 所示,该柱水泥砂浆抹灰层大面积脱落,混凝土出现微裂缝。根据混凝土表面情况,可判断柱受火时的表面最高温度在 500 ℃ 以上。该柱承载力较火灾前下降约 20%,属于危险点。

火灾后二层 A 轴和 13 轴所交柱如图 3.3.3.14 所示，该柱水泥砂浆抹灰层大面积脱落，混凝土大面积爆裂、剥落，混凝土出现较多裂缝，纵筋外露。根据混凝土表面情况，可判断柱受火时的表面最高温度在 500 ℃ 以上。该柱承载力较火灾前下降约 20％，属于危险点。

图 3.3.3.13　火灾后二层 A 轴和 12 轴所交柱　　图 3.3.3.14　火灾后二层 A 轴和 13 轴所交柱

火灾后二层 A 轴和 14 轴所交柱如图 3.3.3.15 所示，该柱水泥砂浆抹灰层大面积脱落，混凝土大面积爆裂、剥落，混凝土出现较多裂缝，纵筋外露。根据混凝土表面情况，可判断柱受火时的表面最高温度在 500 ℃ 以上。该柱承载力较火灾前下降约 20％，属于危险点。

火灾后二层 A 轴和 15 轴所交柱如图 3.3.3.16 所示，该柱水泥砂浆抹灰层大面积脱落，混凝土大面积爆裂、剥落，混凝土出现较多裂缝，与柱子相交的梁露出钢筋，该柱周围钢架扭曲变形。根据混凝土表面情况，可判断柱受火时的表面最高温度在 500 ℃ 以上。该柱承载力较火灾前下降约 20％，属于危险点。

图 3.3.3.15　火灾后二层 A 轴和 14 轴所交柱　　图 3.3.3.16　火灾后二层 A 轴和 15 轴所交柱

火灾后二层 A 轴和 16 轴所交柱如图 3.3.3.17 所示，该柱水泥砂浆抹灰层大面积脱落，混凝土大面积爆裂、剥落，混凝土出现较多裂缝，该柱周围钢架扭曲变形。根据混凝土表面情况，可判断柱受火时的表面最高温度在 500 ℃ 以上。该柱承载力较火灾前下降约 20％，属于危险点。

火灾后二层 A 轴和 17 轴所交柱如图 3.3.3.18 所示，该柱水泥砂浆抹灰层大面积脱落，混凝土出现较多裂缝，该柱周围钢架扭曲变形。根据混凝土表面情况，可判断柱受火时的表面最高温度在 500 ℃ 以上。该柱承载力较火灾前下降约 20％，属于危险点。

图 3.3.3.17　火灾后二层 A 轴和 16 轴所交柱　　图 3.3.3.18　火灾后二层 A 轴和 17 轴所交柱

火灾后二层 A 轴和 18 轴所交柱如图 3.3.3.19 所示,该柱水泥砂浆抹灰层大面积脱落,混凝土出现较多裂缝,该柱周围钢架扭曲变形。根据混凝土表面情况,可判断柱受火时的表面最高温度在 500 ℃ 以上。该柱承载力较火灾前下降约 20%,属于危险点。

火灾后二层 A 轴和 19 轴所交柱如图 3.3.3.20 所示,该柱表面装饰层积累炭灰,旁边的防火门油漆烧落。根据混凝土表面情况,可判断柱受火时的表面最高温度在 500 ℃ 以上。该柱承载力较火灾前下降约 20%,属于危险点。

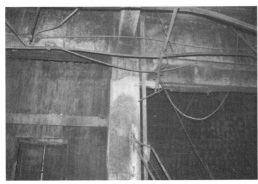 

图 3.3.3.19　火灾后二层 A 轴和 18 轴所交柱　　图 3.3.3.20　火灾后二层 A 轴和 19 轴所交柱

火灾后二层 B 轴和 1 轴所交柱如图 3.3.3.21 所示,该柱水泥砂浆抹灰层大面积脱落,混凝土出现较多裂缝,柱角混凝土剥落,该柱周围钢架扭曲变形。根据混凝土表面情况,可判断柱受火时的表面最高温度在 300 ℃ 以下。该柱承载力较火灾前下降约 3%,不属于危险点。

火灾后二层 B 轴和 2 轴所交柱如图 3.3.3.22 所示,该柱水泥砂浆抹灰层大面积脱落,混凝土出现较多裂缝,该柱周围钢架扭曲变形。根据混凝土表面情况,可判断柱受火时的表面最高温度在 300 ℃ 以下。该柱承载力较火灾前下降约 3%,不属于危险点。

火灾后二层 B 轴和 3 轴所交柱如图 3.3.3.23 所示,该柱水泥砂浆抹灰层没有大面积脱落,混凝土呈白色,该柱周围钢架变形较小。根据混凝土表面情况,可判断柱受火时的表面最高温度在 300 ℃ 以下。该柱承载力较火灾前下降约 3%,不属于危险点。

火灾后二层 B 轴和 4 轴所交柱如图 3.3.3.24 所示,该柱水泥砂浆抹灰层大面积脱落,混凝土呈白色略带黄色,柱角混凝土剥落,该柱周围钢架严重变形。根据混凝土表面情况,可判断柱受火时的表面最高温度在 300 ℃ 以下。该柱承载力较火灾前下降约 3%,不属于危险点。

图 3.3.3.21　火灾后二层 B 轴和 1 轴所交柱　　图 3.3.3.22　火灾后二层 B 轴和 2 轴所交柱

图 3.3.3.23　火灾后二层 B 轴和 3 轴所交柱　　图 3.3.3.24　火灾后二层 B 轴和 4 轴所交柱

　　火灾后二层 B 轴和 5 轴所交柱如图 3.3.3.25 所示,该柱水泥砂浆抹灰层大面积脱落,混凝土呈白色略带黄色,柱角混凝土剥落,该柱周围钢架严重变形。根据混凝土表面情况,可判断柱受火时的表面最高温度在 500 ℃ 以上。该柱承载力较火灾前下降约 20%,属于危险点。

　　火灾后二层 B 轴和 6 轴所交柱如图 3.3.3.26 所示,该柱水泥砂浆抹灰层大面积脱落,混凝土呈白色略带黄色,柱角混凝土剥落,该柱周围钢架严重变形。根据混凝土表面情况,可判断柱受火时的表面最高温度在 500 ℃ 以上。该柱承载力较火灾前下降约 20%,属于危险点。

图 3.3.3.25　火灾后二层 B 轴和 5 轴所交柱　　图 3.3.3.26　火灾后二层 B 轴和 6 轴所交柱

火灾后二层 B 轴和 7 轴所交双柱如图 3.3.3.27 所示,该柱水泥砂浆抹灰层大面积脱落,混凝土呈白色略带黄色,柱角混凝土剥落,该柱周围钢架严重变形。根据混凝土表面情况,可判断柱受火时的表面最高温度在 500 ℃ 以上。该柱承载力较火灾前下降约 20%,属于危险点。

火灾后二层 B 轴和 8 轴所交柱如图 3.3.3.28 所示,该柱水泥砂浆抹灰层大面积脱落,混凝土呈白色,柱角混凝土剥落,敲击声音沉闷。根据混凝土表面情况,可判断柱受火时的表面最高温度在 500 ℃ 以上。该柱承载力较火灾前下降约 20%,属于危险点。

图 3.3.3.27　火灾后二层 B 轴和 7 轴所交双柱　　图 3.3.3.28　火灾后二层 B 轴和 8 轴所交柱

火灾后二层 B 轴和 10 轴所交柱如图 3.3.3.29 所示,该柱水泥砂浆抹灰层大面积脱落,混凝土呈白色,柱角混凝土剥落,敲击声音沉闷,钢材变形。根据混凝土表面情况,可判断柱受火时的表面最高温度在 500 ℃ 以上。该柱承载力较火灾前下降约 20%,属于危险点。

火灾后二层 B 轴和 11 轴所交柱如图 3.3.3.30 所示,该柱水泥砂浆抹灰层大面积脱落,混凝土呈白色,柱角混凝土剥落,钢材变形。根据混凝土表面情况,可判断柱受火时的表面最高温度在 500 ℃ 以上。该柱承载力较火灾前下降约 20%,属于危险点。

图 3.3.3.29　火灾后二层 B 轴和 10 轴所交柱　　图 3.3.3.30　火灾后二层 B 轴和 11 轴所交柱

火灾后二层 B 轴和 12 轴所交柱如图 3.3.3.31 所示,该柱水泥砂浆抹灰层大面积脱落,混凝土呈灰白色,柱角混凝土剥落,柱顶棱角处露出钢筋,钢材变形。根据混凝土表面情况,可判断柱受火时的表面最高温度在 500 ℃ 以上。该柱承载力较火灾前下降约 20%,属于危险点。

火灾后二层 B 轴和 13 轴所交柱如图 3.3.3.32 所示,该柱水泥砂浆抹灰层大面积脱落,混凝土呈灰白色,柱角混凝土剥落,柱棱角处露出钢筋,钢材变形。根据混凝土表面情况,可判断柱受火时的表面最高温度在 500 ℃ 以上。该柱承载力较火灾前下降约 20%,属于危险点。

图 3.3.3.31　火灾后二层 B 轴和 12 轴所交柱　　图 3.3.3.32　火灾后二层 B 轴和 13 轴所交柱

火灾后二层 B 轴和 14 轴所交双柱如图 3.3.3.33 所示,该双柱水泥砂浆抹灰层大面积脱落,混凝土呈灰白色,柱角混凝土剥落,柱棱角处露出钢筋,周围钢材变形。根据混凝土表面情况,可判断柱受火时的表面最高温度在 500 ℃ 以上。该柱承载力较火灾前下降约 20%,属于危险点。

火灾后二层 B 轴和 15 轴所交柱如图 3.3.3.34 所示,该柱水泥砂浆抹灰层大面积脱落,混凝土呈灰白色略带黄色,柱角混凝土剥落,柱棱角处露出钢筋,钢材变形。根据混凝土表面情况,可判断柱受火时的表面最高温度在 500 ℃ 以上。该柱承载力较火灾前下降约 20%,属于危险点。

图 3.3.3.33　火灾后二层 B 轴和 14 轴所交双柱　　图 3.3.3.34　火灾后二层 B 轴和 15 轴所交柱

火灾后二层 B 轴和 16 轴所交柱如图 3.3.3.35 所示,该柱水泥砂浆抹灰层大面积脱落,混凝土呈灰白色略带黄色,敲击声发哑,柱角混凝土剥落,柱棱角处露出钢筋,钢材变形。根据混凝土表面情况,可判断柱受火时的表面最高温度在 500 ℃ 以上。该柱承载力较火灾前下降约 20%,属于危险点。

火灾后二层 B 轴和 17 轴所交柱如图 3.3.3.36 所示,该柱水泥砂浆抹灰层大面积脱落,混凝土呈灰白色略带黄色,敲击声发哑,柱角混凝土剥落,柱棱角处露出钢筋,钢材变形。根据混凝土表面情况,可判断柱受火时的表面最高温度在 500 ℃ 以上。该柱承载力较火灾前下降约 20%,属于危险点。

图 3.3.3.35　火灾后二层 B 轴和 16 轴所交柱　　图 3.3.3.36　火灾后二层 B 轴和 17 轴所交柱

火灾后二层 B 轴和 18 轴所交柱如图 3.3.3.37 所示,该柱水泥砂浆抹灰层大面积脱落,混凝土呈灰白色略带黄色,敲击声发哑,柱角混凝土剥落,钢材变形。根据混凝土表面情况,可判断柱受火时的表面最高温度在 500 ℃ 以上。该柱承载力较火灾前下降约 20%,属于危险点。

火灾后二层 B 轴和 19 轴所交柱如图 3.3.3.38 所示,该柱水泥砂浆抹灰层大面积脱落,混凝土呈灰白色,柱角混凝土剥落。根据混凝土表面情况,可判断柱受火时的表面最高温度在 500 ℃ 以上。该柱承载力较火灾前下降约 20%,属于危险点。

图 3.3.3.37　火灾后二层 B 轴和 18 轴所交柱　　图 3.3.3.38　火灾后二层 B 轴和 19 轴所交柱

火灾后二层 C 轴和 1 轴所交柱如图 3.3.3.39 所示,该柱水泥砂浆抹灰层大面积脱落,混凝土呈灰白色,柱角混凝土剥落。根据混凝土表面情况,可判断柱受火时的表面最高温度在 300 ℃ 以下。该柱承载力较火灾前下降约 3%,不属于危险点。

火灾后二层 C 轴和 2 轴所交柱如图 3.3.3.40 所示,该柱水泥砂浆抹灰层大面积脱落,混凝土呈灰白色,柱角混凝土剥落,钢管油漆烧落,钢材变形。根据混凝土表面情况,可判断柱受火时的表面最高温度在 300 ℃ 以下。该柱承载力较火灾前下降约 3%,不属于危险点。

火灾后二层 C 轴和 3 轴所交柱如图 3.3.3.41 所示,该柱水泥砂浆抹灰层大面积脱落,混凝土呈灰白色,柱角混凝土剥落,钢筋外露,敲击声发哑,钢材变形。根据混凝土表面情况,可判断柱受火时的表面最高温度在 300 ℃ 以下。该柱承载力较火灾前下降约 3%,不属于危险点。

火灾后二层 C 轴和 4 轴所交柱如图 3.3.3.42 所示,该柱水泥砂浆抹灰层大面积脱落,混凝土呈灰白色,柱角混凝土剥落,周围钢材变形。根据混凝土表面情况,可判断柱受火时的表面最高温度在 300 ℃ 以下。该柱承载力较火灾前下降约 3%,不属于危险点。

图 3.3.3.39　火灾后二层 C 轴和 1 轴所交柱　　图 3.3.3.40　火灾后二层 C 轴和 2 轴所交柱

图 3.3.3.41　火灾后二层 C 轴和 3 轴所交柱　　图 3.3.3.42　火灾后二层 C 轴和 4 轴所交柱

　　火灾后二层 C 轴和 5 轴所交柱如图 3.3.3.43 所示,该柱水泥砂浆抹灰层大面积脱落,混凝土呈灰白色,柱角混凝土剥落,周围钢材变形。根据混凝土表面情况,可判断柱受火时的表面最高温度在 500 ℃ 以上。该柱承载力较火灾前下降约 20%,属于危险点。

　　火灾后二层 C 轴和 6 轴所交柱如图 3.3.3.44 所示,该柱水泥砂浆抹灰层大面积脱落,混凝土呈暗黄色,柱角混凝土剥落,周围钢材变形。根据混凝土表面情况,可判断柱受火时的表面最高温度在 500 ℃ 以上。该柱承载力较火灾前下降约 20%,属于危险点。

图 3.3.3.43　火灾后二层 C 轴和 5 轴所交柱　　图 3.3.3.44　火灾后二层 C 轴和 6 轴所交柱

　　火灾后二层 C 轴和 7 轴所交双柱如图 3.3.3.45 所示,该柱水泥砂浆抹灰层大面积脱落,混凝土呈灰白色,柱角混凝土剥落,周围钢材变形。根据混凝土表面情况,可判断柱受火时的表面最高温度在 500 ℃ 以上。该柱承载力较火灾前下降约 20％,属于危险点。

火灾后二层 C 轴和 8 轴所交柱如图 3.3.3.46 所示,该柱水泥砂浆抹灰层大面积脱落,混凝土呈灰白色,柱角混凝土剥落,周围钢材变形。根据混凝土表面情况,可判断柱受火时的表面最高温度在 500 ℃ 以上。该柱承载力较火灾前下降约 20％,属于危险点。

图 3.3.3.45　火灾后二层 C 轴和 7 轴所交双柱　　图 3.3.3.46　火灾后二层 C 轴和 8 轴所交柱

火灾后二层 C 轴和 9 轴所交柱如图 3.3.3.47 所示,该柱水泥砂浆抹灰层大面积脱落,混凝土呈灰白色,柱角混凝土剥落,周围钢材变形。根据混凝土表面情况,可判断柱受火时的表面最高温度在 500 ℃ 以上。该柱承载力较火灾前下降约 20％,属于危险点。

火灾后二层 C 轴和 10 轴所交柱如图 3.3.3.48 所示,该柱水泥砂浆抹灰层大面积脱落,混凝土呈灰白色,柱角混凝土剥落,周围钢材严重变形。根据混凝土表面情况,可判断柱受火时的表面最高温度在 500 ℃ 以上。该柱承载力较火灾前下降约 20％,属于危险点。

图 3.3.3.47　火灾后二层 C 轴和 9 轴所交柱　　图 3.3.3.48　火灾后二层 C 轴和 10 轴所交柱

火灾后二层 C 轴和 11 轴所交柱如图 3.3.3.49 所示,该柱水泥砂浆抹灰层大面积脱落,混凝土呈灰白色,柱角混凝土剥落,露出钢筋,柱子周边楼板大范围塌落,周围钢材严重变形。根据混凝土表面情况,可判断柱受火时的表面最高温度在 500 ℃ 以上。该柱承载力较火灾前下降约 20％,属于危险点。

火灾后二层 C 轴和 12 轴所交柱如图 3.3.3.50 所示,该柱水泥砂浆抹灰层大面积脱落,混凝土呈灰白色,敲击声音沉闷,柱角混凝土剥落,露出钢筋,柱子周边楼板大范围塌落,周围钢材严重变形。根据混凝土表面情况,可判断柱受火时的表面最高温度在 500 ℃

以上。该柱承载力较火灾前下降约 20％，属于危险点。

图 3.3.3.49　火灾后二层 C 轴和 11 轴所交柱　　图 3.3.3.50　火灾后二层 C 轴和 12 轴所交柱

火灾后二层 C 轴和 13 轴所交柱如图 3.3.3.51 所示，该柱水泥砂浆抹灰层大面积脱落，混凝土呈灰白色，敲击声音沉闷，柱角混凝土剥落，露出钢筋，柱子周边楼板大范围塌落，周围钢材严重变形。根据混凝土表面情况，可判断柱受火时的表面最高温度在 500 ℃以上。该柱承载力较火灾前下降约 20％，属于危险点。

火灾后二层 C 轴和 14 轴所交双柱如图 3.3.3.52 所示，该柱水泥砂浆抹灰层大面积脱落，混凝土呈灰白色，敲击声音沉闷，柱角混凝土剥落，露出钢筋，柱子周边楼板大范围塌落，周围钢材严重变形。根据混凝土表面情况，可判断柱受火时的表面最高温度在 500 ℃以上。该柱承载力较火灾前下降约 20％，属于危险点。

图 3.3.3.51　火灾后二层 C 轴和 13 轴所交柱　　图 3.3.3.52　火灾后二层 C 轴和 14 轴所交双柱

火灾后二层 C 轴和 15 轴所交柱如图 3.3.3.53 所示，该柱水泥砂浆抹灰层大面积脱落，混凝土呈灰白色，敲击声音沉闷，柱角混凝土剥落，露出钢筋，柱子周边楼板大范围塌落，周围钢材严重变形。根据混凝土表面情况，可判断柱受火时的表面最高温度在 500 ℃以上。该柱承载力较火灾前下降约 20％，属于危险点。

火灾后二层 C 轴和 16 轴所交柱如图 3.3.3.54 所示，该柱水泥砂浆抹灰层大面积脱落，混凝土呈灰白色，敲击声音沉闷，柱角混凝土剥落，露出钢筋，柱子周边楼板大范围塌落，有两根梁断掉，周围钢材严重变形。根据混凝土表面情况，可判断柱受火时的表面最高温度在 500 ℃以上。该柱承载力较火灾前下降约 20％，属于危险点。

图 3.3.3.53　火灾后二层 C 轴和 15 轴所交柱　　图 3.3.3.54　火灾后二层 C 轴和 16 轴所交柱

火灾后二层 C 轴和 17 轴所交柱如图 3.3.3.55 所示,该柱水泥砂浆抹灰层大面积脱落,混凝土呈灰白色,柱角混凝土剥落,露出钢筋,柱子周边楼板大范围塌落,周围钢材严重变形。根据混凝土表面情况,可判断柱受火时的表面最高温度在 500 ℃ 以上。该柱承载力较火灾前下降约 20%,属于危险点。

火灾后二层 C 轴和 18 轴所交柱如图 3.3.3.56 所示,该柱水泥砂浆抹灰层大面积脱落,混凝土呈灰白色,敲击声音沉闷,柱角混凝土剥落,露出钢筋,相连的梁钢筋露出,周围钢材严重变形。根据混凝土表面情况,可判断柱受火时的表面最高温度在 500 ℃ 以上。该柱承载力较火灾前下降约 20%,属于危险点。

图 3.3.3.55　火灾后二层 C 轴和 17 轴所交柱　　图 3.3.3.56　火灾后二层 C 轴和 18 轴所交柱

火灾后二层 C 轴和 19 轴所交柱如图 3.3.3.57 所示,该柱水泥砂浆抹灰层大面积脱落,混凝土呈灰白色,柱角混凝土剥落,露出钢筋,周围红砖墙呈灰白色,周围钢材严重变形。根据混凝土表面情况,可判断柱受火时的表面最高温度在 500 ℃ 以上。该柱承载力较火灾前下降约 20%,属于危险点。

火灾后二层 D 轴和 1 轴所交柱如图 3.3.3.58 所示,该柱水泥砂浆抹灰层大面积脱落,混凝土呈灰白色,柱角混凝土剥落,柱顶处柱角露出钢筋,周围钢材变形。根据混凝土表面情况,可判断柱受火时的表面最高温度在 300 ℃ 以下。该柱承载力较火灾前下降约 3%,不属于危险点。

火灾后二层 D 轴和 2 轴所交柱如图 3.3.3.59 所示,该柱水泥砂浆抹灰层大面积脱落,混凝土开裂,呈灰白色,露出石子,柱角混凝土剥落,周围钢材变形。根据混凝土表面情况,可判断柱受火时的表面最高温度在 300 ℃ 以下。该柱承载力较火灾前下降约 3%,不属于危险点。

火灾后二层D轴和3轴所交柱如图3.3.3.60所示,该柱水泥砂浆抹灰层大面积脱落,混凝土竖向开裂,呈灰白色,柱角混凝土剥落,周围钢材变形。根据混凝土表面情况,可判断柱受火时的表面最高温度在300 ℃以下。该柱承载力较火灾前下降约3%,不属于危险点。

图 3.3.3.57　火灾后二层 C 轴和 19 轴所交柱　　图 3.3.3.58　火灾后二层 D 轴和 1 轴所交柱

图 3.3.3.59　火灾后二层 D 轴和 2 轴所交柱　　图 3.3.3.60　火灾后二层 D 轴和 3 轴所交柱

火灾后二层D轴和4轴所交柱如图3.3.3.61所示,该柱水泥砂浆抹灰层大面积脱落,混凝土开裂,呈灰白色,柱角混凝土剥落,周围钢材严重变形。根据混凝土表面情况,可判断柱受火时的表面最高温度在300 ℃以下。该柱承载力较火灾前下降约3%,不属于危险点。

火灾后二层D轴和5轴所交柱如图3.3.3.62所示,该柱水泥砂浆抹灰层大面积脱落,混凝土开裂,呈灰白色,柱角混凝土剥落,周围钢材严重变形。根据混凝土表面情况,可判断柱受火时的表面最高温度在500 ℃以上。该柱承载力较火灾前下降约20%,属于危险点。

火灾后二层D轴和6轴所交柱如图3.3.3.63所示,该柱水泥砂浆抹灰层大面积脱落,混凝土开裂,呈灰白色,柱角混凝土剥落,周围钢材严重变形。根据混凝土表面情况,可判断柱受火时的表面最高温度在500 ℃以上。该柱承载力较火灾前下降约20%,属于危险点。

火灾后二层D轴和7轴所交双柱如图3.3.3.64所示,该柱水泥砂浆抹灰层大面积脱落,混凝土开裂,呈灰白色,柱角混凝土剥落,露出钢筋,相连的梁发生断裂。根据混凝土表面情况,可判断柱受火时的表面最高温度在 500 ℃ 以上。该柱承载力较火灾前下降约 20%,属于危险点。

图 3.3.3.61 火灾后二层 D 轴和 4 轴所交柱

图 3.3.3.62 火灾后二层 D 轴和 5 轴所交柱

图 3.3.3.63 火灾后二层 D 轴和 6 轴所交柱

图 3.3.3.64 火灾后二层 D 轴和 7 轴所交双柱

火灾后二层 D 轴和 8 轴所交柱如图 3.3.3.65 所示,该柱水泥砂浆抹灰层大面积脱落,混凝土开裂,呈灰白色,周围楼板塌落,柱子倾斜,周围钢材扭曲。根据混凝土表面情况,可判断柱受火时的表面最高温度在 500 ℃ 以上。该柱承载力较火灾前下降约 20%,属于危险点。

火灾后二层 D 轴和 9 轴所交柱如图 3.3.3.66 所示,该柱水泥砂浆抹灰层大面积脱落,混凝土开裂,呈灰白色,周围楼板塌落,周围钢材扭曲。根据混凝土表面情况,可判断柱受火时的表面最高温度在 500 ℃ 以上。该柱承载力较火灾前下降约 20%,属于危险点。

图 3.3.3.65 火灾后二层 D 轴和 8 轴所交柱 图 3.3.3.66 火灾后二层 D 轴和 9 轴所交柱

火灾后二层 D 轴和 10 轴所交柱如图 3.3.3.67 所示,该柱水泥砂浆抹灰层大面积脱落,混凝土开裂,呈灰白色,周围楼板塌落,周围钢材扭曲。根据混凝土表面情况,可判断柱受火时的表面最高温度在 500 ℃ 以上。该柱承载力较火灾前下降约 20%,属于危险点。

火灾后二层 D 轴和 11 轴所交柱如图 3.3.3.68 所示,该柱水泥砂浆抹灰层大面积脱落,混凝土开裂,呈灰白色,周围楼板塌落,周围钢材扭曲。根据混凝土表面情况,可判断柱受火时的表面最高温度在 500 ℃ 以上。该柱承载力较火灾前下降约 20%,属于危险点。

图 3.3.3.67　火灾后二层 D 轴和 10 轴所交柱　　图 3.3.3.68　火灾后二层 D 轴和 11 轴所交柱

火灾后二层 D 轴和 12 轴所交柱如图 3.3.3.69 所示,该柱水泥砂浆抹灰层大面积脱落,混凝土开裂,呈灰白色,柱角混凝土竖向剥落,露出钢筋,周围楼板塌落,周围钢材扭曲。根据混凝土表面情况,可判断柱受火时的表面最高温度在 500 ℃ 以上。该柱承载力较火灾前下降约 20%,属于危险点。

火灾后二层 D 轴和 13 轴所交柱如图 3.3.3.70 所示,该柱水泥砂浆抹灰层大面积脱落,混凝土开裂,呈灰白色,柱角混凝土剥落,与柱子相连的梁露出钢筋,周围楼板塌落,周围钢材扭曲。根据混凝土表面情况,可判断柱受火时的表面最高温度在 500 ℃ 以上。该柱承载力较火灾前下降约 20%,属于危险点。

图 3.3.3.69　火灾后二层 D 轴和 12 轴所交柱　　图 3.3.3.70　火灾后二层 D 轴和 13 轴所交柱

火灾后二层 D 轴和 14 轴所交双柱如图 3.3.3.71 所示,该柱水泥砂浆抹灰层大面积脱落,混凝土开裂,呈灰白色,柱角混凝土剥落,露出钢筋,柱子倾斜,周围楼板塌落,周围钢材扭曲。根据混凝土表面情况,可判断柱受火时的表面最高温度在 500 ℃ 以上。该柱承载力较火灾前下降约 20％,属于危险点。

　　火灾后二层 D 轴和 15 轴所交柱如图 3.3.3.72 所示,该柱水泥砂浆抹灰层大面积脱落,混凝土开裂,呈黄白色,柱角混凝土剥落,露出钢筋,周围楼板塌落,周围钢材扭曲。根据混凝土表面情况,可判断柱受火时的表面最高温度在 500 ℃ 以上。该柱承载力较火灾前下降约 20％,属于危险点。

图 3.3.3.71　火灾后二层 D 轴和 14 轴所交双柱　　　图 3.3.3.72　火灾后二层 D 轴和 15 轴所交柱

　　火灾后二层 D 轴和 16 轴所交柱如图 3.3.3.73 所示,该柱水泥砂浆抹灰层大面积脱落,混凝土开裂,呈黄白色,柱角混凝土剥落,露出钢筋,柱子上下楼板均塌落,周围钢材扭曲。根据混凝土表面情况,可判断柱受火时的表面最高温度在 500 ℃ 以上。该柱承载力较火灾前下降约 20％,属于危险点。

　　火灾后二层 D 轴和 17 轴所交柱如图 3.3.3.74 所示,该柱水泥砂浆抹灰层大面积脱落,混凝土开裂,呈黄白色,柱角混凝土剥落,露出钢筋,柱子下楼板塌落,周围钢材扭曲。根据混凝土表面情况,可判断柱受火时的表面最高温度在 500 ℃ 以上。该柱承载力较火灾前下降约 20％,属于危险点。

图 3.3.3.73　火灾后二层 D 轴和 16 轴所交柱　　　图 3.3.3.74　火灾后二层 D 轴和 17 轴所交柱

　　火灾后二层 D 轴和 18 轴所交柱如图 3.3.3.75 所示,该柱水泥砂浆抹灰层大面积脱落,混凝土开裂,呈黄白色,柱角混凝土剥落,露出钢筋,周围钢材扭曲。根据混凝土表面情况,可判断柱受火时的表面最高温度在 500 ℃ 以上。该柱承载力较火灾前下降约 20％,属于危险点。

　　火灾后二层 D 轴和 19 轴所交柱如图 3.3.3.76 所示,该柱水泥砂浆抹灰层大面积脱落,混凝土开裂,呈灰白色,柱角混凝土剥落,露出钢筋。根据混凝土表面情况,可判断柱受火时的表面最高温度在 500 ℃ 以上。该柱承载力较火灾前下降约 20%，属于危险点。

图 3.3.3.75　火灾后二层 D 轴和 18 轴所交柱　　　图 3.3.3.76　火灾后二层 D 轴和 19 轴所交柱

　　火灾后二层 E 轴和 1 轴所交柱如图 3.3.3.77 所示，该柱水泥砂浆抹灰层大面积脱落，混凝土开裂，呈灰白色，柱角混凝土剥落。根据混凝土表面情况，可判断柱受火时的表面最高温度在 300 ℃ 以下。该柱承载力较火灾前下降约 3%，不属于危险点。

　　火灾后二层 E 轴和 2 轴所交柱如图 3.3.3.78 所示，该柱水泥砂浆抹灰层大面积脱落，混凝土开裂，呈黄白色，柱角混凝土剥落，周围钢材扭曲变形。根据混凝土表面情况，可判断柱受火时的表面最高温度在 300 ℃ 以下。该柱承载力较火灾前下降约 3%，不属于危险点。

图 3.3.3.77　火灾后二层 E 轴和 1 轴所交柱　　　图 3.3.3.78　火灾后二层 E 轴和 2 轴所交柱

　　火灾后二层 E 轴和 3 轴所交柱如图 3.3.3.79 所示，该柱水泥砂浆抹灰层大面积脱落，混凝土开裂，呈黄白色，柱角混凝土剥落，周围钢材扭曲变形。根据混凝土表面情况，可判断柱受火时的表面最高温度在 300 ℃ 以下。该柱承载力较火灾前下降约 3%，不属于危险点。

　　火灾后二层 E 轴和 4 轴所交柱如图 3.3.3.80 所示，该柱水泥砂浆抹灰层大面积脱落，混凝土开裂，呈黄白色，柱角混凝土剥落，周围钢材扭曲变形。根据混凝土表面情况，可判断柱受火时的表面最高温度在 300 ℃ 以下。该柱承载力较火灾前下降约 3%，不属于危险点。

　　火灾后二层 E 轴和 5 轴所交柱如图 3.3.3.81 所示，该柱水泥砂浆抹灰层大面积脱落，混凝土开裂，呈黄白色，柱角混凝土剥落，露出钢筋，周围钢材扭曲变形。根据混凝土表面情况，可判断柱受火时的表面最高温度在 500 ℃ 以上。该柱承载力较火灾前下降约

20％,属于危险点。

　　火灾后二层 E 轴和 9 轴所交柱如图 3.3.3.82 所示,该柱水泥砂浆抹灰层大面积脱落,混凝土开裂,柱角混凝土剥落,周围钢材扭曲变形。根据混凝土表面情况,可判断柱受火时的表面最高温度在 500 ℃ 以上。该柱承载力较火灾前下降约 20％,属于危险点。

图 3.3.3.79　火灾后二层 E 轴和 3 轴所交柱　　图 3.3.3.80　火灾后二层 E 轴和 4 轴所交柱

图 3.3.3.81　火灾后二层 E 轴和 5 轴所交柱　　图 3.3.3.82　火灾后二层 E 轴和 9 轴所交柱

　　火灾后二层 E 轴和 10 轴所交柱如图 3.3.3.83 所示,该柱水泥砂浆抹灰层大面积脱落,混凝土开裂,柱角混凝土剥落,周围钢材扭曲变形。根据混凝土表面情况,可判断柱受火时的表面最高温度在 500 ℃ 以上。该柱承载力较火灾前下降约 20％,属于危险点。

　　火灾后二层 E 轴和 11 轴所交柱如图 3.3.3.84 所示,该柱水泥砂浆抹灰层大面积脱落,混凝土开裂,柱角混凝土剥落,周围钢材扭曲变形。根据混凝土表面情况,可判断柱受火时的表面最高温度在 500 ℃ 以上。该柱承载力较火灾前下降约 20％,属于危险点。

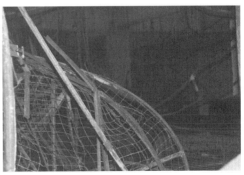

图 3.3.3.83　火灾后二层 E 轴和 10 轴所交柱　　图 3.3.3.84　火灾后二层 E 轴和 11 轴所交柱

火灾后二层 E 轴和 12 轴所交柱如图 3.3.3.85 所示,该柱水泥砂浆抹灰层大面积脱落,混凝土开裂,柱角混凝土剥落,周围钢材扭曲变形。根据混凝土表面情况,可判断柱受火时的表面最高温度在 500 ℃ 以上。该柱承载力较火灾前下降约 20%,属于危险点。

火灾后二层 E 轴和 13 轴所交柱如图 3.3.3.86 所示,该柱水泥砂浆抹灰层大面积脱落,混凝土开裂,柱角混凝土剥落,露出钢筋,混凝土呈黄白色,周围钢材扭曲变形。根据混凝土表面情况,可判断柱受火时的表面最高温度在 500 ℃ 以上。该柱承载力较火灾前下降约 20%,属于危险点。

图 3.3.3.85　火灾后二层 E 轴和 12 轴所交柱　　图 3.3.3.86　火灾后二层 E 轴和 13 轴所交柱

火灾后二层 E 轴和 14 轴所交双柱如图 3.3.3.87 所示,该柱水泥砂浆抹灰层大面积脱落,混凝土开裂,柱角混凝土剥落,楼板塌落,混凝土呈黄白色,周围钢材扭曲变形。根据混凝土表面情况,可判断柱受火时的表面最高温度在 500 ℃ 以上。该柱承载力较火灾前下降约 20%,属于危险点。

火灾后二层 E 轴和 15 轴所交柱如图 3.3.3.88 所示,该柱水泥砂浆抹灰层大面积脱落,混凝土开裂,柱角混凝土剥落,露出钢筋,楼板塌落,混凝土呈黄白色,周围钢材扭曲变形。根据混凝土表面情况,可判断柱受火时的表面最高温度在 500 ℃ 以上。该柱承载力较火灾前下降约 20%,属于危险点。

图 3.3.3.87　火灾后二层 E 轴和 14 轴所交双柱　　图 3.3.3.88　火灾后二层 E 轴和 15 轴所交柱

火灾后二层 E 轴和 16 轴所交柱如图 3.3.3.89 所示,该柱水泥砂浆抹灰层大面积脱落,混凝土开裂,柱角混凝土剥落,露出钢筋,楼板塌落,混凝土呈黄白色,周围钢材扭曲变形。根据混凝土表面情况,可判断柱受火时的表面最高温度在 500 ℃ 以上。该柱承载力较火灾前下降约 20%,属于危险点。

火灾后二层 E 轴和 17 轴所交柱如图 3.3.3.90 所示,该柱水泥砂浆抹灰层大面积脱落,混凝土开裂,柱角混凝土剥落,露出钢筋,混凝土呈黄白色,周围钢材扭曲变形。根据混凝土表面情况,可判断柱受火时的表面最高温度在 500 ℃ 以上。该柱承载力较火灾前下降约 20%,属于危险点。

图 3.3.3.89　火灾后二层 E 轴和 16 轴所交柱　　图 3.3.3.90　火灾后二层 E 轴和 17 轴所交柱

火灾后二层 E 轴和 18 轴所交柱如图 3.3.3.91 所示,该柱水泥砂浆抹灰层大面积脱落,混凝土开裂,柱角混凝土剥落,柱顶棱角露出钢筋,混凝土呈黄白色,周围钢材扭曲变形。根据混凝土表面情况,可判断柱受火时的表面最高温度在 500 ℃ 以上。该柱承载力较火灾前下降约 20%,属于危险点。

火灾后二层 F 轴和 6 轴所交柱如图 3.3.3.92 所示,该柱水泥砂浆抹灰层大面积脱落,混凝土开裂,柱角混凝土剥落,混凝土呈黄白色,周围钢材扭曲变形。根据混凝土表面情况,可判断柱受火时的表面最高温度在 500 ℃ 以上。该柱承载力较火灾前下降约 20%,属于危险点。

图 3.3.3.91　火灾后二层 E 轴和 18 轴所交柱　　图 3.3.3.92　火灾后二层 F 轴和 6 轴所交柱

火灾后二层 F 轴和 7 轴所交柱如图 3.3.3.93 所示,该柱水泥砂浆抹灰层大面积脱落,混凝土开裂,柱角混凝土剥落,露出钢筋,混凝土呈黄白色,周围钢材扭曲变形。根据混凝土表面情况,可判断柱受火时的表面最高温度在 500 ℃ 以上。该柱承载力较火灾前下降约 20%,属于危险点。

火灾后二层 F 轴和 8 轴所交柱如图 3.3.3.94 所示,该柱水泥砂浆抹灰层大面积脱落,混凝土开裂,柱角混凝土剥落,露出钢筋,混凝土呈黄白色,周围燃烧物较多,钢材扭曲变形。根据混凝土表面情况,可判断柱受火时的表面最高温度在 500 ℃ 以上。该柱承载力较火灾前下降约 20%，属于危险点。

图 3.3.3.93　火灾后二层 F 轴和 7 轴所交柱　　图 3.3.3.94　火灾后二层 F 轴和 8 轴所交柱

　　火灾后二层 F 轴和 9 轴所交柱如图 3.3.3.95 所示，该柱水泥砂浆抹灰层大面积脱落，混凝土开裂，柱角混凝土剥落，混凝土呈黄白色，周围砌块呈黄白色且疏松，钢材扭曲变形。根据混凝土表面情况，可判断柱受火时的表面最高温度在 500 ℃ 以上。该柱承载力较火灾前下降约 20%，属于危险点。

　　火灾后二层 F 轴和 10 轴所交柱如图 3.3.3.96 所示，该柱水泥砂浆抹灰层大面积脱落，混凝土开裂，柱角混凝土剥落，混凝土呈黄白色，周围砌块呈黄白色且疏松，钢材扭曲变形。根据混凝土表面情况，可判断柱受火时的表面最高温度在 500 ℃ 以上。该柱承载力较火灾前下降约 20%，属于危险点。

 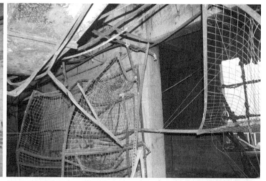

图 3.3.3.95　火灾后二层 F 轴和 9 轴所交柱　　图 3.3.3.96　火灾后二层 F 轴和 10 轴所交柱

　　火灾后二层 F 轴和 11 轴所交柱如图 3.3.3.97 所示，该柱水泥砂浆抹灰层大面积脱落，混凝土开裂，柱角混凝土剥落，混凝土呈黄白色，周围砌块呈黄白色且疏松，钢材扭曲变形。根据混凝土表面情况，可判断柱受火时的表面最高温度在 500 ℃ 以上。该柱承载力较火灾前下降约 20%，属于危险点。

　　火灾后二层 F 轴和 13 轴所交柱如图 3.3.3.98 所示，该柱水泥砂浆抹灰层大面积脱落，混凝土开裂，柱角混凝土剥落，露出钢筋，混凝土呈黄白色，钢材扭曲变形。根据混凝土表面情况，可判断柱受火时的表面最高温度在 500 ℃ 以上。该柱承载力较火灾前下降约 20%，属于危险点。

图 3.3.3.97　火灾后二层 F 轴和 11 轴所交柱　　图 3.3.3.98　火灾后二层 F 轴和 13 轴所交柱

火灾后二层 F 轴和 14 轴所交柱如图 3.3.3.99 所示,该柱水泥砂浆抹灰层大面积脱落,混凝土开裂,柱角混凝土剥落,柱顶混凝土脱落明显,混凝土烧黑。根据混凝土表面情况,可判断柱受火时的表面最高温度在 500 ℃ 以上。该柱承载力较火灾前下降约 20%,属于危险点。

火灾后一小部分二层柱几乎未损伤,这里不再赘述。

2. 梁的损伤情况

按照 A、B 纵轴与 1 ~ 20 轴所交主梁、次梁至 E、F 纵轴与 1 ~ 20 轴所交主梁、次梁排序,火灾后二层顶梁损伤状况如下。

火灾后二层顶 A 轴、B 轴、2 轴和 3 轴所围次梁如图 3.3.3.100 所示,该梁表面呈浅灰色,角部混凝土轻度剥落,无钢筋露出,梁周围钢架扭曲变形。根据混凝土表面外观特征,可判断梁受火时的表面最高温度在 300 ℃ 以下。该跨极限荷载较火灾前降低约 12%,不属于危险点。

图 3.3.3.99　火灾后二层 F 轴和 14 轴所交柱　　图 3.3.3.100　火灾后二层顶 A 轴、B 轴、2 轴和 3 轴所围次梁

火灾后二层顶 A 轴、B 轴和 3 轴所交主梁如图 3.3.3.101 所示,该梁表面呈浅灰色,出现微细裂缝,梁角部混凝土剥落,梁周围钢架扭曲变形。根据混凝土表面外观特征,可判断梁受火时的表面最高温度在 300 ℃ 以下。该跨极限荷载较火灾前降低约 12%,不属于危险点。

火灾后二层顶 A 轴、B 轴、3 轴和 4 轴所围次梁如图 3.3.3.102 所示,该梁表面呈浅灰色,出现微细裂缝,梁角部混凝土剥落,露出石子,梁周围可燃物较少。根据混凝土表面外观特征,可判断梁受火时的表面最高温度在300 ℃以下。该跨极限荷载较火灾前降低约12％,不属于危险点。

图3.3.3.101　火灾后二层顶A、B轴和3轴所交主梁　　图3.3.3.102　火灾后二层顶A轴、B轴、3轴和4轴所围次梁

　　火灾后二层顶A、B轴和4轴所交主梁如图3.3.3.103所示,该梁表面略呈粉红色,出现微细裂缝,梁角部混凝土轻微剥落,梁周围钢架轻微扭曲变形。根据混凝土表面外观特征,可判断梁受火时的表面最高温度在300 ℃以下。该跨极限荷载较火灾前降低约12％,不属于危险点。

　　火灾后二层顶A、B轴和14轴所交主梁如图3.3.3.104所示,该梁表面呈浅黄色,梁角部混凝土剥落,梁周围可燃物较少。根据混凝土表面外观特征,可判断梁受火时的表面最高温度在500 ℃以上。该跨极限荷载较火灾前降低约30％,属于危险点。

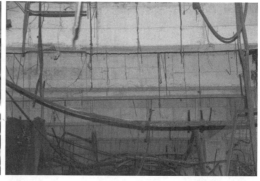

图3.3.3.103　火灾后二层顶A、B轴和4轴所交主梁　　图3.3.3.104　火灾后二层顶A、B轴和14轴所交主梁

　　火灾后二层顶A轴和14、15轴所交主梁如图3.3.3.105所示,该梁表面略呈浅红色,梁角部混凝土剥落,露出红色石子,出现微细裂缝,梁周围钢架扭曲变形。根据混凝土表面外观特征,可判断梁受火时的表面最高温度在500 ℃以上。该跨极限荷载较火灾前降低约30％,属于危险点。

　　火灾后二层顶A轴、B轴、14轴和15轴所围次梁如图3.3.3.106所示,该梁表面呈浅黄色,梁角部混凝土剥落,钢筋外露,梁周围可燃物较少。根据混凝土表面外观特征,可判断梁受火时的表面最高温度在500 ℃以上。该跨极限荷载较火灾前降低约30％,属于危险点。

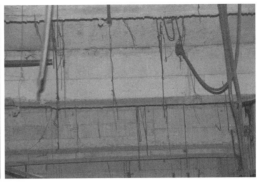

图 3.3.3.105　火灾后二层顶 A 轴和 14、15 轴所交主梁　　图 3.3.3.106　火灾后二层顶 A 轴、B 轴、14 轴和 15 轴所围次梁

　　火灾后二层顶 A、B 轴和 15 轴所交主梁如图 3.3.3.107 所示,该梁表面呈浅黄色,角部混凝土轻微爆裂,梁周围可燃物较少。根据混凝土表面外观特征,可判断梁受火时的表面最高温度在 500 ℃ 以上。该跨极限荷载较火灾前降低约 30%,属于危险点。

　　火灾后二层顶 A 轴、B 轴、15 轴和 16 轴所围次梁如图 3.3.3.108 所示,该梁表面呈浅红色,角部混凝土爆裂、剥落,露出石子,梁周围钢架扭曲变形。根据混凝土表面外观特征,可判断梁受火时的表面最高温度在 500 ℃ 以上。该跨极限荷载较火灾前降低约 30%,属于危险点。

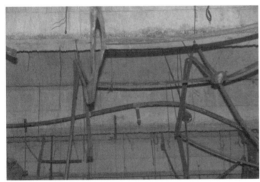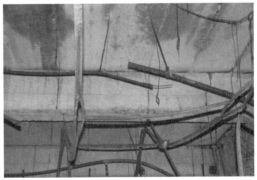

图 3.3.3.107　火灾后二层顶 A、B 轴和 15 轴所交主梁　　图 3.3.3.108　火灾后二层顶 A 轴、B 轴、15 轴和 16 轴所围次梁

　　火灾后二层顶 A 轴和 15、16 轴所交主梁如图 3.3.3.109 所示,该梁表面呈灰白色,梁角部混凝土剥落,露出红色石子和钢筋,出现较多裂缝,梁周围钢架扭曲变形。根据混凝土表面外观特征,可判断梁受火时的表面最高温度在 500 ℃ 以上。该跨极限荷载较火灾前降低约 30%,属于危险点。

　　火灾后二层顶 A、B 轴和 16 轴所交主梁如图 3.3.3.110 所示,该梁表面呈灰白色,角部混凝土爆裂剥落,梁周围钢架扭曲变形。根据混凝土表面外观特征,可判断梁受火时的表面最高温度在 500 ℃ 以上。该跨极限荷载较火灾前降低约 30%,属于危险点。

 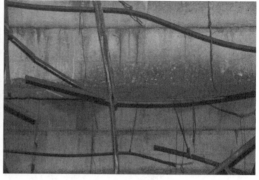

图 3.3.3.109　火灾后二层顶 A 轴和 15、16 轴所　　图 3.3.3.110　　火灾后二层顶 A、B 轴和 16 轴所
　　　　　　　交主梁　　　　　　　　　　　　　　　　　　　　　交主梁

　　火灾后二层顶 A 轴和 16、17 轴所交主梁如图 3.3.3.111 所示,该梁表面呈浅红色,梁角部混凝土剥落,梁周围钢架扭曲变形。根据混凝土表面外观特征,可判断梁受火时的表面最高温度在 500 ℃ 以上。该跨极限荷载较火灾前降低约 30%,属于危险点。

　　火灾后二层顶 A 轴、B 轴、16 轴和 17 轴所围次梁如图 3.3.3.112 所示,该梁角部混凝土剥落,露出石子,梁周围钢架扭曲变形。根据混凝土表面外观特征,可判断梁受火时的表面最高温度在 500 ℃ 以上。该跨极限荷载较火灾前降低约 30%,属于危险点。

图 3.3.3.111　火灾后二层顶 A 轴和 16、17 轴所　　图 3.3.3.112　　火灾后二层顶 A 轴、B 轴、16 轴和
　　　　　　　交主梁　　　　　　　　　　　　　　　　　　　　　17 轴所围次梁

　　火灾后二层顶 A、B 轴和 17 轴所交主梁如图 3.3.3.113 所示,该梁表面呈浅黄色,角部混凝土爆裂剥落,梁周围钢架扭曲变形。根据混凝土表面外观特征,可判断梁受火时的表面最高温度在 500 ℃ 以上。该跨极限荷载较火灾前降低约 30%,属于危险点。

　　火灾后二层顶 A 轴和 17、18 轴所交主梁如图 3.3.3.114 所示,该梁角部混凝土爆裂剥落,露出红色石子,梁周围钢架扭曲变形。根据混凝土表面外观特征,可判断梁受火时的表面最高温度在 500 ℃ 以上。该跨极限荷载较火灾前降低约 30%,属于危险点。

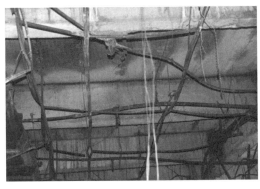 

图 3.3.3.113　火灾后二层顶 A、B 轴和 17 轴所　　图 3.3.3.114　火灾后二层顶 A 轴和 17、18 轴所
　　　　　　　交主梁　　　　　　　　　　　　　　　　　　　　　交主梁

火灾后二层顶 A 轴、B 轴、17 轴和 18 轴所围次梁如图 3.3.3.115 所示,该梁表面呈灰白色,梁角部混凝土剥落,露出石子,梁周围钢架扭曲变形。根据混凝土表面外观特征,可判断梁受火时的表面最高温度在 500 ℃ 以上。该跨极限荷载较火灾前降低约 30%,属于危险点。

火灾后二层顶 A 轴、B 轴和 18 轴所交主梁如图 3.3.3.116 所示,该梁表面呈灰白色,角部混凝土爆裂剥落,梁周围钢架扭曲变形。根据混凝土表面外观特征,可判断梁受火时的表面最高温度在 500 ℃ 以上。该跨极限荷载较火灾前降低约 30%,属于危险点。

图 3.3.3.115　火灾后二层顶 A 轴、B 轴、17 轴和　　图 3.3.3.116　火灾后二层顶 A 轴、B 轴和 18 轴
　　　　　　　18 轴所围次梁　　　　　　　　　　　　　　　　　　所交主梁

火灾后二层顶 A 轴和 18、19 轴所交主梁如图 3.3.3.117 所示,该梁表面呈灰白色,梁角部混凝土爆裂剥落,梁周围钢架扭曲变形。根据混凝土表面外观特征,可判断梁受火时的表面最高温度在 500 ℃ 以上。该跨极限荷载较火灾前降低约 30%,属于危险点。

火灾后二层顶 A 轴、B 轴、18 轴和 19 轴所围次梁如图 3.3.3.118 所示,该梁表面呈灰白色,梁角部混凝土轻微剥落,梁周围钢架扭曲变形。根据混凝土表面外观特征,可判断梁受火时的表面最高温度在 500 ℃ 以上。该跨极限荷载较火灾前降低约 30%,属于危险点。

火灾后二层顶 B、C 轴和 1 轴所交主梁如图 3.3.3.119 所示,该梁表面略呈浅红色,出现微细裂缝,梁角部混凝土剥落,露出钢筋,梁周围钢架扭曲变形。根据混凝土表面外观特征,可判断梁受火时的表面最高温度在 300 ℃ 以下。该跨极限荷载较火灾前降低约

12%,不属于危险点。

火灾后二层顶 B 轴和 1、2 轴所交主梁如图 3.3.3.120 所示,该梁表面呈灰白色略显浅红色,出现微细裂缝,梁角部混凝土剥落,露出红色石子,梁周围钢架扭曲变形。根据混凝土表面外观特征,可判断梁受火时的表面最高温度在 300 ℃ 以下。该跨极限荷载较火灾前降低约 12%,不属于危险点。

图 3.3.3.117　火灾后二层顶 A 轴和 18、19 轴所交主梁

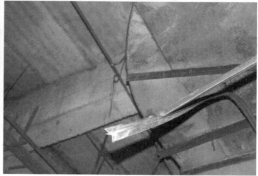

图 3.3.3.118　火灾后二层顶 A 轴、B 轴、18 轴和 19 轴所围次梁

图 3.3.3.119　火灾后二层顶 B、C 轴和 1 轴所交主梁

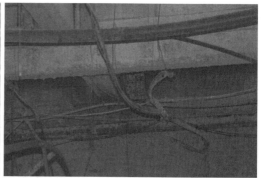

图 3.3.3.120　火灾后二层顶 B 轴和 1、2 轴所交主梁

火灾后二层顶 B 轴、C 轴、1 轴和 2 轴所围次梁(1)如图 3.3.3.121 所示,该梁表面呈灰白色,混凝土较大面积爆裂,剥落,露出石子,梁周围钢架扭曲变形。根据混凝土表面外观特征,可判断梁受火时的表面最高温度在 300 ℃ 以下。该跨极限荷载较火灾前降低约 12%,不属于危险点。

火灾后二层顶 B 轴、C 轴、1 轴和 2 轴所围次梁(2)如图 3.3.3.122 所示,该梁表面呈灰白色略显浅红色,梁角部混凝土爆裂,剥落,露出石子,梁周围钢架扭曲变形。根据混凝土表面外观特征,可判断梁受火时的表面最高温度在 300 ℃ 以下。该跨极限荷载较火灾前降低约 12%,不属于危险点。

火灾后二层顶 B、C 轴和 2 轴所交主梁如图 3.3.3.123 所示,该梁表面呈灰白色,出现微细裂缝,梁角部混凝土剥落,梁周围钢架扭曲变形。根据混凝土表面外观特征,可判断梁受火时的表面最高温度在 300 ℃ 以下。该跨极限荷载较火灾前降低约 12%,不属于危险点。

火灾后二层顶 B 轴和 2、3 轴所交主梁如图 3.3.3.124 所示,该梁表面呈浅红色,出现微细裂缝,梁角部混凝土剥落。根据混凝土表面外观特征,可判断梁受火时的表面最高温度在 300 ℃ 以下。该跨极限荷载较火灾前降低约 12%,不属于危险点。

图 3.3.3.121　火灾后二层顶 B 轴、C 轴、1 轴和 2 轴所围次梁(1)

图 3.3.3.122　火灾后二层顶 B、C 轴、1 轴和 2 轴所围次梁(2)

图 3.3.3.123　火灾后二层顶 B、C 轴和 2 轴所交主梁

图 3.3.3.124　火灾后二层顶 B 轴和 2、3 轴所交主梁

火灾后二层顶 B 轴、C 轴、2 轴和 3 轴所围次梁如图 3.3.3.125 所示,该梁表面呈灰白色,角部混凝土爆裂、剥落,露出石子,梁周围钢架变形。根据混凝土表面外观特征,可判断梁受火时的表面最高温度在 300 ℃ 以下。该跨极限荷载较火灾前降低约 12%,不属于危险点。

火灾后二层顶 B、C 轴和 3 轴所交主梁如图 3.3.3.126 所示,该梁表面呈浅红色,梁角部混凝土剥落,梁周围钢管扭曲变形。根据混凝土表面外观特征,可判断梁受火时的表面最高温度在 300 ℃ 以下。该跨极限荷载较火灾前降低约 12%,不属于危险点。

火灾后二层顶 B 轴和 3、4 轴所交主梁如图 3.3.3.127 所示,该梁表面呈灰白色,出现微细裂缝,梁角部混凝土剥落。根据混凝土表面外观特征,可判断梁受火时的表面最高温度在 300 ℃ 以下。该跨极限荷载较火灾前降低约 12%,不属于危险点。

火灾后二层顶 B 轴、C 轴、3 轴和 4 轴所围次梁如图 3.3.3.128 所示,该梁表面呈灰白色略显浅红色,梁角部混凝土轻微剥落,梁周围钢架扭曲变形。根据混凝土表面外观特征,可判断梁受火时的表面最高温度在 300 ℃ 以下。该跨极限荷载较火灾前降低约 12%,不属于危险点。

图 3.3.3.125　火灾后二层顶 B 轴、C 轴、2 轴和 3 轴所围次梁

图 3.3.3.126　火灾后二层顶 B、C 轴和 3 轴所交主梁

图 3.3.3.127　火灾后二层顶 B 轴和 3、4 轴所交主梁

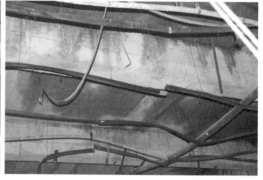

图 3.3.3.128　火灾后二层顶 B 轴、C 轴、3 轴和 4 轴所围次梁

　　火灾后二层顶 B、C 轴和 4 轴所交主梁如图 3.3.3.129 所示,该梁表面呈浅红色,梁角部混凝土剥落,梁周围钢管扭曲变形。根据混凝土表面外观特征,可判断梁受火时的表面最高温度在 300 ℃ 以下。该跨极限荷载较火灾前降低约 12%,不属于危险点。

　　火灾后二层顶 B 轴和 4、5 轴所交主梁如图 3.3.3.130 所示,该梁表面呈灰白色,出现微细裂缝,梁角部混凝土轻度剥落。根据混凝土表面外观特征,可判断梁受火时的表面最高温度在 500 ℃ 以上。该跨极限荷载较火灾前降低约 30%,属于危险点。

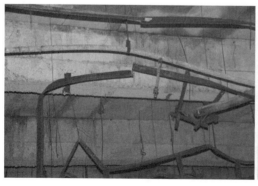

图 3.3.3.129　火灾后二层顶 B、C 轴和 4 轴所交主梁

图 3.3.3.130　火灾后二层顶 B 轴和 4、5 轴所交主梁

火灾后二层顶 B 轴、C 轴、4 轴和 5 轴所围次梁如图 3.3.3.131 所示,该梁表面呈灰白色,梁角部混凝土轻微剥落,梁周围钢架扭曲变形。根据混凝土表面外观特征,可判断梁受火时的表面最高温度在 500 ℃ 以上。该跨极限荷载较火灾前降低约 30%,属于危险点。

火灾后二层顶 B、C 轴和 5 轴所交主梁如图 3.3.3.132 所示,该梁表面呈浅灰白色,梁角部混凝土剥落,梁周围无明显可燃物。根据混凝土表面外观特征,可判断梁受火时的表面最高温度在 500 ℃ 以上。该跨极限荷载较火灾前降低约 30%,属于危险点。

图 3.3.3.131　火灾后二层顶 B 轴、C 轴、4 轴和 5　　图 3.3.3.132　火灾后二层顶 B、C 轴和 5 轴所交
　　　　　　　轴所围次梁　　　　　　　　　　　　　　　　　　　　主梁

火灾后二层顶 B 轴、C 轴、5 轴和 6 轴所围次梁如图 3.3.3.133 所示,该梁表面呈浅灰白色,梁角部混凝土剥落,梁周围钢架扭曲变形。根据混凝土表面外观特征,可判断梁受火时的表面最高温度在 500 ℃ 以上。该跨极限荷载较火灾前降低约 30%,属于危险点。

火灾后二层顶 B、C 轴和 10 轴所交主梁如图 3.3.3.134 所示,该梁表面呈浅灰白色,梁角部混凝土剥落,出现微细裂缝,梁周围钢架扭曲变形。根据混凝土表面外观特征,可判断梁受火时的表面最高温度在 500 ℃ 以上。该跨极限荷载较火灾前降低约 30%,属于危险点。

图 3.3.3.133　火灾后二层顶 B 轴、C 轴、5 轴和 6　　图 3.3.3.134　火灾后二层顶 B、C 轴和 10 轴所
　　　　　　　轴所围次梁　　　　　　　　　　　　　　　　　　　　交主梁

火灾后二层顶 B 轴、C 轴、10 轴和 11 轴所围次梁如图 3.3.3.135 所示,该梁表面呈浅灰白色,梁角部混凝土剥落,梁周围钢架扭曲变形。根据混凝土表面外观特征,可判断梁受火时的表面最高温度在 500 ℃ 以上。该跨极限荷载较火灾前降低约 30%,属于危

险点。

　　火灾后二层顶 B、C 轴和 11 轴所交主梁如图 3.3.3.136 所示，该梁表面呈浅灰白色，梁角部混凝土剥落，梁周围钢架扭曲变形。根据混凝土表面外观特征，可判断梁受火时的表面最高温度在500 ℃ 以上。该跨极限荷载较火灾前降低约 30％，属于危险点。

图 3.3.3.135　火灾后二层顶 B 轴、C 轴、10 轴和　图 3.3.3.136　火灾后二层顶 B、C 轴和 11 轴所
　　　　　　　11 轴所围次梁　　　　　　　　　　　　　　　交主梁

　　火灾后二层顶 B 轴、C 轴、11 轴和 12 轴所围次梁如图 3.3.3.137 所示，该梁表面呈浅灰白色，梁角部混凝土剥落，梁周围钢材变形。根据混凝土表面外观特征，可判断梁受火时的表面最高温度在 500 ℃ 以上。该跨极限荷载较火灾前降低约 30％，属于危险点。

　　火灾后二层顶 B、C 轴和 12 轴所交主梁如图 3.3.3.138 所示，该梁表面呈浅灰白色，梁角部混凝土剥落，梁周围钢架扭曲变形。根据混凝土表面外观特征，可判断梁受火时的表面最高温度在500 ℃ 以上。该跨极限荷载较火灾前降低约 30％，属于危险点。

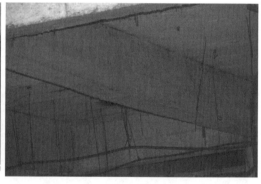

图 3.3.3.137　火灾后二层顶 B 轴、C 轴、11 轴和　图 3.3.3.138　火灾后二层顶 B、C 轴和 12 轴所
　　　　　　　12 轴所围次梁　　　　　　　　　　　　　　　交主梁

　　火灾后二层顶 B 轴、C 轴、12 轴和 13 轴所围次梁如图 3.3.3.139 所示，该梁表面呈浅灰白色，梁角部混凝土剥落，梁周围钢材变形。根据混凝土表面外观特征，可判断梁受火时的表面最高温度在 500 ℃ 以上。该跨极限荷载较火灾前降低约 30％，属于危险点。

　　火灾后二层顶 B、C 轴和 13 轴所交主梁如图 3.3.3.140 所示，该梁表面呈浅灰白色，梁角部混凝土剥落，梁的挠度大于 1/80 板的跨度，梁周围钢架扭曲变形。根据混凝土表面外观特征，可判断梁受火时的表面最高温度在 500 ℃ 以上。该跨极限荷载较火灾前降低约 30％，属于危险点。

图 3.3.3.139　火灾后二层顶 B 轴、C 轴、12 轴和　图 3.3.3.140　火灾后二层顶 B、C 轴和 13 轴所
　　　　　　　13 轴所围次梁　　　　　　　　　　　　　　　　交主梁

　　火灾后二层顶 B、C 轴和 14 轴所交主梁如图 3.3.3.141 所示,该梁表面呈浅黄色,梁角部混凝土剥落,梁周围无明显可燃物。根据混凝土表面外观特征,可判断梁受火时的表面最高温度在 500 ℃ 以上。该跨极限荷载较火灾前降低约 30%,属于危险点。

　　火灾后二层顶 B 轴和 14、15 轴所交主梁如图 3.3.3.142 所示,该梁表面呈灰白色,角部混凝土轻度剥落,露出钢筋。根据混凝土表面外观特征,可判断梁受火时的表面最高温度在 500 ℃ 以上。该跨极限荷载较火灾前降低约 30%,属于危险点。

图 3.3.3.141　火灾后二层顶 B、C 轴和 14 轴所　图 3.3.3.142　火灾后二层顶 B 轴和 14、15 轴所
　　　　　　　交主梁　　　　　　　　　　　　　　　　　　　　交主梁

　　火灾后二层顶 B 轴、C 轴、14 轴和 15 轴所围次梁如图 3.3.3.143 所示,该梁表面呈浅黄色,梁角部混凝土剥落,梁周围钢材变形。根据混凝土表面外观特征,可判断梁受火时的表面最高温度在 500 ℃ 以上。该跨极限荷载较火灾前降低约 30%,属于危险点。

　　火灾后二层顶 B、C 轴和 15 轴所交主梁如图 3.3.3.144 所示,该梁表面呈浅红色,梁角部混凝土严重剥落,露出钢筋,梁周围无明显可燃物。根据混凝土表面外观特征,可判断梁受火时的表面最高温度在 500 ℃ 以上。该跨极限荷载较火灾前降低约 30%,属于危险点。

　　火灾后二层顶 B 轴和 15、16 轴所交主梁如图 3.3.3.145 所示,该梁表面呈浅灰白色略显浅红色,混凝土严重剥落,露出纵向钢筋,该梁周围钢材扭曲变形。根据混凝土表面外观特征,可判断梁受火时的表面最高温度在 500 ℃ 以上。该跨极限荷载较火灾前降低约 30%,属于危险点。

火灾后二层顶 B 轴、C 轴、15 轴和 16 轴所围次梁如图 3.3.3.146 所示,该梁表面呈浅黄色,梁角部混凝土剥落,露出纵筋,梁周围钢材变形。根据混凝土表面外观特征,可判断梁受火时的表面最高温度在 500 ℃ 以上。该跨极限荷载较火灾前降低约 30％,属于危险点。

图 3.3.3.143　火灾后二层顶 B 轴、C 轴、14 轴和　　　图 3.3.3.144　火灾后二层顶 B、C 轴和 15 轴所
　　　　　　　15 轴所围次梁　　　　　　　　　　　　　　　　　　　　交主梁

 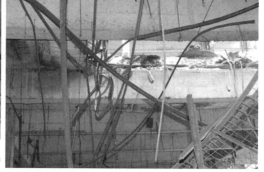

图 3.3.3.145　火灾后二层顶 B 轴和 15、16 轴所　　　图 3.3.3.146　火灾后二层顶 B 轴、C 轴、15 轴和
　　　　　　　交主梁　　　　　　　　　　　　　　　　　　　　　　　16 轴所围次梁

火灾后二层顶 B、C 轴和 16 轴所交主梁如图 3.3.3.147 所示,该梁表面呈灰白色,梁角部混凝土剥落,露出石子,梁周围钢材变形。根据混凝土表面外观特征,可判断梁受火时的表面最高温度在 500 ℃ 以上。该跨极限荷载较火灾前降低约 30％,属于危险点。

火灾后二层顶 B 轴和 16、17 轴所交主梁如图 3.3.3.148 所示,该梁表面呈灰白色,混凝土严重剥落,露出纵向钢筋,该梁周围钢材扭曲变形。根据混凝土表面外观特征,可判断梁受火时的表面最高温度在 500 ℃ 以上。该跨极限荷载较火灾前降低约 30％,属于危险点。

火灾后二层顶 B 轴、C 轴、16 轴和 17 轴所围次梁如图 3.3.3.149 所示,该梁表面呈灰白色,梁角部混凝土剥落,梁周围钢材变形。根据混凝土表面外观特征,可判断梁受火时的表面最高温度在 500 ℃ 以上。该跨极限荷载较火灾前降低约 30％,属于危险点。

火灾后二层顶 B、C 轴和 17 轴所交主梁如图 3.3.3.150 所示,该梁表面呈浅灰白色略显浅红色,梁角部混凝土剥落,梁周围钢材扭曲变形。根据混凝土表面外观特征,可判断梁受火时的表面最高温度在 500 ℃ 以上。该跨极限荷载较火灾前降低约 30％,属于危险点。

图 3.3.3.147　火灾后二层顶 B、C 轴和 16 轴
　　　　　　　所交主梁

图 3.3.3.148　火灾后二层顶 B 轴和 16、17 轴
　　　　　　　所交主梁

图 3.3.3.149　火灾后二层顶 B 轴、C 轴、16 轴
　　　　　　　和 17 轴所围次梁

图 3.3.3.150　火灾后二层顶 B、C 轴和 17 轴
　　　　　　　所交主梁

　　火灾后二层顶 B 轴和 17、18 轴所交主梁如图 3.3.3.151 所示,该梁表面呈灰白色,混凝土严重剥落,露出纵向钢筋和石子,该梁周围钢材扭曲变形。根据混凝土表面外观特征,可判断梁受火时的表面最高温度在 500 ℃ 以上。该跨极限荷载较火灾前降低约30%,属于危险点。

　　火灾后二层顶 B 轴、C 轴、17 轴和 18 轴所围次梁如图 3.3.3.152 所示,该梁表面呈灰白色,梁角部混凝土剥落,梁周围无明显可燃物。根据混凝土表面外观特征,可判断梁受火时的表面最高温度在 500 ℃ 以上。该跨极限荷载较火灾前降低约30%,属于危险点。

图 3.3.3.151　火灾后二层顶 B 轴和 17、18 轴
　　　　　　　所交主梁

图 3.3.3.152　火灾后二层顶 B 轴、C 轴、17 轴
　　　　　　　和 18 轴所围次梁

火灾后二层顶 B、C 轴和 18 轴所交主梁如图 3.3.3.153 所示,该梁表面呈灰白色,梁角部混凝土剥落,露出石子,梁周围钢材扭曲变形。根据混凝土表面外观特征,可判断梁受火时的表面最高温度在 500 ℃ 以上。该跨极限荷载较火灾前降低约 30%,属于危险点。

火灾后二层顶 B 轴和 18、19 轴所交主梁如图 3.3.3.154 所示,该梁表面呈灰白色,梁角部混凝土爆裂剥落,该梁周围钢材扭曲变形。根据混凝土表面外观特征,可判断梁受火时的表面最高温度在 500 ℃ 以上。该跨极限荷载较火灾前降低约 30%,属于危险点。

图 3.3.3.153　火灾后二层顶 B、C 轴和 18 轴所交主梁　　　图 3.3.3.154　火灾后二层顶 B 轴和 18、19 轴所交主梁

火灾后二层顶 B 轴、C 轴、18 轴和 19 轴所围次梁如图 3.3.3.155 所示,该梁表面呈灰白色,梁角部混凝土剥落,该梁周围钢架发生变形。根据混凝土表面外观特征,可判断梁受火时的表面最高温度在 500 ℃ 以上。该跨极限荷载较火灾前降低约 30%,属于危险点。

火灾后二层顶 B、C 轴和 19 轴所交主梁如图 3.3.3.156 所示,该梁表面呈浅灰白色略显浅红色,梁角部混凝土剥落,露出石子。根据混凝土表面外观特征,可判断梁受火时的表面最高温度在 500 ℃ 以上。该跨极限荷载较火灾前降低约 30%,属于危险点。

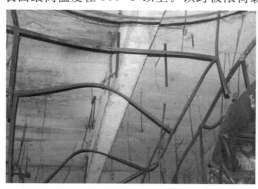 

图 3.3.3.155　火灾后二层顶 B 轴、C 轴、18 轴和 19 轴所围次梁　　　图 3.3.3.156　火灾后二层顶 B、C 轴和 19 轴所交主梁

火灾后二层顶 C、D 轴和 1 轴所交主梁如图 3.3.3.157 所示,该梁表面呈灰白色略显浅黄色,梁角部混凝土剥落。根据混凝土表面外观特征,可判断梁受火时的表面最高温度在 300 ℃ 以下。该跨极限荷载较火灾前降低约 12%,不属于危险点。

火灾后二层顶 C 轴和 1、2 轴所交主梁如图 3.3.3.158 所示,该梁表面呈灰白色略显浅黄色,梁角部混凝土剥落。根据混凝土表面外观特征,可判断梁受火时的表面最高温度在 300 ℃ 以下。该跨极限荷载较火灾前降低约 12%,不属于危险点。

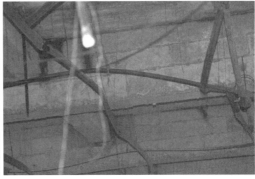

图 3.3.3.157　火灾后二层顶 C、D 轴和 1 轴所交　　图 3.3.3.158　火灾后二层顶 C 轴和 1、2 轴所交
　　　　　　　主梁　　　　　　　　　　　　　　　　　　　　主梁

火灾后二层顶 C、D 轴和 1、2 轴所围次梁(1)如图 3.3.3.159 所示,该梁表面呈灰白色略显浅黄色,梁角部混凝土爆裂严重。根据混凝土表面外观特征,可判断梁受火时的表面最高温度在 300 ℃ 以下。该跨极限荷载较火灾前降低约 12%,不属于危险点。

火灾后二层顶 C、D 轴和 1、2 轴所围次梁(2)如图 3.3.3.160 所示,该梁表面呈灰白色略显浅黄色,梁角部混凝土爆裂严重。根据混凝土表面外观特征,可判断梁受火时的表面最高温度在 300 ℃ 以下。该跨极限荷载较火灾前降低约 12%,不属于危险点。

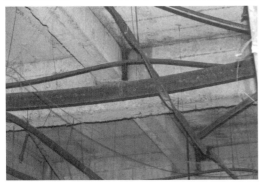

图 3.3.3.159　火灾后二层顶 C、D 轴和 1、2 轴所　　图 3.3.3.160　火灾后二层顶 C、D 轴和 1、2 轴所
　　　　　　　围次梁(1)　　　　　　　　　　　　　　　　　　　围次梁(2)

火灾后二层顶 C、D 轴和 2 轴所交主梁如图 3.3.3.161 所示,该梁表面呈灰白色略显浅黄色,梁角部混凝土爆裂严重,周围钢材变形严重。根据混凝土表面外观特征,可判断梁受火时的表面最高温度在 300 ℃ 以下。该跨极限荷载较火灾前降低约 12%,不属于危险点。

火灾后二层顶 C 轴和 2、3 轴所交主梁如图 3.3.3.162 所示,该梁表面呈灰白色略显浅黄色,梁角部混凝土爆裂严重,周围钢材变形严重。根据混凝土表面外观特征,可判断梁受火时的表面最高温度在 300 ℃ 以下。该跨极限荷载较火灾前降低约 12%,不属于危险点。

图 3.3.3.161　火灾后二层顶 C、D 轴和 2 轴所交　　图 3.3.3.162　火灾后二层顶 C 轴和 2、3 轴所交
　　　　　　　主梁　　　　　　　　　　　　　　　　　　　　主梁

　　火灾后二层顶 C、D 轴和 2、3 轴所围次梁如图 3.3.3.163 所示,该梁表面呈灰白色略显浅黄色,梁角部混凝土爆裂严重,周围钢材变形严重。根据混凝土表面外观特征,可判断梁受火时的表面最高温度在 300 ℃ 以下。该跨极限荷载较火灾前降低约 12%,不属于危险点。

　　火灾后二层顶 C、D 轴和 3 轴所交主梁如图 3.3.3.164 所示,该梁表面呈灰白色略显浅黄色,梁角部混凝土爆裂严重,周围钢材变形严重。根据混凝土表面外观特征,可判断梁受火时的表面最高温度在 300 ℃ 以下。该跨极限荷载较火灾前降低约 12%,不属于危险点。

图 3.3.3.163　火灾后二层顶 C、D 轴和 2、3 轴所　　图 3.3.3.164　火灾后二层顶 C、D 轴和 3 轴所交
　　　　　　　围次梁　　　　　　　　　　　　　　　　　　　主梁

　　火灾后二层顶 C 轴和 3、4 轴所交主梁如图 3.3.3.165 所示,该梁表面呈灰白色略显浅黄色,梁角部混凝土爆裂严重,与次梁相交处有个别箍筋裸露,周围钢材变形严重。根据混凝土表面外观特征,可判断梁受火时的表面最高温度在 300 ℃ 以下。该跨极限荷载较火灾前降低约 12%,不属于危险点。

　　火灾后二层顶 C、D 轴和 3、4 轴所围次梁如图 3.3.3.166 所示,该梁表面呈灰白色略显浅黄色,梁角部混凝土爆裂严重,周围钢材变形严重。根据混凝土表面外观特征,可判断梁受火时的表面最高温度在 300 ℃ 以下。该跨极限荷载较火灾前降低约 12%,不属于危险点。

图 3.3.3.165　火灾后二层顶 C 轴和 3、4 轴所交主梁　　图 3.3.3.166　火灾后二层顶 C、D 轴和 3、4 轴所围次梁

火灾后二层顶 C、D 轴和 4 轴所交主梁如图 3.3.3.167 所示,该梁表面呈灰白色略显浅黄色,梁角部混凝土爆裂严重,周围钢材变形严重。根据混凝土表面外观特征,可判断梁受火时的表面最高温度在 300 ℃ 以下。该跨极限荷载较火灾前降低约 12%,不属于危险点。

火灾后二层顶 C 轴和 4、5 轴所交主梁如图 3.3.3.168 所示,该梁表面呈灰白色略显浅黄色,梁角部混凝土爆裂严重,周围钢材变形严重。根据混凝土表面外观特征,可判断梁受火时的表面最高温度在 500 ℃ 以上。该跨极限荷载较火灾前降低约 30%,属于危险点。

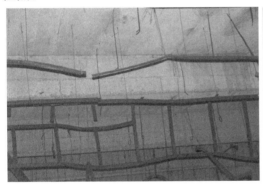 

图 3.3.3.167　火灾后二层顶 C、D 轴和 4 轴所交主梁　　图 3.3.3.168　火灾后二层顶 C 轴和 4、5 轴所交主梁

火灾后二层顶 C、D 轴和 4、5 轴所围次梁如图 3.3.3.169 所示,该梁表面呈灰白色略显浅黄色,梁角部混凝土爆裂严重,周围钢材变形严重。根据混凝土表面外观特征,可判断梁受火时的表面最高温度在 500 ℃ 以上。该跨极限荷载较火灾前降低约 30%,属于危险点。

火灾后二层顶 C、D 轴和 5 轴所交主梁如图 3.3.3.170 所示,该梁表面呈灰白色略显浅黄色,梁角部混凝土爆裂严重,周围钢材变形严重。根据混凝土表面外观特征,可判断梁受火时的表面最高温度在 500 ℃ 以上。该跨极限荷载较火灾前降低约 30%,属于危险点。

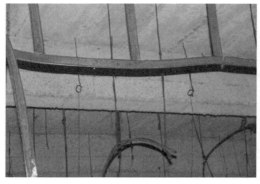 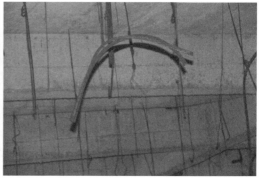

图 3.3.3.169　火灾后二层顶 C、D 轴和 4、5 轴所　图 3.3.3.170　火灾后二层顶 C、D 轴和 5 轴所交
　　　　　　　围次梁　　　　　　　　　　　　　　　　　　　主梁

　　火灾后二层顶 C 轴和 5、6 轴所交主梁如图 3.3.3.171 所示,该梁表面呈灰白色略显浅黄色,梁角部混凝土爆裂严重,周围钢材变形严重。根据混凝土表面外观特征,可判断梁受火时的表面最高温度在 500 ℃ 以上。该跨极限荷载较火灾前降低约 30%,属于危险点。

　　火灾后二层顶 C、D 轴和 5、6 轴所围次梁如图 3.3.3.172 所示,该梁表面呈灰白色略显浅黄色,梁角部混凝土爆裂严重,周围钢材变形严重。根据混凝土表面外观特征,可判断梁受火时的表面最高温度在 500 ℃ 以上。该跨极限荷载较火灾前降低约 30%,属于危险点。

图 3.3.3.171　火灾后二层顶 C 轴和 5、6 轴所交　图 3.3.3.172　火灾后二层顶 C、D 轴和 5、6 轴所
　　　　　　　主梁　　　　　　　　　　　　　　　　　　　围次梁

　　火灾后二层顶 C、D 轴和 6 轴所交主梁如图 3.3.3.173 所示,该梁表面呈灰白色略显浅黄色,梁角部混凝土爆裂严重,周围钢材变形严重。根据混凝土表面外观特征,可判断梁受火时的表面最高温度在 500 ℃ 以上。该跨极限荷载较火灾前降低约 30%,属于危险点。

　　火灾后二层顶 C 轴和 6、7 轴所交主梁如图 3.3.3.174 所示,该梁表面呈灰白色略显浅黄色,梁角部混凝土爆裂严重,周围钢材变形严重。根据混凝土表面外观特征,可判断梁受火时的表面最高温度在 500 ℃ 以上。该跨极限荷载较火灾前降低约 30%,属于危险点。

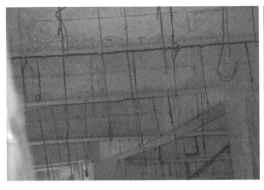 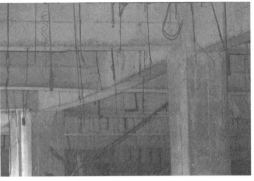

图 3.3.3.173　火灾后二层顶 C、D 轴和 6 轴所交　图 3.3.3.174　火灾后二层顶 C 轴和 6、7 轴所交
　　　　　　主梁　　　　　　　　　　　　　　　　　　　　主梁

　　火灾后二层顶 C、D 轴和 6、7 轴所围次梁如图 3.3.3.175 所示,该梁表面呈灰白色略
显浅黄色,梁角部混凝土爆裂严重,周围钢材变形严重。根据混凝土表面外观特征,可判
断梁受火时的表面最高温度在 500 ℃ 以上。该跨极限荷载较火灾前降低约 30%,属于危
险点。

　　火灾后二层顶 C、D 轴和 7 轴所交双梁如图 3.3.3.176 所示,该梁表面呈灰白色略显
浅黄色,梁角部混凝土爆裂严重,一侧板掉落,周围钢材变形严重。根据混凝土表面外观
特征,可判断梁受火时的表面最高温度在 500 ℃ 以上。该跨极限荷载较火灾前降低约
30%,属于危险点。

图 3.3.3.175　火灾后二层顶 C、D 轴和 6、7 轴所　图 3.3.3.176　火灾后二层顶 C、D 轴和 7 轴所交
　　　　　　围次梁　　　　　　　　　　　　　　　　　　　　双梁

　　火灾后二层顶 C、D 轴和 8 轴所交主梁如图 3.3.3.177 所示,该梁表面呈灰白色略显
浅黄色,梁角部混凝土爆裂严重,两侧板均掉落,周围钢材变形严重。根据混凝土表面外
观特征,可判断梁受火时的表面最高温度在 500 ℃ 以上。该跨极限荷载较火灾前降低约
30%,属于危险点。

　　火灾后二层顶 C、D 轴和 9 轴所交主梁如图 3.3.3.178 所示,该梁表面呈灰白色略显
浅黄色,梁角部混凝土爆裂严重,两侧板均掉落,周围钢材变形严重。根据混凝土表面外
观特征,可判断梁受火时的表面最高温度在 500 ℃ 以上。该跨极限荷载较火灾前降低约
30%,属于危险点。

图 3.3.3.177　火灾后二层顶 C、D 轴和 8 轴所交　　图 3.3.3.178　火灾后二层顶 C、D 轴和 9 轴所交
　　　　　　主梁　　　　　　　　　　　　　　　　　　　　主梁

　　火灾后二层顶 C 轴和 9、10 轴所交主梁如图 3.3.3.179 所示,该梁表面呈灰白色略显浅黄色,梁角部混凝土爆裂严重,周围钢材变形严重。根据混凝土表面外观特征,可判断梁受火时的表面最高温度在 500 ℃ 以上。该跨极限荷载较火灾前降低约 30%,属于危险点。

(a) 火灾后情况　　　　　　　　　　　　　　(b) 加固修复中情况

图 3.3.3.179　火灾后二层顶 C 轴和 9、10 轴所交主梁

　　火灾后二层顶 C、D 轴和 9、10 轴所围次梁如图 3.3.3.180 所示,该梁表面呈灰白色略显浅黄色,梁角部混凝土爆裂严重,周围钢材变形严重。根据混凝土表面外观特征,可判断梁受火时的表面最高温度在 500 ℃ 以上。该跨极限荷载较火灾前降低约 30%,属于危险点。

　　火灾后二层顶 C、D 轴和 10 轴所交主梁如图 3.3.3.181 所示,该梁表面呈灰白色略显浅黄色,梁角部混凝土脱落,周围钢材变形严重。根据混凝土表面外观特征,可判断梁受火时的表面最高温度在 500 ℃ 以上。该跨极限荷载较火灾前降低约 30%,属于危险点。

　　火灾后二层顶 C 轴和 10、11 轴所交主梁如图 3.3.3.182 所示,该梁表面呈浅黄色,梁角部混凝土脱落,梁侧面局部混凝土剥落,周围钢材变形严重。根据混凝土表面外观特征,可判断梁受火时的表面最高温度在 500 ℃ 以上。该跨极限荷载较火灾前降低约 30%,属于危险点。

　　火灾后二层顶 C、D 轴和 10、11 轴所围次梁如图 3.3.3.183 所示,该梁表面呈灰白色略显浅黄色,梁角部混凝土脱落,周围钢材变形严重。根据混凝土表面外观特征,可判断梁受火时的表面最高温度在 500 ℃ 以上。该跨极限荷载较火灾前降低约 30%,属于危险点。

图 3.3.3.180 火灾后二层顶 C、D 轴和 9、10 轴所围次梁

图 3.3.3.181 火灾后二层顶 C、D 轴和 10 轴所交主梁

图 3.3.3.182 火灾后二层顶 C 轴和 10、11 轴所交主梁

图 3.3.3.183 火灾后二层顶 C、D 轴和 10、11 轴所围次梁

火灾后二层顶 C、D 轴和 11 轴所交主梁如图 3.3.3.184 所示,该梁表面呈浅黄色,梁角部混凝土脱落,梁一侧板掉落,周围钢材变形严重。根据混凝土表面外观特征,可判断梁受火时的表面最高温度在 500 ℃ 以上。该跨极限荷载较火灾前降低约 30%,属于危险点。

火灾后二层顶 C 轴和 11、12 轴所交主梁如图 3.3.3.185 所示,该梁表面呈浅黄色,梁角部混凝土脱落,周围钢材变形严重。根据混凝土表面外观特征,可判断梁受火时的表面最高温度在 500 ℃ 以上。该跨极限荷载较火灾前降低约 30%,属于危险点。

火灾后二层顶 C 轴和 12、13 轴所交主梁如图 3.3.3.186 所示,该梁表面呈浅黄色,梁角部混凝土脱落,次梁与主梁相交处混凝土剥落严重。根据混凝土表面外观特征,可判断梁受火时的表面最高温度在 500 ℃ 以上。该跨极限荷载较火灾前降低约 30%,属于危险点。

火灾后二层顶 C、D 轴和 13 轴所交主梁如图 3.3.3.187 所示,该梁表面呈浅黄色,混凝土大面积脱落,纵筋、箍筋裸露严重,一侧板脱落。根据混凝土表面外观特征,可判断梁受火时的表面最高温度在 500 ℃ 以上。该跨极限荷载较火灾前降低约 30%,属于危险点。

图 3.3.3.184　火灾后二层顶 C、D 轴和 11 轴　　　图 3.3.3.185　火灾后二层顶 C 轴和 11、12 轴
　　　　　　　所交主梁　　　　　　　　　　　　　　　　　　　所交主梁

图 3.3.3.186　火灾后二层顶 C 轴和 12、13 轴　　　图 3.3.3.187　火灾后二层顶 C、D 轴和 13 轴
　　　　　　　所交主梁　　　　　　　　　　　　　　　　　　　所交主梁

　　火灾后二层顶 C 轴和 13、14 轴所交主梁如图 3.3.3.188 所示,该梁表面呈灰白色略显浅黄色,梁角部混凝土轻度脱落,梁上部有大量破碎楼板堆积物,周围钢材变形严重。根据混凝土剥落情况,可判断梁表面最高温度在 700 ~ 800 ℃ 之间。根据混凝土表面外观特征,可判断梁受火时的表面最高温度在 500 ℃ 以上。该跨极限荷载较火灾前降低约 30%,属于危险点。

　　火灾后二层顶 C、D 轴和 13、14 轴所围次梁如图 3.3.3.189 所示,该梁表面呈灰白色略显浅黄色,梁角部混凝土轻度脱落。根据混凝土剥落及表面外观特征,可判断梁受火时的表面最高温度在 500 ℃ 以上。该跨极限荷载较火灾前降低约 30%,属于危险点。

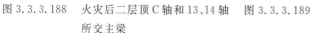

图 3.3.3.188　火灾后二层顶 C 轴和 13、14 轴　　　图 3.3.3.189　火灾后二层顶 C、D 轴和 13、14
　　　　　　　所交主梁　　　　　　　　　　　　　　　　　　　轴所围次梁

火灾后二层顶 C、D 轴和 14 轴所交主梁如图 3.3.3.190 所示,该梁表面呈浅黄色,梁角部混凝土脱落,周围钢材变形严重。根据混凝土表面外观特征,可判断梁受火时的表面最高温度在 500 ℃ 以上。该跨极限荷载较火灾前降低约 30%,属于危险点。

火灾后二层顶 C 轴和 14、15 轴所交主梁如图 3.3.3.191 所示,该梁表面呈浅黄色,梁角部混凝土脱落。根据混凝土表面外观特征,可判断梁受火时的表面最高温度在 500 ℃ 以上。该跨极限荷载较火灾前降低约 30%,属于危险点。

图 3.3.3.190　火灾后二层顶 C、D 轴和 14 轴所　　　图 3.3.3.191　火灾后二层顶 C 轴和 14、15 轴所
　　　　　　　交主梁　　　　　　　　　　　　　　　　　　　　　交主梁

火灾后二层顶 C、D 轴和 14、15 轴所围次梁如图 3.3.3.192 所示,该梁表面呈灰白色略显浅黄色,梁角部混凝土轻度脱落。根据混凝土表面外观特征,可判断梁受火时的表面最高温度在 500 ℃ 以上。该跨极限荷载较火灾前降低约 30%,属于危险点。

图 3.3.3.192　火灾后二层顶 C、D 轴和 14、15 轴
所围次梁

火灾后二层顶 C、D 轴和 15 轴所交主梁如图 3.3.3.193 所示,该梁表面呈灰白色略显浅黄色,梁角部混凝土脱落。根据混凝土表面外观特征,可判断梁受火时的表面最高温度在 500 ℃ 以上。该跨极限荷载较火灾前降低约 30%,属于危险点。

火灾后二层顶 C 轴和 15、16 轴所交主梁如图 3.3.3.194 所示,该梁表面呈浅黄色,保护层大面积剥落。根据混凝土表面外观特征,可判断梁受火时的表面最高温度在 500 ℃ 以上。该跨极限荷载较火灾前降低约 30%,属于危险点。

火灾后二层顶 C、D 轴和 15、16 轴所围次梁如图 3.3.3.195 所示,该梁表面呈浅黄色,梁上形成贯穿性斜裂缝,斜裂缝上方钢筋局部裸露,梁角部混凝土脱落。根据混凝土表面

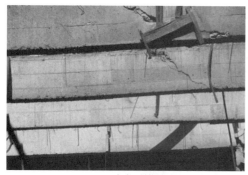

| (a) 火灾后情况 | (b) 加固修复中情况 |

图 3.3.3.193　火灾后二层顶 C、D 轴和 15 轴所交主梁

外观特征,可判断梁受火时的表面最高温度在 500 ℃ 以上。该跨极限荷载较火灾前降低约 30%,属于危险点。

图 3.3.3.194　火灾后二层顶 C 轴和 15、16 轴　　图 3.3.3.195　火灾后二层顶 C、D 轴和 15、16
　　　　　　　所交主梁　　　　　　　　　　　　　　　轴所围次梁

火灾后二层顶 C、D 轴和 16 轴所交主梁如图 3.3.3.196 所示,该梁表面呈浅黄色,梁上形成贯穿性斜裂缝,梁角部混凝土脱落。根据混凝土表面外观特征,可判断梁受火时的表面最高温度在 500 ℃ 以上。该跨极限荷载较火灾前降低约 30%,属于危险点。

| (a) 火灾后情况 | (b) 加固修复中情况 |

图 3.3.3.196　火灾后二层顶 C、D 轴和 16 轴所交主梁

火灾后二层顶 C 轴和 16、17 轴所交主梁如图 3.3.3.197 所示,该梁表面呈浅黄色,梁角部混凝土脱落,周围钢材变形严重。根据混凝土表面外观特征,可判断梁受火时的表面

最高温度在 500 ℃ 以上。该跨极限荷载较火灾前降低约 30%,属于危险点。

　　火灾后二层顶 C、D 轴和 16、17 轴所围次梁如图 3.3.3.198 所示,该梁表面呈浅黄色,梁角部混凝土脱落,两侧板均掉落。根据混凝土表面外观特征,可判断梁受火时的表面最高温度在 500 ℃ 以上。该跨极限荷载较火灾前降低约 30%,属于危险点。

 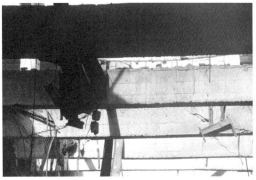

图 3.3.3.197　火灾后二层顶 C 轴和 16、17 轴所　　图 3.3.3.198　火灾后二层顶 C、D 轴和 16、17 轴
　　　　　　　交主梁　　　　　　　　　　　　　　　　　　所围次梁

　　火灾后二层顶 C、D 轴和 17 轴所交主梁如图 3.3.3.199 所示,该梁表面呈浅黄色,梁角部混凝土脱落,两侧板均掉落。根据混凝土表面外观特征,可判断梁受火时的表面最高温度在 500 ℃ 以上。该跨极限荷载较火灾前降低约 30%,属于危险点。

　　火灾后二层顶 C 轴和 17、18 轴所交主梁如图 3.3.3.200 所示,该梁表面呈浅灰色,梁角部混凝土脱落,部分板掉落,周围钢材变形严重。根据混凝土表面外观特征,可判断梁受火时的表面最高温度在 500 ℃ 以上。该跨极限荷载较火灾前降低约 30%,属于危险点。

图 3.3.3.199　火灾后二层顶 C、D 轴和 17 轴所　　图 3.3.3.200　火灾后二层顶 C 轴和 17、18 轴所
　　　　　　　交主梁　　　　　　　　　　　　　　　　　　交主梁

　　火灾后二层顶 C、D 轴和 17、18 轴所围次梁如图 3.3.3.201 所示,该梁表面呈浅灰色,梁角部混凝土脱落,两侧板均掉落。根据混凝土表面外观特征,可判断梁受火时的表面最高温度在 500 ℃ 以上。该跨极限荷载较火灾前降低约 30%,属于危险点。

　　火灾后二层顶 C、D 轴和 18 轴所交主梁如图 3.3.3.202 所示,该梁表面呈浅灰色,梁角部混凝土脱落严重,两侧板均掉落,周围钢材变形严重。根据混凝土表面外观特征,可判断梁受火时的表面最高温度在 500 ℃ 以上。该跨极限荷载较火灾前降低约 30%,属于危险点。

图 3.3.3.201　火灾后二层顶 C、D 轴和 17、18 轴　　图 3.3.3.202　火灾后二层顶 C、D 轴和 18 轴所
　　　　　　　所围次梁　　　　　　　　　　　　　　　　　　　交主梁

　　火灾后二层顶 C 轴和 18、19 轴所交主梁如图 3.3.3.203 所示,该梁表面呈浅灰色,梁角部混凝土脱落严重,周围钢材变形严重。根据混凝土表面外观特征,可判断梁受火时的表面最高温度在 500 ℃ 以上。该跨极限荷载较火灾前降低约 30%,属于危险点。

　　火灾后二层顶 C、D 轴和 18、19 轴所围次梁如图 3.3.3.204 所示,该梁表面呈浅灰色,梁角部混凝土脱落严重,较长范围内梁的纵筋和箍筋裸露,周围钢材变形严重。根据混凝土表面外观特征,可判断梁受火时的表面最高温度在 500 ℃ 以上。该跨极限荷载较火灾前降低约 30%,属于危险点。

图 3.3.3.203　火灾后二层顶 C 轴和 18、19 轴所　　图 3.3.3.204　火灾后二层顶 C、D 轴和 18、19 轴
　　　　　　　交主梁　　　　　　　　　　　　　　　　　　　所围次梁

　　火灾后二层顶 C、D 轴和 19 轴所交主梁如图 3.3.3.205 所示,该梁表面呈浅灰色,略显粉红色,局部粉刷层剥落,周围钢材变形严重。根据混凝土表面外观特征,可判断梁受火时的表面最高温度在 500 ℃ 以上。该跨极限荷载较火灾前降低约 30%,属于危险点。

　　火灾后二层顶 D、E 轴和 1 轴所交主梁如图 3.3.3.206 所示,该梁表面呈浅灰色,梁角部混凝土轻度剥落,局部钢筋露出,梁周围钢材扭曲变形。根据混凝土表面外观特征,可判断梁受火时的表面最高温度在 300 ℃ 以下。该跨极限荷载较火灾前降低约 12%,不属于危险点。

　　火灾后二层顶 D 轴和 1、2 轴所交主梁如图 3.3.3.207 所示,该梁表面呈浅灰色,梁角部混凝土轻度剥落,局部钢筋露出,梁周围钢材扭曲变形。根据混凝土表面外观特征,可判断梁受火时的表面最高温度在 300 ℃ 以下。该跨极限荷载较火灾前降低约 12％,不属于危险点。

火灾后二层顶 D、E 轴和 1、2 轴所围次梁如图 3.3.3.208 所示,该梁表面呈浅灰色,梁角部混凝土轻度剥落,无钢筋露出。根据混凝土表面外观特征,可判断梁受火时的表面最高温度在300 ℃ 以下。该跨极限荷载较火灾前降低约 12％,不属于危险点。

图 3.3.3.205　火灾后二层顶 C、D 轴和 19 轴所交主梁

图 3.3.3.206　火灾后二层顶 D、E 轴和 1 轴所交主梁

图 3.3.3.207　火灾后二层顶 D 轴和 1 轴、2 轴所交主梁

图 3.3.3.208　火灾后二层顶 D、E 轴和 1、2 轴所围次梁

火灾后二层顶 D、E 轴和 2 轴所交主梁如图 3.3.3.209 所示,该梁表面呈浅灰色,梁角部混凝土轻度剥落,无钢筋露出。根据混凝土表面外观特征,可判断梁受火时的表面最高温度在300 ℃ 以下。该跨极限荷载较火灾前降低约 12％,不属于危险点。

火灾后二层顶 D 轴和 2、3 轴所交主梁如图 3.3.3.210 所示,该梁表面呈浅灰色,梁角部混凝土轻度剥落,无钢筋露出。根据混凝土表面外观特征,可判断梁受火时的表面最高温度在300 ℃ 以下。该跨极限荷载较火灾前降低约 12％,不属于危险点。

火灾后二层顶 D、E 轴和 2、3 轴所围次梁如图 3.3.3.211 所示,该梁表面呈浅灰色,梁角部混凝土轻度剥落,无钢筋露出。根据混凝土表面外观特征,可判断梁受火时的表面最高温度在 300 ℃ 以下。该跨极限荷载较火灾前降低约 12％,不属于危险点。

火灾后二层顶 D、E 轴和 3 轴所交主梁如图 3.3.3.212 所示,该梁表面呈灰白色,梁角部混凝土轻度剥落,无钢筋露出。根据混凝土表面外观特征,可判断梁受火时的表面最高温度在300 ℃ 以下。该跨极限荷载较火灾前降低约 12％,不属于危险点。

 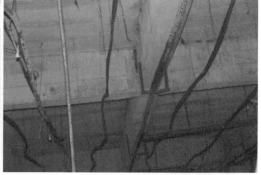

图 3.3.3.209　火灾后二层顶 D、E 轴和 2 轴所交　　图 3.3.3.210　火灾后二层顶 D 轴和 2、3 轴所交
　　　　　　　主梁　　　　　　　　　　　　　　　　　　　　　主梁

图 3.3.3.211　火灾后二层顶 D、E 轴和 2、3 轴所　　图 3.3.3.212　火灾后二层顶 D、E 轴和 3 轴所交
　　　　　　　围次梁　　　　　　　　　　　　　　　　　　　　主梁

　　火灾后二层顶 D 轴和 3、4 轴所交主梁如图 3.3.3.213 所示,该梁表面呈灰白色,梁角部混凝土轻度剥落,局部钢筋露出。根据混凝土表面外观特征,可判断梁受火时的表面最高温度在 300 ℃ 以下。该跨极限荷载较火灾前降低约 12%,不属于危险点。

　　火灾后二层顶 D、E 轴和 3、4 轴所围次梁如图 3.3.3.214 所示,该梁表面呈浅灰白色,梁角部混凝土轻度剥落,无钢筋露出。根据混凝土表面外观特征,可判断梁受火时的表面最高温度在 300 ℃ 以下。该跨极限荷载较火灾前降低约 12%,不属于危险点。

图 3.3.3.213　火灾后二层顶 D 轴和 3、4 轴所交　　图 3.3.3.214　火灾后二层顶 D、E 轴和 3、4 轴所
　　　　　　　主梁　　　　　　　　　　　　　　　　　　　　围次梁

火灾后二层顶 D、E 轴和 4 轴所交主梁如图 3.3.3.215 所示,该梁表面呈浅黄色,梁角部混凝土轻度剥落,无钢筋露出。根据混凝土表面外观特征,可判断梁受火时的表面最高温度在 300 ℃ 以下。该跨极限荷载较火灾前降低约 12%,不属于危险点。

火灾后二层顶 D 轴和 4、5 轴所交主梁如图 3.3.3.216 所示,该梁表面呈浅黄色,梁角部混凝土轻度剥落,无钢筋露出。根据混凝土表面外观特征,可判断梁受火时的表面最高温度在 300～500 ℃ 之间。该跨极限荷载较火灾前降低约 18%,属于危险点。

图 3.3.3.215　火灾后二层顶 D、E 轴和 4 轴所交　　图 3.3.3.216　火灾后二层顶 D 轴和 4、5 轴所交
　　　　　　　主梁　　　　　　　　　　　　　　　　　　　主梁

火灾后二层顶 D、E 轴和 4、5 轴所围次梁如图 3.3.3.217 所示,该梁表面呈浅黄色,梁角部混凝土轻度剥落,梁侧有微细裂缝,无钢筋露出。根据混凝土表面外观特征,可判断梁受火时的表面最高温度在 300～500 ℃ 之间。该跨极限荷载较火灾前降低约 18%,属于危险点。

火灾后二层顶 D、E 轴和 5 轴所交主梁如图 3.3.3.218 所示,该梁表面呈浅黄色,梁角部混凝土轻度剥落,梁侧有贯穿裂缝,无钢筋露出。根据混凝土表面外观特征,可判断梁受火时的表面最高温度在 500 ℃ 以上。该跨极限荷载较火灾前降低约 30%,属于危险点。

图 3.3.3.217　火灾后二层顶 D、E 轴和 4、5 轴所　　图 3.3.3.218　火灾后二层顶 D、E 轴和 5 轴所交
　　　　　　　围次梁　　　　　　　　　　　　　　　　　　　主梁

火灾后二层顶 D 轴和 5、6 轴所交主梁如图 3.3.3.219 所示,该梁表面呈浅黄色,梁角部混凝土轻度剥落,无钢筋露出。根据混凝土表面外观特征,可判断梁受火时的表面最高温度在 500 ℃ 以上。该跨极限荷载较火灾前降低约 30%,属于危险点。

火灾后二层顶 D、E 轴和 5、6 轴所围次梁如图 3.3.3.220 所示,该梁表面呈灰白色略显浅黄色,梁角部混凝土剥落。根据混凝土表面外观特征,可判断梁受火时的表面最高温度在 500 ℃ 以上。该跨极限荷载较火灾前降低约 30%,属于危险点。

图 3.3.3.219　火灾后二层顶 D 轴和 5、6 轴所交　　图 3.3.3.220　火灾后二层顶 D、E 轴和 5、6 轴所
主梁　　　　　　　　　　　　　　　　　围次梁

火灾后二层顶 D、E 轴和 6 轴所交主梁如图 3.3.3.221 所示,该梁表面呈灰白色略显浅黄色,梁角部混凝土剥落,梁两侧楼板均掉落,梁中细微斜裂缝自上而下发展到梁中部。根据混凝土表面外观特征,可判断梁受火时的表面最高温度在 500 ℃ 以上。该跨极限荷载较火灾前降低约 30%,属于危险点。

火灾后二层顶 D、E 轴和 7 轴所交主梁如图 3.3.3.222 所示,该梁表面呈灰白色略显浅黄色,梁角部混凝土剥落,梁上部有大量堆积物。根据混凝土表面外观特征,可判断梁受火时的表面最高温度在 500 ℃ 以上。该跨极限荷载较火灾前降低约 30%,属于危险点。

图 3.3.3.221　火灾后二层顶 D、E 轴和 6 轴所交　　图 3.3.3.222　火灾后二层顶 D、E 轴和 7 轴所交
主梁　　　　　　　　　　　　　　　　　　主梁

火灾后二层顶 D、E 轴和 8 轴所交主梁如图 3.3.3.223 所示,该梁表面呈灰白色略显浅黄色,梁角部混凝土剥落,周围钢材变形严重。根据混凝土的剥落和颜色情况,可判断梁表面最高温度在 500～700 ℃ 之间。根据混凝土表面外观特征,可判断梁受火时的表面最高温度在 500 ℃ 以上。该跨极限荷载较火灾前降低约 30%,属于危险点。

火灾后二层顶 D、E 轴和 9 轴所交主梁如图 3.3.3.224 所示,该梁表面呈浅灰白色略显浅红色,梁角部混凝土轻度剥落,周围钢材变形严重。根据混凝土的剥落情况,可判断梁表面最高温度在 500 ～ 700 ℃ 之间。根据混凝土表面外观特征,可判断梁受火时的表面最高温度在 500 ℃ 以上。该跨极限荷载较火灾前降低约 30%,属于危险点。

图 3.3.3.223　火灾后二层顶 D、E 轴和 8 轴所交主梁　　图 3.3.3.224　火灾后二层顶 D、E 轴和 9 轴所交主梁

火灾后二层顶 D、E 轴和 10 轴所交主梁如图 3.3.3.225 所示,该梁表面呈灰白色略显浅黄色,梁角部混凝土剥落,周围钢材变形严重。根据混凝土的颜色,可判断梁表面最高温度在 700 ～ 800 ℃ 之间。根据混凝土表面外观特征,可判断梁受火时的表面最高温度在 500 ℃ 以上。该跨极限荷载较火灾前降低约 30%,属于危险点。

火灾后二层顶 D 轴和 10、11 轴所交主梁如图 3.3.3.226 所示,该梁表面呈灰白色略显浅黄色,梁角部混凝土剥落,周围钢材变形严重。根据混凝土的剥落情况,可判断梁表面最高温度在 700 ～ 800 ℃ 之间。根据混凝土表面外观特征,可判断梁受火时的表面最高温度在 500 ℃ 以上。该跨极限荷载较火灾前降低约 30%,属于危险点。

图 3.3.3.225　火灾后二层顶 D、E 轴和 10 轴所交主梁　　图 3.3.3.226　火灾后二层顶 D 轴和 10、11 轴所交主梁

火灾后二层顶 D、E 轴和 10、11 轴所围次梁如图 3.3.3.227 所示,该梁表面呈灰白色略显浅黄色,梁角部混凝土剥落,周围钢材变形严重。根据混凝土的剥落情况,可判断梁表面最高温度在 700 ～ 800 ℃ 之间。根据混凝土表面外观特征,可判断梁受火时的表面最高温度在 500 ℃ 以上。该跨极限荷载较火灾前降低约 30%,属于危险点。

火灾后二层顶 D、E 轴和 11 轴所交主梁如图 3.3.3.228 所示,该梁表面呈灰白色略显浅黄色,梁角部混凝土剥落,周围钢材变形严重。根据混凝土表面外观特征,可判断梁受火时的表面最高温度在 500 ℃ 以上。该跨极限荷载较火灾前降低约 30%,属于危险点。

图 3.3.3.227　火灾后二层顶 D、E 轴和 10、11 轴　　图 3.3.3.228　火灾后二层顶 D、E 轴和 11 轴所
　　　　　　　所围次梁　　　　　　　　　　　　　　　　　　　　　交主梁

　　火灾后二层顶 D 轴和 11、12 轴所交主梁如图 3.3.3.229 所示,该梁表面呈灰白色略显浅黄色,梁角部混凝土剥落,梁底纵筋和箍筋局部裸露,周围钢材变形严重。根据混凝土表面外观特征,可判断梁受火时的表面最高温度在 500 ℃ 以上。该跨极限荷载较火灾前降低约 30%,属于危险点。

　　火灾后二层顶 D、E 轴和 11、12 轴所围次梁如图 3.3.3.230 所示,该梁表面呈浅黄色,梁角部混凝土剥落,周围钢材变形严重。根据混凝土表面外观特征,可判断梁受火时的表面最高温度在 500 ℃ 以上。该跨极限荷载较火灾前降低约 30%,属于危险点。

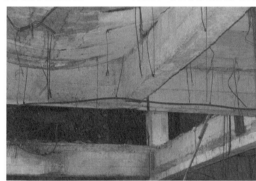 

图 3.3.3.229　火灾后二层顶 D 轴和 11、12 轴所　　图 3.3.3.230　火灾后二层顶 D、E 轴和 11、12 轴
　　　　　　　交主梁　　　　　　　　　　　　　　　　　　　　　所围次梁

　　火灾后二层顶 D、E 轴和 12 轴所交主梁如图 3.3.3.231 所示,该梁表面呈浅灰白色略显浅红色,梁角部混凝土轻度剥落,梁表面较完好,梁上有大量堆积物,梁一侧板掉落,周围钢材变形严重。根据混凝土表面外观特征,可判断梁受火时的表面最高温度在 500 ℃ 以上。该跨极限荷载较火灾前降低约 30%,属于危险点。

　　火灾后二层顶 D 轴和 12、13 轴所交主梁如图 3.3.3.232 所示,该梁表面呈浅灰白色略显浅黄色,梁角部混凝土剥落,梁下部纵筋和箍筋局部裸露,梁一侧板掉落,周围钢材变形严重。根据混凝土表面外观特征,可判断梁受火时的表面最高温度在 500 ℃ 以上。该跨极限荷载较火灾前降低约 30%,属于危险点。

　　火灾后二层顶 D、E 轴和 12、13 轴所围次梁如图 3.3.3.233 所示,该梁表面呈浅灰白色略显浅黄色,角部混凝土剥落,梁跨中下部钢筋裸露,形成较宽的竖向裂缝,呈现弯曲破坏,梁两侧板掉落。根据混凝土表面外观特征,可判断梁受火时的表面最高温度在 500 ℃ 以上。该跨极限荷载较火灾前降低约 30%,属于危险点。

　　火灾后二层顶 D、E 轴和 13 轴所交主梁如图 3.3.3.234 所示,该梁表面呈浅灰白色,梁角部混凝土剥落,梁两侧楼板坍塌,周围钢材变形。根据混凝十表面外观特征,可判断梁受火时的表面最高温度在 500 ℃ 以上。该跨极限荷载较火灾前降低约 30%,属于危险点。

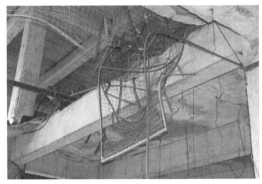 

图 3.3.3.231　火灾后二层顶 D、E 轴和 12 轴所 　图 3.3.3.232　火灾后二层顶 D 轴和 12、13 轴所
　　　　　　　交主梁 　　　　　　　　　　　　　　　　交主梁

图 3.3.3.233　火灾后二层顶 D、E 轴和 12、13 轴 　图 3.3.3.234　火灾后二层顶 D、E 轴和 13 轴所
　　　　　　　所围次梁 　　　　　　　　　　　　　　　　交主梁

　　火灾后二层顶 D 轴和 13、14 轴所交主梁如图 3.3.3.235 所示,该梁表面呈浅灰白色,出现斜裂缝,梁周围钢材发生变形。根据混凝土表面外观特征,可判断梁受火时的表面最高温度在 500 ℃ 以上。该跨极限荷载较火灾前降低约 30%,属于危险点。

　　火灾后二层顶 D、E 轴和 13、14 轴所围次梁如图 3.3.3.236 所示,该梁表面呈浅灰白色,底部混凝土轻微剥落,周围钢架发生变形。根据混凝土表面外观特征,可判断梁受火时的表面最高温度在 500 ℃ 以上。该跨极限荷载较火灾前降低约 30%,属于危险点。

　　火灾后二层顶 D、E 轴和 14 轴所交主梁如图 3.3.3.237 所示,该梁表面呈浅黄色,梁角部混凝土剥落,梁周围钢材变形。根据混凝土表面外观特征,叫判断梁受火时的表面最高温度在 500 ℃ 以上。该跨极限荷载较火灾前降低约 30%,属于危险点。

　　火灾后二层顶 D 轴和 14、15 轴所交主梁如图 3.3.3.238 所示,该梁表面呈浅黄色,梁角部混凝土爆裂,梁周围钢材发生变形。根据混凝土表面外观特征,可判断梁受火时的表面最高温度在 500 ℃ 以上。该跨极限荷载较火灾前降低约 30%,属于危险点。

图 3.3.3.235　火灾后二层顶 D 轴和 13、14 轴　　　图 3.3.3.236　火灾后二层顶 D、E 轴和 13、14
　　　　　　　所交主梁　　　　　　　　　　　　　　　　　　　轴所围次梁

图 3.3.3.237　火灾后二层顶 D、E 轴和 14 轴　　　图 3.3.3.238　火灾后二层顶 D 轴和 14、15 轴
　　　　　　　所交主梁　　　　　　　　　　　　　　　　　　　　所交主梁

　　火灾后二层顶 D、E 轴和 14、15 轴所围次梁如图 3.3.3.239 所示,该梁表面呈浅黄色,梁角部混凝土剥落,梁周围钢架发生变形。根据混凝土表面外观特征,可判断梁受火时的表面最高温度在 500 ℃ 以上。该跨极限荷载较火灾前降低约 30%,属于危险点。

　　火灾后二层顶 D、E 轴和 15 轴所交主梁如图 3.3.3.240 所示,该梁表面呈浅黄色,梁角部混凝土剥落,梁周围钢材变形。根据混凝土表面外观特征,可判断梁受火时的表面最高温度在 500 ℃ 以上。该跨极限荷载较火灾前降低约 30%,属于危险点。

图 3.3.3.239　火灾后二层顶 D、E 轴和 14、15　　　图 3.3.3.240　火灾后二层顶 D、E 轴和 15 轴
　　　　　　　轴所围次梁　　　　　　　　　　　　　　　　　　　所交主梁

火灾后二层顶 D、E 轴和 16 轴所交主梁如图 3.3.3.241 所示,该梁表面呈浅黄色,梁角部混凝土剥落,露出石子,梁周围钢材变形。根据混凝土表面外观特征,可判断梁受火时的表面最高温度在 500 ℃ 以上。该跨极限荷载较火灾前降低约 30%,属于危险点。

火灾后二层顶 D 轴和 16、17 轴所交主梁如图 3.3.3.242 所示,该梁表面呈浅黄色,靠近 17 轴处发生明显挠曲变形,梁周围钢材发生变形。根据混凝土表面外观特征,可判断梁受火时的表面最高温度在 500 ℃ 以上。该跨极限荷载较火灾前降低约 30%,属于危险点。

图 3.3.3.241　火灾后二层顶 D、E 轴和 16 轴所　　图 3.3.3.242　火灾后二层顶 D 轴和 16、17 轴所
　　　　　　交主梁　　　　　　　　　　　　　　　　　　　交主梁

火灾后二层顶 D、E 轴和 16、17 轴所围次梁如图 3.3.3.243 所示,该梁表面呈浅黄色,梁角部混凝土剥落,梁周围钢架发生变形。根据混凝土表面外观特征,可判断梁受火时的表面最高温度在 500 ℃ 以上。该跨极限荷载较火灾前降低约 30%,属于危险点。

火灾后二层顶 D、E 轴和 17 轴所交主梁如图 3.3.3.244 所示,该梁表面呈浅黄色,梁角部混凝土剥落,梁周围无明显可燃物。根据混凝土表面外观特征,可判断梁受火时的表面最高温度在 500 ℃ 以上。该跨极限荷载较火灾前降低约 30%,属于危险点。

图 3.3.3.243　火灾后二层顶 D、E 轴和 16、17 轴　　图 3.3.3.244　火灾后二层顶 D、E 轴和 17 轴所
　　　　　　所围次梁　　　　　　　　　　　　　　　　　　　交主梁

火灾后二层顶 D 轴和 17、18 轴所交主梁如图 3.3.3.245 所示,该梁表面呈浅黄色,梁角部混凝土严重爆裂剥落,明显露出纵向钢筋,梁周围无明显可燃物。根据混凝土表面外观特征,可判断梁受火时的表面最高温度在 500 ℃ 以上。该跨极限荷载较火灾前降低约 30%,属于危险点。

火灾后二层顶 D、E 轴和 17、18 轴所围次梁如图 3.3.3.246 所示,该梁表面呈浅黄色,梁角部混凝土爆裂剥落,露出钢筋,梁周围钢架发生变形。根据混凝土表面外观特征,可判断梁受火时的表面最高温度在 500 ℃ 以上。该跨极限荷载较火灾前降低约 30%,属于危险点。

图 3.3.3.245　火灾后二层顶 D 轴和 17、18 轴所交主梁　　图 3.3.3.246　火灾后二层顶 D、E 轴和 17、18 轴所围次梁

火灾后二层顶 D、E 轴和 18 轴所交主梁如图 3.3.3.247 所示,该梁表面呈浅黄色,梁角部混凝土爆裂严重,梁周围无明显可燃物。根据混凝土表面外观特征,可判断梁受火时的表面最高温度在 500 ℃ 以上。该跨极限荷载较火灾前降低约 30%,属于危险点。

火灾后二层顶 D 轴和 18、19 轴所交主梁如图 3.3.3.248 所示,该梁表面呈浅黄色,混凝土爆裂严重,露出纵向钢筋和红色石子,出现斜向贯穿裂缝,梁周围钢材扭曲变形。根据混凝土表面外观特征,可判断梁受火时的表面最高温度在 500 ℃ 以上。该跨极限荷载较火灾前降低约 30%,属于危险点。

图 3.3.3.247　火灾后二层顶 D、E 轴和 18 轴所交主梁　　图 3.3.3.248　火灾后二层顶 D 轴和 18、19 轴所交主梁

火灾后二层顶 D、E 轴和 18、19 轴所围次梁如图 3.3.3.249 所示,该梁表面呈浅黄色,梁角部混凝土爆裂剥落严重,露出两侧纵向钢筋和石子,梁周围无明显可燃物。根据混凝土表面外观特征,可判断梁受火时的表面最高温度在 500 ℃ 以上。该跨极限荷载较火灾前降低约 30%,属于危险点。

火灾后二层顶 D、E 轴和 19 轴所交主梁如图 3.3.3.250 所示,该梁表面呈浅黄色,梁角部混凝土爆裂严重,梁周围无明显可燃物。根据混凝土表面外观特征,可判断梁受火时的表面最高温度在 500 ℃ 以上。该跨极限荷载较火灾前降低约 30%,属于危险点。

图 3.3.3.249　火灾后二层顶 D、E 轴和 18、19 轴 　图 3.3.3.250　火灾后二层顶 D、E 轴和 19 轴所
　　　　　　　所围次梁　　　　　　　　　　　　　　　　　交主梁

　　火灾后二层顶 E、F 轴和 1 轴所交主梁如图 3.3.3.251 所示,该梁表面呈浅灰色,梁角部混凝土爆裂剥落,梁周围钢材扭曲变形。根据混凝土表面外观特征,可判断梁受火时的表面最高温度在 300 ℃ 以下。该跨极限荷载较火灾前降低约 12%,不属于危险点。

　　火灾后二层顶 E 轴和 1、2 轴所交主梁如图 3.3.3.252 所示,该梁表面呈灰白色略显浅红色,梁角部混凝土爆裂剥落,梁周围钢材扭曲变形。根据混凝土表面外观特征,可判断梁受火时的表面最高温度在 300 ℃ 以下。该跨极限荷载较火灾前降低约 12%,不属于危险点。

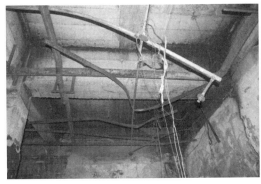 

图 3.3.3.251　火灾后二层顶 E、F 轴和 1 轴所交 　图 3.3.3.252　火灾后二层顶 E 轴和 1、2 轴所交
　　　　　　　主梁　　　　　　　　　　　　　　　　　　主梁

　　火灾后二层顶 E、F 轴和 1、2 轴所围次梁如图 3.3.3.253 所示,该梁表面呈灰白色略显浅红色,梁角部混凝土剥落,梁周围钢架发生变形。根据混凝土表面外观特征,可判断梁受火时的表面最高温度在 300 ℃ 以下。该跨极限荷载较火灾前降低约 12%,不属于危险点。

　　火灾后二层顶 E、F 轴和 2 轴所交主梁如图 3.3.3.254 所示,该梁表面呈浅灰白色,梁角部混凝土爆裂剥落,梁周围钢材扭曲变形。根据混凝土表面外观特征,可判断梁受火时的表面最高温度在 300 ℃ 以下。该跨极限荷载较火灾前降低约 12%,不属于危险点。

　　火灾后二层顶 E 轴和 2、3 轴所交主梁如图 3.3.3.255 所示,该梁角部混凝土爆裂剥落,无钢筋露出,梁周围钢材扭曲变形。根据混凝土表面外观特征,可判断梁受火时的表面最高温度在 300 ℃ 以下。该跨极限荷载较火灾前降低约 12%,不属于危险点。

火灾后二层顶 E、F 轴和 2、3 轴所围次梁如图 3.3.3.256 所示,该梁表面呈浅灰白色,梁角部混凝土爆裂剥落,梁周围钢架发生变形。根据混凝土表面外观特征,可判断梁受火时的表面最高温度在 300 ℃ 以下。该跨极限荷载较火灾前降低约 12%,不属于危险点。

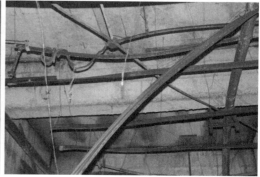

图 3.3.3.253　火灾后二层顶 E、F 轴和 1、2 轴所　　图 3.3.3.254　火灾后二层顶 E、F 轴和 2 轴所交
　　　　　　　围次梁　　　　　　　　　　　　　　　　　　　　主梁

图 3.3.3.255　火灾后二层顶 E 轴和 2、3 轴所交　　图 3.3.3.256　火灾后二层顶 E、F 轴和 2、3 轴所
　　　　　　　主梁　　　　　　　　　　　　　　　　　　　　　围次梁

火灾后二层顶 E、F 轴和 3 轴所交主梁如图 3.3.3.257 所示,该梁表面呈浅灰白色,梁角部混凝土爆裂剥落,梁周围钢材扭曲变形。根据混凝土表面外观特征,可判断梁受火时的表面最高温度在 300 ℃ 以下。该跨极限荷载较火灾前降低约 12%,不属于危险点。

火灾后二层顶 E 轴和 3、4 轴所交主梁如图 3.3.3.258 所示,该梁表面呈浅灰白色,梁角部混凝土爆裂剥落严重,露出石子,梁周围钢材扭曲变形。根据混凝土表面外观特征,可判断梁受火时的表面最高温度在 300 ℃ 以下。该跨极限荷载较火灾前降低约 12%,不属于危险点。

火灾后二层顶 E、F 轴和 3、4 轴所围次梁如图 3.3.3.259 所示,该梁表面呈灰白色,梁角部混凝土大面积爆裂剥落,梁周围钢架发生变形。根据混凝土表面外观特征,可判断梁受火时的表面最高温度在 300 ℃ 以下。该跨极限荷载较火灾前降低约 12%,不属于危险点。

火灾后二层顶 E、F 轴和 4 轴所交主梁如图 3.3.3.260 所示,该梁表面呈浅红色,梁角部混凝土剥落严重,露出石子,梁周围钢材扭曲变形。根据混凝土表面外观特征,可判断梁受火时的表面最高温度在 300 ℃ 以下。该跨极限荷载较火灾前降低约 12％,不属于危险点。

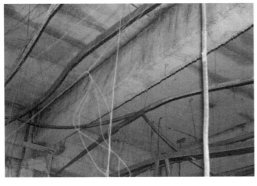 

图 3.3.3.257　火灾后二层顶 E、F 轴和 3 轴所交　　图 3.3.3.258　火灾后二层顶 E 轴和 3、4 轴所交
　　　　　　　主梁　　　　　　　　　　　　　　　　　　　主梁

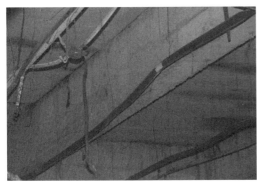 

图 3.3.3.259　火灾后二层顶 E、F 轴和 3、4 轴所　　图 3.3.3.260　火灾后二层顶 E、F 轴和 4 轴所交
　　　　　　　围次梁　　　　　　　　　　　　　　　　　　主梁

　　火灾后二层顶 E 轴和 4、5 轴所交主梁如图 3.3.3.261 所示,该梁表面呈灰白色,梁角部混凝土爆裂剥落,梁周围钢材扭曲变形。根据混凝土表面外观特征,可判断梁受火时的表面最高温度在 500 ℃ 以上。该跨极限荷载较火灾前降低约 30％,属于危险点。

　　火灾后二层顶 E、F 轴和 4、5 轴所围次梁如图 3.3.3.262 所示,该梁表面呈浅黄色,梁角部混凝土剥落,梁周围钢架发生变形。根据混凝土表面外观特征,可判断梁受火时的表面最高温度在 500 ℃ 以上。该跨极限荷载较火灾前降低约 30％,属于危险点。

　　火灾后二层顶 E、F 轴和 5 轴所交主梁如图 3.3.3.263 所示,该梁表面呈浅红色,梁角部混凝土剥落严重,露出石子,梁周围钢材扭曲变形。根据混凝土表面外观特征,可判断梁受火时的表面最高温度在 500 ℃ 以上。该跨极限荷载较火灾前降低约 30％,属于危险点。

　　火灾后二层顶 E、F 轴和 5、6 轴所围次梁如图 3.3.3.264 所示,该梁表面呈浅黄色,梁角部混凝土剥落,梁周围钢架发生变形。根据混凝土表面外观特征,可判断梁受火时的表面最高温度在 500 ℃ 以上。该跨极限荷载较火灾前降低约 30％,属于危险点。

图 3.3.3.261　火灾后二层顶 E 轴和 4、5 轴所交　　图 3.3.3.262　火灾后二层顶 E、F 轴和 4、5 轴所
　　　　　　　主梁　　　　　　　　　　　　　　　　　　　围次梁

 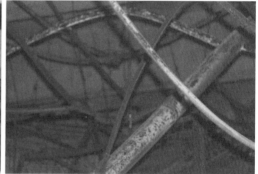

图 3.3.3.263　火灾后二层顶 E、F 轴和 5 轴所交　　图 3.3.3.264　火灾后二层顶 E、F 轴和 5、6 轴所
　　　　　　　主梁　　　　　　　　　　　　　　　　　　　围次梁

　　火灾后二层顶 E 轴和 6、7 轴所交主梁如图 3.3.3.265 所示,该梁表面呈浅黄色,梁角部混凝土爆裂剥落,梁周围无明显可燃物。根据混凝土表面外观特征,可判断梁受火时的表面最高温度在 500 ℃ 以上。该跨极限荷载较火灾前降低约 30%,属于危险点。

　　火灾后二层顶 E、F 轴和 6、7 轴所围次梁如图 3.3.3.266 所示,该梁表面呈浅黄色,梁角部混凝土爆裂剥落,梁周围无明显可燃物。根据混凝土表面外观特征,可判断梁受火时的表面最高温度在 500 ℃ 以上。该跨极限荷载较火灾前降低约 30%,属于危险点。

图 3.3.3.265　火灾后二层顶 E 轴和 6、7 轴所交　　图 3.3.3.266　火灾后二层顶 E、F 轴和 6、7 轴所
　　　　　　　主梁　　　　　　　　　　　　　　　　　　　围次梁

火灾后二层顶 E、F 轴和 7 轴所交主梁如图 3.3.3.267 所示,该梁表面呈浅红色,梁角部混凝土剥落严重,露出石子,梁周围无明显可燃物。根据混凝土表面外观特征,可判断梁受火时的表面最高温度在 500 ℃ 以上。该跨极限荷载较火灾前降低约 30%,属于危险点。

火灾后二层顶 E 轴和 7、8 轴所交主梁如图 3.3.3.268 所示,该梁表面呈浅黄色,梁角部混凝土爆裂剥落,露出钢筋,梁周围钢管变形。根据混凝土表面外观特征,可判断梁受火时的表面最高温度在 500 ℃ 以上。该跨极限荷载较火灾前降低约 30%,属于危险点。

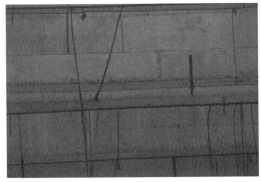

图 3.3.3.267　火灾后二层顶 E、F 轴和 7 轴所交　　图 3.3.3.268　火灾后二层顶 E 轴和 7、8 轴所交
　　　　　　　主梁　　　　　　　　　　　　　　　　　　　　　主梁

火灾后二层顶 E、F 轴和 7、8 轴所围次梁如图 3.3.3.269 所示,该梁表面呈浅黄色,梁角部混凝土爆裂剥落严重,梁周围无明显可燃物。根据混凝土表面外观特征,可判断梁受火时的表面最高温度在 500 ℃ 以上。该跨极限荷载较火灾前降低约 30%,属于危险点。

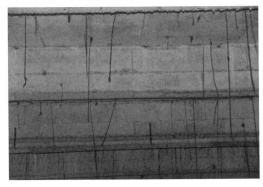

图 3.3.3.269　火灾后二层顶 E、F 轴和 7、8 轴所围次梁

火灾后二层顶 E、F 轴和 8 轴所交主梁如图 3.3.3.270 所示,该梁表面呈灰白色,梁角部混凝土剥落严重,梁周围无明显可燃物。根据混凝土表面外观特征,可判断梁受火时的表面最高温度在 500 ℃ 以上。该跨极限荷载较火灾前降低约 30%,属于危险点。

火灾后二层顶 E 轴和 8、9 轴所交主梁如图 3.3.3.271 所示,该梁角部混凝土剥落,梁周围钢管变形。根据混凝土表面外观特征,可判断梁受火时的表面最高温度在 500 ℃ 以上。该跨极限荷载较火灾前降低约 30%,属于危险点。

火灾后二层顶 E、F 轴和 8、9 轴所围次梁如图 3.3.3.272 所示,该梁表面呈灰白色,梁角部混凝土大面积剥落,梁周围无明显可燃物。根据混凝土表面外观特征,可判断梁受火时的表面最高温度在 500 ℃ 以上。该跨极限荷载较火灾前降低约 30%，属于危险点。

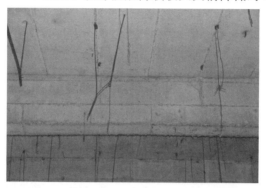

图 3.3.3.270　火灾后二层顶 E、F 轴和 8 轴所交主梁

图 3.3.3.271　火灾后二层顶 E 轴和 8、9 轴所交　　图 3.3.3.272　火灾后二层顶 E、F 轴和 8、9 轴所
　　　　　　　主梁　　　　　　　　　　　　　　　　围次梁

　　火灾后二层顶 E、F 轴和 9 轴所交主梁如图 3.3.3.273 所示，该梁表面呈浅灰白色，梁角部混凝土剥落，梁周围钢管变形。根据混凝土表面外观特征，可判断梁受火时的表面最高温度在 500 ℃ 以上。该跨极限荷载较火灾前降低约 30%，属于危险点。

　　火灾后二层顶 E 轴和 9、10 轴所交主梁如图 3.3.3.274 所示，该梁角部混凝土剥落，梁周围钢管变形。根据混凝土表面外观特征，可判断梁受火时的表面最高温度在 500 ℃ 以上。该跨极限荷载较火灾前降低约 30%，属于危险点。

图 3.3.3.273　火灾后二层顶 E、F 轴和 9 轴所交　　图 3.3.3.274　火灾后二层顶 E 轴和 9、10 轴所
　　　　　　　主梁　　　　　　　　　　　　　　　　交主梁

　　火灾后二层顶 E、F 轴和 9、10 轴所围次梁如图 3.3.3.275 所示,该梁表面呈浅灰白色,梁角部混凝土大面积剥落,梁周围钢材变形。根据混凝土表面外观特征,可判断梁受火时的表面最高温度在 500 ℃ 以上。该跨极限荷载较火灾前降低约 30%,属于危险点。

　　火灾后二层顶 E、F 轴和 10 轴所交主梁如图 3.3.3.276 所示,该梁表面呈浅灰白色,梁角部混凝土剥落,梁周围钢管变形。根据混凝土表面外观特征,可判断梁受火时的表面最高温度在 500 ℃ 以上。该跨极限荷载较火灾前降低约 30%,属于危险点。

图 3.3.3.275　火灾后二层顶 E、F 轴和 9、10 轴 　图 3.3.3.276　火灾后二层顶 E、F 轴和 10 轴所
　　　　　　　所围次梁　　　　　　　　　　　　　　　　　　交主梁

　　火灾后二层顶 E 轴和 10、11 轴所交主梁如图 3.3.3.277 所示,该梁表面呈浅灰白色,梁角部混凝土剥落,梁周围钢管变形。根据混凝土表面外观特征,可判断梁受火时的表面最高温度在 500 ℃ 以上。该跨极限荷载较火灾前降低约 30%,属于危险点。

　　火灾后二层顶 E、F 轴和 9、10 轴所围次梁如图 3.3.3.278 所示,该梁表面呈浅灰白色略显浅红色,梁角部混凝土大面积剥落,露出钢筋,梁周围钢材变形。根据混凝土表面外观特征,可判断梁受火时的表面最高温度在 500 ℃ 以上。该跨极限荷载较火灾前降低约 30%,属于危险点。

图 3.3.3.277　火灾后二层顶 E 轴和 10、11 轴所 　图 3.3.3.278　火灾后二层顶 E、F 轴和 9、10 轴
　　　　　　　交主梁　　　　　　　　　　　　　　　　　　所围次梁

　　火灾后二层顶 E、F 轴和 11 轴所交主梁如图 3.3.3.279 所示,该梁表面呈浅灰白色,梁角部混凝土剥落,出现微细裂缝,梁周围钢管变形。根据混凝土表面外观特征,可判断梁受火时的表面最高温度在 500 ℃ 以上。该跨极限荷载较火灾前降低约 30%,属于危险点。

火灾后二层顶E轴和11、12轴所交主梁如图3.3.3.280所示,该梁表面呈浅灰白色略显浅红色,梁角部混凝土剥落,梁周围钢管变形。根据混凝土表面外观特征,可判断梁受火时的表面最高温度在500℃以上。该跨极限荷载较火灾前降低约30%,属于危险点。

图3.3.3.279　火灾后二层顶E、F轴和11轴所交主梁　图3.3.3.280　火灾后二层顶E轴和11、12轴所交主梁

火灾后二层顶E、F轴和11、12轴所围次梁如图3.3.3.281所示,该梁表面呈浅灰白色略显浅红色,梁角部混凝土大面积剥落,梁周围钢材变形。根据混凝土表面外观特征,可判断梁受火时的表面最高温度在500℃以上。该跨极限荷载较火灾前降低约30%,属于危险点。

火灾后二层顶E、F轴和12轴所交主梁如图3.3.3.282所示,该梁表面呈浅灰白色,梁角部混凝土剥落,露出钢筋,梁周围无明显可燃物。根据混凝土表面外观特征,可判断梁受火时的表面最高温度在500℃以上。该跨极限荷载较火灾前降低约30%,属于危险点。

图3.3.3.281　火灾后二层顶E、F轴和11、12轴所围次梁　图3.3.3.282　火灾后二层顶E、F轴和12轴所交主梁

火灾后二层顶E轴和12、13轴所交主梁如图3.3.3.283所示,该梁角部混凝土爆裂剥落严重,梁周围无明显可燃物。根据混凝土表面外观特征,可判断梁受火时的表面最高温度在500℃以上。该跨极限荷载较火灾前降低约30%,属于危险点。

火灾后二层顶E、F轴和12、13轴所围次梁如图3.3.3.284所示,该梁表面呈浅灰白色,梁角部混凝土大面积剥落,梁周围无明显可燃物。根据混凝土表面外观特征,可判断梁受火时的表面最高温度在500℃以上。该跨极限荷载较火灾前降低约30%,属于危险点。

图 3.3.3.283　火灾后二层顶 E 轴和 12、13 轴所　　图 3.3.3.284　　火灾后二层顶 E、F 轴和 12、13 轴
　　　　　　　交主梁　　　　　　　　　　　　　　　　　　　所围次梁

　　火灾后二层顶 E、F 轴和 13 轴所交主梁如图 3.3.3.285 所示,该梁表面呈浅灰白色,梁角部混凝土大面积剥落,露出石子,梁周围无明显可燃物。根据混凝土表面外观特征,可判断梁受火时的表面最高温度在 500 ℃ 以上。该跨极限荷载较火灾前降低约 30%,属于危险点。

　　火灾后二层顶 E 轴和 13、14 轴所交主梁如图 3.3.3.286 所示,该梁表面呈浅黄色,梁角部混凝土爆裂剥落严重,梁周围无明显可燃物。根据混凝土表面外观特征,可判断梁受火时的表面最高温度在 500 ℃ 以上。该跨极限荷载较火灾前降低约 30%,属于危险点。

图 3.3.3.285　　火灾后二层顶 E、F 轴和 13 轴所　　图 3.3.3.286　　火灾后二层顶 E 轴和 13、14 轴所
　　　　　　　交主梁　　　　　　　　　　　　　　　　　　交主梁

　　火灾后二层顶 E、F 轴和 13、14 轴所围次梁如图 3.3.3.287 所示,该梁表面呈浅黄色,梁角部混凝土爆裂严重,梁周围无明显可燃物。根据混凝土表面外观特征,可判断梁受火时的表面最高温度在 500 ℃ 以上。该跨极限荷载较火灾前降低约 30%,属于危险点。

　　火灾后二层顶 E、F 轴和 14 轴所交主梁如图 3.3.3.288 所示,该梁表面呈灰白色,梁角部混凝土剥落严重,露出石子,梁周围钢材扭曲变形。根据混凝土表面外观特征,可判断梁受火时的表面最高温度在 500 ℃ 以上。该跨极限荷载较火灾前降低约 30%,属于危险点。

　　火灾后二层顶 E 轴和 14、15 轴所交主梁如图 3.3.3.289 所示,该梁角部混凝土爆裂剥落严重,梁周围钢材变形,一侧板坍塌。根据混凝土表面外观特征,可判断梁受火时的表面最高温度在500℃以上。该跨极限荷载较火灾前降低约30%,属于危险点。

火灾后二层顶E、F轴和14、15轴所围次梁如图3.3.3.290所示,该梁表面呈浅红色,梁角部混凝土大面积爆裂,露出石子,梁周围钢材变形。根据混凝土表面外观特征,可判断梁受火时的表面最高温度在500℃以上。该跨极限荷载较火灾前降低约30%,属于危险点。

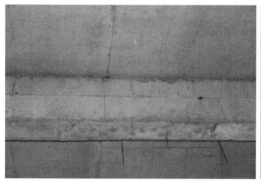

图3.3.3.287　火灾后二层顶E、F轴和13、14轴所围次梁

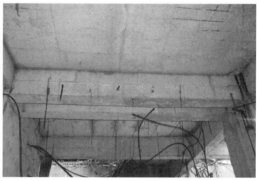

图3.3.3.288　火灾后二层顶E、F轴和14轴所交主梁

图3.3.3.289　火灾后二层顶E轴和14、15轴所交主梁

图3.3.3.290　火灾后二层顶E、F轴和14、15轴所围次梁

火灾后二层顶E、F轴和15轴所交主梁如图3.3.3.291所示,该梁表面呈浅黄色,梁角部混凝土剥落,出现部分裂缝,梁周围钢材扭曲变形。根据混凝土表面外观特征,可判断梁受火时的表面最高温度在500℃以上。该跨极限荷载较火灾前降低约30%,属于危险点。

火灾后二层顶E轴和16、17轴所交主梁如图3.3.3.292所示,该梁表面呈浅黄色,梁角部混凝土爆裂剥落严重,出现微细裂缝,梁周围无明显可燃物。根据混凝土表面外观特征,可判断梁受火时的表面最高温度在500℃以上。该跨极限荷载较火灾前降低约30%,属于危险点。

火灾后二层顶E轴和17、18轴所交主梁如图3.3.3.293所示,该梁表面呈浅黄色,梁角部混凝土爆裂剥落,梁上部出现明显裂缝,梁周围无明显可燃物。根据混凝土表面外观特征,可判断梁受火时的表面最高温度在500℃以上。该跨极限荷载较火灾前降低约30%,属于危险点。

火灾后二层顶 E 轴和 18、19 轴所交主梁如图 3.3.3.294 所示,该梁表面呈浅黄色,梁角部混凝土爆裂剥落,出现微细裂缝,梁周围无明显可燃物。根据混凝土表面外观特征,可判断梁受火时的表面最高温度在 500 ℃ 以上。该跨极限荷载较火灾前降低约 30%,属于危险点。

图 3.3.3.291　火灾后二层顶 E、F 轴和 15 轴所交主梁　　图 3.3.3.292　火灾后二层顶 E 轴和 16、17 轴所交主梁

 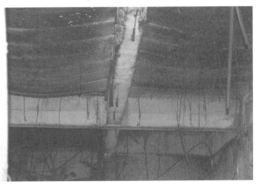

图 3.3.3.293　火灾后二层顶 E 轴和 17、18 轴所交主梁　　图 3.3.3.294　火灾后二层顶 E 轴和 18、19 轴所交主梁

火灾后二层顶 F 轴和 3、4 轴所交主梁如图 3.3.3.295 所示,该梁表面呈浅黄色,梁角部混凝土大面积爆裂剥落,露出红色石子,梁周围钢架变形。根据混凝土表面外观特征,可判断梁受火时的表面最高温度在 300～500 ℃ 之间。该跨极限荷载较火灾前降低约 18%,属于危险点。

火灾后二层顶 F 轴和 7、8 轴所交主梁如图 3.3.3.296 所示,该梁表面呈浅红色,梁角部混凝土爆裂剥落,梁周围无明显可燃物。根据混凝土表面外观特征,可判断梁受火时的表面最高温度在 500 ℃ 以上。该跨极限荷载较火灾前降低约 30%,属于危险点。

火灾后二层顶 F 轴和 8、9 轴所交主梁如图 3.3.3.297 所示,该梁表面呈灰白色,梁角部混凝土爆裂剥落,梁周围钢材扭曲变形。根据混凝土表面外观特征,可判断梁受火时的表面最高温度在 500 ℃ 以上。该跨极限荷载较火灾前降低约 30%,属于危险点。

火灾后二层顶 F 轴和 9、10 轴所交主梁如图 3.3.3.298 所示,该梁表面呈灰白色,梁角部混凝土爆裂剥落,露出钢筋,出现大量裂缝,梁周围钢材扭曲变形。根据混凝土表面外观特征,可判断梁受火时的表面最高温度在 500 ℃ 以上。该跨极限荷载较火灾前降低约

30%,属于危险点。

 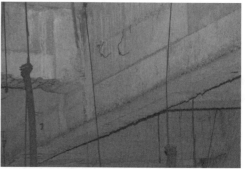

图 3.3.3.295　火灾后二层顶 F 轴和 3、4 轴所　　图 3.3.3.296　火灾后二层顶 F 轴和 7、8 轴所
　　　　　　　交主梁　　　　　　　　　　　　　　　　　交主梁

图 3.3.3.297　火灾后二层顶 F 轴和 8、9 轴所　　图 3.3.3.298　火灾后二层顶 F 轴和 9、10 轴
　　　　　　　交主梁　　　　　　　　　　　　　　　　　所交主梁

　　火灾后二层顶 F 轴和 10、11 轴所交主梁如图 3.3.3.299 所示,该梁表面呈灰白色,梁角部混凝土爆裂,出现大量裂缝,梁周围钢材扭曲变形。根据混凝土表面外观特征,可判断梁受火时的表面最高温度在 500 ℃ 以上。该跨极限荷载较火灾前降低约 30%,属于危险点。

　　火灾后二层顶 F 轴和 11、12 轴所交主梁如图 3.3.3.300 所示,该梁表面呈浅灰白色,梁角部混凝土爆裂,梁周围钢材扭曲变形。根据混凝土表面外观特征,可判断梁受火时的表面最高温度在 500 ℃ 以上。该跨极限荷载较火灾前降低约 30%,属于危险点。

图 3.3.3.299　火灾后二层顶 F 轴和 10、11 轴　　图 3.3.3.300　火灾后二层顶 F 轴和 11、12 轴
　　　　　　　所交主梁　　　　　　　　　　　　　　　　　所交主梁

火灾后二层顶 F 轴和 12、13 轴所交主梁如图 3.3.3.301 所示,该梁表面呈浅灰白色,梁角部混凝土爆裂,梁周围钢材扭曲变形。根据混凝土表面外观特征,可判断梁受火时的表面最高温度在 500 ℃ 以上。该跨极限荷载较火灾前降低约 30%,属于危险点。

火灾后二层顶 F 轴和 13、14 轴所交主梁如图 3.3.3.302 所示,该梁表面呈浅灰白色略显浅红色,梁角部混凝土爆裂,梁周围钢材扭曲变形。根据混凝土表面外观特征,可判断梁受火时的表面最高温度在 500 ℃ 以上。该跨极限荷载较火灾前降低约 30%,属于危险点。

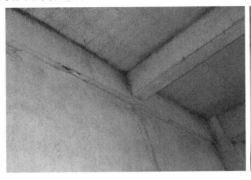 

图 3.3.3.301　火灾后二层顶 F 轴和 12、13 轴　　图 3.3.3.302　火灾后二层顶 F 轴和 13、14 轴
　　　　　　　所交主梁　　　　　　　　　　　　　　　　　　所交主梁

火灾后二层顶 F 轴和 14、15 轴所交主梁如图 3.3.3.303 所示,该梁水泥砂浆抹灰层出现裂缝,未脱落,梁角部未出现混凝土爆裂情况,梁周围钢管轻微变形。根据混凝土表面外观特征,可判断梁受火时的表面最高温度在 500 ℃ 以上。该跨极限荷载较火灾前降低约 30%,属于危险点。

火灾后一小部分二层顶梁几乎未损伤,在此不再赘述。

3. 板的损伤情况

按照 A、B 纵轴与 1～20 轴所围板至 E、F 纵轴与 1～20 轴所围板排序,火灾后二层顶板损伤状况如下。

火灾后二层顶 A、B 轴和 1、2 轴所围板如图 3.3.3.304 所示,该板为混凝土现浇板。混凝土呈浅灰色,底部混凝土部分剥落,局部露筋,板下可燃物少。根据混凝土表面外观特征,可判断板底受火时的表面最高温度为 300 ℃。该板极限荷载较火灾前下降约 13%,不属于危险点。

图 3.3.3.303　火灾后二层顶 F 轴和 14、15 轴　　图 3.3.3.304　火灾后二层顶 A、B 轴和 1、2 轴
　　　　　　　所交主梁　　　　　　　　　　　　　　　　　　所围板

火灾后二层顶 A、B 轴和 2、3 轴所围板如图 3.3.3.305 所示,该板为混凝土预制板。混凝土呈灰白色,底部混凝土轻微剥落,裂缝较多,无露筋,板下可燃物少。根据混凝土表面外观特征,可判断板底受火时的表面最高温度为 300 ℃。该板极限荷载较火灾前下降约 13%,不属于危险点。

火灾后二层顶 A、B 轴和 3、4 轴所围板如图 3.3.3.306 所示,该板为混凝土预制板。混凝土呈灰白色,底部混凝土轻微剥落,裂缝较多,无露筋,板下可燃物少。根据混凝土表面外观特征,可判断板底受火时的表面最高温度为 300 ℃。该板极限荷载较火灾前下降约 13%,不属于危险点。

图 3.3.3.305　火灾后二层顶 A、B 轴和 2、3 轴所围板　　图 3.3.3.306　火灾后二层顶 A、B 轴和 3、4 轴所围板

火灾后二层顶 A、B 轴和 4、5 轴所围板如图 3.3.3.307 所示,该板为混凝土预制板。混凝土呈灰白色略显浅黄色,底部混凝土轻微剥落,裂缝较多,无露筋,板下钢材屈曲。根据混凝土表面外观特征,可判断板底受火时的表面最高温度在 400 ℃ 以上。该板极限荷载较火灾前下降约 25%,属于危险点。

火灾后二层顶 A、B 轴和 5、6 轴所围板如图 3.3.3.308 所示,该板为混凝土预制板。混凝土呈灰白色略显浅黄色,底部混凝土轻微剥落,裂缝较多,无露筋,板下钢材屈曲。根据混凝土表面外观特征,可判断板底受火时的表面最高温度在 400 ℃ 以上。该板极限荷载较火灾前下降约 25%,属于危险点。

图 3.3.3.307　火灾后二层顶 A、B 轴和 4、5 轴所围板　　图 3.3.3.308　火灾后二层顶 A、B 轴和 5、6 轴所围板

火灾后二层顶 A、B 轴和 6、7 轴所围板如图 3.3.3.309 所示,该板为混凝土预制板。

混凝土呈灰白色略显浅黄色,底部混凝土轻微剥落,裂缝较多,无露筋,板下钢材屈曲。根据混凝土表面外观特征,可判断板底受火时的表面最高温度在 400 ℃ 以上。该板极限荷载较火灾前下降约 25%,属于危险点。

火灾后二层顶 A、B 轴和 7、8 轴所围板如图 3.3.3.310 所示,该板为混凝土预制板,一半板在火灾前已凿掉,另一半支撑在梁上。混凝土呈灰白色略显浅黄色,底部混凝土轻微剥落,裂缝较多,无露筋,板下钢材屈曲。根据混凝土表面外观特征,可判断板底受火时的表面最高温度在 400 ℃ 以上。该板极限荷载较火灾前下降约 25%,属于危险点。

火灾后二层顶 A、B 轴和 8、9 轴所围板在火灾前已凿掉。

图 3.3.3.309 火灾后二层顶 A、B 轴和 6、7 轴所围板   图 3.3.3.310 火灾后二层顶 A、B 轴和 7、8 轴所围板

火灾后二层顶 A、B 轴和 9、10 轴所围板如图 3.3.3.311 所示,该板为混凝土预制板,一半板在火灾前已凿掉,另一半支撑在梁上。混凝土呈灰白色略显浅黄色,底部混凝土轻微剥落,裂缝较多,无露筋,板下钢材屈曲。根据混凝土表面外观特征,可判断板底受火时的表面最高温度在 400 ℃ 以上。该板极限荷载较火灾前下降约 25%,属于危险点。

图 3.3.3.311 火灾后二层顶 A、B 轴和 9、10 轴所围板

火灾后二层顶 A、B 轴和 10、11 轴所围板如图 3.3.3.312 所示,该板一部分为混凝土预制板,另一部分为钢楼面板。混凝土呈灰白色,显浅黄色,底部混凝土轻微剥落,裂缝较多,无露筋,板下钢材屈曲。根据混凝土表面外观特征,可判断板底受火时的表面最高温度在 400 ℃ 以上。该板极限荷载较火灾前下降约 25%,属于危险点。

图 3.3.3.312　火灾后二层顶 A、B 轴和 10、11 轴所围板

　　火灾后二层顶 A、B 轴和 11、12 轴所围板如图 3.3.3.313 所示,该板为混凝土预制板。混凝土呈灰白色略显浅黄色,底部混凝土轻微剥落,裂缝较多,无露筋,板下钢材屈曲。根据混凝土表面外观特征,可判断板底受火时的表面最高温度在 400 ℃ 以上。该板极限荷载较火灾前下降约 25%,属于危险点。

　　火灾后二层顶 A、B 轴和 12、13 轴所围板如图 3.3.3.314 所示,该板为混凝土预制板。混凝土呈灰白色略显浅黄色,底部混凝土轻微剥落,裂缝较多,无露筋,板下钢材屈曲。根据混凝土表面外观特征,可判断板底受火时的表面最高温度在 400 ℃ 以上。该板极限荷载较火灾前下降约 25%,属于危险点。

图 3.3.3.313　火灾后二层顶 A、B 轴和 11、12 轴　　图 3.3.3.314　火灾后二层顶 A、B 轴和 12、13 轴
　　　　　　　所围板　　　　　　　　　　　　　　　　　　　所围板

　　火灾后二层顶 A、B 轴和 13、14 轴所围板如图 3.3.3.315 所示,该板为混凝土预制板。混凝土呈灰白色略显浅黄色,底部混凝土轻微剥落,挠度较大,裂缝严重,无露筋,板下钢材屈曲。根据混凝土表面外观特征,可判断板底受火时的表面最高温度在 400 ℃ 以上。该板极限荷载较火灾前下降约 25%,属于危险点。

　　火灾后二层顶 A、B 轴和 14、15 轴所围板如图 3.3.3.316 所示,该板为混凝土预制板。混凝土呈浅黄色,底部混凝土轻微剥落,无露筋,板下钢材屈曲。根据混凝土表面外观特征,可判断板底受火时的表面最高温度在 400 ℃ 以上。该板极限荷载较火灾前下降约 25%,属于危险点。

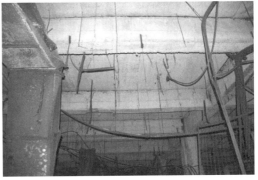

图 3.3.3.315　火灾后二层顶 A、B 轴和 13、14 轴
　　　　　　　所围板

图 3.3.3.316　火灾后二层顶 A、B 轴和 14、15 轴
　　　　　　　所围板

火灾后二层顶 A、B 轴和 15、16 轴所围板如图 3.3.3.317 所示,该板为混凝土预制板。混凝土呈浅黄色,底部混凝土轻微剥落,无露筋,板下钢材屈曲。根据混凝土表面外观特征,可判断板底受火时的表面最高温度在 400 ℃ 以上。该板极限荷载较火灾前下降约 25%,属于危险点。

火灾后二层顶 A、B 轴和 16、17 轴所围板如图 3.3.3.318 所示,该板为混凝土预制板。混凝土呈浅黄色,底部混凝土轻微剥落,无露筋,板下钢材屈曲。根据混凝土表面外观特征,可判断板底受火时的表面最高温度在 400 ℃ 以上。该板极限荷载较火灾前下降约 25%,属于危险点。

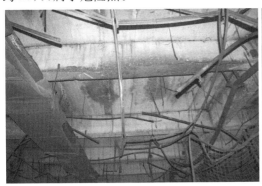

图 3.3.3.317　火灾后二层顶 A、B 轴和 15、16 轴
　　　　　　　所围板

图 3.3.3.318　火灾后二层顶 A、B 轴和 16、17 轴
　　　　　　　所围板

火灾后二层顶 A、B 轴和 17、18 轴所围板如图 3.3.3.319 所示,该板为混凝土预制板。混凝土呈灰白色略显浅黄色,底部混凝土轻微剥落,裂缝较多,无露筋,板下钢材屈曲。根据混凝土表面外观特征,可判断板底受火时的表面最高温度在 400 ℃ 以上。该板极限荷载较火灾前下降约 25%,属于危险点。

火火后二层顶 A、B 轴和 18、19 轴所围板如图 3.3.3.320 所示,该板为混凝土预制板。混凝土呈灰白色略显浅黄色,底部混凝土轻微剥落,裂缝较多,无露筋,板下钢材屈曲。根据混凝土表面外观特征,可判断板底受火时的表面最高温度在 400 ℃ 以上。该板极限荷载较火灾前下降约 25%,属于危险点。

 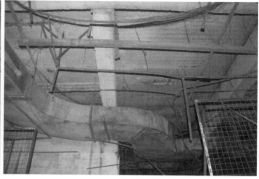

图 3.3.3.319　火灾后二层顶 A、B 轴和 17、18 轴　　图 3.3.3.320　火灾后二层顶 A、B 轴和 18、19 轴
　　　　　　　所围板　　　　　　　　　　　　　　　　　　　　　所围板

　　火灾后二层顶 B、C 轴和 1、2 轴所围板如图 3.3.3.321 所示,该板为混凝土现浇板。混凝土呈灰白色略显浅黄色,底部混凝土轻微剥落,裂缝较多,无露筋,板下钢材屈曲。根据混凝土表面外观特征,可判断板底受火时的表面最高温度为 300 ℃。该板极限荷载较火灾前下降约 13%,不属于危险点。

　　火灾后二层顶 B、C 轴和 2、3 轴所围板如图 3.3.3.322 所示,该板为混凝土预制板。混凝土呈灰白色略显浅黄色,底部混凝土轻微剥落,裂缝较多,无露筋,板下钢材屈曲。根据混凝土表面外观特征,可判断板底受火时的表面最高温度为 300 ℃。该板极限荷载较火灾前下降约 13%,不属于危险点。

图 3.3.3.321　火灾后二层顶 B、C 轴和 1、2 轴所　　图 3.3.3.322　火灾后二层顶 B、C 轴和 2、3 轴所
　　　　　　　围板　　　　　　　　　　　　　　　　　　　　　　围板

　　火灾后二层顶 B、C 轴和 3、4 轴所围板如图 3.3.3.323 所示,该板为混凝土预制板。混凝土呈灰白色略显浅黄色,底部混凝土轻微剥落,裂缝较多,无露筋,板下钢材屈曲。根据混凝土表面外观特征,可判断板底受火时的表面最高温度为 300 ℃。该板极限荷载较火灾前下降约 13%,不属于危险点。

　　火灾后二层顶 B、C 轴和 4、5 轴所围板如图 3.3.3.324 所示,该板为混凝土预制板。混凝土呈浅黄色,底部混凝土轻微剥落,局部露筋,板下钢材屈曲。根据混凝土表面外观特征,可判断板底受火时的表面最高温度为 300 ℃。该板极限荷载较火灾前下降约 13%,不属于危险点。

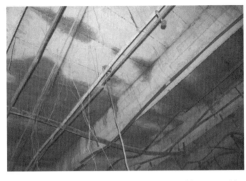 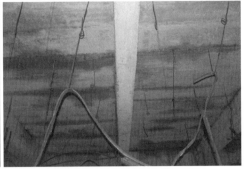

图 3.3.3.323　火灾后二层顶 B、C 轴和 3、4 轴　　图 3.3.3.324　火灾后二层顶 B、C 轴和 4、5 轴
　　　　　　　所围板　　　　　　　　　　　　　　　　　　　所围板

　　火灾后二层顶 B、C 轴和 5、6 轴所围板如图 3.3.3.325 所示，该板为混凝土预制板。混凝土呈浅黄色，底部混凝土轻微剥落，裂缝严重，无露筋，板下钢材屈曲。根据混凝土表面外观特征，可判断板底受火时的表面最高温度为 300 ℃。该板极限荷载较火灾前下降约 13%，不属于危险点。

　　火灾后二层顶 B、C 轴和 6、7 轴所围板如图 3.3.3.326～3.3.3.328 所示，该板为混凝土预制板，部分板已断开。混凝土呈浅黄色，底部混凝土轻微剥落，裂缝严重，无露筋，板下钢材屈曲。根据混凝土表面外观特征，可判断板底受火时的表面最高温度在 400 ℃ 以上。该板极限荷载较火灾前下降约 25%，属于危险点。

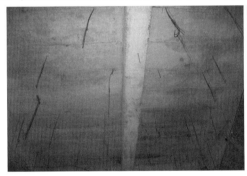 

图 3.3.3.325　火灾后二层顶 B、C 轴和 5、6 轴　　图 3.3.3.326　火灾后二层顶 B、C 轴和 6、7 轴
　　　　　　　所围板　　　　　　　　　　　　　　　　　　　所围板(1)

图 3.3.3.327　火灾后二层顶 B、C 轴和 6、7 轴　　图 3.3.3.328　火灾后二层顶 B、C 轴和 6、7 轴
　　　　　　　所围板(2)　　　　　　　　　　　　　　　　　　所围板(3)

火灾后二层顶 B、C 轴和 7、8 轴所围板如图 3.3.3.329 所示,该板为混凝土预制板。混凝土呈浅灰白色略显浅黄色,底部混凝土轻微剥落,无露筋。根据混凝土表面外观特征,可判断板底受火时的表面最高温度在 400 ℃ 以上。该板极限荷载较火灾前下降约 25%,属于危险点。

火灾后二层顶 B、C 轴和 8、9 轴所围板如图 3.3.3.330 所示,该板为混凝土预制板。混凝土呈浅灰白色略显浅黄色,底部混凝土轻微剥落,无露筋,板下钢材屈曲。根据混凝土表面外观特征,可判断板底受火时的表面最高温度在 400 ℃ 以上。该板极限荷载较火灾前下降约 25%,属于危险点。

图 3.3.3.329　火灾后二层顶 B、C 轴和 7、8 轴所围板　　　图 3.3.3.330　火灾后二层顶 B、C 轴和 8、9 轴所围板

火灾后二层顶 B、C 轴和 9、10 轴所围板如图 3.3.3.331 所示,该板为混凝土预制板。混凝土呈粉红色,底部混凝土轻微剥落,无露筋,板下钢材屈曲。根据混凝土表面外观特征,可判断板底受火时的表面最高温度在 400 ℃ 以上。该板极限荷载较火灾前下降约 25%,属于危险点。

火灾后二层顶 B、C 轴和 10、11 轴所围板如图 3.3.3.332 所示,该板为混凝土预制板。混凝土呈浅灰白色略显浅黄色,底部混凝土轻微剥落,无露筋,板下钢材屈曲。根据混凝土表面外观特征,可判断板底受火时的表面最高温度在 400 ℃ 以上。该板极限荷载较火灾前下降约 25%,属于危险点。

图 3.3.3.331　火灾后二层顶 B、C 轴和 9、10 轴所围板　　　图 3.3.3.332　火灾后二层顶 B、C 轴和 10、11 轴所围板

火灾后二层顶 B、C 轴和 11、12 轴所围板如图 3.3.3.333 所示,该板为混凝土预制

板。混凝土呈浅灰白色略显浅黄色,底部混凝土轻微剥落,无露筋,板下钢材屈曲。根据混凝土表面外观特征,可判断板底受火时的表面最高温度在 400 ℃ 以上。该板极限荷载较火灾前下降约 25%,属于危险点。

　　火灾后二层顶 B、C 轴和 12、13 轴所围板如图 3.3.3.334 所示,该板为混凝土预制板。混凝土呈浅灰白色略显浅黄色,底部混凝土轻微剥落,有较多裂纹,无露筋,板下钢材屈曲。根据混凝土表面外观特征,可判断板底受火时的表面最高温度在 400 ℃ 以上。该板极限荷载较火灾前下降约 25%,属于危险点。

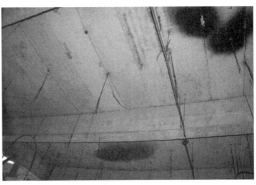

图 3.3.3.333　火灾后二层顶 B、C 轴和 11、12 轴　　图 3.3.3.334　火灾后二层顶 B、C 轴和 12、13 轴
　　　　　　　所围板　　　　　　　　　　　　　　　　　　　　　所围板

　　火灾后二层顶 B、C 轴和 13、14 轴所围板如图 3.3.3.335、图 3.3.3.336 所示,该板为混凝土预制板,挠度很大。混凝土呈浅黄色,底部混凝土轻微剥落,严重贯穿裂缝,无露筋,板下钢材屈曲。根据混凝土表面外观特征,可判断板底受火时的表面最高温度在 400 ℃ 以上。该板极限荷载较火灾前下降约 25%,属于危险点。

图 3.3.3.335　火灾后二层顶 B、C 轴和 13、14 轴　　图 3.3.3.336　火灾后二层顶 B、C 轴和 13、14 轴
　　　　　　　所围板(1)　　　　　　　　　　　　　　　　　　　所围板(2)

　　火灾后二层顶 B、C 轴和 14、15 轴所围板如图 3.3.3.337 所示,该板为混凝土预制板。混凝土呈浅黄色,底部混凝土轻微剥落,无露筋,板下钢材屈曲。根据混凝土表面外观特征,可判断板底受火时的表面最高温度在 400 ℃ 以上。该板极限荷载较火灾前下降约 25%,属于危险点。

　　火灾后二层顶 B、C 轴和 15、16 轴所围板如图 3.3.3.338 所示,该板为混凝土预制板,部分板已坍塌。混凝土呈浅黄色,底部混凝土轻微剥落,无露筋,板下钢材屈曲。根据混凝土表面外观特征,可判断板底受火时的表面最高温度在 400 ℃ 以上。该板极限荷载较火灾前下降约 25%,属于危险点。

图 3.3.3.337　火灾后二层顶 B、C 轴和 14、15 轴　　图 3.3.3.338　火灾后二层顶 B、C 轴和 15、16 轴
　　　　　　　所围板　　　　　　　　　　　　　　　　　　　　　所围板

　　火灾后二层顶 B、C 轴和 16、17 轴所围板如图 3.3.3.339 所示,该板为混凝土预制板。混凝土呈浅灰白色略显浅黄色,底部混凝土轻微剥落,有较多裂纹,无露筋,板下钢材屈曲。根据混凝土表面外观特征,可判断板底受火时的表面最高温度在 400 ℃ 以上。该板极限荷载较火灾前下降约 25%,属于危险点。

　　火灾后二层顶 B、C 轴和 17、18 轴所围板如图 3.3.3.340 所示,该板为混凝土预制板。混凝土呈灰白色略显浅黄色,底部混凝土轻微剥落,裂缝较多,无露筋,板下钢材屈曲。根据混凝土表面外观特征,可判断板底受火时的表面最高温度在 400 ℃ 以上。该板极限荷载较火灾前下降约 25%,属于危险点。

图 3.3.3.339　火灾后二层顶 B、C 轴和 16、17 轴　　图 3.3.3.340　火灾后二层顶 B、C 轴和 17、18 轴
　　　　　　　所围板　　　　　　　　　　　　　　　　　　　　　所围板

　　火灾后二层顶 B、C 轴和 18、19 轴所围板如图 3.3.3.341 所示,该板为混凝土预制板。混凝土呈灰白色略显浅黄色,底部混凝土轻微剥落,裂缝较多,无露筋,板下钢材屈曲。根据混凝土表面外观特征,可判断板底受火时的表面最高温度在 400 ℃ 以上。该板极限荷载较火灾前下降约 25%,属于危险点。

　　火灾后二层顶 C、D 轴和 1、2 轴所围板如图 3.3.3.342 所示,该板为混凝土现浇板。混凝土呈灰白色略显黄色,底部混凝土部分剥落,局部露筋,板下钢材已烧屈曲。根据混凝土表面外观特征,可判断板底受火时的表面最高温度为 300 ℃。该板极限荷载较火灾前下降约 13%,不属于危险点。

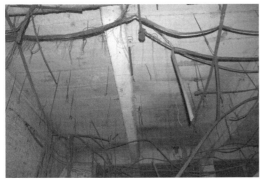

图 3.3.3.341　火灾后二层顶 B、C 轴和 18、19 轴　　图 3.3.3.342　火灾后二层顶 C、D 轴和 1、2 轴所
　　　　　　　所围板　　　　　　　　　　　　　　　　　　　围板

　　火灾后二层顶 C、D 轴和 2、3 轴所围板如图 3.3.3.343 所示,该板为混凝土预制板。混凝土呈灰白色略显浅黄色,底部混凝土轻微剥落,无露筋,板下钢材已烧屈曲。根据混凝土表面外观特征,可判断板底受火时的表面最高温度为 300 ℃。该板极限荷载较火灾前下降约 13%,不属于危险点。

　　火灾后二层顶 C、D 轴和 3、4 轴所围板如图 3.3.3.344 所示,该板为混凝土预制板。混凝土呈灰白色略显浅黄色,底部混凝土轻微剥落,无露筋,板下钢材已烧屈曲。根据混凝土表面外观特征,可判断板底受火时的表面最高温度为 300 ℃。该板极限荷载较火灾前下降约 13%,不属于危险点。

图 3.3.3.343　火灾后二层顶 C、D 轴和 2、3 轴所　　图 3.3.3.344　火灾后二层顶 C、D 轴和 3、4 轴所
　　　　　　　围板　　　　　　　　　　　　　　　　　　　围板

　　火灾后二层顶 C、D 轴和 4、5 轴所围板如图 3.3.3.345 所示,该板为混凝土预制板。混凝土呈浅黄色,底部混凝土轻微剥落,无露筋,板下钢材已烧屈曲。根据混凝土表面外观特征,可判断板底受火时的表面最高温度在 400 ℃ 以上。该板极限荷载较火灾前下降约 25%,属于危险点。

　　火灾后二层顶 C、D 轴和 5、6 轴所围板如图 3.3.3.346 所示,该板为混凝土预制板,部分已经坍塌,部分还挂在梁上,但是挠度已很大。混凝土呈浅黄色,裂缝较多,板下钢材已烧屈曲。根据混凝土表面外观特征,可判断板底受火时的表面最高温度在 400 ℃ 以上。该板极限荷载较火灾前下降约 25%,属于危险点。

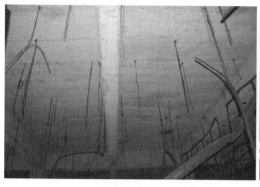

图 3.3.3.345　火灾后二层顶 C、D 轴和 4、5 轴所
　　　　　　　围板

图 3.3.3.346　火灾后二层顶 C、D 轴和 5、6 轴所
　　　　　　　围板

火灾后二层顶 C、D 轴和 6、7 轴所围板如图 3.3.3.347 所示，该板为混凝土预制板，部分已经坍塌，部分还挂在梁上，但是挠度已很大。混凝土呈浅黄色，裂缝较多，板下钢材已烧屈曲。根据混凝土表面外观特征，可判断板底受火时的表面最高温度在 400 ℃ 以上。该板极限荷载较火灾前下降约 25%，属于危险点。

火灾后二层顶 C、D 轴和 7、8 轴所围板如图 3.3.3.348 所示。混凝土呈灰白色略显浅黄色，底部混凝土轻微剥落，无露筋，板下钢材已烧屈曲。根据混凝土表面外观特征，可判断板底受火时的表面最高温度在 400 ℃ 以上。该板极限荷载较火灾前下降约 25%，属于危险点。

图 3.3.3.347　火灾后二层顶 C、D 轴和 6、7 轴所
　　　　　　　围板

图 3.3.3.348　火灾后二层顶 C、D 轴和 7、8 轴所
　　　　　　　围板

火灾后二层顶 C、D 轴和 8、9 轴所围板如图 3.3.3.349 所示。混凝土呈灰白色略显浅黄色，底部混凝土轻微剥落，无露筋，板下钢材已烧屈曲。根据混凝土表面外观特征，可判断板底受火时的表面最高温度在 400 ℃ 以上。该板极限荷载较火灾前下降约 25%，属于危险点。

火灾后二层顶 C、D 轴和 9、10 轴所围板如图 3.3.3.350 所示。混凝土呈灰白色略显浅黄色，底部混凝土轻微剥落，无露筋，板下钢材已烧屈曲。根据混凝土表面外观特征，可判断板底受火时的表面最高温度在 400 ℃ 以上。该板极限荷载较火灾前下降约 25%，属于危险点。

图 3.3.3.349　火灾后二层顶 C、D 轴和 8、9 轴 　　图 3.3.3.350　火灾后二层顶 C、D 轴和 9、10
　　　　　　　所围板 　　　　　　　　　　　　　　　　　　轴所围板

　　火灾后二层顶 C、D 轴和 10、11 轴所围板如图 3.3.3.351 所示,该板为混凝土预制
板。混凝土呈浅黄色,板下钢材已烧屈曲。根据混凝土表面外观特征,可判断板底受火时
的表面最高温度在 400 ℃ 以上。该板极限荷载较火灾前下降约 25%,属于危险点。

　　火灾后二层顶 C、D 轴和 11、12 轴所围板如图 3.3.3.352 所示,该区域楼板已完全
坍塌。

图 3.3.3.351　火灾后二层顶 C、D 轴和 10、11 　　图 3.3.3.352　火灾后二层顶 C、D 轴和 11、12
　　　　　　　轴所围板 　　　　　　　　　　　　　　　　　　轴所围板

　　火灾后二层顶 C、D 轴和 12、13 轴所围板如图 3.3.3.353 所示,该区域楼板绝大部分
已坍塌,剩余板挠度很大。

　　火灾后二层顶 C、D 轴和 13、14 轴所围板如图 3.3.3.354 所示,该区域楼板已坍塌。

图 3.3.3.353　火灾后二层顶 C、D 轴和 12、13 　　图 3.3.3.354　火灾后二层顶 C、D 轴和 13、14
　　　　　　　轴所围板 　　　　　　　　　　　　　　　　　　轴所围板

火灾后二层顶 C、D 轴和 14、15 轴所围板如图 3.3.3.355 所示,该区域楼板已坍塌。

火灾后二层顶 C、D 轴和 16、17 轴所围板如图 3.3.3.356 所示,该区域楼板已坍塌。

图 3.3.3.355　火灾后二层顶 C、D 轴和 14、15 轴　　图 3.3.3.356　火灾后二层顶 C、D 轴和 16、17 轴
　　　　　　　所围板　　　　　　　　　　　　　　　　　　　　所围板

火灾后二层顶 C、D 轴和 17、18 轴所围板如图 3.3.3.357 所示,该区域楼板部分已坍塌,部分还支撑在梁上,但是挠度很大,板下跨中混凝土开裂严重。根据混凝土表面外观特征,可判断板底受火时的表面最高温度在 400 ℃ 以上。该板极限荷载较火灾前下降约 25%,属于危险点。

火灾后二层顶 C、D 轴和 18、19 轴所围板如图 3.3.3.358 所示,该区域楼板挠度过大,板下跨中混凝土有较多裂缝。根据混凝土表面外观特征,可判断板底受火时的表面最高温度在 400 ℃ 以上。该板极限荷载较火灾前下降约 25%,属于危险点。

图 3.3.3.357　火灾后二层顶 C、D 轴和 17、18 轴　　图 3.3.3.358　火灾后二层顶 C、D 轴和 18、19 轴
　　　　　　　所围板　　　　　　　　　　　　　　　　　　　　所围板

火灾后二层顶 D、E 轴和 1、2 轴所围板如图 3.3.3.359 所示,该区域楼板为混凝土现浇板。混凝土呈浅灰白色,板下混凝土轻微剥落,无露筋。根据混凝土表面外观特征,可判断板底受火时的表面最高温度为 300 ℃。该板极限荷载较火灾前下降约 13%,不属于危险点。

火灾后二层顶 D、E 轴和 2、3 轴所围板如图 3.3.3.360 所示,该区域楼板为混凝土预制板。混凝土呈灰白色略显浅黄色,板下混凝土剥落,局部露筋。根据混凝土表面外观特征,可判断板底受火时的表面最高温度为 300 ℃。该板极限荷载较火灾前下降约 13%,不属于危险点。

 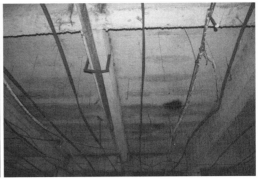

图 3.3.3.359　火灾后二层顶 D、E 轴和 1、2 轴所　　图 3.3.3.360　火灾后二层顶 D、E 轴和 2、3 轴所
围板　　　　　　　　　　　　　　　　　围板

　　火灾后二层顶 D、E 轴和 3、4 轴所围板如图 3.3.3.361 所示,该区域楼板为混凝土预
制板。混凝土呈灰白色略显浅黄色,板下混凝土剥落,局部露筋。根据混凝土表面外观特
征,可判断板底受火时的表面最高温度为 300 ℃。该板极限荷载较火灾前下降约 13%,
不属于危险点。

　　火灾后二层顶 D、E 轴和 4、5 轴所围板如图 3.3.3.362 所示,该区域楼板为混凝土预
制板。混凝土呈灰白色略显浅黄色,板下混凝土剥落,局部露筋,裂缝较大。根据混凝土
表面外观特征,可判断板底受火时的表面最高温度在 400 ℃ 以上。该板极限荷载较火灾
前下降约 25%,属于危险点。

图 3.3.3.361　火灾后二层顶 D、E 轴和 3、4 轴所　　图 3.3.3.362　火灾后二层顶 D、E 轴和 4、5 轴所
围板　　　　　　　　　　　　　　　　　围板

　　火灾后二层顶 D、E 轴和 6、7 轴所围板如图 3.3.3.363 所示,该区域楼板一半已坍塌,
另一半还挂在梁上。混凝土呈灰白色略显浅黄色,裂缝较大。根据混凝土表面外观特征,
可判断板底受火时的表面最高温度在 400 ℃ 以上。该板极限荷载较火灾前下降约 25%,
属于危险点。

　　火灾后二层顶 D、E 轴和 7、8 轴所围板如图 3.3.3.364 所示,该区域楼板绝大部分已
坍塌,部分板还支撑在梁上。混凝土呈灰白色略显浅黄色,裂缝较大。

　　火灾后二层顶 D、E 轴和 8、9 轴所围板如图 3.3.3.365 所示,该区域楼板绝大部分已
坍塌,部分板还支撑在梁上。混凝土呈灰白色略显浅黄色,裂缝较大。

　　火灾后二层顶 D、E 轴和 9、10 轴所围板如图 3.3.3.366 所示,该区域楼板火灾前已凿

掉,部分板还支撑在梁上。混凝土呈灰白色略显浅黄色。根据混凝土表面外观特征,可判断板底受火时的表面最高温度在 400 ℃ 以上。该板极限荷载较火灾前下降约 25%,属于危险点。

图 3.3.3.363　火灾后二层顶 D、E 轴和 6、7 轴所围板　　图 3.3.3.364　火灾后二层顶 D、E 轴和 7、8 轴所围板

图 3.3.3.365　火灾后二层顶 D、E 轴和 8、9 轴所围板　　图 3.3.3.366　火灾后二层顶 D、E 轴和 9、10 轴所围板

　　火灾后二层顶 D、E 轴和 10、11 轴所围板如图 3.3.3.367 所示,该区域楼板为混凝土预制板。混凝土呈灰白色略显浅黄色,板下混凝土轻微剥落,局部露筋,裂缝较大。根据混凝土表面外观特征,可判断板底受火时的表面最高温度在 400 ℃ 以上。该板极限荷载较火灾前下降约 25%,属于危险点。

　　火灾后二层顶 D、E 轴和 11、12 轴所围板如图 3.3.3.368 所示,该区域楼板为混凝土预制板。混凝土呈灰白色略显浅黄色,一部分板挠度很大,板下裂缝严重;另一部分板挠度相对较小,板下混凝土剥落。根据混凝土表面外观特征,可判断板底受火时的表面最高温度在 400 ℃ 以上。该板极限荷载较火灾前下降约 25%,属于危险点。

　　火灾后二层顶 D、E 轴和 12、13 轴所围板如图 3.3.3.369 所示,该区域楼板绝大部分已坍塌。

　　火灾后二层顶 D、E 轴和 13、14 轴所围板如图 3.3.3.370 所示,该区域楼板绝大部分已坍塌。

　　火灾后二层顶 D、E 轴和 14、15 轴所围板如图 3.3.3.371 所示,该区域楼板绝大部分已坍塌。

火灾后二层顶 D、E 轴和 15、16 轴所围板已坍塌。

火灾后二层顶 D、E 轴和 16、17 轴所围板如图 3.3.3.372 所示,该区域楼板为混凝土预制板,板挠度很大,板下裂缝严重,板下混凝土剥落。根据混凝土表面外观特征,可判断板底受火时的表面最高温度在 400 ℃ 以上。该板极限荷载较火灾前下降约 25%,属于危险点。

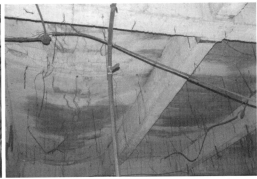

图 3.3.3.367　火灾后二层顶 D、E 轴和 10、11 轴　　图 3.3.3.368　火灾后二层顶 D、E 轴和 11、12 轴
　　　　　　　所围板　　　　　　　　　　　　　　　　　　　　　所围板

图 3.3.3.369　火灾后二层顶 D、E 轴和 12、13 轴　　图 3.3.3.370　火灾后二层顶 D、E 轴和 13、14 轴
　　　　　　　所围板　　　　　　　　　　　　　　　　　　　　　所围板

图 3.3.3.371　火灾后二层顶 D、E 轴和 14、15 轴　　图 3.3.3.372　火灾后二层顶 D、E 轴和 16、17 轴
　　　　　　　所围板　　　　　　　　　　　　　　　　　　　　　所围板

火灾后二层顶 D、E 轴和 17、18 轴所围板如图 3.3.3.373 所示,该区域楼板为混凝土预制板,

板挠度很大,板下裂缝严重,板下混凝土剥落。根据混凝土表面外观特征,可判断板底受火时的表面最高温度在 400 ℃ 以上。该板极限荷载较火灾前下降约 25%,属于危险点。

火灾后二层顶 D、E 轴和 18、19 轴所围板如图 3.3.3.374 所示,该区域楼板为混凝土预制板。板呈浅黄色,板挠度很大,板下裂缝严重,板下混凝土剥落。根据混凝土表面外观特征,可判断板底受火时的表面最高温度在 400 ℃ 以上。该板极限荷载较火灾前下降约 25%,属于危险点。

 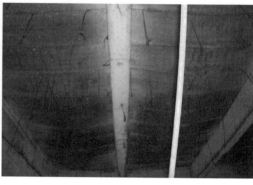

图 3.3.3.373　火灾后二层顶 D、E 轴和 17、18 轴　　图 3.3.3.374　火灾后二层顶 D、E 轴和 18、19 轴
　　　　　　　　所围板　　　　　　　　　　　　　　　　　　　　所围板

火灾后二层顶 E、F 轴和 1、2 轴所围板如图 3.3.3.375 所示,该区域楼板为混凝土现浇板。板呈浅灰白色略显黄色,板下混凝土剥落,局部露筋。根据混凝土表面外观特征,可判断板底受火时的表面最高温度为 300 ℃。该板极限荷载较火灾前下降约 13%,不属于危险点。

火灾后二层顶 E、F 轴和 2、3 轴所围板如图 3.3.3.376 所示,该区域楼板为混凝土预制板。板呈浅灰白色略显黄色,板下混凝土剥落,无露筋。根据混凝土表面外观特征,可判断板底受火时的表面最高温度为 300 ℃。该板极限荷载较火灾前下降约 13%,不属于危险点。

 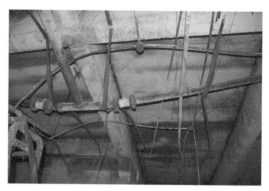

图 3.3.3.375　火灾后二层顶 E、F 轴和　　图 3.3.3.376　火灾后二层顶 E、F 轴和 2、3 轴所
　　　　　　　　1、2 轴所围板　　　　　　　　　　　　　　　围板

火灾后二层顶 E、F 轴和 3、4 轴所围板如图 3.3.3.377 所示,该区域楼板为混凝土预制板。板呈浅灰白色略显黄色,板下混凝土剥落,无露筋。根据混凝土表面外观特征,可判断板底受火时的表面最高温度为 300 ℃。该板极限荷载较火灾前下降约 13%,不属于危险点。

火灾后二层顶 E、F 轴和 4、5 轴所围板如图 3.3.3.378 所示,该区域楼板为混凝土预制板。板呈浅灰白色略显黄色,板下混凝土剥落,无露筋。根据混凝土表面外观特征,可判断板底受火时的表面最高温度在 400 ℃ 以上。该板极限荷载较火灾前下降约 25%,属于危险点。

图 3.3.3.377　火灾后二层顶 E、F 轴和 3、4 轴所围板　　图 3.3.3.378　火灾后二层顶 E、F 轴和 4、5 轴所围板

火灾后二层顶 E、F 轴和 5、6 轴所围板如图 3.3.3.379 所示,该区域楼板为混凝土预制板。板呈浅黄色,板下混凝土剥落,裂缝较严重,无露筋。根据混凝土表面外观特征,可判断板底受火时的表面最高温度在 400 ℃ 以上。该板极限荷载较火灾前下降约 25%,属于危险点。

火灾后二层顶 E、F 轴和 6、7 轴所围板如图 3.3.3.380 所示,该区域楼板为混凝土预制板。板呈浅黄色,板下混凝土剥落,裂缝较严重,挠度很大,无露筋。根据混凝土表面外观特征,可判断板底受火时的表面最高温度在 400 ℃ 以上。该板极限荷载较火灾前下降约 25%,属于危险点。

图 3.3.3.379　火灾后二层顶 E、F 轴和 5、6 轴所围板　　图 3.3.3.380　火灾后二层顶 E、F 轴和 6、7 轴所围板

火灾后二层顶 E、F 轴和 7、8 轴所围板如图 3.3.3.381 所示,该区域楼板为混凝土预

制板。板呈浅灰白色略显黄色,板下混凝土轻微剥落,裂缝较多,无露筋。根据混凝土表面外观特征,可判断板底受火时的表面最高温度在400℃以上。该板极限荷载较火灾前下降约25%,属于危险点。

火灾后二层顶E、F轴和8、9轴所围板如图3.3.3.382所示,该区域楼板为混凝土预制板。板呈灰白色,板下混凝土轻微剥落,裂缝较多,无露筋。根据混凝土表面外观特征,可判断板底受火时的表面最高温度在400℃以上。该板极限荷载较火灾前下降约25%,属于危险点。

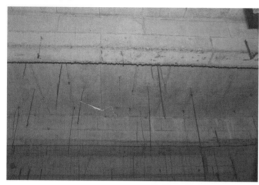 

图3.3.3.381　火灾后二层顶E、F轴和7、8轴所围板　　　图3.3.3.382　火灾后二层顶E、F轴和8、9轴所围板

火灾后二层顶E、F轴和9、10轴所围板如图3.3.3.383所示,该区域楼板为混凝土预制板。板呈灰白色,板下混凝土轻微剥落,裂缝较多,无露筋。根据混凝土表面外观特征,可判断板底受火时的表面最高温度在400℃以上。该板极限荷载较火灾前下降约25%,属于危险点。

火灾后二层顶E、F轴和10、11轴所围板如图3.3.3.384所示,该区域楼板为混凝土预制板。板呈灰白色,板下混凝土轻微剥落,裂缝较多,无露筋。根据混凝土表面外观特征,可判断板底受火时的表面最高温度在400℃以上。该板极限荷载较火灾前下降约25%,属于危险点。

图3.3.3.383　火灾后二层顶E、F轴和9、10轴所围板　　　图3.3.3.384　火灾后二层顶E、F轴和10、11轴所围板

火灾后二层顶E、F轴和11、12轴所围板如图3.3.385所示,该区域楼板为混凝土预制板。板呈灰白色,板下混凝土轻微剥落,裂缝较多,无露筋。根据混凝土表面外观特征,

可判断板底受火时的表面最高温度在 400 ℃以上。该板极限荷载较火灾前下降约 25％，属于危险点。

　　火灾后二层顶 E、F 轴和 12、13 轴所围板如图 3.3.3.386 所示，该区域楼板为混凝土现浇板。板呈灰白色，板下混凝土轻微剥落，无露筋。根据混凝土表面外观特征，可判断板底受火时的表面最高温度在 400 ℃以上。该板极限荷载较火灾前下降约 25％，属于危险点。

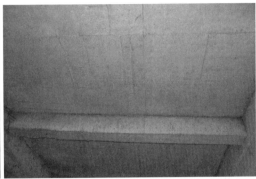

图 3.3.3.385　火灾后二层顶 E、F 轴和 11、12 轴　　图 3.3.3.386　火灾后二层顶 E、F 轴和 12、13 轴
　　　　　　　　　所围板　　　　　　　　　　　　　　　　　　　所围板

　　火灾后二层顶 E、F 轴和 13、14 轴所围板如图 3.3.387 所示，该区域楼板为混凝土现浇板。板呈浅黄色，板下混凝土轻微剥落，无露筋。根据混凝土表面外观特征，可判断板底受火时的表面最高温度在 400 ℃以上。该板极限荷载较火灾前下降约 25％，属于危险点。

　　火灾后二层顶 E、F 轴和 14、15 轴所围板如图 3.3.3.388 所示，该区域楼板为混凝土预制板。板呈灰白色，板下混凝土轻微剥落，裂缝较多，无露筋。根据混凝土表面外观特征，可判断板底受火时的表面最高温度在 400 ℃以上。该板极限荷载较火灾前下降约 25％，属于危险点。

　　火灾后二层顶 E、F 轴和 15、16 轴所围板为混凝土预制板，板已坍塌。

图 3.3.3.387　火灾后二层顶 E、F 轴和 13、14 轴　　图 3.3.3.388　火灾后二层顶 E、F 轴和 14、15 轴
　　　　　　　　　所围板　　　　　　　　　　　　　　　　　　　所围板

　　火灾后二层顶 E、F 轴和 16、17 轴所围板如图 3.3.3.389 所示，该区域楼板为混凝土现浇板。板下混凝土轻微剥落，无露筋。根据混凝土表面外观特征，可判断板底受火时的

表面最高温度在 400 ℃ 以上。该板极限荷载较火灾前下降约 25％,属于危险点。

火灾后二层顶 E、F 轴和 17、18 轴所围板如图 3.3.3.390 所示,该区域楼板为混凝土现浇板。板下混凝土轻微剥落,无露筋。根据混凝土表面外观特征,可判断板底受火时的表面最高温度在 400 ℃ 以上。该板极限荷载较火灾前下降约 25％,属于危险点。

图 3.3.3.389　火灾后二层顶 E、F 轴和 16、17 轴　图 3.3.3.390　火灾后二层顶 E、F 轴和 17、18 轴
　　　　　　　所围板　　　　　　　　　　　　　　　　　　所围板

火灾后二层顶 E、F 轴和 18、19 轴所围板如图 3.3.3.391 所示,该区域楼板为混凝土现浇板。板下混凝土轻微剥落,无露筋。根据混凝土表面外观特征,可判断板底受火时的表面最高温度在 400 ℃ 以上。该板极限荷载较火灾前下降约 25％,属于危险点。

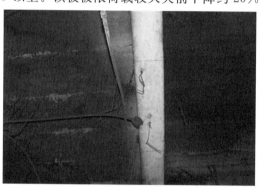

图 3.3.3.391　火灾后二层顶 E、F 轴和 18、19 轴所围板

1～4 轴和 A～F 轴所辖一层顶板损伤中等,可判断板底受火时的表面最高温度为 300 ℃。该板极限荷载较火灾前下降约 13％,不属于危险点。5～20 轴和 A～F 轴所辖一层顶板损伤严重,可判断板底受火时的表面最高温度在 400 ℃ 以上。该板极限荷载较火灾前下降约 25％,属于危险点。

火灾后一小部分二层顶板几乎未损伤(1～20 轴和 A～F 轴所辖区之外的板),在此不再赘述。

3.3.4　结构三层损伤状况

某商厦三层损伤概貌如图 3.3.4.1 所示,该商厦三层梁、板、柱、墙表面抹灰层大面积剥落,三层共有混凝土柱 136 根,部分柱角部混凝土发生爆裂。三层顶共有框架梁 227 跨,次梁 103 跨,合计 330 跨,部分梁角部混凝土发生爆裂。三层顶采用预制空心板,部分板已烧塌,部分挠度过大,部分轻微损伤。

1．柱的损伤情况

按照 A 纵轴与 1～20 轴所交柱至 F 纵轴与 1～20 轴所交柱排序,火灾后三层柱损伤状况如下。

火灾后三层 A 轴和 4 轴所交柱如图 3.3.4.2 所示,该柱混凝土呈浅灰白色略显浅红色,柱角部混凝土剥落且出现裂缝。根据混凝土表面情况,可判断柱受火时的表面最高温度在 300 ℃ 以下。该柱承载力较火灾前下降约 3%,不属于危险点。

图 3.3.4.1　三层损伤概貌　　　　图 3.3.4.2　火灾后三层 A 轴和 4 轴所交柱

火灾后三层 A 轴和 5 轴所交柱如图 3.3.4.3 所示,该柱混凝土呈浅黄色,柱角部混凝土严重脱落且露筋,柱周围钢架发生扭曲变形。根据混凝土表面情况,可判断柱受火时的表面最高温度在 500 ℃ 以上。该柱承载力较火灾前下降约 20%,属于危险点。

火灾后三层 A 轴和 6 轴所交柱如图 3.3.4.4 所示,该柱混凝土呈浅黄色,柱角部混凝土严重脱落且露筋。根据混凝土表面情况,可判断柱受火时的表面最高温度在 500 ℃ 以上。该柱承载力较火灾前下降约 20%,属于危险点。

图 3.3.4.3　火灾后三层 A 轴和 5　　　图 3.3.4.4　火灾后三层 A 轴和 6 轴所交柱
　　　　　　 轴所交柱

火灾后三层 A 轴和 7 轴所交柱如图 3.3.4.5 所示,该柱混凝土呈浅灰白色,柱角部混凝土剥落。根据混凝土表面情况,可判断柱受火时的表面最高温度在 500 ℃ 以上。该柱承载力较火灾前下降约 20%,属于危险点。

火灾后三层 A 轴和 8 轴所交柱如图 3.3.4.6 所示,该柱混凝土呈浅灰色,柱表面混凝土局部粉刷层剥落且表面有细微裂缝。根据混凝土表面情况,可判断柱受火时的表面最高温度在 500 ℃ 以上。该柱承载力较火灾前下降约 20%,属于危险点。

图 3.3.4.5　火灾后三层 A 轴和 7　　　　　图 3.3.4.6　火灾后三层 A 轴和 8
　　　　　　轴所交柱　　　　　　　　　　　　　　　　轴所交柱

火灾后三层 A 轴和 9 轴所交柱如图 3.3.4.7 所示,该柱混凝土呈浅灰白色,柱角部混凝土剥落。根据混凝土表面情况,可判断柱受火时的表面最高温度在 500 ℃ 以上。该柱承载力较火灾前下降约 20%,属于危险点。

火灾后三层 A 轴和 10 轴所交柱如图 3.3.4.8 所示,该柱混凝土呈浅灰色,柱表面混凝土局部粉刷层剥落且表面有细微裂缝。根据混凝土表面情况,可判断柱受火时的表面最高温度在 500 ℃ 以上。该柱承载力较火灾前下降约 20%,属于危险点。

图 3.3.4.7　火灾后三层 A 轴和 9　　　　　图 3.3.4.8　火灾后三层 A 轴和
　　　　　　轴所交柱　　　　　　　　　　　　　　　　10 轴所交柱

火灾后三层 A 轴和 11 轴所交柱如图 3.3.4.9 所示,该柱混凝土呈浅灰色,柱表面混凝土局部粉刷层剥落且表面有细微裂缝。根据混凝土表面情况,可判断柱受火时的表面最高温度在 500 ℃ 以上。该柱承载力较火灾前下降约 20％,属于危险点。

火灾后三层 A 轴和 12 轴所交柱如图 3.3.4.10 所示,该柱混凝土呈浅黄色,柱角部混凝土严重脱落且露筋,柱周围钢架发生扭曲变形。根据混凝土表面情况,可判断柱受火时的表面最高温度在 500 ℃ 以上。该柱承载力较火灾前下降约 20％,属于危险点。

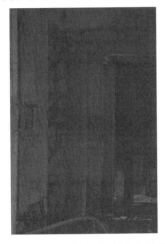

图 3.3.4.9　火灾后三层 A 轴和
11 轴所交柱

图 3.3.4.10　火灾后三层 A 轴和
12 轴所交柱

火灾后三层 A 轴和 13 轴所交柱如图 3.3.4.11 所示,该柱混凝土呈浅黄色,柱角部混凝土严重脱落且露筋。根据混凝土表面情况,可判断柱受火时的表面最高温度在 500 ℃ 以上。该柱承载力较火灾前下降约 20％,属于危险点。

火灾后三层 A 轴和 14 轴所交柱如图 3.3.4.12 所示,该柱混凝土呈浅黄色,柱角部混凝土严重脱落且露筋,柱周围钢架发生扭曲变形。根据混凝土表面情况,可判断柱受火时的表面最高温度在 500 ℃ 以上。该柱承载力较火灾前下降约 20％,属于危险点。

图 3.3.4.11　火灾后三层 A 轴和 13 轴所交柱

图 3.3.4.12　火灾后三层 A 轴和 14 轴所交柱

火灾后三层 A 轴和 15 轴所交柱如图 3.3.4.13 所示,该柱混凝土呈浅黄色,柱角部混凝土严重脱落且露筋,柱周围钢架发生扭曲变形。根据混凝土表面情况,可判断柱受火时的表面最高温度在 500 ℃ 以上。该柱承载力较火灾前下降约 20％,属于危险点。

火灾后三层 A 轴和 16 轴所交柱如图 3.3.4.14 所示,该柱混凝土呈浅灰白色,柱角部混凝土剥落。根据混凝土表面情况,可判断柱受火时的表面最高温度在 500 ℃ 以上。该柱承载力较火灾前下降约 20%,属于危险点。

图 3.3.4.13　火灾后三层 A 轴和　　图 3.3.4.14　火灾后三层 A 轴和
15 轴所交柱　　　　　　　　16 轴所交柱

火灾后三层 A 轴和 17 轴所交柱如图 3.3.4.15 所示,该柱混凝土呈浅黄色,柱角部混凝土严重脱落且露筋,柱周围钢架发生扭曲变形。根据混凝土表面情况,可判断柱受火时的表面最高温度在 500 ℃ 以上。该柱承载力较火灾前下降约 20%,属于危险点。

火灾后三层 A 轴和 18 轴所交柱如图 3.3.4.16 所示,该柱混凝土呈浅灰色,柱表面混凝土局部粉刷层剥落且表面有细微裂缝。根据混凝土表面情况,可判断柱受火时的表面最高温度在 500 ℃ 以上。该柱承载力较火灾前下降约 20%,属于危险点。

图 3.3.4.15　火灾后三层 A 轴和　　图 3.3.4.16　火灾后三层 A 轴和
17 轴所交柱　　　　　　　　18 轴所交柱

火灾后三层 A 轴和 19 轴所交柱如图 3.3.4.17 所示,该柱混凝土呈浅灰白色略显浅红色,柱角部混凝土剥落且出现裂缝。根据混凝土表面情况,可判断柱受火时的表面最高温度在 500 ℃ 以上。该柱承载力较火灾前下降约 20%,属于危险点。

火灾后三层 B 轴和 2 轴所交柱如图 3.3.4.18 所示,该柱混凝土呈浅黄色,柱角部混凝土严重脱落且露筋,柱周围钢架发生扭曲变形。根据混凝土表面情况,可判断柱受火时的表面最高温度在 300 ℃ 以下。该柱承载力较火灾前下降约 3%,不属于危险点。

图 3.3.4.17　火灾后三层 A 轴和 19 轴所交柱　　图 3.3.4.18　火灾后三层 B 轴和
2 轴所交柱

火灾后三层 B 轴和 3 轴所交柱如图 3.3.4.19 所示,该柱混凝土呈浅灰白色略显浅红色,柱角部混凝土剥落且出现裂缝。根据混凝土表面情况,可判断柱受火时的表面最高温度在 300 ℃ 以下。该柱承载力较火灾前下降约 3%,不属于危险点。

火灾后三层 B 轴和 4 轴所交柱如图 3.3.4.20 所示,该柱混凝土呈浅黄色,柱角部混凝土严重脱落且露筋,柱周围钢架发生扭曲变形。根据混凝土表面情况,可判断柱受火时的表面最高温度在 300 ℃ 以下。该柱承载力较火灾前下降约 3%,不属于危险点。

图 3.3.4.19　火灾后三层 B 轴和　　图 3.3.4.20　火灾后三层 B 轴和
3 轴所交柱　　　　　　　　　　4 轴所交柱

火灾后三层 B 轴和 5 轴所交柱如图 3.3.4.21 所示,该柱混凝土呈浅黄色,柱角部混凝土严重脱落且露筋,柱周围钢架发生扭曲变形。根据混凝土表面情况,可判断柱受火时的表面最高温度在 500 ℃ 以上。该柱承载力较火灾前下降约 20%,属于危险点。

　　火灾后三层B轴和6轴所交柱如图3.3.4.22所示,该柱混凝土呈浅黄色,柱角部混凝土严重脱落且露筋,柱周围钢架发生扭曲变形。根据混凝土表面情况,可判断柱受火时的表面最高温度在500 ℃以上。该柱承载力较火灾前下降约20%,属于危险点。

图3.3.4.21　火灾后三层B轴和　　图3.3.4.22　火灾后三层B轴和

5轴所交柱　　　　　　　　　6轴所交柱

　　火灾后三层B轴和7轴所交柱如图3.3.4.23所示,该柱混凝土呈浅黄色,柱角部混凝土严重脱落且露筋。根据混凝土表面情况,可判断柱受火时的表面最高温度在500 ℃以上。该柱承载力较火灾前下降约20%,属于危险点。

　　火灾后三层B轴和8轴所交柱如图3.3.4.24所示,该柱混凝土呈浅黄色,柱角部混凝土严重脱落且露筋,柱周围钢架发生扭曲变形。根据混凝土表面情况,可判断柱受火时的表面最高温度在500 ℃以上。该柱承载力较火灾前下降约20%,属于危险点。

图3.3.4.23　火灾后三层B轴和7轴所交柱　　图3.3.4.24　火灾后三层B轴和

8轴所交柱

　　火灾后三层B轴和9轴所交柱如图3.3.4.25所示,该柱混凝土呈浅黄色,柱角部混凝土严重脱落且露筋。根据混凝土表面情况,可判断柱受火时的表面最高温度在500 ℃以上。该柱承载力较火灾前下降约20%,属于危险点。

火灾后三层 B 轴和 10 轴所交柱如图 3.3.4.26 所示,该柱混凝土呈浅黄色,柱角部混凝土严重脱落且露筋,柱周围钢架发生扭曲变形。根据混凝土表面情况,可判断柱受火时的表面最高温度在 500 ℃ 以上。该柱承载力较火灾前下降约 20%,属于危险点。

图 3.3.4.25　火灾后三层 B 轴和　　图 3.3.4.26　火灾后三层 B 轴和
9 轴所交柱　　　　　　　10 轴所交柱

火灾后三层 B 轴和 11 轴所交柱如图 3.3.4.27 所示,该柱混凝土呈浅黄色,柱角部混凝土严重脱落且露筋。根据混凝土表面情况,可判断柱受火时的表面最高温度在 500 ℃ 以上。该柱承载力较火灾前下降约 20%,属于危险点。

火灾后三层 B 轴和 12 轴所交柱如图 3.3.4.28 所示,该柱混凝土呈浅黄色,柱角部混凝土严重脱落且露筋,柱周围钢架发生扭曲变形。根据混凝土表面情况,可判断柱受火时的表面最高温度在 500 ℃ 以上。该柱承载力较火灾前下降约 20%,属于危险点。

图 3.3.4.27　火灾后三层 B 轴和　　图 3.3.4.28　火灾后三层 B 轴和 12 轴所
11 轴所交柱　　　　　　　　交柱

火灾后三层 B 轴和 13 轴所交柱如图 3.3.4.29 所示,该柱混凝土呈浅黄色,柱角部混凝土严重脱落且露筋。根据混凝土表面情况,可判断柱受火时的表面最高温度在 500 ℃ 以上。该柱承载力较火灾前下降约 20%,属于危险点。

火灾后三层 B 轴和 14 轴所交柱如图 3.3.4.30 所示,该柱混凝土呈浅灰白色,表面有较多细裂纹,表面疏松棱角处有轻度脱落。根据混凝土表面情况,可判断柱受火时的表面最高温度在 500 ℃ 以上。该柱承载力较火灾前下降约 20%,属于危险点。

图 3.3.4.29　火灾后三层 B 轴和 13 轴所交柱　　图 3.3.4.30　火灾后三层 B 轴和 14 轴所交柱

火灾后三层 B 轴和 15 轴所交柱如图 3.3.4.31 所示,该柱混凝土呈浅黄色,柱角部混凝土严重脱落且露筋,柱周围钢架发生扭曲变形。根据混凝土表面情况,可判断柱受火时的表面最高温度在 500 ℃ 以上。该柱承载力较火灾前下降约 20%,属于危险点。

火灾后三层 B 轴和 16 轴所交柱如图 3.3.4.32 所示,该柱混凝土呈浅灰白色,表面有较多细裂纹,表面疏松,棱角处混凝土轻度脱落。根据混凝土表面情况,可判断柱受火时的表面最高温度在 500 ℃ 以上。该柱承载力较火灾前下降约 20%,属于危险点。

图 3.3.4.31　火灾后三层 B 轴和　　图 3.3.4.32　火灾后三层 B 轴和
　　　　　　　15 轴所交柱　　　　　　　　　　　　16 轴所交柱

火灾后三层 B 轴和 17 轴所交柱如图 3.3.4.33 所示,该柱混凝土呈浅黄色,柱角部混凝土严重脱落且露筋,柱周围钢架发生扭曲变形。根据混凝土表面情况,可判断柱受火时的表面最高温度在 500 ℃ 以上。该柱承载力较火灾前下降约 20%,属于危险点。

火灾后三层 B 轴和 18 轴所交柱如图 3.3.4.34 所示,该柱混凝土呈浅黄色,柱周围钢架发生扭曲变形。根据混凝土表面情况,可判断柱受火时的表面最高温度在 500 ℃ 以上。该柱承载力较火灾前下降约 20%,属于危险点。

图 3.3.4.33   火灾后三层 B 轴和 17 轴所交柱   图 3.3.4.34   火灾后三层 B 轴和
                                                                    18 轴所交柱

火灾后三层 B 轴和 19 轴所交柱如图 3.3.4.35 所示,该柱混凝土呈浅灰白色,表面有
较多细裂纹,表面疏松,棱角处混凝土轻度脱落。根据混凝土表面情况,可判断柱受火时
的表面最高温度在 500 ℃ 以上。该柱承载力较火灾前下降约 20%,属于危险点。

火灾后三层 B 轴和 20 轴所交柱如图 3.3.4.36 所示,该柱混凝土呈浅灰白色略显浅红
色,柱角部混凝土剥落且出现裂缝。根据混凝土表面情况,可判断柱受火时的表面最高温
度在 500 ℃ 以上。该柱承载力较火灾前下降约 20%,属于危险点。

图 3.3.4.35   火灾后三层 B 轴和   图 3.3.4.36   火灾后三层 B 轴和
                19 轴所交柱   20 轴所交柱

火灾后三层 C 轴和 1 轴所交柱如图 3.3.4.37 所示,该柱混凝土呈浅灰白色略显浅红
色,柱角部混凝土剥落且出现裂缝。根据混凝土表面情况,可判断柱受火时的表面最高温
度在 300 ℃ 以下。该柱承载力较火灾前下降约 3%,不属于危险点。

火灾后三层 C 轴和 2 轴所交柱如图 3.3.4.38 所示,该柱混凝土呈浅黄色,柱角部混
凝土严重脱落且露筋。根据混凝土表面情况,可判断柱受火时的表面最高温度在 300 ℃
以下。该柱承载力较火灾前下降约 3%,不属于危险点。

图 3.3.4.37　火灾后三层 C 轴和　　图 3.3.4.38　火灾后三层 C 轴和
　　　　　　1 轴所交柱　　　　　　　　　　　　2 轴所交柱

　　火灾后三层 C 轴和 3 轴所交柱如图 3.3.4.39 所示,该柱混凝土呈浅灰白色,柱角部混凝土剥落。根据混凝土表面情况,可判断柱受火时的表面最高温度在 300 ℃ 以下。该柱承载力较火灾前下降约 3%,不属于危险点。

　　火灾后三层 C 轴和 4 轴所交柱如图 3.3.4.40 所示,该柱混凝土呈浅黄色,柱角部混凝土严重脱落且露筋,柱周围钢架发生扭曲变形。根据混凝土表面情况,可判断柱受火时的表面最高温度在 300 ℃ 以下。该柱承载力较火灾前下降约 3%,不属于危险点。

图 3.3.4.39　火灾后三层 C 轴和　　图 3.3.4.40　火灾后三层 C 轴和
　　　　　　3 轴所交柱　　　　　　　　　　　　4 轴所交柱

　　火灾后三层 C 轴和 5 轴所交柱如图 3.3.4.41 所示,该柱混凝土呈浅黄色,柱角部混凝土严重脱落且露筋。根据混凝土表面情况,可判断柱受火时的表面最高温度在 500 ℃ 以上。该柱承载力较火灾前下降约 20%,属于危险点。

　　火灾后三层 C 轴和 6 轴所交柱如图 3.3.4.42 所示,该柱混凝土呈浅黄色,柱角部混凝土严重脱落且露筋,柱周围钢架发生扭曲变形。根据混凝土表面情况,可判断柱受火时的表面最高温度在 500 ℃ 以上。该柱承载力较火灾前下降约 20%,属于危险点。

图 3.3.4.41　火灾后三层 C 轴和　　图 3.3.4.42　火灾后三层 C 轴和
　　　　　　5 轴所交柱　　　　　　　　　　　6 轴所交柱

　　火灾后三层 C 轴和 7 轴所交柱如图 3.3.4.43 所示,该柱混凝土呈浅灰白色略显浅红色,柱角部混凝土剥落且出现裂缝。根据混凝土表面情况,可判断柱受火时的表面最高温度在 500 ℃ 以上。该柱承载力较火灾前下降约 20%,属于危险点。

　　火灾后三层 C 轴和 8 轴所交柱如图 3.3.4.44 所示,该柱混凝土呈浅黄色,柱角部混凝土严重脱落且露筋,柱周围钢架发生扭曲变形。根据混凝土表面情况,可判断柱受火时的表面最高温度在 500 ℃ 以上。该柱承载力较火灾前下降约 20%,属于危险点。

图 3.3.4.43　火灾后三层 C 轴和　　图 3.3.4.44　火灾后三层 C 轴和 8 轴所交柱
　　　　　　7 轴所交柱

　　火灾后三层 C 轴和 9 轴所交柱如图 3.3.4.45 所示,该柱混凝土呈浅灰白色,柱角部混凝土剥落。根据混凝土表面情况,可判断柱受火时的表面最高温度在 500 ℃ 以上。该柱承载力较火灾前下降约 20%,属于危险点。

　　火灾后三层 C 轴和 11 轴所交柱如图 3.3.4.46 所示,该柱混凝土呈浅黄色,柱角部混凝土严重脱落且露筋,柱周围钢架发生扭曲变形。根据混凝土表面情况,可判断柱受火时的表面最高温度在 500 ℃ 以上。该柱承载力较火灾前下降约 20%,属于危险点。

图 3.3.4.45 火灾后三层 C 轴和 9 轴所交柱 　　图 3.3.4.46 火灾后三层 C 轴和
11 轴所交柱

　　火灾后三层 C 轴和 12 轴所交柱如图 3.3.4.47 所示,该柱混凝土呈浅灰白色略显浅红色,柱角部混凝土剥落且出现裂缝。根据混凝土表面情况,可判断柱受火时的表面最高温度在 500 ℃ 以上。该柱承载力较火灾前下降约 20％,属于危险点。

　　火灾后三层 C 轴和 13 轴所交柱如图 3.3.4.48 所示,该柱混凝土呈浅灰白色略显浅红色,柱角部混凝土剥落且出现裂缝。根据混凝土表面情况,可判断柱受火时的表面最高温度在 500 ℃ 以上。该柱承载力较火灾前下降约 20％,属于危险点。

图 3.3.4.47 火灾后三层 C 轴和　　图 3.3.4.48 火灾后三层 C 轴和
12 轴所交柱　　　　　　　　13 轴所交柱

　　火灾后三层 C 轴和 14 轴所交柱如图 3.3.4.49 所示,该柱混凝土呈浅黄色,柱角部混凝土严重脱落且露筋,柱周围钢架发生扭曲变形。根据混凝土表面情况,可判断柱受火时的表面最高温度在 500 ℃ 以上。该柱承载力较火灾前下降约 20％,属于危险点。

　　火灾后三层 C 轴和 15 轴所交柱如图 3.3.4.50 所示,该柱混凝土呈浅灰白色,柱角部混凝土剥落。根据混凝土表面情况,可判断柱受火时的表面最高温度在 500 ℃ 以上。该柱承载力较火灾前下降约 20％,属于危险点。

图 3.3.4.49　火灾后三层 C 轴和 14 轴所交柱　　图 3.3.4.50　火灾后三层 C 轴和

15 轴所交柱

　　火灾后三层 C 轴和 16 轴所交柱如图 3.3.4.51 所示,该柱混凝土呈浅灰白色,柱角部混凝土剥落。根据混凝土表面情况,可判断柱受火时的表面最高温度在 500 ℃ 以上。该柱承载力较火灾前下降约 20％,属于危险点。

　　火灾后三层 C 轴和 17 所交柱如图 3.3.4.52 所示,该柱混凝土呈浅灰白色略显浅红色,柱角部混凝土剥落且出现裂缝。根据混凝土表面情况,可判断柱受火时的表面最高温度在 500 ℃ 以上。该柱承载力较火灾前下降约 20％,属于危险点。

图 3.3.4.51　火灾后三层 C 轴和 16 轴所交柱　　图 3.3.4.52　火灾后三层 C 轴和

17 轴所交柱

　　火灾后三层 C 轴和 18 轴所交柱如图 3.3.4.53 所示,该柱混凝土呈浅黄色,柱角部混凝土严重脱落且露筋,柱周围钢架发生扭曲变形。根据混凝土表面情况,可判断柱受火时的表面最高温度在 500 ℃ 以上。该柱承载力较火灾前下降约 20％,属于危险点。

　　火灾后三层 C 轴和 19 轴所交柱如图 3.3.4.54 所示,该柱混凝土呈浅灰白色略显浅红色,柱角部混凝土剥落且出现裂缝。根据混凝土表面情况,可判断柱受火时的表面最高温度在 500 ℃ 以上。该柱承载力较火灾前下降约 20％,属于危险点。

图 3.3.4.53　火灾后三层 C 轴和　　图 3.3.4.54　火灾后三层 C 轴和
　　　　　　　18 轴所交柱　　　　　　　　　　　19 轴所交柱

　　火灾后三层 C 轴和 20 轴所交柱如图 3.3.4.55 所示,该柱混凝土呈浅灰白色,柱角部混凝土剥落。根据混凝土表面情况,可判断柱受火时的表面最高温度在 500 ℃ 以上。该柱承载力较火灾前下降约 20%,属于危险点。

　　火灾后三层 D 轴和 1 轴所交柱如图 3.3.4.56 所示,该柱混凝土呈浅灰白色略显浅红色,柱角部混凝土剥落且出现裂缝。根据混凝土表面情况,可判断柱受火时的表面最高温度在 300 ℃ 以下。该柱承载力较火灾前下降约 3%,不属于危险点。

图 3.3.4.55　火灾后三层 C 轴和　　图 3.3.4.56　火灾后三层 D 轴和
　　　　　　　20 轴所交柱　　　　　　　　　　　1 轴所交柱

　　火灾后三层 D 轴和 2 轴所交柱如图 3.3.4.57 所示,该柱混凝土呈浅灰白色略显浅红色,柱角部混凝土剥落且出现裂缝。根据混凝土表面情况,可判断柱受火时的表面最高温度在 300 ℃ 以下。该柱承载力较火灾前下降约 3%,不属于危险点。

　　火灾后三层 D 轴和 3 轴所交柱如图 3.3.4.58 所示,该柱混凝土呈浅灰白色,柱角部混凝土剥落。根据混凝土表面情况,可判断柱受火时的表面最高温度在 300 ℃ 以下。该柱承载力较火灾前下降约 3%,不属于危险点。

图 3.3.4.57　火灾后三层 D 轴和　　图 3.3.4.58　火灾后三层 D 轴和
　　　　　　　2 轴所交柱　　　　　　　　　　　　3 轴所交柱

　　火灾后三层 D 轴和 5 轴所交柱如图 3.3.4.59 所示,该柱混凝土呈浅黄色,柱角部混凝土严重脱落且露筋,柱周围钢架发生扭曲变形。根据混凝土表面情况,可判断柱受火时的表面最高温度在 500 ℃ 以上。该柱承载力较火灾前下降约 20%,属于危险点。

　　火灾后三层 D 轴和 6 轴所交柱如图 3.3.4.60 所示,该柱混凝土呈浅黄色,柱角部混凝土严重脱落且露筋,柱周围钢架发生扭曲变形。根据混凝土表面情况,可判断柱受火时的表面最高温度在 500 ℃ 以上。该柱承载力较火灾前下降约 20%,属于危险点。

图 3.3.4.59　火灾后三层 D 轴和　　图 3.3.4.60　火灾后三层 D 轴和
　　　　　　　5 轴所交柱　　　　　　　　　　　　6 轴所交柱

　　火灾后三层 D 轴和 7 轴所交柱如图 3.3.4.61 所示,该柱混凝土呈浅黄色,柱角部混凝土严重脱落且露筋,柱周围钢架发生扭曲变形。根据混凝土表面情况,可判断柱受火时的表面最高温度在 500 ℃ 以上。该柱承载力较火灾前下降约 20%,属于危险点。

　　火灾后三层 D 轴和 8 轴所交柱如图 3.3.4.62 所示,该柱混凝土呈浅黄色,柱角部混凝土严重脱落且露筋。根据混凝土表面情况,可判断柱受火时的表面最高温度在 500 ℃ 以上。该柱承载力较火灾前下降约 20%,属于危险点。

图 3.3.4.61　火灾后三层　图 3.3.4.62　火灾后三层 D 轴和
D 轴和 7 轴所交柱　　　　　8 轴所交柱

　　火灾后三层 D 轴和 9 轴所交柱如图 3.3.4.63 所示,该柱混凝土呈浅灰白色略显浅红色,柱角部混凝土剥落且出现裂缝。根据混凝土表面情况,可判断柱受火时的表面最高温度在 500 ℃ 以上。该柱承载力较火灾前下降约 20%,属于危险点。

　　火灾后三层 D 轴和 11 轴所交柱如图 3.3.4.64 所示,该柱混凝土呈浅黄色,柱角部混凝土严重脱落且露筋,柱周围钢架发生扭曲变形。根据混凝土表面情况,可判断柱受火时的表面最高温度在 500 ℃ 以上。该柱承载力较火灾前下降约 20%,属于危险点。

图 3.3.4.63　火灾后三层 D 轴和 9 轴所交柱　图 3.3.4.64　火灾后三层 D 轴和
　　　　　　　　　　　　　　　　　　　　　　11 轴所交柱

　　火灾后三层 D 轴和 12 轴所交柱如图 3.3.4.65 所示,该柱混凝土呈浅灰白色,柱角部混凝土剥落。根据混凝土表面情况,可判断柱受火时的表面最高温度在 500 ℃ 以上。该柱承载力较火灾前下降约 20%,属于危险点。

　　火灾后三层 D 轴和 13 轴所交柱如图 3.3.4.66 所示,该柱混凝土呈浅黄色,柱角部混凝土严重脱落且露筋,柱周围钢架发生扭曲变形。根据混凝土表面情况,可判断柱受火时的表面最高温度在 500 ℃ 以上。该柱承载力较火灾前下降约 20%,属于危险点。

图 3.3.4.65 火灾后三层 D 轴和　图 3.3.4.66 火灾后三层 D 轴和
12 轴所交柱　　　　　　　　13 轴所交柱

　　火灾后三层 D 轴和 15 轴所交柱如图 3.3.4.67 所示,该柱混凝土呈浅灰白色,柱角部混凝土剥落。根据混凝土表面情况,可判断柱受火时的表面最高温度在 500 ℃ 以上。该柱承载力较火灾前下降约 20%,属于危险点。

　　火灾后三层 D 轴和 16 轴所交柱如图 3.3.4.68 所示,该柱混凝土呈浅黄色,柱角部混凝土严重脱落且露筋。根据混凝土表面情况,可判断柱受火时的表面最高温度在 500 ℃ 以上。该柱承载力较火灾前下降约 20%,属于危险点。

图 3.3.4.67 火灾后三层 D 轴和　图 3.3.4.68 火灾后三层 D 轴和 16 轴所交柱
15 轴所交柱

　　火灾后三层 D 轴和 17 轴所交柱如图 3.3.4.69 所示,该柱混凝土呈浅灰白色,柱角部混凝土剥落。根据混凝土表面情况,可判断柱受火时的表面最高温度在 500 ℃ 以上。该柱承载力较火灾前下降约 20%,属于危险点。

　　火灾后三层 D 轴和 18 轴所交柱如图 3.3.4.70 所示,该柱混凝土呈浅黄色,柱角部混凝土严重脱落且露筋,柱周围钢架发生扭曲变形。根据混凝土表面情况,可判断柱受火时的表面最高温度在 500 ℃ 以上。该柱承载力较火灾前下降约 20%,属于危险点。

图 3.3.4.69　火灾后三层 D 轴和　　图 3.3.4.70　火灾后三层 D 轴和 18 轴所交柱

17 轴所交柱

火灾后三层 D 轴和 19 轴所交柱如图 3.3.4.71 所示,该柱混凝土呈浅灰白色,柱角部混凝土剥落。根据混凝土表面情况,可判断柱受火时的表面最高温度在 500 ℃ 以上。该柱承载力较火灾前下降约 20%,属于危险点。

火灾后三层 D 轴和 20 轴所交柱如图 3.3.4.72 所示,该柱混凝土呈浅灰色,柱表面混凝土局部粉刷层剥落且表面有细微裂缝。根据混凝土表面情况,可判断柱受火时的表面最高温度在 500 ℃ 以上。该柱承载力较火灾前下降约 20%,属于危险点。

图 3.3.4.71　火灾后三层 D 轴和　　图 3.3.4.72　火灾后三层 D 轴和

19 轴所交柱　　　　　　　　20 轴所交柱

火灾后三层 E 轴和 2 轴所交柱混凝土呈浅灰色,柱表面混凝土局部粉刷层剥落且表面有细微裂缝。根据混凝土表面情况,可判断柱受火时的表面最高温度在 300 ℃ 以下。该柱承载力较火灾前下降约 3%,不属于危险点。

火灾后三层 E 轴和 3 轴所交柱如图3.3.4.73所示,该柱混凝土呈浅黄色,柱角部混凝土严重脱落且露筋,柱周围钢架发生扭曲变形。根据混凝土表面情况,可判断柱受火时的表面最高温度在 300 ℃ 以下。该柱承载力较火灾前下降约 3%,不属于危险点。

火灾后三层 E 轴和 4 轴所交柱如图 3.3.4.74 所示,该柱混凝土呈浅灰白色略显浅红色,柱角部混凝土剥落且出现裂缝。根据混凝土表面情况,可判断柱受火时的表面最高温度在 300 ℃ 以下。该柱承载力较火灾前下降约 3%,不属于危险点。

图 3.3.4.73　火灾后三层 E 轴和　　图 3.3.4.74　火灾后三层 E 轴和
3 轴所交柱　　　　　　　　　　4 轴所交柱

火灾后三层 E 轴和 5 轴所交柱如图 3.3.4.75 所示,该柱混凝土呈浅黄色,柱角部混凝土严重脱落且露筋,柱周围钢架发生扭曲变形。根据混凝土表面情况,可判断柱受火时的表面最高温度在 500 ℃ 以上。该柱承载力较火灾前下降约 20%,属于危险点。

火灾后三层 E 轴和 6 轴所交柱如图 3.3.4.76 所示,该柱混凝土呈浅灰白色略显浅红色,柱角部混凝土剥落且出现裂缝。根据混凝土表面情况,可判断柱受火时的表面最高温度在 500 ℃ 以上。该柱承载力较火灾前下降约 20%,属于危险点。

图 3.3.4.75　火灾后三层 E 轴和　　图 3.3.4.76　火灾后三层 E 轴和
5 轴所交柱　　　　　　　　　　6 轴所交柱

火灾后三层 E 轴和 7 轴所交柱如图 3.3.4.77 所示,该柱混凝土呈浅黄色,柱角部混凝土严重脱落且露筋,柱周围钢架发生扭曲变形。根据混凝土表面情况,可判断柱受火时的表面最高温度在 500 ℃ 以上。该柱承载力较火灾前下降约 20%,属于危险点。

火灾后三层 E 轴和 8 轴所交柱如图 3.3.4.78 所示,该柱混凝土呈浅黄色,柱角部混凝土严重脱落且露筋。根据混凝土表面情况,可判断柱受火时的表面最高温度在 500 ℃ 以上。该柱承载力较火灾前下降约 20％,属于危险点。

图 3.3.4.77　火灾后三层 E 轴和　　图 3.3.4.78　　火灾后三层 E 轴和 8 轴所交柱
　7 轴所交柱

火灾后三层 E 轴和 9 轴所交柱如图 3.3.4.79 所示,该柱混凝土呈浅黄色,柱角部混凝土严重脱落且露筋,柱周围钢架发生扭曲变形。根据混凝土表面情况,可判断柱受火时的表面最高温度在 500 ℃ 以上。该柱承载力较火灾前下降约 20％,属于危险点。

火灾后三层 E 轴和 10 轴所交柱如图 3.3.4.80 所示,该柱混凝土呈浅灰白色略显浅红色,柱角部混凝土剥落且出现裂缝。根据混凝土表面情况,可判断柱受火时的表面最高温度在 500 ℃ 以上。该柱承载力较火灾前下降约 20％,属于危险点。

图 3.3.4.79　火灾后三层 E 轴和 9 轴所交柱　　图 3.3.4.80　　火灾后三层 E 轴和
　　　　　　　　　　　　　　　　　　　　　　　10 轴所交柱

火灾后三层 E 轴和 11 轴所交柱如图 3.3.4.81 所示,该柱混凝土呈浅黄色,柱角部混凝土严重脱落且露筋,柱周围钢架发生扭曲变形。根据混凝土表面情况,可判断柱受火时的表面最高温度在 500 ℃ 以上。该柱承载力较火灾前下降约 20％,属于危险点。

火灾后三层 E 轴和 12 轴所交柱如图 3.3.4.82 所示,该柱混凝土呈浅黄色,柱角部混凝土严重脱落且露筋,柱周围钢架发生扭曲变形。根据混凝土表面情况,可判断柱受火时的表面最高温度在 500 ℃ 以上。该柱承载力较火灾前下降约 20％,属于危险点。

图 3.3.4.81　火灾后三层 E 轴和　　图 3.3.4.82　火灾后三层 E 轴和
　　　　　　11 轴所交柱　　　　　　　　　　12 轴所交柱

火灾后三层 E 轴和 13 轴所交柱如图 3.3.4.83 所示,该柱混凝土呈浅灰白色,表面有较多细裂纹,表面疏松,棱角处混凝土轻度脱落。根据混凝土表面情况,可判断柱受火时的表面最高温度在 500 ℃ 以上。该柱承载力较火灾前下降约 20％,属于危险点。

火灾后三层 E 轴和 14 轴所交柱如图 3.3.4.84 所示,该柱混凝土呈浅灰白色,表面有较多细裂纹,表面疏松,棱角处混凝土轻度脱落。根据混凝土表面情况,可判断柱受火时的表面最高温度在 500 ℃ 以上。该柱承载力较火灾前下降约 20％,属于危险点。

图 3.3.4.83　火灾后三层 E 轴和　　图 3.3 4.84　火灾后三层 E 轴和
　　　　　　13 轴所交柱　　　　　　　　　　14 轴所交柱

火灾后三层 E 轴和 15 轴所交柱如图 3.3.4.85 所示,该柱混凝土呈浅灰白色略显黄色,表面有较多细裂纹,表面疏松,棱角处混凝土轻度脱落,柱周围钢条发生扭曲变形。根据混凝土表面情况,可判断柱受火时的表面最高温度在 500 ℃ 以上。该柱承载力较火灾前下降约 20%,属于危险点。

火灾后三层 E 轴和 16 轴所交柱如图 3.3.4.86 所示,该柱混凝土呈浅灰白色略显黄色,表面有较多细裂纹,表面疏松,棱角处混凝土轻度脱落,柱周围钢条发生扭曲变形。根据混凝土表面情况,可判断柱受火时的表面最高温度在 500 ℃ 以上。该柱承载力较火灾前下降约 20%,属于危险点。

图 3.3.4.85　火灾后三层 E 轴和　　图 3.3.4.86　火灾后三层 E 轴和 16 轴所交柱
　　　　　　15 轴所交柱

火灾后三层 E 轴和 17 轴所交柱如图 3.3.4.87 所示,该柱混凝土呈浅灰白色略显黄色,表面有较多细裂纹,表面疏松,棱角处混凝土轻度脱落,柱周围钢条发生扭曲变形。根据混凝土表面情况,可判断柱受火时的表面最高温度在 500 ℃ 以上。该柱承载力较火灾前下降约 20%,属于危险点。

火灾后三层 E 轴和 18 轴所交柱如图 3.3.4.88 所示,该柱表面局部粉刷层脱落,表面有细微裂缝。根据混凝土表面情况,可判断柱受火时的表面最高温度在 500 ℃ 以上。该柱承载力较火灾前下降约 20%,属于危险点。

图 3.3.4.87　火灾后三层 E 轴和 17 轴所交柱　　图 3.3.4.88　火灾后三层 E 轴和 18 轴所交柱

火灾后三层 E 轴和 19 轴所交柱如图 3.3.4.89 所示,该柱混凝土呈浅灰白色,表面有较多细裂纹,表面疏松,棱角处混凝土轻度脱落。根据混凝土表面情况,可判断柱受火时的表面最高温度在 500 ℃ 以上。该柱承载力较火灾前下降约 20%,属于危险点。

　　火灾后三层 E 轴和 20 轴所交柱如图 3.3.4.90 所示,该柱表面局部粉刷层脱落,表面有细微裂缝。根据混凝土表面情况,可判断柱受火时的表面最高温度在 500 ℃ 以上。该柱承载力较火灾前下降约 20%,属于危险点。

图 3.3.4.89　火灾后三层 E 轴和 19 轴所交柱　　　图 3.3.4.90　火灾后三层 E 轴和
20 轴所交柱

　　火灾后三层 F 轴和 1 轴所交柱如图 3.3.4.91 所示,该柱表面局部粉刷层脱落,表面有细微裂缝。根据混凝土表面情况,可判断柱受火时的表面最高温度在 300 ℃ 以下。该柱承载力较火灾前下降约 3%,不属于危险点。

　　火灾后三层 F 轴和 2 轴所交柱如图 3.3.4.92 所示,该柱混凝土呈浅灰白色略显浅红色,柱角部混凝土剥落且出现裂缝。根据混凝土表面情况,可判断柱受火时的表面最高温度在 300 ℃ 以下。该柱承载力较火灾前下降约 3%,不属于危险点。

图 3.3.4.91　火灾后三层 F 轴和　　　图 3.3.4.92　火灾后三层 F 轴和
1 轴所交柱　　　　　　　　　　2 轴所交柱

　　火灾后三层 F 轴和 3 轴所交柱如图 3.3.4.93 所示,该柱混凝土呈浅灰白色略显浅红色,柱角部混凝土剥落且出现裂缝。根据混凝土表面情况,可判断柱受火时的表面最高温度在 300 ℃ 以下。该柱承载力较火灾前下降约 3%,不属于危险点。

火灾后三层 F 轴和 4 轴所交柱如图 3.3.4.94 所示,该柱混凝土呈浅灰白色,表面有较多细裂纹,表面疏松,棱角处混凝土轻度脱落。根据混凝土表面情况,可判断柱受火时的表面最高温度在 300 ℃ 以下。该柱承载力较火灾前下降约 3%,不属于危险点。

图 3.3.4.93　火灾后三层 F 轴和 3 轴所交柱　　图 3.3.4.94　火灾后三层 F 轴和
　　　　　　　　　　　　　　　　　　　　　　　　　　　　　　4 轴所交柱

火灾后三层 F 轴和 5 轴所交柱如图 3.3.4.95 所示,该柱混凝土呈浅灰白色,表面有较多细裂纹,表面疏松,棱角处混凝土轻度脱落。根据混凝土剥落及开裂情况,可判断柱受火时的表面最高温度在 500 ℃ 以上。该柱承载力较火灾前下降约 20%,属于危险点。

火灾后三层 F 轴和 6 轴所交柱如图 3.3.4.96 所示,该柱混凝土呈浅灰白色,柱角部混凝土剥落。根据混凝土表面情况,可判断柱受火时的表面最高温度在 500 ℃ 以上。该柱承载力较火灾前下降约 20%,属于危险点。

图 3.3.4.95　火灾后三层 F 轴和　　图 3.3.4.96　火灾后三层 F 轴和
　　　　　　　5 轴所交柱　　　　　　　　　　　　6 轴所交柱

火灾后三层 F 轴和 7 轴所交柱如图 3.3.4.97 所示,该柱混凝土呈浅黄色,柱角部混凝土严重脱落且露筋,柱周围钢架发生扭曲变形。根据混凝土表面情况,可判断柱受火时的表面最高温度在 500 ℃ 以上。该柱承载力较火灾前下降约 20%,属于危险点。

火灾后三层 F 轴和 8 轴所交柱如图 3.3.4.98 所示,该柱混凝土呈浅灰白色,柱角部混凝土剥落。根据混凝土表面情况,可判断柱受火时的表面最高温度在 500 ℃ 以上。该柱承载力较火灾前下降约 20%,属于危险点。

图 3.3.4.97　火灾后三层 F 轴和 7 轴所交柱　　图 3.3.4.98　火灾后三层 F 轴和 8 轴所交柱

火灾后三层 F 轴和 9 轴所交柱如图 3.3.4.99 所示,该柱混凝土呈浅灰白色,柱角部混凝土剥落。根据混凝土表面情况,可判断柱受火时的表面最高温度在 500 ℃ 以上。该柱承载力较火灾前下降约 20%,属于危险点。

火灾后三层 F 轴和 10 轴所交柱如图 3.3.4.100 所示,该柱混凝土呈浅灰白色略显浅红色,柱角部混凝土剥落且出现裂缝。根据混凝土表面情况,可判断柱受火时的表面最高温度在 500 ℃ 以上。该柱承载力较火灾前下降约 20%,属于危险点。

图 3.3.4.99　火灾后三层 F 轴和 9 轴所交柱　　图 3.3.4.100　火灾后三层 F 轴和 10 轴所交柱

火灾后三层 F 轴和 11 轴所交柱如图 3.3.4.101 所示,该柱混凝土呈浅灰白色,柱角部混凝土剥落。根据混凝土表面情况,可判断柱受火时的表面最高温度在 500 ℃ 以上。该柱承载力较火灾前下降约 20%,属于危险点。

火灾后三层 F 轴和 12 轴所交柱如图 3.3.4.102 所示,该柱表面局部粉刷层脱落,表面有细微裂缝。根据混凝土表面情况,可判断柱受火时的表面最高温度在 500 ℃ 以上。该柱承载力较火灾前下降约 20%,属于危险点。

图 3.3.4.101　火灾后三层 F 轴和 11 轴所交柱　　图 3.3.4.102　火灾后三层 F 轴和 12 轴所交柱

　　火灾后三层 F 轴和 13 轴所交柱如图 3.3.4.103 所示,该柱表面局部粉刷层脱落,表面有细微裂缝。根据混凝土表面情况,可判断柱受火时的表面最高温度在 500 ℃ 以上。该柱承载力较火灾前下降约 20%,属于危险点。

　　火灾后三层 F 轴和 15 轴所交柱如图 3.3.4.104 所示,该柱混凝土呈浅黄色,柱角部混凝土严重脱落且露筋,柱周围钢架发生扭曲变形。根据混凝土表面情况,可判断柱受火时的表面最高温度在 500 ℃ 以上。该柱承载力较火灾前下降约 20%,属于危险点。

图 3.3.4.103　火灾后三层 F 轴和 13 轴所交柱　　图 3.3.4.104　火灾后三层 F 轴和 15 轴所交柱

　　火灾后三层 F 轴和 16 轴所交柱如图 3.3.4.105 所示,该柱混凝土呈浅黄色,柱角部混凝土严重脱落且露筋,柱周围钢架发生扭曲变形。根据混凝土表面情况,可判断柱受火时的表面最高温度在 500 ℃ 以上。该柱承载力较火灾前下降约 20%,属于危险点。

　　火灾后三层 F 轴和 17 轴所交柱如图 3.3.4.106 所示,该柱混凝土呈浅黄色,柱角部混凝土表面大面积脱落且有较多裂缝。根据混凝土表面情况,可判断柱受火时的表面最高温度在 500 ℃ 以上。该柱承载力较火灾前下降约 20%,属于危险点。

　　火灾后三层 F 轴和 18 轴所交柱如图 3.3.4.107 所示,该柱混凝土呈浅灰白色略显浅红色,柱角部混凝土剥落且出现裂缝。根据混凝土表面情况,可判断柱受火时的表面最高温度在 500 ℃ 以上。该柱承载力较火灾前下降约 20%,属于危险点。

　　火灾后三层一小部分柱几乎未损伤,在此不再赘述。

图 3.3.4.105 火灾后三层 F 轴和 16 轴所交柱　图 3.3.4.106 火灾后三层 F 轴和 17 轴所交柱

2. 梁的损伤情况

按照 A、B 纵轴与 1～20 轴所交主梁、次梁至 E、F 纵轴与 1～20 轴所交主梁、次梁排序,火灾后三层顶梁损伤状况如下。

火灾后三层顶 A 轴和 4、5 轴所交主梁如图 3.3.4.108 所示,该梁角部混凝土出现裂缝,颜色为浅灰白色。根据混凝土表面外观特征,可判断梁受火时的表面最高温度在 500 ℃ 以上。该跨极限荷载较火灾前降低约 30%,属于危险点。

图 3.3.4.107 火灾后三层 F 轴和 18 轴所交柱　图 3.3.4.108 火灾后三层顶 A 轴和 4、5 轴所交主梁

火灾后三层顶 A 轴和 5、6 轴所交主梁如图 3.3.4.109 所示,该梁局部粉刷层脱落,颜色为浅灰白色,表面有较多细裂纹,梁周围钢条出现扭曲变形。根据混凝土表面外观特征,可判断梁受火时的表面最高温度在 500 ℃ 以上。该跨极限荷载较火灾前降低约 30%,属于危险点。

火灾后三层顶 A 轴和 15、16 轴所交主梁如图 3.3.4.110 所示,该梁角部混凝土出现裂缝,颜色为浅灰白色。根据混凝土剥落及开裂情况以及表面外观特征,可判断梁受火时的表面最高温度在 500 ℃ 以上。该跨极限荷载较火灾前降低约 30%,属于危险点。

火灾后三层顶 A 轴和 16、17 轴所交主梁如图 3.3.4.111 所示,该梁有少许细裂纹,颜色为浅灰白色略显黄色。根据混凝土表面外观特征,可判断梁受火时的表面最高温度在 500 ℃ 以上。该跨极限荷载较火灾前降低约 30%,属于危险点。

火灾后三层顶 A 轴和 17、18 轴所交主梁如图 3.3.4.112 所示,该梁角部混凝土开裂,颜色为浅灰白色略显浅红色。根据混凝土表面外观特征,可判断梁受火时的表面最高温度在 500 ℃ 以上。该跨极限荷载较火灾前降低约 30％,属于危险点。

图 3.3.4.109　火灾后三层顶 A 轴和 5、6 轴所　　图 3.3.4.110　火灾后三层顶 A 轴和 15、16 轴
　　　　　　　交主梁　　　　　　　　　　　　　　　　　所交主梁

图 3.3.4.111　火灾后三层顶 A 轴和 16、17 轴　　图 3.3.4.112　火灾后三层顶 A 轴和 17、18 轴
　　　　　　　所交主梁　　　　　　　　　　　　　　　　　所交主梁

　　火灾后三层顶 A 轴和 18、19 轴所交主梁如图 3.3.4.113 所示,该梁表面严重脱落,棱角处露筋,颜色为浅黄色略显白色。根据混凝土表面外观特征,可判断梁受火时的表面最高温度在500 ℃ 以上。该跨极限荷载较火灾前降低约 30％,属于危险点。

　　火灾后三层顶 A、B 轴和 3 轴所交主梁如图 3.3.4.114 所示,该梁表面严重开裂,有贯穿裂缝,表面显灰白色,梁附近钢条出现严重扭曲。根据混凝土表面外观特征,可判断梁受火时的表面最高温度在 300 ~ 500 ℃ 之间。该跨极限荷载较火灾前降低约 18％,属于危险点。

图 3.3.4.113　火灾后三层顶 A 轴和 18、19 轴　　图 3.3.4.114　火灾后三层顶 A、B 轴和 3 轴所
　　　　　　　所交主梁　　　　　　　　　　　　　　　　　交主梁

火灾后三层顶 A、B 轴和 4 轴所交主梁如图 3.3.4.115 所示,该梁表面严重开裂,有贯穿裂缝,表面显灰白色。根据混凝土表面外观特征,可判断梁受火时的表面最高温度在 300～500 ℃ 之间。该跨极限荷载较火灾前降低约 18%,属于危险点。

火灾后三层顶 A、B 轴和 5 轴所交主梁如图 3.3.4.116 所示,该梁表面有较多细裂纹,颜色为浅灰白色略显浅黄色。根据混凝土表面外观特征,可判断梁受火时的表面最高温度在 500 ℃ 以上。该跨极限荷载较火灾前降低约 30%,属于危险点。

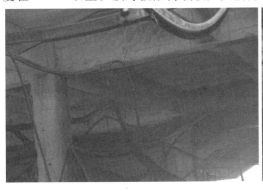 

图 3.3.4.115　火灾后三层顶 A、B 轴和 4 轴所交主梁　　　图 3.3.4.116　火灾后三层顶 A、B 轴和 5 轴所交主梁

火灾后三层顶 A、B 轴和 11 轴所交主梁如图 3.3.4.117 所示,该梁表面大面积脱落,露筋,颜色为浅黄色。根据混凝土表面外观特征,可判断梁受火时的表面最高温度在 500 ℃ 以上。该跨极限荷载较火灾前降低约 30%,属于危险点。

火灾后三层顶 A、B 轴和 12 轴所交主梁如图 3.3.4.118 所示,该梁角部混凝土剥落,出现裂缝,颜色为浅灰白色略显黄色。根据混凝土表面外观特征,可判断梁受火时的表面最高温度在 500 ℃ 以上。该跨极限荷载较火灾前降低约 30%,属于危险点。

图 3.3.4.117　火灾后三层顶 A、B 轴和 11 轴所交主梁　　　图 3.3.4.118　火灾后三层顶 A、B 轴和 12 轴所交主梁

火灾后三层顶 A、B 轴和 15 轴所交主梁如图 3.3.4.119 所示,该梁表面起鼓,棱角处混凝土轻微脱落,部分石子石灰化,并且附近钢条发生扭曲变形。根据混凝土表面外观特征,可判断梁受火时的表面最高温度在 500 ℃ 以上。该跨极限荷载较火灾前降低约 30%,属于危险点。

火灾后三层顶 A、B 轴和 16 轴所交主梁如图 3.3.4.120 所示,该梁表面疏松,起鼓,颜色显灰白,并且附近钢条扭曲变形。根据混凝土表面外观特征,可判断梁受火时的表面最高温度在 500 ℃ 以上。该跨极限荷载较火灾前降低约 30％,属于危险点。

图 3.3.4.119　火灾后三层顶 A、B 轴和 15 轴所　图 3.3.4.120　火灾后三层顶 A、B 轴和 16 轴所
　　　　　　　　交主梁　　　　　　　　　　　　　　　　　　交主梁

　　火灾后三层顶 A、B 轴和 17 轴所交主梁如图 3.3.4.121 所示,该梁角部混凝土开裂,颜色为浅灰白色。根据混凝土剥落及开裂情况以及表面外观特征,可判断梁受火时的表面最高温度在 500 ℃ 以上。该跨极限荷载较火灾前降低约 30％,属于危险点。

　　火灾后三层顶 A、B 轴和 18 轴所交主梁如图 3.3.4.122 所示,该梁表面疏松,颜色为浅灰白色略显黄色,附近钢条发生扭曲变形。根据混凝土表面外观特征,可判断梁受火时的表面最高温度在 500 ℃ 以上。该跨极限荷载较火灾前降低约 30％,属于危险点。

图 3.3.4.121　火灾后三层顶 A、B 轴和 17 轴所　图 3.3.4.122　火灾后三层顶 A、B 轴和 18 轴所
　　　　　　　　交主梁　　　　　　　　　　　　　　　　　　交主梁

　　火灾后三层顶 A、B 轴和 3、4 轴所围次梁如图 3.3.4.123 所示,该梁出现大面积裂缝,颜色为浅灰白色略显浅黄色,表面疏松,角部混凝土轻微脱落。根据混凝土表面外观特征,可判断梁受火时的表面最高温度在 300 ℃ 以下。该跨极限荷载较火灾前降低约12％,不属于危险点。

　　火灾后三层顶 A、B 轴和 4、5 轴所围次梁如图 3.3.4.124 所示,该梁颜色为灰白色略显浅黄色,有较多细裂纹,表面疏松,棱角处混凝土轻度脱落,附近钢条发生扭曲变形。根据混凝土表面外观特征,可判断梁受火时的表面最高温度在 500 ℃ 以上。该跨极限荷载较火灾前降低约 30％,属于危险点。

图 3.3.4.123　火灾后三层顶 A、B 轴和 3、4 轴所　　图 3.3.4.124　火灾后三层顶 A、B 轴和 4、5 轴所
　　　　　　　围次梁　　　　　　　　　　　　　　　　　　围次梁

　　火灾后三层顶 A、B 轴和 5、6 轴所围次梁如图 3.3.4.125 所示,该梁角部混凝土脱落,角部出现开裂,颜色为浅灰白色,附近钢条出现扭曲变形。根据混凝土表面外观特征,可判断梁受火时的表面最高温度在 500 ℃ 以上。该跨极限荷载较火灾前降低约 30%,属于危险点。

　　火灾后三层顶 A、B 轴和 15、16 轴所围次梁如图 3.3.4.126 所示,该梁表面疏松,颜色为浅灰白色略显黄色,梁周围铁件发生扭曲变形。根据混凝土表面外观特征,可判断梁受火时的表面最高温度在 500 ℃ 以上。该跨极限荷载较火灾前降低约 30%,属于危险点。

图 3.3.4.125　火灾后三层顶 A、B 轴和 5、6 轴所　　图 3.3.4.126　火灾后三层顶 A、B 轴和 15、16 轴
　　　　　　　围次梁　　　　　　　　　　　　　　　　　　　所围次梁

　　火灾后三层顶 A、B 轴和 16、17 轴所围次梁如图 3.3.4.127 所示,该梁局部粉刷层脱落,颜色为浅灰白色,表面有少许细裂纹,梁周围钢条出现扭曲变形。根据混凝土表面外观特征,可判断梁受火时的表面最高温度在 500 ℃ 以上。该跨极限荷载较火灾前降低约 30%,属于危险点。

　　火灾后三层顶 A、B 轴和 17、18 轴所围次梁如图 3.3.4.128 所示,该梁局部粉刷层脱落,棱角处脱落较重,颜色为浅黄色,梁周围钢条出现严重扭曲变形。根据混凝土表面外观特征,可判断梁受火时的表面最高温度在 500 ℃ 以上。该跨极限荷载较火灾前降低约 30%,属于危险点。

　　火灾后三层顶 A、B 轴和 18、19 轴所围次梁如图 3.3.4.129 所示,该梁局部粉刷层脱落,颜色为浅灰白色,角部混凝土出现裂缝。根据混凝土表面外观特征,可判断梁受火时的表面最高温度在 500 ℃ 以上。该跨极限荷载较火灾前降低约 30%,属于危险点。

火灾后三层顶 A 轴外侧与 15 轴所交梁如图 3.3.4.130 所示,该梁局部粉刷层严重脱落,颜色为浅灰白色,表面露筋。根据混凝土表面外观特征,可判断梁受火时的表面最高温度在 500 ℃ 以上。该跨极限荷载较火灾前降低约 30%,属于危险点。

图 3.3.4.127　火灾后三层顶 A、B 轴和 16、17 轴　　图 3.3.4.128　火灾后三层顶 A、B 轴和 17、18 轴
　　　　　　　所围次梁　　　　　　　　　　　　　　　　　　　　所围次梁

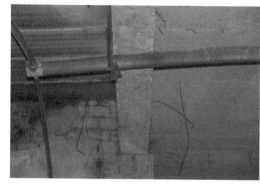

图 3.3.4.129　火灾后三层顶 A、B 轴和 18、19 轴　　图 3.3.4.130　火灾后三层顶 A 轴外侧与 15 轴
　　　　　　　所围次梁　　　　　　　　　　　　　　　　　　　　所交主梁

火灾后三层顶 A 轴外侧与 16 轴所围次梁如图 3.3.4.131 所示,该梁局部粉刷层脱落严重,颜色为灰白色,表面有较多细裂纹,棱角处混凝土严重脱落。根据混凝土表面外观特征,可判断梁受火时的表面最高温度在 500 ℃ 以上。该跨极限荷载较火灾前降低约 30%,属于危险点。

火灾后三层顶 A 轴外侧与 15、16 轴所围次梁如图 3.3.4.132 所示,该梁颜色为浅灰白色略显黄色。根据混凝土表面外观特征,可判断梁受火时的表面最高温度在 500 ℃ 以上。该跨极限荷载较火灾前降低约 30%,属于危险点。

火灾后三层顶 A 轴外侧与 16、17 轴所围次梁如图 3.3.4.133 所示,该梁局部粉刷层脱落严重,部分石子石灰化,颜色为浅灰白色,表面露筋。根据混凝土表面外观特征,可判断梁受火时的表面最高温度在 500 ℃ 以上。该跨极限荷载较火灾前降低约 30%,属于危险点。

火灾后三层顶 B 轴与 2、3 轴所交主梁如图 3.3.4.134 所示,该梁表面颜色为浅灰白色略显黄色,表面有较多细裂纹。根据混凝土表面外观特征,可判断梁受火时的表面最高温度在 300 ℃ 以下。该跨极限荷载较火灾前降低约 12%,不属于危险点。

图 3.3.4.131　火灾后三层顶 A 轴外侧与 16　　图 3.3.4.132　火灾后三层顶 A 轴外侧与 15、
　　　　　　　轴所围次梁　　　　　　　　　　　　　　　　　16 轴所围次梁

图 3.3.4.133　火灾后三层顶 A 轴外侧与 16、　　图 3.3.4.134　火灾后三层顶 B 轴与 2、3 轴所
　　　　　　　17 轴所围次梁　　　　　　　　　　　　　　　　　交主梁

　　火灾后三层顶 B 轴与 3、4 轴所交主梁如图 3.3.4.135 所示,该梁表面颜色为浅灰白色略显黄色,表面有较多细裂纹。根据混凝土表面外观特征,可判断梁受火时的表面最高温度在 300 ℃ 以下。该跨极限荷载较火灾前降低约 12%,不属于危险点。

　　火灾后三层顶 B 轴与 4、5 轴所交主梁如图 3.3.4.136 所示,该梁局部粉刷层脱落,颜色为浅灰白色,表面有较多细裂纹,角部混凝土出现开裂。根据混凝土表面外观特征,可判断梁受火时的表面最高温度在 500 ℃ 以上。该跨极限荷载较火灾前降低约 30%,属于危险点。

图 3.3.4.135　火灾后三层顶 B 轴与 3、4 轴所　　图 3.3.4.136　火灾后三层顶 B 轴与 4、5 轴所
　　　　　　　交主梁　　　　　　　　　　　　　　　　　　交主梁

火灾后三层顶 B 轴与 5、6 轴所交主梁如图 3.3.4.137 所示,该梁局部粉刷层脱落,表面起鼓,颜色为浅灰白色,表面有较多细裂纹,棱角处混凝土轻微脱落,部分石子石灰化。根据混凝土表面外观特征,可判断梁受火时的表面最高温度在 500 ℃ 以上。该跨极限荷载较火灾前降低约 30%,属于危险点。

火灾后三层顶 B 轴与 6、7 轴所交主梁如图 3.3.4.138 所示,该梁局部粉刷层脱落,颜色为浅灰白色,表面有较多细裂纹,梁周围钢条出现扭曲变形。根据混凝土表面外观特征,可判断梁受火时的表面最高温度在 500 ℃ 以上。该跨极限荷载较火灾前降低约 30%,属于危险点。

图 3.3.4.137　火灾后三层顶 B 轴与 5、6 轴所交主梁　　图 3.3.4.138　火灾后三层顶 B 轴与 6、7 轴所交主梁

火灾后三层顶 B 轴与 9、10 轴所交主梁如图 3.3.4.139 所示,该梁局部粉刷层脱落,颜色为浅灰白色略显黄色,表面有较多细裂纹,梁周围钢条出现扭曲变形。根据混凝土表面外观特征,可判断梁受火时的表面最高温度在 500 ℃ 以上。该跨极限荷载较火灾前降低约 30%,属于危险点。

火灾后三层顶 B 轴与 10、11 轴所交主梁如图 3.3.4.140 所示,该梁局部粉刷层脱落,颜色为浅黄色,表面有较多细裂纹并伴有少量贯穿裂纹。根据混凝土表面外观特征,可判断梁受火时的表面最高温度在 500 ℃ 以上。该跨极限荷载较火灾前降低约 30%,属于危险点。

图 3.3.4.139　火灾后三层顶 B 轴与 9、10 轴所交主梁　　图 3.3.4.140　火灾后三层顶 B 轴与 10、11 轴所交主梁

火灾后三层顶 B 轴与 11、12 轴所交主梁如图 3.3.4.141 所示,该梁局部粉刷层脱落,

颜色为浅黄色,表面有较多细裂纹,梁周围钢条出现扭曲变形。根据混凝土表面外观特征,可判断梁受火时的表面最高温度在 500 ℃ 以上。该跨极限荷载较火灾前降低约 30%,属于危险点。

　　火灾后三层顶 B 轴与 12、13 轴所交主梁如图 3.3.4.142 所示,该梁角部混凝土出现裂缝,颜色为浅黄色,表面有长条贯穿裂缝,梁周围钢条扭曲变形。根据混凝土表面外观特征,可判断梁受火时的表面最高温度在 500 ℃ 以上。该跨极限荷载较火灾前降低约 30%,属于危险点。

図 3.3.4.141　火灾后三层顶 B 轴与 11、12 轴所
　　　　　　　交主梁
図 3.3.4.142　火灾后三层顶 B 轴与 12、13 轴所
　　　　　　　交主梁

　　火灾后三层顶 B 轴与 13、14 轴所交主梁如图 3.3.4.143 所示,该梁局部粉刷层脱落,颜色为浅灰白色。根据混凝土表面外观特征,可判断梁受火时的表面最高温度在 500 ℃ 以上。该跨极限荷载较火灾前降低约 30%,属于危险点。

　　火灾后三层顶 B 轴与 14、15 轴所交主梁如图 3.3.4.144 所示,该梁表面疏松,梁角部混凝土出现裂缝,颜色为浅灰白色,表面有大面积长条贯穿裂缝。根据混凝土表面外观特征,可判断梁受火时的表面最高温度在 500 ℃ 以上。该跨极限荷载较火灾前降低约 30%,属于危险点。

図 3.3.4.143　火灾后三层顶 B 轴与 13、14 轴所
　　　　　　　交主梁
図 3.3.4.144　火灾后三层顶 B 轴与 14、15 轴所
　　　　　　　交主梁

　　火灾后三层顶 B 轴与 15、16 轴所交主梁如图 3.3.4.145 所示,该梁角部混凝土出现裂缝,颜色为浅灰白色,周围钢条扭曲变形。根据混凝土表面外观特征,可判断梁受火时的表面最高温度在 500 ℃ 以上。该跨极限荷载较火灾前降低约 30%,属于危险点。

　　火灾后三层顶 B 轴与 16、17 轴所交主梁如图 3.3.4.146 所示,该梁角部混凝土出现裂缝,颜色为浅黄色。根据混凝土表面外观特征,可判断梁受火时的表面最高温度在 500 ℃以上。该跨极限荷载较火灾前降低约 30%,属于危险点。

图 3.3.4.145　火灾后三层顶 B 轴与 15、16 轴所交主梁　　　图 3.3.4.146　火灾后三层顶 B 轴与 16、17 轴所交主梁

　　火灾后三层顶 B 轴与 17、18 轴所交主梁如图 3.3.4.147 所示,该梁表面疏松,梁角部混凝土出现裂缝,颜色为浅灰白色。根据混凝土表面外观特征,可判断梁受火时的表面最高温度在 500 ℃以上。该跨极限荷载较火灾前降低约 30%,属于危险点。

　　火灾后三层顶 B 轴与 18、19 轴所交主梁如图 3.3.4.148 所示,该梁表面疏松,梁底部混凝土出现脱落严重,颜色为浅灰白色。根据混凝土表面外观特征,可判断梁受火时的表面最高温度在 500 ℃以上。该跨极限荷载较火灾前降低约 30%,属于危险点。

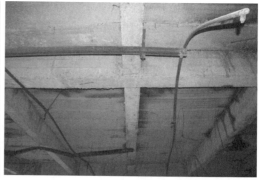

图 3.3.4.147　火灾后三层顶 B 轴与 17、18 轴所交主梁　　　图 3.3.4.148　火灾后三层顶 B 轴与 18、19 轴所交主梁

　　火灾后三层顶 B、C 轴与 2 轴所交主梁如图 3.3.4.149 所示,该梁角部混凝土出现裂缝,颜色为浅灰白色,表面有大面积细密裂缝。根据混凝土表面外观特征,可判断梁受火时的表面最高温度在 300 ℃以下。该跨极限荷载较火灾前降低约 12%,不属于危险点。

　　火灾后三层顶 B、C 轴与 3 轴所交主梁如图 3.3.4.150 所示,该梁角部混凝土出现裂缝,颜色为浅灰白色,表面有大面积裂缝和贯穿裂缝,附近钢条扭曲变形。根据混凝土表面外观特征,可判断梁受火时的表面最高温度在 300 ℃以下。该跨极限荷载较火灾前降低约 12%,不属于危险点。

图 3.3.4.149 火灾后三层顶 B、C 轴与 2 轴所交 主梁 　　图 3.3.4.150 火灾后三层顶 B、C 轴与 3 轴所交 主梁

　　火灾后三层顶 B、C 轴与 4 轴所交主梁如图 3.3.4.151 所示,该梁角部混凝土出现裂缝,颜色为浅灰白色,表面出现大面积裂缝和贯穿裂缝,附近钢条扭曲变形。根据混凝土表面外观特征,可判断梁受火时的表面最高温度在 300 ℃ 以下。该跨极限荷载较火灾前降低约 12%,不属于危险点。

　　火灾后三层顶 B、C 轴与 5 轴所交主梁如图 3.3.4.152 所示,该梁角部混凝土出现裂缝,颜色为浅灰白色,表面有较多细裂纹并伴有少量贯穿裂纹,表面起鼓。根据混凝土表面外观特征,可判断梁受火时的表面最高温度在 500 ℃ 以上。该跨极限荷载较火灾前降低约 30%,属于危险点。

图 3.3.4.151 火灾后三层顶 B、C 轴与 4 轴所交 主梁 　　图 3.3.4.152 火灾后三层顶 B、C 轴与 5 轴所交 主梁

　　火灾后三层顶 B、C 轴与 9 轴所交主梁如图 3.3.4.153 所示,该梁角部混凝土出现裂缝,颜色为浅灰白色。根据混凝土表面外观特征,可判断梁受火时的表面最高温度在 500 ℃ 以上。该跨极限荷载较火灾前降低约 30%,属于危险点。

　　火灾后三层顶 B、C 轴与 10 轴所交主梁如图 3.3.4.154 所示,该梁表面全部脱落,颜色为浅灰白色,梁失去承载能力,大面积断裂,露筋,附近钢条扭曲变形。根据混凝土表面外观特征,可判断梁受火时的表面最高温度在 500 ℃ 以上。该跨极限荷载较火火前降低约 30%,属于危险点。

　　火灾后三层顶 B、C 轴与 11 轴所交主梁如图 3.3.4.155 所示,该梁角部混凝土出现裂缝,颜色为浅黄色。根据混凝土表面外观特征,可判断梁受火时的表面最高温度在 500 ℃

以上。该跨极限荷载较火灾前降低约 30%，属于危险点。

火灾后三层顶 B、C 轴与 12 轴所交主梁如图 3.3.4.156 所示,该梁角部混凝土出现裂缝,颜色为浅黄色,表面出现长贯穿裂纹,棱角处混凝土轻微脱落。根据混凝土表面外观特征,可判断梁受火时的表面最高温度在 500 ℃ 以上。该跨极限荷载较火灾前降低约 30%,属于危险点。

图 3.3.4.153　火灾后三层顶 B、C 轴与 9 轴所交主梁　　　图 3.3.4.154　火灾后三层顶 B、C 轴与 10 轴所交主梁

图 3.3.4.155　火灾后三层顶 B、C 轴与 11 轴所交主梁　　　图 3.3.4.156　火灾后三层顶 B、C 轴与 12 轴所交主梁

火灾后三层顶 B、C 轴与 14 轴所交双梁如图 3.3.4.157 所示,双梁角部混凝土均出现裂缝,颜色为浅灰白色,附近钢条扭曲变形。根据混凝土表面外观特征,可判断梁受火时的表面最高温度在 500 ℃ 以上。该跨极限荷载较火灾前降低约 30%,属于危险点。

火灾后三层顶 B、C 轴与 15 轴所交主梁如图 3.3.4.158 所示,该梁角部混凝土出现裂缝,颜色为浅灰白色。根据混凝土表面外观特征,可判断梁受火时的表面最高温度在 500 ℃ 以上。该跨极限荷载较火灾前降低约 30%,属于危险点。

火灾后三层顶 B、C 轴与 16 轴所交主梁如图 3.3.4.159 所示,该梁角部混凝土出现裂缝,棱角处混凝土脱落严重,颜色为浅灰白色略显黄色,附近钢条扭曲变形。根据混凝土表面外观特征,可判断梁受火时的表面最高温度在 500 ℃ 以上。该跨极限荷载较火灾前降低约 30%,属于危险点。

火灾后三层顶 B、C 轴与 17 轴所交主梁如图 3.3.4.160 所示,该梁表面疏松,颜色为浅黄色。根据混凝土表面外观特征,可判断梁受火时的表面最高温度在 500 ℃ 以上。该跨极限荷载较火灾前降低约 30%,属于危险点。

图 3.3.4.157　火灾后三层顶 B、C 轴与 14 轴　　图 3.3.4.158　火灾后三层顶 B、C 轴与 15 轴
　　　　　　　所交双梁　　　　　　　　　　　　　　　　　　所交主梁

图 3.3.4.159　火灾后三层顶 B、C 轴与 16 轴　　图 3.3.4.160　火灾后三层顶 B、C 轴与 17 轴
　　　　　　　所交主梁　　　　　　　　　　　　　　　　　　所交主梁

　　火灾后三层顶 B、C 轴与 18 轴所交主梁如图 3.3.4.161 所示,该梁角部混凝土出现裂缝,颜色为浅灰白色,局部石子石灰化。根据混凝土表面外观特征,可判断梁受火时的表面最高温度在 500 ℃ 以上。该跨极限荷载较火灾前降低约 30%,属于危险点。

　　火灾后三层顶 B、C 轴与 19 轴所交主梁如图 3.3.4.162 所示,该梁角部混凝土出现裂缝,颜色为浅灰白色,附近钢条扭曲变形。根据混凝土表面外观特征,可判断梁受火时的表面最高温度在 500 ℃ 以上。该跨极限荷载较火灾前降低约 30%,属于危险点。

图 3.3.4.161　火灾后三层顶 B、C 轴与 18 轴　　图 3.3.4.162　火灾后三层顶 B、C 轴与 19 轴
　　　　　　　所交主梁　　　　　　　　　　　　　　　　　　所交主梁

　　火灾后三层顶 B、C 轴与 2、3 轴所围次梁如图 3.3.4.163 所示，该梁角部混凝土出现裂缝，颜色为浅灰白色，表面有较多细裂纹并伴有少量贯穿裂纹。根据混凝土表面外观特征，可判断梁受火时的表面最高温度在 300 ℃ 以下。该跨极限荷载较火灾前降低约 12％，不属于危险点。

　　火灾后三层顶 B、C 轴与 3、4 轴所围次梁如图 3.3.4.164 所示，该梁角部混凝土出现裂缝，颜色为浅灰白色，表面有较多细裂纹并伴有少量贯穿裂纹。根据混凝土表面外观特征，可判断梁受火时的表面最高温度在 300 ℃ 以下。该跨极限荷载较火灾前降低约 12％，不属于危险点。

图 3.3.4.163　火灾后三层顶 B、C 轴与 2、3 轴所　　　图 3.3.4.164　火灾后三层顶 B、C 轴与 3、4 轴所
　　　　　　　围次梁　　　　　　　　　　　　　　　　　　　　　围次梁

　　火灾后三层顶 B、C 轴与 4、5 轴所围次梁如图 3.3.4.165 所示，该梁角部混凝土出现裂缝，颜色为浅灰白色，表面有较多细裂纹并伴有少量贯穿裂纹。根据混凝土表面外观特征，可判断梁受火时的表面最高温度在 500 ℃ 以上。该跨极限荷载较火灾前降低约 30％，属于危险点。

　　火灾后三层顶 B、C 轴与 5、6 轴所围次梁如图 3.3.4.166 所示，该梁角部混凝土出现裂缝，颜色为浅灰白色。根据混凝土表面外观特征，可判断梁受火时的表面最高温度在 500 ℃ 以上。该跨极限荷载较火灾前降低约 30％，属于危险点。

图 3.3.4.165　火灾后三层顶 B、C 轴与 4、5 轴所　　　图 3.3.4.166　火灾后三层顶 B、C 轴与 5、6 轴所
　　　　　　　围次梁　　　　　　　　　　　　　　　　　　　　　围次梁

　　火灾后三层顶 B、C 轴与 6、7 轴所围次梁如图 3.3.4.167 所示，该梁角部混凝土出现裂缝，颜色为浅灰白色，表面有较多细裂纹并伴有少量贯穿裂纹。根据混凝土表面外观特

征,可判断梁受火时的表面最高温度在 500 ℃ 以上。该跨极限荷载较火灾前降低约 30%,属于危险点。

火灾后三层顶 B、C 轴与 8、9 轴所围次梁如图 3.3.4.168 所示,该梁角部混凝土出现裂缝,颜色为浅灰白色,附近钢条扭曲变形。根据混凝土表面外观特征,可判断梁受火时的表面最高温度在 500 ℃ 以上。该跨极限荷载较火灾前降低约 30%,属于危险点。

图 3.3.4.167　火灾后三层顶 B、C 轴与 6、7 轴所　　图 3.3.4.168　火灾后三层顶 B、C 轴与 8、9 轴所
　　　　　　　　围次梁　　　　　　　　　　　　　　　　　　　　围次梁

火灾后三层顶 B、C 轴与 9、10 轴所围次梁如图 3.3.4.169 所示,该梁角部混凝土出现裂缝,颜色为浅灰白色。根据混凝土表面外观特征,可判断梁受火时的表面最高温度在 500 ℃ 以上。该跨极限荷载较火灾前降低约 30%,属于危险点。

火灾后三层顶 B、C 轴与 10、11 轴所围次梁如图 3.3.4.170 所示,该梁表面疏松,梁角部混凝土出现裂缝,颜色为浅黄色,表面有较多细裂缝并伴有贯穿裂缝。根据混凝土表面外观特征,可判断梁受火时的表面最高温度在 500 ℃ 以上。该跨极限荷载较火灾前降低约 30%,属于危险点。

图 3.3.4.169　火灾后三层顶 B、C 轴与 9、10 轴　　图 3.3.4.170　火灾后三层顶 B、C 轴与 10、11 轴
　　　　　　　　所围次梁　　　　　　　　　　　　　　　　　　　　所围次梁

火灾后三层顶 B、C 轴与 11、12 轴所围次梁如图 3.3.4.171 所示,该梁角部混凝土出现裂缝,颜色为浅黄色,表面有较多细裂纹,附近钢条扭曲变形。根据混凝土表面外观特征,可判断梁受火时的表面最高温度在 500 ℃ 以上。该跨极限荷载较火灾前降低约 30%,属于危险点。

火灾后三层顶 B、C 轴与 12、13 轴所围次梁如图 3.3.4.172 所示,该梁角部混凝土出现裂缝,颜色为浅灰白色略显黄色。根据混凝土表面外观特征,可判断梁受火时的表面最高温度在 500 ℃ 以上。该跨极限荷载较火灾前降低约 30%,属于危险点。

图 3.3.4.171　火灾后三层顶 B、C 轴与 11、12 轴　　图 3.3.4.172　火灾后三层顶 B、C 轴与 12、13 轴
　　　　　　　所围次梁　　　　　　　　　　　　　　　　　　　所围次梁

　　火灾后三层顶 B、C 轴与 13、14 轴所围次梁如图 3.3.4.173 所示,该梁角部混凝土出现裂缝,颜色为浅黄色,表面有细裂缝并伴有贯穿裂缝,附近钢条扭曲变形。根据混凝土表面外观特征,可判断梁受火时的表面最高温度在 500 ℃ 以上。该跨极限荷载较火灾前降低约 30%,属于危险点。

　　火灾后三层顶 B、C 轴与 14、15 轴所围次梁如图 3.3.4.174 所示,该梁角部混凝土出现裂缝,颜色为浅灰白色,表面有细裂缝并伴有贯穿裂缝,附近钢条扭曲变形。根据混凝土表面外观特征,可判断梁受火时的表面最高温度在 500 ℃ 以上。该跨极限荷载较火灾前降低约 30%,属于危险点。

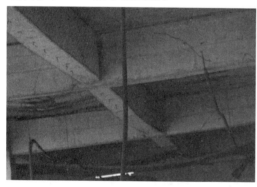 

图 3.3.4.173　火灾后三层顶 B、C 轴与 13、14 轴　　图 3.3.4.174　火灾后三层顶 B、C 轴与 14、15 轴
　　　　　　　所围次梁　　　　　　　　　　　　　　　　　　　所围次梁

　　火灾后三层顶 B、C 轴与 15、16 轴所围次梁如图 3.3.4.175 所示,该梁角部混凝土出现裂缝,颜色为浅灰白色。根据混凝土表面外观特征,可判断梁受火时的表面最高温度在 500 ℃ 以上。该跨极限荷载较火灾前降低约 30%,属于危险点。

　　火灾后三层顶 B、C 轴与 16、17 轴所围次梁如图 3.3.4.176 所示,该梁角部混凝土出现裂缝,颜色为浅灰白色。根据混凝土表面外观特征,可判断梁受火时的表面最高温度在 500 ℃ 以上。该跨极限荷载较火灾前降低约 30%,属于危险点。

图 3.3.4.175　火灾后三层顶 B、C 轴与 15、16 轴　　图 3.3.4.176　火灾后三层顶 B、C 轴与 16、17 轴
　　　　　　　所围次梁　　　　　　　　　　　　　　　　　　　所围次梁

　　火灾后三层顶 B、C 轴与 17、18 轴所围次梁如图 3.3.4.177 所示,该梁角部混凝土出现裂缝,颜色为浅灰白色,附近钢条扭曲变形。根据混凝土表面外观特征,可判断梁受火时的表面最高温度在 500 ℃ 以上。该跨极限荷载较火灾前降低约 30%,属于危险点。

　　火灾后三层顶 B、C 轴与 18、19 轴所围次梁如图 3.3.4.178 所示,该梁颜色为浅灰白色略显黄色,表面疏松,棱角处混凝土轻度脱落。根据混凝土表面外观特征,可判断梁受火时的表面最高温度在 500 ℃ 以上。该跨极限荷载较火灾前降低约 30%,属于危险点。

图 3.3.4.177　火灾后三层顶 B、C 轴与 17、18 轴　　图 3.3.4.178　火灾后三层顶 B、C 轴与 18、19 轴
　　　　　　　所围次梁　　　　　　　　　　　　　　　　　　　所围次梁

　　火灾后三层顶 B、C 轴与 19、20 轴所围次梁如图 3.3.4.179 所示,该梁角部颜色为灰青色,近视正常,无开裂和脱落情况。根据混凝土表面外观特征,可判断梁受火时的表面最高温度在 500 ℃ 以上。该跨极限荷载较火灾前降低约 30%,属于危险点。

　　火灾后三层顶 C、D 轴与 14、15 轴所交主梁如图 3.3.4.180 所示,该梁角部混凝土出现裂缝,颜色为浅灰白色略显黄色。根据混凝土表面外观特征,可判断梁受火时的表面最高温度在 500 ℃ 以上。该跨极限荷载较火灾前降低约 30%,属于危险点。

　　火灾后三层顶 C、D 轴与 13 轴所交主梁如图 3.3.4.181 所示,该梁角部混凝土出现裂缝,颜色为灰白色略显浅黄色,表面有较多细裂纹并伴有贯穿裂纹,底部混凝土轻微脱落。根据混凝土表面外观特征,可判断梁受火时的表面最高温度在 500 ℃ 以上。该跨极限荷载较火灾前降低约 30%,属于危险点。

　　火灾后三层顶 C、D 轴与 14、16 轴所交主梁如图 3.3.4.182 所示,该梁大面积断裂,露筋,颜色为浅灰白色略显黄色,表面疏松,混凝土大面积剥落,附近钢条扭曲变形。根据混凝土表面外观特征,可判断梁受火时的表面最高温度在 500 ℃ 以上。该跨极限荷载较火灾前降低约 30%,属于危险点。

图 3.3.4.179　火灾后三层顶 B、C 轴与 19、20 轴　　图 3.3.4.180　火灾后三层顶 C、D 轴与 14、15 轴
　　　　　　　所围次梁　　　　　　　　　　　　　　　　　　所交主梁

图 3.3.4.181　火灾后三层顶 C、D 轴与 13 轴所　　图 3.3.4.182　火灾后三层顶 C、D 轴与 14、16 轴
　　　　　　　交主梁　　　　　　　　　　　　　　　　　　　　所交主梁

　　火灾后三层顶 D、E 轴与 13、14 轴所围次梁如图 3.3.4.183 所示,该梁角部混凝土出现裂缝,颜色为灰白色略显浅黄色,表面有较多细裂纹并伴有贯穿裂纹,底部混凝土轻微脱落。根据混凝土表面外观特征,可判断梁受火时的表面最高温度在 500 ℃ 以上。该跨极限荷载较火灾前降低约 30%,属于危险点。

　　火灾后三层顶 D、E 轴与 14、16 轴所围次梁如图 3.3.4.184 所示,该梁角部混凝土出现裂缝,颜色为浅灰白色。根据混凝土表面外观特征,可判断梁受火时的表面最高温度在 500 ℃ 以上。该跨极限荷载较火灾前降低约 30%,属于危险点。

　　火灾后三层顶 C 轴与 2、3 轴所交主梁如图 3.3.4.185 所示,该梁角部混凝土出现裂缝,颜色为浅灰白色。根据混凝土表面外观特征,可判断梁受火时的表面最高温度在 300 ℃ 以下。该跨极限荷载较火灾前降低约 12%,不属于危险点。

　　火灾后三层顶 C 轴与 3、4 轴所交主梁如图 3.3.4.186 所示,该梁角部混凝土出现裂缝,颜色为浅灰白色,表面有大面积裂纹并伴有贯穿裂纹。根据混凝土表面外观特征,可判断梁受火时的表面最高温度在 300 ℃ 以下。该跨极限荷载较火灾前降低约 12%,不属于危险点。

图 3.3.4.183　火灾后三层顶 D、E 轴与 13、14 轴所围次梁 　　图 3.3.4.184　火灾后三层顶 D、E 轴与 14、16 轴所围次梁

图 3.3.4.185　火灾后三层顶 C 轴与 2、3 轴所交主梁 　　图 3.3.4.186　火灾后三层顶 C 轴与 3、4 轴所交主梁

　　火灾后三层顶 C 轴与 4、5 轴所交主梁如图 3.3.4.187 所示,该梁角部混凝土出现裂缝,颜色为浅灰白色,表面有大面积裂纹并伴有贯穿裂纹。根据混凝土表面外观特征,可判断梁受火时的表面最高温度在 500 ℃ 以上。该跨极限荷载较火灾前降低约 30%,属于危险点。

　　火灾后三层顶 C 轴与 5、6 轴所交主梁如图 3.3.4.188 所示,该梁角部混凝土出现裂缝,颜色为浅灰白色略显浅黄色,梁出现大面积开裂,失去承载能力,棱角处混凝土脱落严重。根据混凝土表面外观特征,可判断梁受火时的表面最高温度在 500 ℃ 以上。该跨极限荷载较火灾前降低约 30%,属于危险点。

图 3.3.4.187　火灾后三层顶 C 轴与 4、5 轴所交主梁 　　图 3.3.4.188　火灾后三层顶 C 轴与 5、6 轴所交主梁

火灾后三层顶C轴与6、7轴所交主梁如图3.3.4.189所示,该梁角部混凝土出现裂缝,颜色为浅灰白色略显浅黄色,梁出现大面积开裂,失去承载能力,棱角处混凝土脱落严重。根据混凝土表面外观特征,可判断梁受火时的表面最高温度在500℃以上。该跨极限荷载较火灾前降低约30%,属于危险点。

火灾后三层顶C轴与9、10轴所交主梁如图3.3.4.190所示,该梁角部混凝土出现裂缝,颜色为浅灰白色略显浅黄色,表面起鼓,棱角处混凝土轻度脱落,部分石子石灰化。根据混凝土表面外观特征,可判断梁受火时的表面最高温度在500℃以上。该跨极限荷载较火灾前降低约30%,属于危险点。

图3.3.4.189　火灾后三层顶C轴与6、7轴所交主梁

图3.3.4.190　火灾后三层顶C轴与9、10轴所交主梁

火灾后三层顶C轴与10、11轴所交主梁如图3.3.4.191所示,该梁角部混凝土出现裂缝,颜色为浅灰白色。根据混凝土表面外观特征,可判断梁受火时的表面最高温度在500℃以上。该跨极限荷载较火灾前降低约30%,属于危险点。

火灾后三层顶C轴与11、12轴所交主梁如图3.3.4.192所示,该梁角部混凝土出现裂缝,颜色为灰白色略显浅黄色,表面有较多裂缝并伴有贯穿裂纹。根据混凝土表面外观特征,可判断梁受火时的表面最高温度在500℃以上。该跨极限荷载较火灾前降低约30%,属于危险点。

图3.3.4.191　火灾后三层顶C轴与10、11轴所交主梁

图3.3.4.192　火灾后三层顶C轴与11、12轴所交主梁

火灾后三层顶C轴与12、13轴所交主梁如图3.3.4.193所示,该梁角部混凝土出现裂缝,颜色为灰白色略显浅黄色,表面有较多裂缝并伴有贯穿裂纹。根据混凝土表面外观特

征,可判断梁受火时的表面最高温度在 500 ℃ 以上。该跨极限荷载较火灾前降低约30%,属于危险点。

火灾后三层顶 C 轴与 13、14 轴和 D 轴与 13、14 轴所交主梁如图 3.3.4.194 所示,该梁被烧断,失去承载能力,颜色为浅黄色,表面疏松,混凝土大面积脱落,属于危险点。

图 3.3.4.193　火灾后三层顶 C 轴与 12、13 轴所　　图 3.3.4.194　火灾后三层顶 C 轴与 13、14 轴和
　　　　　　　 交主梁　　　　　　　　　　　　　　　　　　　 D 轴与 13、14 轴所交主梁

火灾后三层顶 C 轴与 15、16 轴所交主梁如图 3.3.4.195 所示,该梁出现严重断裂,失去承载能力,颜色为浅黄色,表面疏松,混凝土大面积脱落,属于危险点。

火灾后三层顶 C 轴与 16、17 轴所交主梁如图 3.3.4.196 所示,该梁局部粉刷层剥落,颜色为浅灰色,表面有微细裂纹。根据混凝土表面外观特征,可判断梁受火时的表面最高温度在 500 ℃ 以上。该跨极限荷载较火灾前降低约 30%,属于危险点。

图 3.3.4.195　火灾后三层顶 C 轴与 15、16 轴所　　图 3.3.4.196　火灾后三层顶 C 轴与 16、17 轴所
　　　　　　　 交主梁　　　　　　　　　　　　　　　　　　　 交主梁

火灾后三层顶 C 轴与 17、18 轴所交主梁如图 3.3.4.197 所示,该梁颜色为灰白色略显浅黄色,表面有较多细裂纹并伴有贯穿裂纹。根据混凝土表面外观特征,可判断梁受火时的表面最高温度在 500 ℃ 以上。该跨极限荷载较火灾前降低约 30%,属于危险点。

火灾后二层顶 C 轴与 18、19 轴所交主梁如图 3.3.4.198 所示,该梁表面粉刷层脱落,颜色为浅灰白色。根据混凝土表面外观特征,可判断梁受火时的表面最高温度在 500 ℃以上。该跨极限荷载较火灾前降低约 30%,属于危险点。

火灾后三层顶 C、D 轴与 2 轴所交主梁如图 3.3.4.199 所示,该梁颜色为灰白色略显浅黄色,表面有较多裂纹,底部棱角处混凝土轻度脱落。根据混凝土表面外观特征,可判断梁受火时的表面最高温度在 300 ℃ 以下。该跨极限荷载较火灾前降低约 12%，不属于危险点。

　　火灾后三层顶 C、D 轴与 3 轴所交主梁如图 3.3.4.200 所示，该梁颜色为灰白色略显浅黄色，表面有较多裂纹，底部棱角处混凝土轻度脱落。根据混凝土表面外观特征，可判断梁受火时的表面最高温度在 300 ℃ 以下。该跨极限荷载较火灾前降低约 12%，不属于危险点。

图 3.3.4.197　火灾后三层顶 C 轴与 17、18 轴所交主梁　　图 3.3.4.198　火灾后三层顶 C 轴与 18、19 轴所交主梁

图 3.3.4.199　火灾后三层顶 C、D 轴与 2 轴所交主梁　　图 3.3.4.200　火灾后三层顶 C、D 轴与 3 轴所交主梁

　　火灾后三层顶 C、D 轴与 4 轴所交主梁如图 3.3.4.201 所示，该梁颜色为浅灰白色略显浅黄色，表面有少许细裂纹，混凝土无疏松脱落现象。根据混凝土表面外观特征，可判断梁受火时的表面最高温度在 300 ℃ 以下。该跨极限荷载较火灾前降低约 12%，不属于危险点。

　　火灾后三层顶 C、D 轴与 5 轴所交主梁如图 3.3.4.202 所示，该梁角部混凝土出现裂缝，颜色为灰白色略显浅黄色，有较多细裂纹，表面疏松，棱角处混凝土轻度脱落。根据混凝土表面外观特征，可判断受火时的表面最高温度在 500 ℃ 以上。该跨极限荷载较火灾前降低约 30%，属于危险点。

　　火灾后三层顶 C、D 轴与 6 轴所交主梁如图 3.3.4.203 所示，该梁角部混凝土出现裂缝，颜色为浅灰白色。根据混凝土表面外观特征，可判断梁受火时的表面最高温度在 500 ℃ 以上。该跨极限荷载较火灾前降低约 30%，属于危险点。

火灾后三层顶 C、D 轴与 7 轴所交主梁如图 3.3.4.204 所示,该梁发生严重断裂,失去承载能力,颜色为浅灰白色,表面疏松,混凝土大面积脱落。根据混凝土表面外观特征,可判断梁受火时的表面最高温度在 500 ℃ 以上。该跨极限荷载较火灾前降低约 30%,属于危险点。

图 3.3.4.201　火灾后三层顶 C、D 轴与 4 轴所交　图 3.3.4.202　火灾后三层顶 C、D 轴与 5 轴所交
　　　　　　主梁　　　　　　　　　　　　　　　　　　　　主梁

图 3.3.4.203　火灾后三层顶 C、D 轴与 6 轴所交　图 3.3.4.204　火灾后三层顶 C、D 轴与 7 轴所交
　　　　　　主梁　　　　　　　　　　　　　　　　　　　　主梁

火灾后三层顶 C、D 轴与 8 轴所交主梁如图 3.3.4.205 所示,该梁发生严重断裂,失去承载能力,颜色为浅灰白色,表面疏松,混凝土大面积脱落。根据混凝土表面外观特征,可判断梁受火时的表面最高温度在 500 ℃ 以上。该跨极限荷载较火灾前降低约 30%,属于危险点。

火灾后三层顶 C、D 轴与 9 轴所交主梁如图 3.3.4.206 所示,该梁角部混凝土出现裂缝,底部混凝土破损严重,露筋,颜色为浅灰白色。根据混凝土表面外观特征,可判断梁受火时的表面最高温度在 500 ℃ 以上。该跨极限荷载较火灾前降低约 30%,属于危险点。

火灾后三层顶 C、D 轴与 10 轴所交主梁如图 3.3.4.207 所示,该梁角部混凝土出现裂缝,底部混凝土破损,颜色为浅灰白色,表面有较多细裂纹,露筋。根据混凝土表面外观特征,可判断梁受火时的表面最高温度在 500 ℃ 以上。该跨极限荷载较火灾前降低约 30%,属于危险点。

火灾后三层顶 C、D 轴与 11 轴所交主梁如图 3.3.4.208 所示,该梁表面局部粉刷层脱落,颜色为浅灰白色略显黄色。根据混凝土剥落及开裂情况,可判断梁受火时的表面最高温度在 500 ℃ 以上。该跨极限荷载较火灾前降低约 30%,属于危险点。

图 3.3.4.205　火灾后三层顶 C、D 轴与 8 轴所交　　图 3.3.4.206　火灾后三层顶 C、D 轴与 9 轴所交
　　　　　　　　主梁　　　　　　　　　　　　　　　　　　　　　　　主梁

图 3.3.4.207　火灾后三层顶 C、D 轴与 10 轴所　　图 3.3.4.208　火灾后三层顶 C、D 轴与 11 轴所
　　　　　　　　交主梁　　　　　　　　　　　　　　　　　　　　　　交主梁

　　火灾后三层顶 C、D 轴与 12 轴所交主梁如图 3.3.4.209 所示,该梁角部混凝土出现裂缝,颜色为浅黄色,表面有较多细裂纹并伴有较长的贯穿裂纹。根据混凝土表面外观特征,可判断梁受火时的表面最高温度在 500 ℃ 以上。该跨极限荷载较火灾前降低约 30%,属于危险点。

　　火灾后三层顶 C、D 轴与 14 轴所交主梁如图 3.3.4.210 所示,该梁角部混凝土出现裂缝,颜色为浅灰白色,粉刷层脱落严重,表面有较多细裂纹并伴有长的贯穿裂纹。根据混凝土表面外观特征,可判断梁受火时的表面最高温度在 500 ℃ 以上。该跨极限荷载较火灾前降低约 30%,属于危险点。

　　火灾后三层顶 C、D 轴与 15 轴所交主梁如图 3.3.4.211 所示,该梁混凝土出现严重断裂,失去承载能力,颜色为浅黄色,钢筋外露,表面疏松,属于危险点。

　　火灾后三层顶 C、D 轴与 16 轴所交主梁如图 3.3.4.212 所示,该梁颜色为浅灰白色略显浅黄色,表面疏松,棱角处混凝土脱落。根据混凝土表面外观特征,可判断梁受火时的表面最高温度在 500 ℃ 以上。该跨极限荷载较火灾前降低约 30%,属于危险点。

图 3.3.4.209　火灾后三层顶 C、D 轴与 12 轴所交主梁

图 3.3.4.210　火灾后三层顶 C、D 轴与 14 轴所交主梁

图 3.3.4.211　火灾后三层顶 C、D 轴与 15 轴所交主梁

图 3.3.4.212　火灾后三层顶 C、D 轴与 16 轴所交主梁

　　火灾后三层顶 C、D 轴与 17 轴所交主梁如图 3.3.4.213 所示,该梁角部混凝土出现裂缝,颜色为浅灰白色。根据混凝土表面外观特征,可判断梁受火时的表面最高温度在 500 ℃ 以上。该跨极限荷载较火灾前降低约 30%,属于危险点。

　　火灾后三层顶 C、D 轴与 18 轴所交主梁如图 3.3.4.214 所示,该梁局部粉刷层剥落,颜色为浅灰白色,表面有微细裂纹。根据混凝土表面外观特征,可判断梁受火时的表面最高温度在 500 ℃ 以上。该跨极限荷载较火灾前降低约 30%,属于危险点。

图 3.3.4.213　火灾后三层顶 C、D 轴与 17 轴所交主梁

图 3.3.4.214　火灾后三层顶 C、D 轴与 18 轴所交主梁

火灾后三层顶 C、D 轴与 19 轴所交主梁如图 3.3.4.215 所示,该梁角部混凝土出现裂缝,颜色为浅灰白色。根据混凝土表面外观特征,可判断梁受火时的表面最高温度在 500 ℃ 以上。该跨极限荷载较火灾前降低约 30%,属于危险点。

火灾后三层顶 C、D 轴与 2、3 轴所围次梁如图 3.3.4.216 所示,该梁颜色为浅灰白色,混凝土大面积剥落,表面有较多裂纹。根据混凝土表面外观特征,可判断梁受火时的表面最高温度在 300 ℃ 以下。该跨极限荷载较火灾前降低约 12%,不属于危险点。

图 3.3.4.215　火灾后三层顶 C、D 轴与 19 轴所交主梁　　图 3.3.4.216　火灾后三层顶 C、D 轴与 2、3 轴所围次梁

火灾后三层顶 C、D 轴与 3、4 轴所围次梁如图 3.3.4.217 所示,该梁颜色为浅灰白色略显浅黄色,表面有较多细裂纹并伴有贯穿裂纹,棱角处混凝土轻度脱落。根据混凝土表面外观特征,可判断梁受火时的表面最高温度在 300 ℃ 以下。该跨极限荷载较火灾前降低约 12%,不属于危险点。

火灾后三层顶 C、D 轴与 4、5 轴所围次梁如图 3.3.4.218 所示,该梁颜色为浅灰白色略显浅黄色,表面有较多细裂纹并伴有贯穿裂纹,棱角处混凝土轻度脱落,附近钢条扭曲变形。根据混凝土表面外观特征,可判断梁受火时的表面最高温度在 500 ℃ 以上。该跨极限荷载较火灾前降低约 30%,属于危险点。

图 3.3.4.217　火灾后三层顶 C、D 轴与 3、4 轴所围次梁　　图 3.3.4.218　火灾后三层顶 C、D 轴与 4、5 轴所围次梁

火灾后三层顶 C、D 轴与 5、6 轴所围次梁如图 3.3.4.219 所示,该梁发生大面积断裂,失去承载能力,颜色为浅灰白色略显黄色,表面有较多细裂纹并伴有贯穿裂纹。根据混凝土表面外观特征,可判断梁受火时的表面最高温度在 500 ℃ 以上。该跨极限荷载较火灾

前降低约 30%，属于危险点。

　　火灾后三层顶 C、D 轴与 6、7 轴所围次梁如图 3.3.4.220 所示，该梁颜色为浅灰白色略显浅黄色，表面有较多细裂纹并伴有贯穿裂纹，棱角处混凝土轻度脱落，附近钢条扭曲变形。根据混凝土表面外观特征，可判断梁受火时的表面最高温度在 500 ℃ 以上。该跨极限荷载较火灾前降低约 30%，属于危险点。

图 3.3.4.219　火灾后三层顶 C、D 轴与 5、6 轴所　　图 3.3.4.220　火灾后三层顶 C、D 轴与 6、7 轴所
　　　　　　　围次梁　　　　　　　　　　　　　　　　　　围次梁

　　火灾后三层顶 C、D 轴与 7、8 轴所围次梁如图 3.3.4.221 所示，该梁角部混凝土出现裂缝，颜色为浅灰白色，表面贯穿裂纹增多，棱角处混凝土严重脱落，露筋。根据混凝土表面外观特征，可判断梁受火时的表面最高温度在 500 ℃ 以上。该跨极限荷载较火灾前降低约 30%，属于危险点。

　　火灾后三层顶 C、D 轴与 8、9 轴所围次梁如图 3.3.4.222 所示，该梁角部混凝土出现裂缝，颜色为浅灰白色。根据混凝土表面外观特征，可判断梁受火时的表面最高温度在 500 ℃ 以上。该跨极限荷载较火灾前降低约 30%，属于危险点。

图 3.3.4.221　火灾后三层顶 C、D 轴与 7、8 轴所　　图 3.3.4.222　火灾后三层顶 C、D 轴与 8、9 轴所
　　　　　　　围次梁　　　　　　　　　　　　　　　　　　围次梁

　　火灾后三层顶 C、D 轴与 9、10 轴所围次梁如图 3.3.4.223 所示，该梁颜色为浅灰白色略显黄色，表面疏松，棱角处混凝土轻度脱落，表面有较多细裂纹。根据混凝土表面外观特征，可判断梁受火时的表面最高温度在 500 ℃ 以上。该跨极限荷载较火灾前降低约 30%，属于危险点。

　　火灾后三层顶 C、D 轴与 10、11 轴所围次梁如图 3.3.4.224 所示，该梁角部混凝土出现裂缝,颜色为浅黄色,表面有较多细裂纹并伴有贯穿裂纹,底部露筋。根据混凝土表面外观特征,可判断梁受火时的表面最高温度在 500 ℃ 以上。该跨极限荷载较火灾前降低约 30%,属于危险点。

图 3.3.4.223　火灾后三层顶 C、D 轴与 9、10 轴　　图 3.3.4.224　火灾后三层顶 C、D 轴与 10、11 轴
　　　　　　　所围次梁　　　　　　　　　　　　　　　　　　　所围次梁

　　火灾后三层顶 C、D 轴与 11、12 轴所围次梁如图 3.3.4.225 所示,该梁表面有细裂纹,并伴有贯穿裂纹,颜色为灰白色略显浅黄色。根据混凝土表面外观特征,可判断梁受火时的表面最高温度在 500 ℃ 以上。该跨极限荷载较火灾前降低约 30%,属于危险点。

　　火灾后三层顶 C、D 轴与 12、13 轴所围次梁如图 3.3.4.226 所示,该梁表面有细裂纹,并伴有贯穿裂纹,颜色为灰白色略显浅黄色,棱角处混凝土轻度脱落。根据混凝土表面外观特征,可判断梁受火时的表面最高温度在 500 ℃ 以上。该跨极限荷载较火灾前降低约 30%,属于危险点。

图 3.3.4.225　火灾后三层顶 C、D 轴与 11、12 轴　　图 3.3.4.226　火灾后三层顶 C、D 轴与 12、13 轴
　　　　　　　所围次梁　　　　　　　　　　　　　　　　　　　所围次梁

　　火灾后三层顶 C、D 轴与 14、15 轴所围次梁如图 3.3.4.227 所示,该梁发生大面积断裂,失去承载能力,颜色为浅灰白色略显黄色,表面疏松,混凝土大面积剥落。根据混凝土表面外观特征,可判断梁受火时的表面最高温度在 500 ℃ 以上。该跨极限荷载较火灾前降低约 30%,属于危险点。

　　火灾后三层顶 C、D 轴与 15、16 轴所围次梁如图 3.3.4.228 所示,该梁角部混凝土出现裂缝,颜色为浅灰白色。根据混凝土表面外观特征,可判断梁受火时的表面最高温度在 500 ℃ 以上。该跨极限荷载较火灾前降低约 30%,属于危险点。

图 3.3.4.227 火灾后三层顶 C、D 轴与 14、15 轴 图 3.3.4.228 火灾后三层顶 C、D 轴与 15、16 轴
所围次梁 所围次梁

火灾后三层顶 C、D 轴与 16、17 轴所围次梁如图 3.3.4.229 所示,该梁角部混凝土出现裂缝,颜色为浅灰白色。根据混凝土表面外观特征,可判断梁受火时的表面最高温度在 500 ℃ 以上。该跨极限荷载较火灾前降低约 30%,属于危险点。

火灾后三层顶 C、D 轴与 17、18 轴所围次梁如图 3.3.4.230 所示,该梁角部混凝土出现裂缝,颜色为浅灰白色,混凝土发生大面积断裂。根据混凝土表面外观特征,可判断梁受火时的表面最高温度在 500 ℃ 以上。该跨极限荷载较火灾前降低约 30%,属于危险点。

图 3.3.4.229 火灾后三层顶 C、D 轴与 16、17 轴 图 3.3.4.230 火灾后三层顶 C、D 轴与 17、18 轴
所围次梁 所围次梁

火灾后三层顶 C、D 轴与 18、19 轴所围次梁如图 3.3.4.231 所示,该梁颜色为浅灰色,局部粉刷层脱落。根据混凝土表面外观特征,可判断梁受火时的表面最高温度在 500 ℃ 以上。该跨极限荷载较火灾前降低约 30%,属于危险点。

火灾后三层顶 C、D 轴与 19、20 轴所围次梁如图 3.3.4.232 所示,该梁颜色为浅灰色,局部粉刷层脱落。根据混凝土表面外观特征,可判断梁受火时的表面最高温度在 500 ℃ 以上。该跨极限荷载较火灾前降低约 30%,属于危险点。

火灾后三层顶 C、E 轴与 7、8 轴所围次梁如图 3.3.4.233 所示,该梁发生大面积断裂,失去承载能力,颜色为浅灰白色略显浅黄色,表面疏松,混凝土大面积脱落。根据混凝土表面外观特征,可判断梁受火时的表面最高温度在 500 ℃ 以上。该跨极限荷载较火灾前降低约 30%,属于危险点。

　　火灾后三层顶 C、E 轴与 8、9 轴所围次梁如图 3.3.4.234 所示,该梁发生大面积断裂,失去承载能力,颜色为浅灰白色略显浅黄色,表面疏松,混凝土大面积脱落,属于危险点。

图 3.3.4.231　火灾后三层顶 C、D 轴与 18、19 轴　　图 3.3.4.232　火灾后三层顶 C、D 轴与 19、20 轴
　　　　　　　　所围次梁　　　　　　　　　　　　　　　　　　　　所围次梁

图 3.3.4.233　火灾后三层顶 C、E 轴与 7、8 轴所　　图 3.3.4.234　火灾后三层顶 C、E 轴与 8、9 轴所
　　　　　　　　围次梁　　　　　　　　　　　　　　　　　　　　　围次梁

　　火灾后三层顶 D 轴与 2、3 轴所交主梁如图 3.3.4.235 所示,该梁角部混凝土出现裂缝,颜色为浅灰白色,表面有较多细裂纹并伴有贯穿裂纹,棱角处混凝土脱落,表面起鼓,部分石子石灰化。根据混凝土表面外观特征,可判断梁受火时的表面最高温度在 500 ℃以上。该跨极限荷载较火灾前降低约 30%,属于危险点。

　　火灾后三层顶 D 轴与 3、4 轴所交主梁如图 3.3.4.236 所示,该梁颜色为浅灰白色,表面有较多细裂纹并伴有贯穿裂纹,棱角处混凝土脱落,表面起鼓,部分石子石灰化。根据混凝土表面外观特征,可判断梁受火时的表面最高温度在 300 ℃以下。该跨极限荷载较火灾前降低约 12%,不属于危险点。

　　火灾后三层顶 D 轴与 4、5 轴所交主梁如图 3.3.4.237 所示,该梁颜色为浅灰白色,表面有较多细裂纹并伴有贯穿裂纹,棱角处混凝土脱落,表面起鼓,部分石子石灰化。根据混凝土表面外观特征,可判断梁受火时的表面最高温度在 500 ℃以上。该跨极限荷载较火灾前降低约 30%,属于危险点。

　　火灾后三层顶 D 轴与 5、6 轴所交主梁如图 3.3.4.238 所示,该梁大面积断裂,失去承载能力,钢筋外露,梁表面颜色为浅灰白色,表面疏松,起鼓,棱角处混凝土严重脱落。根据混凝土表面外观特征,可判断梁受火时的表面最高温度在 500 ℃以上。该跨极限荷载较火灾前降低约 30%，属于危险点。

图 3.3.4.235　火灾后三层顶 D 轴与 2、3 轴所交主梁

图 3.3.4.236　火灾后三层顶 D 轴与 3、4 轴所交主梁

图 3.3.4.237　火灾后三层顶 D 轴与 4、5 轴所交主梁

图 3.3.4.238　火灾后三层顶 D 轴与 5、6 轴所交主梁

　　火灾后三层顶 D 轴与 6、7 轴所交主梁如图 3.3.4.239 所示，该梁大面积断裂，失去承载能力，钢筋外露，梁表面颜色为浅灰白色，表面疏松，起鼓，棱角处混凝土严重脱落，属于危险点。

　　火灾后三层顶 D 轴与 8、9 轴所交主梁如图 3.3.4.240 所示，该梁发生大面积断裂，失去承载能力，颜色为浅灰白色略显浅黄色，表面疏松，混凝土大面积脱落，属于危险点。

图 3.3.4.239　火灾后三层顶 D 轴与 6、7 轴所交主梁

图 3.3.4.240　火灾后三层顶 D 轴与 8、9 轴所交主梁

火灾后三层顶 D 轴与 9、10 轴所交主梁如图 3.3.4.241 所示,该梁表面粉刷层脱落,颜色为浅灰白色。根据混凝土表面外观特征,可判断梁受火时的表面最高温度在 500 ℃ 以上。该跨极限荷载较火灾前降低约 30%,属于危险点。

火灾后三层顶 D 轴与 10、11 轴所交主梁如图 3.3.4.242 所示,该梁角部混凝土出现裂缝,颜色为浅灰白色略显黄色。根据混凝土表面外观特征,可判断梁受火时的表面最高温度在 500 ℃ 以上。该跨极限荷载较火灾前降低约 30%,属于危险点。

图 3.3.4.241 火灾后三层顶 D 轴与 9、10 轴所交主梁　　图 3.3.4.242 火灾后三层顶 D 轴与 10、11 轴所交主梁

火灾后三层顶 D 轴与 11、12 轴所交主梁如图 3.3.4.243 所示,该梁角部混凝土出现裂缝,颜色为浅灰白色略显黄色。根据混凝土表面外观特征,可判断梁受火时的表面最高温度在 500 ℃ 以上。该跨极限荷载较火灾前降低约 30%,属于危险点。

火灾后三层顶 D 轴与 12、13 轴所交主梁如图 3.3.4.244 所示,该梁角部混凝土出现裂缝,颜色为浅灰白色略显浅黄色,表面有较多细裂纹并伴有贯穿裂纹。根据混凝土表面外观特征,可判断梁受火时的表面最高温度在 500 ℃ 以上。该跨极限荷载较火灾前降低约 30%,属于危险点。

图 3.3.4.243 火灾后三层顶 D 轴与 11、12 轴所交主梁　　图 3.3.4.244 火灾后三层顶 D 轴与 12、13 轴所交主梁

火灾后三层顶 D 轴与 14、15 轴所交主梁如图 3.3.4.245 所示,该梁角部混凝土出现裂缝,颜色为浅灰白色,表面有较多细裂纹并伴有贯穿裂纹。根据混凝土表面外观特征,可判断梁受火时的表面最高温度在 500 ℃ 以上。该跨极限荷载较火灾前降低约 30%,属于危险点。

火灾后三层顶 D 轴与 15、16 轴所交主梁如图 3.3.4.246 所示,该梁颜色为灰白色,显浅黄色,表面混凝土大面积脱落。根据混凝土表面外观特征,可判断梁受火时的表面最高温度在 500 ℃ 以上。该跨极限荷载较火灾前降低约 30%,属于危险点。

图 3.3.4.245　火灾后三层顶 D 轴与 14、15 轴所　图 3.3.4.246　火灾后三层顶 D 轴与 15、16 轴所
　　　　　　　　交主梁　　　　　　　　　　　　　　　　交主梁

火灾后三层顶 D 轴与 16、17 轴所交主梁如图 3.3.4.247 所示,该梁表面粉刷层脱落,颜色为灰白色,混凝土大面积脱落,表面有较多裂纹。根据混凝土表面外观特征,可判断梁受火时的表面最高温度在 500 ℃ 以上。该跨极限荷载较火灾前降低约 30%,属于危险点。

火灾后三层顶 D 轴与 17、18 轴所交主梁如图 3.3.4.248 所示,该梁中部出现严重断裂,失去承载能力,颜色为浅灰白色略显浅黄色,附近钢条扭曲变形。根据混凝土表面外观特征,可判断梁受火时的表面最高温度在 500 ℃ 以上。该跨极限荷载较火灾前降低约 30%,属于危险点。

图 3.3.4.247　火灾后三层顶 D 轴与 16、17 轴所　图 3.3.4.248　火灾后三层顶 D 轴与 17、18 轴所
　　　　　　　　交主梁　　　　　　　　　　　　　　　　交主梁

火灾后三层顶 D 轴与 18、19 轴所交主梁如图 3.3.4.249 所示,该梁局部粉刷层剥落,颜色为浅灰色,表面有微细裂纹。根据混凝土表面外观特征,可判断梁受火时的表面最高温度在 500 ℃ 以上。该跨极限荷载较火灾前降低约 30%,属于危险点。

火灾后三层顶 D、E 轴与 2 轴所交主梁如图 3.3.4.250 所示,该梁角部混凝土出现裂缝,颜色为浅灰白色,表面有较多细裂纹并伴有贯穿裂纹,棱角处混凝土轻度脱落。根据混凝土表面外观特征,可判断梁受火时的表面最高温度在 300 ℃ 以下。该跨极限荷载较火灾前降低约 12%,不属于危险点。

图 3.3.4.249　火灾后三层顶 D 轴与 18、19 轴所交主梁

图 3.3.4.250　火灾后三层顶 D、E 轴与 2 轴 所交主梁

　　火灾后三层顶 D、E 轴与 3 轴所交主梁如图 3.3.4.251 所示,该梁角部混凝土出现裂缝,颜色为浅灰白色,表面有较多细裂纹并伴有贯穿裂纹,棱角处混凝土轻度脱落。根据混凝土表面外观特征,可判断梁受火时的表面最高温度在 300 ℃ 以下。该跨极限荷载较火灾前降低约 12%,不属于危险点。

　　火灾后三层顶 D、E 轴与 4 轴所交主梁如图 3.3.4.252 所示,该梁表面有少许裂纹,颜色为浅灰白色略显黄色。根据混凝土表面外观特征,可判断梁受火时的表面最高温度在 300 ℃ 以下。该跨极限荷载较火灾前降低约 12%,不属于危险点。

图 3.3.4.251　火灾后三层顶 D、E 轴与 3 轴所交 主梁

图 3.3.4.252　火灾后三层顶 D、E 轴与 4 轴所交 主梁

　　火灾后三层顶 D、E 轴与 5 轴所交主梁如图 3.3.4.253 所示,该梁角部混凝土出现裂缝,颜色为浅灰白色。根据混凝土剥落及开裂情况,可判断梁受火时的表面最高温度在 500 ℃ 以上。该跨极限荷载较火灾前降低约 30%,属于危险点。

　　火灾后三层顶 D、E 轴与 6 轴所交主梁如图 3.3.4.254 所示,该梁混凝土出现严重断裂,失去承载能力,表面混凝土严重脱落,颜色为浅灰白色略显黄色,钢筋外露,附近钢条扭曲变形。根据混凝土表面外观特征,可判断梁受火时的表面最高温度在 500 ℃ 以上。该跨极限荷载较火灾前降低约 30%,属于危险点。

　　火灾后三层顶 D、E 轴与 7 轴所交主梁如图 3.3.4.255 所示,该梁混凝土出现严重断裂,失去承载能力,表面混凝土严重脱落,颜色为浅灰白色略显浅黄色,钢筋外露,附近钢条扭曲变形。根据混凝土表面外观特征,可判断梁受火时的表面最高温度在 500 ℃ 以上。该跨极限荷载较火灾前降低约 30%,属于危险点。

　　火灾后三层顶 D、E 轴与 8 轴所交主梁如图 3.3.4.256 所示,该梁颜色为浅灰白色略显浅黄色,表面疏松,有较多裂纹并伴有贯穿裂纹,附近钢条扭曲变形。根据混凝土表面外观特征,可判断梁受火时的表面最高温度在 500 ℃ 以上。该跨极限荷载较火灾前降低约 30%,属于危险点。

图 3.3.4.253　火灾后三层顶 D、E 轴与 5 轴所交　　图 3.3.4.254　火灾后三层顶 D、E 轴与 6 轴所交
　　　　　　　主梁　　　　　　　　　　　　　　　　　　　　　　　主梁

图 3.3.4.255　火灾后三层顶 D、E 轴与 7 轴所交　　图 3.3.4.256　火灾后三层顶 D、E 轴与 8 轴所交
　　　　　　　主梁　　　　　　　　　　　　　　　　　　　　　　　主梁

　　火灾后三层顶 D、E 轴与 9 轴所交主梁如图 3.3.4.257 所示,该梁角部混凝土出现裂缝,颜色为浅灰白色。根据混凝土表面外观特征,可判断梁受火时的表面最高温度在 500 ℃ 以上。该跨极限荷载较火灾前降低约 30%,属于危险点。

　　火灾后三层顶 D、E 轴与 10 轴所交主梁如图 3.3.4.258 所示,该梁角部混凝土出现裂缝,颜色为浅灰白色。根据混凝土表面外观特征,可判断梁受火时的表面最高温度在 500 ℃ 以上。该跨极限荷载较火灾前降低约 30%,属于危险点。

　　火灾后三层顶 D、E 轴与 11 轴所交主梁如图 3.3.4.259 所示,该梁表面有少许裂纹,颜色为浅灰白色略显黄色。根据混凝土表面外观特征,可判断梁受火时的表面最高温度在 500 ℃ 以上。该跨极限荷载较火灾前降低约 30%,属于危险点。

　　火灾后三层顶 D、E 轴与 12 轴所交主梁如图 3.3.4.260 所示,该梁角部混凝土出现裂缝,颜色为浅灰白色。根据混凝土表面外观特征,可判断梁受火时的表面最高温度在

500 ℃以上。该跨极限荷载较火灾前降低约 30%，属于危险点。

图 3.3.4.257　火灾后三层顶 D、E 轴与 9 轴所交主梁　　图 3.3.4.258　火灾后三层顶 D、E 轴与 10 轴所交主梁

图 3.3.4.259　火灾后三层顶 D、E 轴与 11 轴所交主梁　　图 3.3.4.260　火灾后三层顶 D、E 轴与 12 轴所交主梁

　　火灾后三层顶 D、E 轴与 13 轴所交主梁如图 3.3.4.261 所示，该梁角部混凝土出现裂缝，颜色为浅灰白色。根据混凝土剥落及开裂情况，可判断梁受火时的表面最高温度在 500 ℃以上。该跨极限荷载较火灾前降低约 30%，属于危险点。

　　火灾后三层顶 D、E 轴与 14 轴所交主梁如图 3.3.4.262 所示，该梁角部混凝土出现裂缝，颜色为灰白色略显浅黄色，混凝土大面积脱落，表面有较多裂缝。根据混凝土表面外观特征，可判断梁受火时的表面最高温度在 500 ℃以上。该跨极限荷载较火灾前降低约 30%，属于危险点。

图 3.3.4.261　火灾后三层顶 D、E 轴与 13 轴所交主梁　　图 3.3.4.262　火灾后三层顶 D、E 轴与 14 轴所交主梁

　　火灾后三层顶 D、E 轴与 15 轴所交主梁如图 3.3.4.263 所示,该梁角部混凝土出现裂缝,颜色为浅灰白色,属于危险点。

　　火灾后三层顶 D、E 轴与 16 轴所交主梁如图 3.3.4.264 所示,该梁局部粉刷层剥落,颜色为浅灰白色,表面有微细裂纹。根据混凝土表面外观特征,可判断梁受火时的表面最高温度在 500 ℃ 以上。该跨极限荷载较火灾前降低约 30%,属于危险点。

图 3.3.4.263　火灾后三层顶 D、E 轴与 15 轴所　　图 3.3.4.264　火灾后三层顶 D、E 轴与 16 轴所
　　　　　　　交主梁　　　　　　　　　　　　　　　　　　　交主梁

　　火灾后三层顶 D、E 轴与 17 轴所交主梁如图 3.3.4.265 所示,该梁局部粉刷层剥落,颜色为浅灰白色,表面有微细裂纹。根据混凝土表面外观特征,可判断梁受火时的表面最高温度在 500 ℃ 以上。该跨极限荷载较火灾前降低约 30%,属于危险点。

　　火灾后三层顶 D、E 轴与 18 轴所交主梁如图 3.3.4.266 所示,该梁角颜色为浅灰白色略显黄色,表面有少许细裂纹,无疏松脱落现象。根据混凝土表面外观特征,可判断梁受火时的表面最高温度在 500 ℃ 以上。该跨极限荷载较火灾前降低约 30%,属于危险点。

图 3.3.4.265　火灾后三层顶 D、E 轴与 17 轴所　　图 3.3.4.266　火灾后三层顶 D、E 轴与 18 轴所
　　　　　　　交主梁　　　　　　　　　　　　　　　　　　　交主梁

　　火灾后三层顶 D、E 轴与 19 轴所交主梁如图 3.3.4.267 所示,该梁颜色为浅灰白色略显浅黄色,局部粉刷层脱落,表面有微细裂缝。根据混凝土表面外观特征,可判断梁受火时的表面最高温度在 500 ℃ 以上。该跨极限荷载较火灾前降低约 30%,属于危险点。

　　火灾后三层顶 D、E 轴与 20 轴所交主梁如图 3.3.4.268 所示,该梁颜色为浅灰白色略显黄色,表面有少许细裂纹。根据混凝土表面外观特征,可判断梁受火时的表面最高温度在 500 ℃ 以上。该跨极限荷载较火灾前降低约 30%,属于危险点。

图 3.3.4.267 火灾后三层顶 D、E 轴与 19 轴所 交主梁

图 3.3.4.268 火灾后三层顶 D、E 轴与 20 轴所 交主梁

火灾后三层顶 D、E 轴与 2、3 轴所围次梁如图 3.3.4.269 所示,该梁颜色为浅灰白色略显黄色,表面有少许细裂纹,无疏松脱落现象。根据混凝土表面外观特征,可判断梁受火时的表面最高温度在 300 ℃ 以下。该跨极限荷载较火灾前降低约 12%,不属于危险点。

火灾后三层顶 D、E 轴与 3、4 轴所围次梁如图 3.3.4.270 所示,该梁棱角处混凝土轻度脱落,颜色为浅灰白色略显浅黄色,表面有较多细裂纹并伴有贯穿裂纹。根据混凝土表面外观特征,可判断梁受火时的表面最高温度在 300 ℃ 以下。该跨极限荷载较火灾前降低约 12%,不属于危险点。

图 3.3.4.269 火灾后三层顶 D、E 轴与 2、3 轴所 围次梁

图 3.3.4.270 火灾后三层顶 D、E 轴与 3、4 轴所 围次梁

火灾后三层顶 D、E 轴与 4、5 轴所围次梁如图 3.3.4.271 所示,该梁角部混凝土出现裂缝,颜色为浅灰白色。根据混凝土表面外观特征,可判断梁受火时的表面最高温度在 500 ℃ 以上。该跨极限荷载较火灾前降低约 30%,属于危险点。

火灾后三层顶 D、E 轴与 5、6 轴所围次梁如图 3.3.4.272 所示,该梁角部混凝土出现裂缝,中部发生断裂,钢筋外露,颜色为浅灰白色。根据混凝土表面外观特征,可判断梁受火时的表面最高温度在 500 ℃ 以上。该跨极限荷载较火灾前降低约 30%,属于危险点。

火灾后三层顶 D、E 轴与 6、7 轴所围次梁如图 3.3.4.273 所示,该梁角部混凝土出现裂缝,中部发生断裂,钢筋外露,颜色为浅灰白色。根据混凝土表面外观特征,可判断梁受火时的表面最高温度在 500 ℃ 以上。该跨极限荷载较火灾前降低约 30%,属于危险点。

　　火灾后三层顶 D、E 轴与 8、9 轴所围次梁以及 E、F 轴与 8、9 轴所围次梁如图 3.3.4.274 所示,该梁角部混凝土出现裂缝,中部发生断裂,钢筋外露,颜色为浅灰白色。根据混凝土表面外观特征,可判断梁受火时的表面最高温度在 500 ℃ 以上。该跨极限荷载较火灾前降低约 30%,属于危险点。

图 3.3.4.271　火灾后三层顶 D、E 轴与 4、5 轴所围次梁　　　　图 3.3.4.272　火灾后三层顶 D、E 轴与 5、6 轴所围次梁

图 3.3.4.273　火灾后三层顶 D、E 轴与 6、7 轴所围次梁　　　　图 3.3.4.274　火灾后三层顶 D、E 轴与 8、9 轴所围次梁以及 E、F 轴与 8、9 轴所围次梁

　　火灾后三层顶 D、E 轴与 9、10 轴所围次梁如图 3.3.4.275 所示,该梁颜色为浅灰白色略显微黄色,表面有少许裂纹。根据混凝土表面外观特征,可判断梁受火时的表面最高温度在 500 ℃ 以上。该跨极限荷载较火灾前降低约 30%,属于危险点。

　　火灾后三层顶 D、E 轴与 10、11 轴所围次梁如图 3.3.4.276 所示,该梁角部混凝土出现裂缝,颜色为浅灰白色。根据混凝土表面外观特征,可判断梁受火时的表面最高温度在 500 ℃ 以上。该跨极限荷载较火灾前降低约 30%,属于危险点。

　　火灾后三层顶 D、E 轴与 11、12 轴所围次梁如图 3.3.4.277 所示,该梁颜色为浅灰白色,局部粉刷层剥落,表面有微细裂纹。根据混凝土表面外观特征,可判断梁受火时的表面最高温度在 500 ℃ 以上。该跨极限荷载较火灾前降低约 30%,属于危险点。

　　火灾后三层顶 D、E 轴与 12、13 轴所围次梁如图 3.3.4.278 所示,该梁颜色为浅灰白色略显黄色,表面有少许细裂纹,无疏松脱落现象。根据混凝土表面外观特征,可判断梁受火时的表面最高温度在 500 ℃ 以上。该跨极限荷载较火灾前降低约 30%,属于危险点。

图 3.3.4.275　火灾后三层顶 D、E 轴与 9、10　图 3.3.4.276　火灾后三层顶 D、E 轴与 10、11
　　　　　　　轴所围次梁　　　　　　　　　　　　　　　轴所围次梁

图 3.3.4.277　火灾后三层顶 D、E 轴与 11、12　图 3.3.4.278　火灾后三层顶 D、E 轴与 12、13
　　　　　　　轴所围次梁　　　　　　　　　　　　　　　轴所围次梁

　　火灾后三层顶 D、E 轴与 13、14 轴所围次梁如图 3.3.4.279 所示,该梁发生严重断裂,钢筋外露,颜色为浅灰白色,表面疏松,棱角处混凝土轻度脱落。根据混凝土表面外观特征,可判断梁受火时的表面最高温度在 500 ℃ 以上。该跨极限荷载较火灾前降低约 30%,属于危险点。

　　火灾后三层顶 D、E 轴与 14、15 轴所围次梁如图 3.3.4.280 所示,该梁发生严重断裂,钢筋外露,颜色为浅灰白色,表面疏松,棱角处混凝土轻度脱落,属于危险点。

图 3.3.4.279　火灾后三层顶 D、E 轴与 13、14　图 3.3.4.280　火灾后三层顶 D、E 轴与 14、15
　　　　　　　轴所围次梁　　　　　　　　　　　　　　　轴所围次梁

火灾后三层顶 D、E 轴与 15、16 轴所围次梁如图 3.3.4.281 所示,该梁角部混凝土出现裂缝,颜色为浅灰白色。根据混凝土剥落及开裂情况,可判断梁受火时的表面最高温度在 500 ℃ 以上。该跨极限荷载较火灾前降低约 30%,属于危险点。

火灾后三层顶 D、E 轴与 16、17 轴所围次梁如图 3.3.4.282 所示,该梁颜色为浅灰白色,局部粉刷层脱落,表面有微细裂纹。根据混凝土表面外观特征,可判断梁受火时的表面最高温度在 500 ℃ 以上。该跨极限荷载较火灾前降低约 30%,属于危险点。

图 3.3.4.281　火灾后三层顶 D、E 轴与 15、16 轴　　图 3.3.4.282　火灾后三层顶 D、E 轴与 16、17 轴
　　　　　　　所围次梁　　　　　　　　　　　　　　　　　　所围次梁

火灾后三层顶 D、E 轴与 17、18 轴所围次梁如图 3.3.4.283 所示,该梁发生严重断裂,钢筋外露,颜色为浅灰白色略显黄色,表面疏松,棱角处混凝土轻微脱落,属于危险点。

火灾后三层顶 D、E 轴与 18、19 轴所围次梁如图 3.3.4.284 所示,该梁局部粉刷层脱落,颜色为浅灰白色略显微黄色。根据混凝土表面外观特征,可判断梁受火时的表面最高温度在 500 ℃ 以上。该跨极限荷载较火灾前降低约 30%,属于危险点。

图 3.3.4.283　火灾后三层顶 D、E 轴与 17、18 轴　　图 3.3.4.284　火灾后三层顶 D、E 轴与 18、19 轴
　　　　　　　所围次梁　　　　　　　　　　　　　　　　　　所围次梁

火灾后三层顶 D、E 轴与 19、20 轴所围次梁(D 端)如图 3.3.4.285 所示,该梁角部混凝土出现脱落,颜色为浅灰白色。根据混凝土表面外观特征,可判断梁受火时的表面最高温度在 500 ℃ 以上。该跨极限荷载较火灾前降低约 30%,属于危险点。

火灾后三层顶 D、E 轴与 19、20 轴所围次梁(E 端)如图 3.3.4.286 所示,该梁表面疏松,棱角处混凝土轻度脱落,颜色为浅灰白色略显微黄色,表面有较多细裂纹。根据混凝土表面外观特征,可判断梁受火时的表面最高温度在 500 ℃ 以上。该跨极限荷载较火灾前降低约 30％,属于危险点。

图 3.3.4.285　火灾后三层顶 D、E 轴与 19、20 轴　　图 3.3.4.286　火灾后三层顶 D、E 轴与 19、20 轴
　　　　　　所围次梁(D 端)　　　　　　　　　　　　　　　所围次梁(E 端)

　　火灾后三层顶 D、F 轴与 6、7 轴所围次梁以及 D、F 轴与 5、6 轴所围次梁如图 3.3.4.287 所示,该梁角部混凝土出现裂缝,颜色为浅灰白色。根据混凝土表面外观特征,可判断梁受火时的表面最高温度在 500 ℃ 以上。该跨极限荷载较火灾前降低约 30％,属于危险点。

　　火灾后三层顶 E 轴与 2、3 轴所交主梁如图 3.3.4.288 所示,该梁表面粉刷层脱落,颜色为浅灰白色略显浅黄色,附近钢条出现扭曲变形。根据混凝土表面外观特征,可判断梁受火时的表面最高温度在 300 ℃ 以下。该跨极限荷载较火灾前降低约 12％,不属于危险点。

图 3.3.4.287　火灾后三层顶 D、F 轴与 6、7 轴所　　图 3.3.4.288　火灾后三层顶 E 轴与 2、3 轴所交
　　　　　　围次梁以及 D、F 轴与 5、6 轴所围　　　　　　　　主梁
　　　　　　次梁

　　火灾后三层顶 E 轴与 3、4 轴所交主梁如图 3.3.4.289 所示,该梁局部混凝土粉刷层脱落,颜色为浅灰白色。根据混凝土剥落及开裂情况,可判断梁受火时的表面最高温度在 300 ℃ 以下。该跨极限荷载较火灾前降低约 12％,不属于危险点。

　　火灾后三层顶 E 轴与 4、5 轴所交主梁(4 轴端)如图 3.3.4.290 所示,该梁发生严重断裂,失去承载能力,钢筋外露,颜色为浅灰白色略显黄色。根据混凝土表面外观特征,可判断梁受火时的表面最高温度在 500 ℃ 以上。该跨极限荷载较火灾前降低约 30％,属于危险点。

 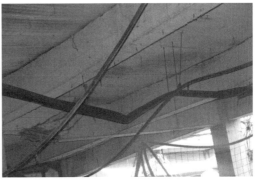

图 3.3.4.289　火灾后三层顶 E 轴与 3、4 轴所交 主梁　　图 3.3.4.290　火灾后三层顶 E 轴与 4、5 轴所交 主梁(4 轴端)

　　火灾后三层顶 E 轴与 5、6 轴所交主梁如图 3.3.4.291 所示,该梁发生严重断裂,失去承载能力,钢筋外露,颜色为浅灰白色略显黄色,表面疏松,棱角处混凝土脱落严重,属于危险点。

　　火灾后三层顶 E 轴与 6、7 轴所交主梁(6 轴端)如图 3.3.4.292 所示,该梁角部混凝土出现裂缝,颜色为浅灰白色。根据混凝土表面外观特征,可判断梁受火时的表面最高温度在 500 ℃ 以上。该跨极限荷载较火灾前降低约 30%,属于危险点。

图 3.3.4.291　火灾后三层顶 E 轴与 5、6 轴所交 主梁　　图 3.3.4.292　火灾后三层顶 E 轴与 6、7 轴所交 主梁(6 轴端)

　　火灾后三层顶 E 轴与 6、7 轴所交主梁(7 轴端)如图 3.3.4.293 所示,该梁发生严重断裂,失去承载能力,钢筋外露,颜色为浅灰白色略显黄色,附近钢条发生扭曲变形,属于危险点。

　　火灾后三层顶 E 轴与 7、8 轴所交主梁如图 3.3.4.294 所示,该梁发生严重断裂,失去承载能力,钢筋外露,颜色为浅灰白色略显黄色,附近钢条发生扭曲变形,属于危险点。

　　火灾后三层顶 E 轴与 8、9 轴所交主梁如图 3.3.4.295 所示,该梁颜色为浅黄色,表面有较多细裂纹并伴有贯穿裂纹,表面起鼓,棱角处混凝土轻度脱落,附近钢条扭曲变形。根据混凝土表面外观特征,可判断梁受火时的表面最高温度在 500 ℃ 以上。该跨极限荷载较火灾前降低约 30%,属于危险点。

　　火灾后三层顶 E 轴与 9、10 轴所交主梁如图 3.3.4.296 所示,该梁颜色为浅黄色,表面有较多细裂纹并伴有贯穿裂纹,表面起鼓,棱角处混凝土轻度脱落,附近钢条扭曲变形。

根据混凝土表面外观特征,可判断梁受火时的表面最高温度在 500 ℃ 以上。该跨极限荷载较火灾前降低约 30%,属于危险点。

图 3.3.4.293　火灾后三层顶 E 轴与 6、7 轴所交主梁(7 轴端)

图 3.3.4.294　火灾后三层顶 E 轴与 7、8 轴所交主梁

图 3.3.4.295　火灾后三层顶 E 轴与 8、9 轴所交主梁

图 3.3.4.296　火灾后三层顶 E 轴与 9、10 轴所交主梁

火灾后三层顶 E 轴与 10、11 轴所交主梁如图 3.3.4.297 所示,该梁角部混凝土出现裂缝,颜色为浅灰白色略显黄色。根据混凝土表面外观特征,可判断梁受火时的表面最高温度在 500 ℃ 以上。该跨极限荷载较火灾前降低约 30%,属于危险点。

火灾后三层顶 E 轴与 11、12 轴所交主梁如图 3.3.4.298 所示,该梁角部混凝土出现裂缝,颜色为浅灰白色略显黄色。根据混凝土表面外观特征,可判断梁受火时的表面最高温度在 500 ℃ 以上。该跨极限荷载较火灾前降低约 30%,属于危险点。

图 3.3.4.297　火灾后三层顶 E 轴与 10、11 轴所交主梁

图 3.3.4.298　火灾后三层顶 E 轴与 11、12 轴所交主梁

火灾后三层顶 E 轴与 12、13 轴所交主梁(12 轴端)如图 3.3.4.299 所示,该梁角部混凝土出现裂缝,颜色为浅灰白色略显微黄色。根据混凝土表面外观特征,可判断梁受火时的表面最高温度在 500 ℃ 以上。该跨极限荷载较火灾前降低约 30%,属于危险点。

火灾后三层顶 E 轴与 12、13 轴所交主梁(13 轴端)如图 3.3.4.300 所示,该梁表面粉刷层局部脱落,颜色为浅灰白色略显黄色。根据混凝土表面外观特征,可判断梁受火时的表面最高温度在 500 ℃ 以上。该跨极限荷载较火灾前降低约 30%,属于危险点。

图 3.3.4.299 火灾后三层顶 E 轴与 12、13 轴所　图 3.3.4.300 火灾后三层顶 E 轴与 12、13 轴所
　　　　　　　交主梁(12 轴端)　　　　　　　　　　　　　　交主梁(13 轴端)

火灾后三层顶 E 轴与 13、14 轴所交主梁如图 3.3.4.301 所示,该梁角部混凝土出现裂缝,颜色为浅灰白色。根据混凝土表面外观特征,可判断梁受火时的表面最高温度在 500 ℃ 以上。该跨极限荷载较火灾前降低约 30%,属于危险点。

火灾后三层顶 E 轴与 14、15 轴所交主梁如图 3.3.4.302 所示,该梁颜色为浅灰白色略显浅黄色,表面起鼓,棱角处混凝土轻度脱落。根据混凝土表面外观特征,可判断梁受火时的表面最高温度在 500 ℃ 以上。该跨极限荷载较火灾前降低约 30%,属于危险点。

图 3.3.4.301 火灾后三层顶 E 轴与 13、14 轴所　图 3.3.4.302 火灾后三层顶 E 轴与 14、15 轴所
　　　　　　　交主梁　　　　　　　　　　　　　　　　　　　交主梁

火灾后三层顶 E 轴与 15、16 轴所交主梁如图 3.3.4.303 所示,该梁表面粉刷层全部脱落,颜色为浅灰白色,棱角处混凝土脱落。根据混凝土表面外观特征,可判断梁受火时的表面最高温度在 500 ℃ 以上。该跨极限荷载较火灾前降低约 30%,属于危险点。

火灾后三层顶 E 轴与 16、17 轴所交主梁如图 3.3.4.304 所示,该梁角部混凝土出现裂缝,颜色为浅灰白色。根据混凝土表面外观特征,可判断梁受火时的表面最高温度在

500 ℃ 以上。该跨极限荷载较火灾前降低约 30%,属于危险点。

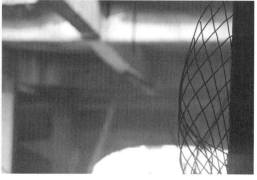

图 3.3.4.303　火灾后三层顶 E 轴与 15、16 轴所　　图 3.3.4.304　火灾后三层顶 E 轴与 16、17 轴所
　　　　　　　交主梁　　　　　　　　　　　　　　　　　　交主梁

　　火灾后三层顶 E 轴与 17、18 轴所交主梁如图 3.3.4.305 所示,该梁从梁中发生严重断裂,丧失承载能力,颜色为浅黄色,钢筋外露,表面疏松,棱角处混凝土脱落。根据混凝土表面外观特征,可判断梁受火时的表面最高温度在 500 ℃ 以上。该跨极限荷载较火灾前降低约 30%,属于危险点。

　　火灾后三层顶 E 轴与 18、19 轴所交主梁如图 3.3.4.306 所示,该梁角部混凝土出现裂缝,颜色为浅灰白色。根据混凝土表面外观特征,可判断梁受火时的表面最高温度在 500 ℃ 以上。该跨极限荷载较火灾前降低约 30%,属于危险点。

图 3.3.4.305　火灾后三层顶 E 轴与 17、18 轴所　　图 3.3.4.306　火灾后三层顶 E 轴与 18、19 轴所
　　　　　　　交主梁　　　　　　　　　　　　　　　　　　交主梁

　　火灾后三层顶 E、F 轴与 3 轴所交主梁如图 3.3.4.307 所示,该梁角部混凝土出现裂缝,颜色为浅灰白色。根据混凝土表面外观特征,可判断梁受火时的表面最高温度在 300 ℃ 以下。该跨极限荷载较火灾前降低约 12%,不属于危险点。

　　火灾后三层顶 E、F 轴与 4 轴所交主梁如图 3.3.4.308 所示,该梁粉刷层脱落,颜色为浅灰白色略显浅黄色,表面有细裂纹。根据混凝土表面外观特征,可判断梁受火时的表面最高温度在 300 ℃ 以下。该跨极限荷载较火灾前降低约 12%,不属于危险点。

　　火灾后三层顶 E、F 轴与 5 轴所交主梁如图 3.3.4.309 所示,该梁表面有细裂纹并伴有贯穿裂纹,颜色为浅灰白色,附近钢条发生扭曲变形,表面疏松,棱角处混凝土脱落。根据混凝土表面外观特征,可判断梁受火时的表面最高温度在 500 ℃ 以上。该跨极限荷载较火灾前降低约 30％,属于危险点。

火灾后三层顶 E、F 轴与 6 轴所交主梁如图 3.3.4.310 所示,该梁颜色为灰青色,近视接近正常,无剥落、开裂现象。根据混凝土表面外观特征,可判断梁受火时的表面最高温度在 500 ℃ 以上。该跨极限荷载较火灾前降低约 30％,属于危险点。

图 3.3.4.307　火灾后三层顶 E、F 轴与 3 轴所交主梁

图 3.3.4.308　火灾后三层顶 E、F 轴与 4 轴所交主梁

图 3.3.4.309　火灾后三层顶 E、F 轴与 5 轴所交主梁

图 3.3.4.310　火灾后三层顶 E、F 轴与 6 轴所交主梁

火灾后三层顶 E、F 轴与 7 轴所交主梁如图 3.3.4.311 所示,该梁颜色为浅灰白色略显黄色,表面有细裂纹,棱角处混凝土轻度脱落。根据混凝土表面外观特征,可判断梁受火时的表面最高温度在 500 ℃ 以上。该跨极限荷载较火灾前降低约 30％,属于危险点。

火灾后三层顶 E、F 轴与 8 轴所交主梁如图 3.3.4.312 所示,该梁粉刷层局部脱落,颜色为浅灰白色,表面有少量微裂纹。根据混凝土表面外观特征,可判断梁受火时的表面最高温度在 500 ℃ 以上。该跨极限荷载较火灾前降低约 30％,属于危险点。

火灾后三层顶 E、F 轴与 9 轴所交主梁如图 3.3.4.313 所示,该梁角部混凝土出现裂缝,颜色为浅灰白色。根据混凝土表面外观特征,可判断梁受火时的表面最高温度在 500 ℃ 以上。该跨极限荷载较火灾前降低约 30％,属于危险点。

火灾后三层顶 E、F 轴与 10 轴所交主梁如图 3.3.4.314 所示,该梁角部混凝土出现裂缝,颜色为浅灰白色。根据混凝土表面外观特征,可判断梁受火时的表面最高温度在 500 ℃ 以上。该跨极限荷载较火灾前降低约 30％,属于危险点。

图 3.3.4.311　火灾后三层顶 E、F 轴与 7 轴所　　图 3.3.4.312　火灾后三层顶 E、F 轴与 8 轴所
　　　　　　　交主梁　　　　　　　　　　　　　　　　交主梁

图 3.3.4.313　火灾后三层顶 E、F 轴与 9 轴所　　图 3.3.4.314　火灾后三层顶 E、F 轴与 10 轴
　　　　　　　交主梁　　　　　　　　　　　　　　　　所交主梁

　　火灾后三层顶 E、F 轴与 11 轴所交主梁如图 3.3.4.315 所示,该梁表面有较多细裂纹,颜色为浅灰白色略显浅黄色,表面疏松,棱角处混凝土轻度脱落。根据混凝土表面外观特征,可判断梁受火时的表面最高温度在 500 ℃ 以上。该跨极限荷载较火灾前降低约30%,属于危险点。

　　火灾后三层顶 E、F 轴与 12 轴所交主梁如图 3.3.4.316 所示,该梁表面有较多细裂纹,颜色为浅灰白色略显浅黄色,表面疏松,棱角处混凝土轻度脱落。根据混凝土表面外观特征,可判断梁受火时的表面最高温度在 500 ℃ 以上。该跨极限荷载较火灾前降低约30%,属于危险点。

图 3.3.4.315　火灾后三层顶 E、F 轴与 11 轴　　图 3.3.4.316　火灾后三层顶 E、F 轴与 12 轴
　　　　　　　所交主梁　　　　　　　　　　　　　　　　所交主梁

火灾后三层顶 E、F 轴与 13 轴所交主梁(E 轴端)如图 3.3.4.317 所示,该梁表面局部粉刷层脱落,颜色为浅灰白色略显黄色。根据混凝土表面外观特征,可判断梁受火时的表面最高温度在 500 ℃ 以上。该跨极限荷载较火灾前降低约 30%,属于危险点。

火灾后三层顶 E、F 轴与 13 轴所交主梁(F 轴端)如图 3.3.4.318 所示,该梁角部混凝土出现裂缝,颜色为浅灰白色。根据混凝土表面外观特征,可判断梁受火时的表面最高温度在 500 ℃ 以上。该跨极限荷载较火灾前降低约 30%,属于危险点。

图 3.3.4.317　火灾后三层顶 E、F 轴与 13 轴所交主梁(E 轴端)　　　图 3.3.4.318　火灾后三层顶 E、F 轴与 13 轴所交主梁(F 轴端)

火灾后三层顶 E、F 轴与 14 轴所交主梁如图 3.3.4.319 所示,该梁粉刷层局部脱落,颜色为浅灰白色略显微黄色,表面有微裂纹。根据混凝土表面外观特征,可判断梁受火时的表面最高温度在 500 ℃ 以上。该跨极限荷载较火灾前降低约 30%,属于危险点。

火灾后三层顶 E、F 轴与 15 轴所交主梁如图 3.3.4.320 所示,该梁表面疏松,有较多裂纹并伴有贯穿裂纹,颜色为浅灰白色,附近钢条扭曲变形。根据混凝土表面外观特征,可判断梁受火时的表面最高温度在 500 ℃ 以上。该跨极限荷载较火灾前降低约 30%,属于危险点。

图 3.3.4.319　火灾后三层顶 E、F 轴与 14 轴所交主梁　　　图 3.3.4.320　火灾后三层顶 E、F 轴与 15 轴所交主梁

火灾后三层顶 E、F 轴与 16 轴所交主梁如图 3.3.4.321 所示,该梁表面起鼓,棱角处混凝土轻度脱落,有微裂纹,颜色为浅灰白色略显微黄色。根据混凝土表面外观特征,可判断梁受火时的表面最高温度在 500 ℃ 以上。该跨极限荷载较火灾前降低约 30%,属于危险点。

火灾后三层顶 E、F 轴与 17 轴所交主梁如图 3.3.4.322 所示,该梁粉刷层大面积脱落,颜色为浅灰白色,表面有微裂纹。根据混凝土表面外观特征,可判断梁受火时的表面最高温度在 500 ℃ 以上。该跨极限荷载较火灾前降低约 30%,属于危险点。

图 3.3.4.321　火灾后三层顶 E、F 轴与 16 轴所交主梁　　图 3.3.4.322　火灾后三层顶 E、F 轴与 17 轴所交主梁

火灾后三层顶 E、F 轴与 18 轴所交主梁如图 3.3.4.323 所示,该梁粉刷层大面积脱落,颜色为浅灰白色略显黄色,表面有微裂纹。根据混凝土表面外观特征,可判断梁受火时的表面最高温度在 500 ℃ 以上。该跨极限荷载较火灾前降低约 30%,属于危险点。

火灾后三层顶 E、F 轴与 19 轴所交主梁如图 3.3.4.324 所示,该梁角部混凝土出现裂缝,颜色为浅灰白色。根据混凝土表面外观特征,可判断梁受火时的表面最高温度在 500 ℃ 以上。该跨极限荷载较火灾前降低约 30%,属于危险点。

图 3.3.4.323　火灾后三层顶 E、F 轴与 18 轴所交主梁　　图 3.3.4.324　火灾后三层顶 E、F 轴与 19 轴所交主梁

火灾后三层顶 E、F 轴与 3、4 轴所围次梁如图 3.3.4.325 所示,该梁粉刷层大面积脱落,颜色为浅灰白色略显黄色,附近钢条扭曲变形。根据混凝土表面外观特征,可判断梁受火时的表面最高温度在 300 ℃ 以下。该跨极限荷载较火灾前降低约 12%,不属于危险点。

火灾后三层顶 E、F 轴与 4、5 轴所围次梁如图 3.3.4.326 所示,该梁角部混凝土出现裂缝,颜色为浅灰白色,表面有较多裂纹并伴有贯穿裂纹,附近钢条扭曲变形。根据混凝土表面外观特征,可判断梁受火时的表面最高温度在 500 ℃ 以上。该跨极限荷载较火灾前降低约 30%,属于危险点。

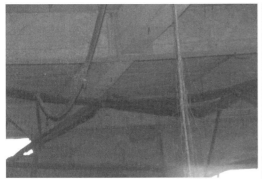

图 3.3.4.325　火灾后三层顶 E、F 轴与 3、4 轴所　　图 3.3.4.326　　火灾后三层顶 E、F 轴与 4、5 轴所
　　　　　　　围次梁　　　　　　　　　　　　　　　　　　　　　围次梁

　　火灾后三层顶 E、F 轴与 5、6 轴所围次梁如图 3.3.4.327 所示,该梁角部混凝土出现裂缝,颜色为浅灰白色。根据混凝土表面外观特征,可判断梁受火时的表面最高温度在500 ℃ 以上。该跨极限荷载较火灾前降低约 30%,属于危险点。

　　火灾后三层顶 E、F 轴与 6、7 轴所围次梁如图 3.3.4.328 所示,该梁表面疏松,棱角处混凝土轻度脱落,表面有裂纹并伴有贯穿裂纹,颜色为浅灰白色略显黄色。根据混凝土表面外观特征,可判断梁受火时的表面最高温度在 500 ℃ 以上。该跨极限荷载较火灾前降低约 30%,属于危险点。

图 3.3.4.327　火灾后三层顶 E、F 轴与 5、6 轴所　　图 3.3.4.328　　火灾后三层顶 E、F 轴与 6、7 轴所
　　　　　　　围次梁　　　　　　　　　　　　　　　　　　　　　围次梁

　　火灾后三层顶 E、F 轴与 7、8 轴所围次梁如图 3.3.4.329 所示,该梁角部混凝土出现裂缝,颜色为浅灰白色。根据混凝土表面外观特征,可判断梁受火时的表面最高温度在500 ℃ 以上。该跨极限荷载较火灾前降低约 30%,属于危险点。

　　火灾后三层顶 E、F 轴与 8、9 轴所围次梁如图 3.3.4.330 所示,该梁角部混凝土出现裂缝,颜色为浅灰白色。根据混凝土表面外观特征,可判断梁受火时的表面最高温度在500 ℃ 以上。该跨极限荷载较火灾前降低约 30%,属于危险点。

　　火灾后三层顶 E、F 轴与 9、10 轴所围次梁(9 轴端)如图 3.3.4.331 所示,该梁粉刷层脱落,颜色为浅灰白色,表面有微裂纹。根据混凝土表面外观特征,可判断梁受火时的表面最高温度在 500 ℃ 以上。该跨极限荷载较火灾前降低约 30%,属于危险点。

　　火灾后三层顶 E、F 轴与 9、10 轴所围次梁(10 轴端)如图 3.3.4.332 所示,该梁粉刷层脱落,颜色为浅灰白色,表面有微裂纹。根据混凝土表面外观特征,可判断梁受火时的表面最高温度在 500 ℃ 以上。该跨极限荷载较火灾前降低约 30%,属于危险点。

图 3.3.4.329　火灾后三层顶 E、F 轴与 7、8 轴　　图 3.3.4.330　火灾后三层顶 E、F 轴与 8、9 轴
　　　　　　　所围次梁　　　　　　　　　　　　　　　　　　所围次梁

图 3.3.4.331　火灾后三层顶 E、F 轴与 9、10　　图 3.3.4.332　火灾后三层顶 E、F 轴与 9、10
　　　　　　　轴所围次梁(9 轴端)　　　　　　　　　　　　　　轴所围次梁(10 轴端)

　　火灾后三层顶 E、F 轴与 9、10 轴所围次梁如图 3.3.4.333 所示,该梁粉刷层脱落,颜色为浅灰白色,表面有微裂纹。根据混凝土表面外观特征,可判断梁受火时的表面最高温度在 500 ℃ 以上。该跨极限荷载较火灾前降低约 30%,属于危险点。

　　火灾后三层顶 E、F 轴与 10、11 轴所围次梁(10 轴端)如图 3.3.4.334 所示,该梁粉刷层脱落,颜色为浅灰白色,表面有微裂纹。根据混凝土表面外观特征,可判断梁受火时的表面最高温度在 500 ℃ 以上。该跨极限荷载较火灾前降低约 30%,属于危险点。

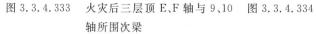

图 3.3.4.333　火灾后三层顶 E、F 轴与 9、10　　图 3.3.4.334　火灾后三层顶 E、F 轴与 10、11
　　　　　　　轴所围次梁　　　　　　　　　　　　　　　　　　轴所围次梁(10 轴端)

火灾后三层顶 E、F 轴与 10、11 轴所围次梁(11 轴端)如图 3.3.4.335 所示,该梁角部混凝土出现裂缝,颜色为浅灰白色。根据混凝土表面外观特征,可判断梁受火时的表面最高温度在 500 ℃ 以上。该跨极限荷载较火灾前降低约 30%,属于危险点。

火灾后三层顶 E、F 轴与 10、11 轴所围次梁如图 3.3.4.336 所示,该梁角部混凝土出现裂缝,颜色为浅灰白色,附近钢条扭曲变形。根据混凝土表面外观特征,可判断梁受火时的表面最高温度在 500 ℃ 以上。该跨极限荷载较火灾前降低约 30%,属于危险点。

图 3.3.4.335　火灾后三层顶 E、F 轴与 10、11 轴　　图 3.3.4.336　火灾后三层顶 E、F 轴与 10、11 轴
　　　　　　　所围次梁(11 轴端)　　　　　　　　　　　　　　　　所围次梁

火灾后三层顶 E、F 轴与 11、12 轴所围次梁(11 轴端)如图 3.3.4.337 所示,该梁粉刷层脱落,颜色为浅灰白色。根据混凝土表面外观特征,可判断梁受火时的表面最高温度在 500 ℃ 以上。该跨极限荷载较火灾前降低约 30%,属于危险点。

火灾后三层顶 E、F 轴与 11、12 轴所围次梁(12 轴端)如图 3.3.4.338 所示,该梁表面粉刷层脱落,颜色为浅灰白色。根据混凝土表面外观特征,可判断梁受火时的表面最高温度在 500 ℃ 以上。该跨极限荷载较火灾前降低约 30%,属于危险点。

图 3.3.4.337　火灾后三层顶 E、F 轴与 11、12 轴　　图 3.3.4.338　火灾后三层顶 E、F 轴与 11、12 轴
　　　　　　　所围次梁(11 轴端)　　　　　　　　　　　　　　　　所围次梁(12 轴端)

火灾后三层顶 E、F 轴与 11、12 轴所围次梁如图 3.3.4.339 所示,该梁表面粉刷层脱落,颜色为浅灰白色略显黄色,棱角处混凝土脱落。根据混凝土表面外观特征,可判断梁受火时的表面最高温度在 500 ℃ 以上。该跨极限荷载较火灾前降低约 30%,属于危险点。

火灾后三层顶 E、F 轴与 12、13 轴所围次梁如图 3.3.4.340 所示,该梁表面粉刷层脱落,颜色为浅灰白色略显黄色,棱角处混凝土脱落。根据混凝土表面外观特征,可判断梁受火时的表面最高温度在 500 ℃ 以上。该跨极限荷载较火灾前降低约 30%,属于危险点。

图 3.3.4.339　火灾后三层顶 E、F 轴与 11、12 轴　图 3.3.4.340　火灾后三层顶 E、F 轴与 12、13 轴
所围次梁　　　　　　　　　　　　　　　所围次梁

　　火灾后三层顶 E、F 轴与 13、14 轴所围次梁如图 3.3.4.341 所示,该梁角部混凝土出现裂缝,颜色为浅灰白色。根据混凝土表面外观特征,可判断梁受火时的表面最高温度在 500 ℃ 以上。该跨极限荷载较火灾前降低约 30%,属于危险点。

　　火灾后三层顶 E、F 轴与 14、15 轴所围次梁如图 3.3.4.342 所示,该梁角部混凝土出现裂缝,颜色为浅灰白色。根据混凝土表面外观特征,可判断梁受火时的表面最高温度在 500 ℃ 以上。该跨极限荷载较火灾前降低约 30%,属于危险点。

图 3.3.4.341　火灾后三层顶 E、F 轴与 13、14 轴　图 3.3.4.342　火灾后三层顶 E、F 轴与 14、15 轴
所围次梁　　　　　　　　　　　　　　　所围次梁

　　火灾后三层顶 E、F 轴与 15、16 轴所围次梁如图 3.3.4.343 所示,该梁粉刷层脱落严重,颜色为浅灰白色,有较多细纹,表面起鼓,棱角处混凝土轻度脱落。根据混凝土表面外观特征,可判断梁受火时的表面最高温度在 500 ℃ 以上。该跨极限荷载较火灾前降低约 30%,属于危险点。

　　火灾后三层顶 E、F 轴与 16、17 轴所围次梁如图 3.3.4.344 所示,该梁角部混凝土出现裂缝,颜色为浅灰白色。根据混凝土表面外观特征,可判断梁受火时的表面最高温度在 500 ℃ 以上。该跨极限荷载较火灾前降低约 30%,属于危险点。

图 3.3.4.343　火灾后三层顶 E、F 轴与 15、16 轴　图 3.3.4.344　火灾后三层顶 E、F 轴与 16、17 轴
　　　　　　　所围次梁　　　　　　　　　　　　　　　　　　所围次梁

　　火灾后三层顶 F 轴与 3、4 轴所交主梁如图 3.3.4.345 所示,该梁粉刷层脱落,表面有细纹并伴有贯通裂纹,颜色为浅灰白色略显黄色。根据混凝土表面外观特征,可判断梁受火时的表面最高温度在 300 ℃ 以下。该跨极限荷载较火灾前降低约 12%,不属于危险点。

　　火灾后三层顶 F 轴与 4、5 轴所交主梁如图 3.3.4.346 所示,该梁角部混凝土出现裂缝,颜色为浅灰白色。根据混凝土表面外观特征,可判断梁受火时的表面最高温度在 500 ℃ 以上。该跨极限荷载较火灾前降低约 30%,属于危险点。

图 3.3.4.345　火灾后三层顶 F 轴与 3、4 轴所交　图 3.3.4.346　火灾后三层顶 F 轴与 4、5 轴所交
　　　　　　　主梁　　　　　　　　　　　　　　　　　　　主梁

　　火灾后三层顶 F 轴与 5、6 轴所交主梁如图 3.3.4.347 所示,该梁粉刷层脱落,表面有细纹并伴有贯通裂纹,颜色为浅灰白色略显黄色。根据混凝土表面外观特征,可判断梁受火时的表面最高温度在 500 ℃ 以上。该跨极限荷载较火灾前降低约 30%,属于危险点。

　　火灾后三层顶 F 轴与 10、11 轴所交主梁如图 3.3.4.348 所示,该梁粉刷层脱落,颜色为浅灰白色略显黄色。根据混凝土表面外观特征,可判断梁受火时的表面最高温度在 500 ℃ 以上。该跨极限荷载较火灾前降低约 30%,属于危险点。

　　火灾后三层顶 F 轴与 14、15 轴所交主梁如图 3.3.4.349 所示,该梁角部混凝土出现裂缝,颜色为浅灰白色。根据混凝土表面外观特征,可判断梁受火时的表面最高温度在 500 ℃ 以上。该跨极限荷载较火灾前降低约 30%,属于危险点。

　　火灾后三层顶 F 轴与 15、16 轴所交主梁如图 3.3.4.350 所示,该梁表面起鼓,棱角处混凝土脱落较重,贯穿裂纹增多,颜色为浅灰白色。根据混凝土表面外观特征,可判断梁受火时的表面最高温度在 500 ℃ 以上。该跨极限荷载较火灾前降低约 30%,属于危险点。

图 3.3.4.347　火灾后三层顶 F 轴与 5、6 轴所交主梁

图 3.3.4.348　火灾后三层顶 F 轴与 10、11 轴所交主梁

图 3.3.4.349　火灾后三层顶 F 轴与 14、15 轴所交主梁

图 3.3.4.350　火灾后三层顶 F 轴与 15、16 轴所交主梁

火灾后三层顶 F 轴与 16、17 轴所交主梁如图 3.3.4.351 所示,该梁角部混凝土出现裂缝,颜色为浅灰白色。根据混凝土表面外观特征,可判断梁受火时的表面最高温度在 500 ℃ 以上。该跨极限荷载较火灾前降低约 30%,属于危险点。

火灾后三层顶 F 轴与 17、18 轴所交主梁如图 3.3.4.352 所示,该梁角部混凝土出现裂缝,颜色为浅灰白色。根据混凝土表面外观特征,可判断梁受火时的表面最高温度在 500 ℃ 以上。该跨极限荷载较火灾前降低约 30%,属于危险点。

火灾后三层顶 F 轴外侧与 15 轴所交主梁如图 3.3.4.353 所示,该梁粉刷层脱落,颜色为浅灰白色略显黄色。根据混凝土表面外观特征,可判断梁受火时的表面最高温度在 500 ℃ 以上。该跨极限荷载较火灾前降低约 30%,属于危险点。

火灾后三层顶 F 轴外侧与 16 轴所交主梁如图 3.3.4.354 所示,该梁角部混凝土出现裂缝,颜色为浅灰白色,附近钢条扭曲变形。根据混凝土表面外观特征,可判断梁受火时的表面最高温度在 500 ℃ 以上。该跨极限荷载较火灾前降低约 30%,属于危险点。

火灾后三层顶 F 轴外侧与 17 轴所交主梁如图 3.3.4.355 所示,该梁角部混凝土出现裂缝,颜色为浅灰白色。根据混凝土表面外观特征,可判断梁受火时的表面最高温度在

500 ℃ 以上。该跨极限荷载较火灾前降低约 30%,属于危险点。

图 3.3.4.351   火灾后三层顶 F 轴与 16、17 轴所   图 3.3.4.352   火灾后三层顶 F 轴与 17、18 轴所
　　　　　　　交主梁　　　　　　　　　　　　　　　　交主梁

图 3.3.4.353   火灾后三层顶 F 轴外侧与 15 轴所   图 3.3.4.354   火灾后三层顶 F 轴外侧与 16 轴所
　　　　　　　交主梁　　　　　　　　　　　　　　　　交主梁

　　火灾后三层顶 F 轴外侧与 16、17 轴所围次梁如图 3.3.4.356 所示,该梁粉刷层脱落严重,颜色为浅灰白色略显黄色,表面开裂较多并伴有贯穿裂纹,棱角处混凝土脱落。根据混凝土表面外观特征,可判断梁受火时的表面最高温度在 500 ℃ 以上。该跨极限荷载较火灾前降低约 30%,属于危险点。

图 3.3.4.355   火灾后三层顶 F 轴外侧与 17 轴所   图 3.3.4.356   火灾后三层顶 F 轴外侧与 16、17
　　　　　　　交主梁　　　　　　　　　　　　　　轴所围次梁

　　火灾后部分三层顶梁几乎未损伤,在此不再赘述。

3.板的损伤情况

按照A、B纵轴与1～20轴所围板至E、F纵轴与1～20轴所围板排序,火灾后三层顶梁板损伤状况如下。

火灾后三层顶A、B轴和2、3轴所围板如图3.3.4.357所示,该板为预制板,板迎火面有较多裂缝,混凝土呈浅黄色,板无露筋,可判断板底受火时的表面最高温度为300 ℃。该板极限荷载较火灾前下降约13%,不属于危险点。

火灾后三层顶A、B轴和3、4轴所围板如图3.3.4.358所示,该板为预制板,板迎火面有较多贯穿裂缝,混凝土呈浅黄色,板无露筋,可判断板底受火时的表面最高温度为300 ℃。该板极限荷载较火灾前下降约13%,不属于危险点。

图3.3.4.357 火灾后三层顶A、B轴和2、3轴所   图3.3.4.358 火灾后三层顶A、B轴和3、4轴所
              围板   围板

火灾后三层顶A、B轴和4、5轴所围板如图3.3.4.359所示,该板为预制板,板迎火面有较多细裂缝,混凝土呈浅黄色,板表面有少量混凝土脱落,板无露筋,可判断板底受火时的表面最高温度在400 ℃以上。该板极限荷载较火灾前下降约25%,属于危险点。

火灾后三层顶A、B轴和5、6轴所围板如图3.3.4.360所示,该板为预制板,板迎火面有少许细裂缝,混凝土呈灰白色略显浅黄色,板表面有少量混凝土脱落,部分板有较大变形,板无露筋,可判断板底受火时的表面最高温度在400 ℃以上。该板极限荷载较火灾前下降约25%,属于危险点。

图3.3.4.359 火灾后三层顶A、B轴和4、5轴所   图3.3.4.360 火灾后三层顶A、B轴和5、6轴所
              围板   围板

火灾后三层顶A、B轴和6、7轴所围板如图3.3.4.361所示,该板为预制板,板周围钢

管发生扭曲,说明环境温度达到 700 ℃ 以上,板迎火面有较多裂缝,混凝土呈灰白色和浅黄色,板无露筋,可判断板底受火时的表面最高温度在 400 ℃ 以上。该板极限荷载较火灾前下降约 25%,属于危险点。

　　火灾后三层顶 A、B 轴和 7、8 轴所围板如图 3.3.4.362 所示,该板为预制板,板迎火面有较多裂缝,混凝土呈浅黄色,板无露筋,可判断板底受火时的表面最高温度在 400 ℃ 以上。该板极限荷载较火灾前下降约 25%,属于危险点。

 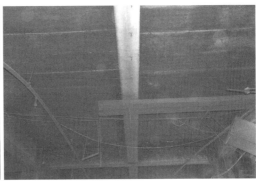

图 3.3.4.361　火灾后三层顶 A、B 轴和 6、7 轴所　　　图 3.3.4.362　火灾后三层顶 A、B 轴和 7、8 轴所
　　　　　　　围板　　　　　　　　　　　　　　　　　　　　　　　　围板

　　火灾后三层顶 A、B 轴和 8、9 轴所围板如图 3.3.4.363 所示,该板为预制板,板迎火面有较多贯穿裂缝,混凝土呈浅黄色,板无露筋,可判断板底受火时的表面最高温度在 400 ℃ 以上。该板极限荷载较火灾前下降约 25%,属于危险点。

　　火灾后三层顶 A、B 轴和 9、10 轴所围板如图 3.3.4.364 所示,该板为预制板,板迎火面有较多裂缝,混凝土呈灰白色,部分呈浅黄色,板无露筋,可判断板底受火时的表面最高温度在 400 ℃ 以上。该板极限荷载较火灾前下降约 25%,属于危险点。

图 3.3.4.363　火灾后三层顶 A、B 轴和 8、9 轴所　　　图 3.3.4.364　火灾后三层顶 A、B 轴和 9、10 轴
　　　　　　　围板　　　　　　　　　　　　　　　　　　　　　　　　所围板

　　火灾后三层顶 A、B 轴和 10、11 轴所围板如图 3.3.4.365 所示,该板为预制板,板迎火面有较多裂缝,混凝土呈灰白色,板无露筋,可判断板底受火时的表面最高温度在 400 ℃ 以上。该板极限荷载较火灾前下降约 25%,属于危险点。

　　火灾后三层顶 A、B 轴和 11、12 轴所围板如图 3.3.4.366 所示,该板为预制板,板周围角钢发生扭曲,板迎火面有较多裂缝,混凝土呈灰白色,部分呈浅黄色,有少量的混凝土脱落,板无露筋,可判断板底受火时的表面最高温度在 400 ℃ 以上。该板极限荷载较火灾前下降约 25％,属于危险点。

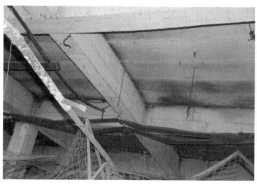 

图 3.3.4.365　火灾后三层顶 A、B 轴和 10、11 轴　图 3.3.4.366　火灾后三层顶 A、B 轴和 11、12 轴
　　　　　　　所围板　　　　　　　　　　　　　　　　　所围板

火灾后三层顶 A、B 轴和 12、13 轴所围板如图 3.3.4.367 所示,该板为预制板,板周围角钢发生扭曲,板迎火面有较多贯穿裂缝,混凝土呈灰白色,部分呈浅黄色,板发生较大的变形,有少量的混凝土脱落,板无露筋,可判断板底受火时的表面最高温度在 400 ℃ 以上。该板极限荷载较火灾前下降约 25％,属于危险点。

火灾后三层顶 A、B 轴和 13、14 轴所围板如图 3.3.4.368 所示,该板为预制板,板周围钢管发生扭曲,板迎火面有大量贯穿裂缝,混凝土呈灰白色,板发生较大的变形,有少量的混凝土脱落,板无露筋,可判断板底受火时的表面最高温度在 400 ℃ 以上。该板极限荷载较火灾前下降约 25％,属于危险点。

图 3.3.4.367　火灾后三层顶 A、B 轴和 12、13 轴　图 3.3.4.368　火灾后三层顶 A、B 轴和 13、14 轴
　　　　　　　所围板　　　　　　　　　　　　　　　　　所围板

火灾后三层顶 B、C 轴和 1、2 轴所围板如图 3.3.4.369 所示,该板为预制板,板迎火面有大量贯穿裂缝,混凝土略显黄色,板发生微小变形,有少量的混凝土脱落,可判断板底受火时的表面最高温度为 300 ℃。该板极限荷载较火灾前下降约 13％,不属于危险点。

火灾后三层顶 B、C 轴和 2、3 轴所围板如图 3.3.4.370 所示,该板为预制板,板周围钢管发生扭曲,板迎火面有少量裂缝,混凝土呈灰白色略显浅黄色,板发生较小的变形,有少量的混凝土脱落,板无露筋,可判断板底受火时的表面最高温度为 300 ℃。该板极限荷载较火灾前下降约 13％,不属于危险点。

图 3.3.4.369　火灾后三层顶 B、C 轴和 1、2 轴所　　　图 3.3.4.370　火灾后三层顶 B、C 轴和 2、3 轴所
围板　　　　　　　　　　　　　　　　围板

　　火灾后三层顶 B、C 轴和 3、4 轴所围板如图 3.3.4.371 所示,该板为预制板,板周围角钢发生扭曲,板迎火面有少量裂缝,混凝土呈灰白色略显浅黄色,有少量的混凝土脱落,板无露筋,可判断板底受火时的表面最高温度为 300 ℃。该板极限荷载较火灾前下降约 13%,不属于危险点。

　　火灾后三层顶 B、C 轴和 4、5 轴所围板如图 3.3.4.372 所示,该板为预制板,板周围钢管发生扭曲,板迎火面有大量贯穿裂缝,混凝土呈灰白色略显浅黄色,预制板有较小的变形,有大量的混凝土脱落,板无露筋,可判断板底受火时的表面最高温度在 400 ℃ 以上。该板极限荷载较火灾前下降约 25%,属于危险点。

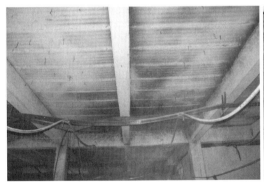

图 3.3.4.371　火灾后三层顶 B、C 轴和 3、4 轴所　　　图 3.3.4.372　火灾后三层顶 B、C 轴和 4、5 轴所
围板　　　　　　　　　　　　　　　　围板

　　火灾后三层顶 B、C 轴和 5、6 轴所围板如图 3.3.4.373 所示,该板为预制板,板周围钢管发生扭曲,板迎火面有少量裂缝,混凝土呈灰白色,有少量的混凝土脱落,板无露筋,可判断板底受火时的表面最高温度在 400 ℃ 以上。该板极限荷载较火灾前下降约 25%,属于危险点。

　　火灾后三层顶 B、C 轴和 6、7 轴所围板如图 3.3.4.374 所示,该板为预制板,板周围角钢发生扭曲,板迎火面有一条很明显的贯穿裂缝,混凝土呈灰白色,部分呈浅黄色,有少量的混凝土脱落,板无露筋,可判断板底受火时的表面最高温度在 400 ℃ 以上。该板极限荷载较火灾前下降约 25%,属于危险点。

图 3.3.4.373　火灾后三层顶 B、C 轴和 5、6 轴所　图 3.3.4.374　火灾后三层顶 B、C 轴和 6、7 轴所
围板　　　　　　　　　　　　　　　　　围板

　　火灾后三层顶 B、C 轴和 7、8 轴所围板如图 3.3.4.375 所示,该板为预制板,板周围角
钢发生扭曲,板迎火面有少量贯穿裂缝,混凝土呈浅黄色,无混凝土脱落,板无露筋,可判
断板底受火时的表面最高温度在 400 ℃ 以上。该板极限荷载较火灾前下降约 25%,属于
危险点。

　　火灾后三层顶 B、C 轴和 8、9 轴所围板如图 3.3.4.376 所示,该板为预制板,板周围角
钢发生扭曲,板迎火面有少量裂缝,混凝土呈灰白色,部分呈浅黄色,无混凝土脱落,板无
露筋,可判断板底受火时的表面最高温度在 400 ℃ 以上。该板极限荷载较火灾前下降约
25%,属于危险点。

图 3.3.4.375　火灾后三层顶 B、C 轴和 7、8 轴所　图 3.3.4.376　火灾后三层顶 B、C 轴和 8、9 轴所
围板　　　　　　　　　　　　　　　　　围板

　　火灾后三层顶 B、C 轴和 9、10 轴所围板如图 3.3.4.377 所示,该板为预制板,板周围
角钢发生扭曲,板迎火面有少量裂缝,混凝土呈浅黄色,无混凝土脱落,板无露筋,可判断
板底受火时的表面最高温度在 400 ℃ 以上。该板极限荷载较火灾前下降约 25%,属于危
险点。

　　火灾后三层顶 B、C 轴和 10、11 轴所围板如图 3.3.4.378 所示,该板为预制板,板周围
角钢发生扭曲,板迎火面有少量裂缝,混凝土呈浅黄色,无混凝土脱落,板无露筋,可判断
板底受火时的表面最高温度在 400 ℃ 以上。该板极限荷载较火灾前下降约 25%,属于危
险点。

图 3.3.4.377　火灾后三层顶 B、C 轴和 9、10 轴　　图 3.3.4.378　火灾后三层顶 B、C 轴和 10、11 轴
　　　　　　　　所围板　　　　　　　　　　　　　　　　　　　所围板

　　火灾后三层顶 B、C 轴和 11、12 轴所围板如图 3.3.4.379 所示,该板为预制板,板周围钢管发生扭曲,板迎火面有少量裂缝,混凝土呈灰白色,部分呈浅黄色,无混凝土脱落,板无露筋,可判断板底受火时的表面最高温度在 400 ℃ 以上。该板极限荷载较火灾前下降约 25%,属于危险点。

　　火灾后三层顶 B、C 轴和 12、13 轴所围板如图 3.3.4.380 所示,该板为预制板,板周围钢管发生扭曲,板迎火面有大量贯通裂缝,混凝土呈灰白色,板发生较大变形,少量混凝土脱落,板无露筋,可判断板底受火时的表面最高温度在 400 ℃ 以上。该板极限荷载较火灾前下降约 25%,属于危险点。

图 3.3.4.379　火灾后三层顶 B、C 轴和 11、12 轴　　图 3.3.4.380　火灾后三层顶 B、C 轴和 12、13 轴
　　　　　　　　所围板　　　　　　　　　　　　　　　　　　　所围板

　　火灾后三层顶 C、D 轴和 1、2 轴所围板如图 3.3.4.381 所示,该板由跨度为 3 000 mm、宽度为 600 mm 的预制板组成。可判断板底受火时的表面最高温度为 300 ℃。该板极限荷载较火灾前下降约 13%,不属于危险点。

　　火灾后三层顶 C、D 轴和 2、3 轴所围板如图 3.3.4.382 所示,该板为预制板,板迎火面有少量裂缝,混凝土呈灰白色,少量混凝土脱落,板无露筋,可判断板底受火时的表面最高温度为 300 ℃。该板极限荷载较火灾前下降约 13%,不属于危险点。

　　火灾后三层顶 C、D 轴和 3、4 轴所围板如图 3.3.4.383 所示,该板为预制板,板迎火面有少量裂缝,混凝土呈灰白色,少量混凝土脱落,板无露筋,可判断板底受火时的表面最高温度为 300 ℃。该板极限荷载较火灾前下降约 13%,不属于危险点。

　　火灾后三层顶 C、D 轴和 4、5 轴所围板如图 3.3.4.384 所示,该板为预制板,板迎火面有少量裂缝,混凝土呈灰白色,板有较小变形,少量混凝土脱落,板无露筋,可判断板底受火时的表面最高温度在 400 ℃ 以上。该板极限荷载较火灾前下降约 25%,属于危险点。

 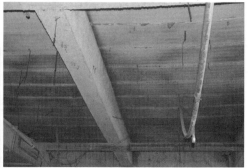

图 3.3.4.381　火灾后三层顶 C、D 轴和 1、2 轴　　图 3.3.4.382　火灾后三层顶 C、D 轴和 2、3 轴
　　　　　　　所围板　　　　　　　　　　　　　　　　　　　　所围板

图 3.3.4.383　火灾后三层顶 C、D 轴和 3、4 轴　　图 3.3.4.384　灾后三层顶 C、D 轴和 4、5 轴所
　　　　　　　所围板　　　　　　　　　　　　　　　　　　　　围板

　　火灾后三层顶 C、D 轴和 5、6 轴所围板如图 3.3.4.385 所示,该板为预制板,板迎火面有少量裂缝,混凝土呈浅灰色,板有较小变形,少量混凝土脱落,板无露筋,可判断板底受火时的表面最高温度在 400 ℃ 以上。该板极限荷载较火灾前下降约 25%,属于危险点。

　　火灾后三层顶 C、D 轴和 7、8 轴所围板如图 3.3.4.386 所示,该板已完全坍塌。

图 3.3.4.385　火灾后三层顶 C、D 轴和 5、6 轴　　图 3.3.4.386　火灾后三层顶 C、D 轴和 7、8 轴
　　　　　　　所围板　　　　　　　　　　　　　　　　　　　　所围板

火灾后三层顶 D、E 轴和 1、2 轴所围板由跨度为 3 000 mm、宽度为 600 mm 的预制板组成。该板块基本未损伤,不属于危险点。

火灾后三层顶 D、E 轴和 2、3 轴所围板如图 3.3.4.387 所示,该板为预制板,板迎火面有少量裂缝,混凝土呈浅灰色,部分呈浅黄色,板无露筋,可判断板底受火时的表面最高温度为 300 ℃。该板极限荷载较火灾前下降约 13%,不属于危险点。

火灾后三层顶 D、E 轴和 3、4 轴所围板如图 3.3.4.388 所示,该板为预制板,板周围钢管发生扭曲变形,说明环境温度高于 700 ℃。该板迎火面有少量裂缝,混凝土呈浅灰色,部分呈浅黄色,板部分混凝土脱落,板露筋,可判断板底受火时的表面最高温度为 300 ℃。该板极限荷载较火灾前下降约 13%,不属于危险点。

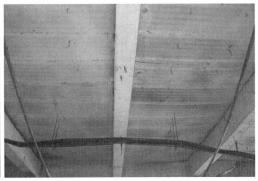

图 3.3.4.387　火灾后三层顶 D、E 轴和 2、3 轴所围板　　　图 3.3.4.388　火灾后三层顶 D、E 轴和 3、4 轴所围板

火灾后三层顶 D、E 轴和 4、5 轴所围板如图 3.3.4.389 所示,该板为预制板,板迎火面有较多的裂缝,混凝土呈浅黄色,板无混凝土脱落,板无露筋,可判断板底受火时的表面最高温度在 400 ℃ 以上。该板极限荷载较火灾前下降约 25%,属于危险点。

火灾后三层顶 D、E 轴和 5、6 轴所围板如图 3.3.4.390 所示,该板已完全坍塌。

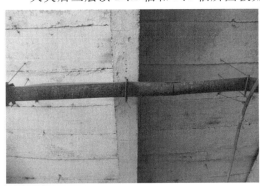

图 3.3.4.389　火灾后三层顶 D、E 轴和 4、5 轴所围板　　　图 3.3.4.390　火灾后三层顶 D、E 轴和 5、6 轴所围板

火灾后三层顶 E、F 轴和 1、2 轴所围板如图 3.3.4.391 所示,该板为预制板,板周围钢管发生扭曲变形,说明环境温度高于 700 ℃。该板迎火面无裂缝,混凝土呈灰白色,板无混凝土脱落,板无露筋,可判断板底受火时的表面最高温度为 300 ℃。该板极限荷载较火灾前下降约 13%,不属于危险点。

火灾后三层顶 E、F 轴和 2、3 轴所围板如图 3.3.4.392 所示,该板为预制板,板周围角钢发生扭曲变形,说明环境温度高于 700 ℃。该板迎火面无裂缝,混凝土呈灰白色,板部分混凝土脱落,板露筋,可判断板底受火时的表面最高温度为 300 ℃。该板极限荷载较火灾前下降约 13%,不属于危险点。

 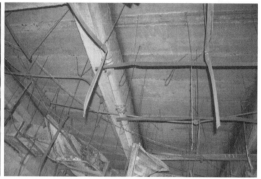

图 3.3.4.391　火灾后三层顶 E、F 轴和 1、2 轴所围板　　图 3.3.4.392　火灾后三层顶 E、F 轴和 2、3 轴所围板

火灾后三层顶 E、F 轴和 3、4 轴所围板如图 3.3.4.393 所示,该板为预制板,板周围角钢发生扭曲变形,说明环境温度高于 700 ℃。该板迎火面无裂缝,混凝土呈灰白色,板部分混凝土脱落,板露筋,可判断板底受火时的表面最高温度为 300 ℃。该板极限荷载较火灾前下降约 13%,不属于危险点。

火灾后三层顶 E、F 轴和 4、5 轴所围板如图 3.3.4.394 所示,该板为预制板,板周围角钢发生扭曲变形,说明环境温度高于 700 ℃。该板迎火面无裂缝,混凝土呈浅黄色,板部分混凝土严重脱落,板露筋,可判断板底受火时的表面最高温度在 400 ℃ 以上。该板极限荷载较火灾前下降约 25%,属于危险点。

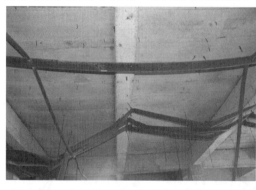 

图 3.3.4.393　火灾后三层顶 E、F 轴和 3、4 轴所围板　　图 3.3.4.394　火灾后三层顶 E、F 轴和 4、5 轴所围板

火灾后三层顶 E、F 轴和 5、6 轴所围板如图 3.3.4.395 所示,该板已完全坍塌。

火灾后三层顶 A、B 轴和 14、15 轴所围板如图 3.3.4.396 所示,该板为预制板,板周围钢管发生扭曲变形,说明环境温度高于 700 ℃。该板变形不大,板迎火面有贯穿裂缝,混凝土呈浅黄色,板无露筋,可判断板底受火时的表面最高温度在 400 ℃ 以上。该板极限荷载较火灾前下降约 25%,属于危险点。

图 3.3.4.395　火灾后三层顶 E、F 轴和 5、6 轴所围板　　图 3.3.4.396　火灾后三层顶 A、B 轴和 14、15 轴所围板

　　火灾后三层顶 A、B 轴和 15、16 轴所围板如图 3.3.4.397 所示,该板为预制板,板周围钢管发生扭曲变形,说明环境温度高于 700 ℃。该板变形不大,板迎火面有细裂缝,混凝土呈浅黄色,板无露筋,可判断板底受火时的表面最高温度在 400 ℃ 以上。该板极限荷载较火灾前下降约 25%,属于危险点。

　　火灾后三层顶 A、B 轴和 16、17 轴所围板如图 3.3.4.398 所示,该板为预制板,板周围钢管发生扭曲变形,说明环境温度高于 700 ℃。该板变形不大,板迎火面有细裂缝,混凝土呈浅灰白色,板无露筋,可判断板底受火时的表面最高温度在 400 ℃ 以上。该板极限荷载较火灾前下降约 25%,属于危险点。

图 3.3.4.397　火灾后三层顶 A、B 轴和 15、16 轴所围板　　图 3.3.4.398　火灾后三层顶 A、B 轴和 16、17 轴所围板

　　火灾后三层顶 A、B 轴和 17、18 轴所围板如图 3.3.4.399 所示,该板为预制板,板周围钢管发生扭曲变形,说明环境温度高于 700 ℃。该板变形不大,板迎火面有细裂缝,混凝土呈浅灰白色,板无露筋,可判断板底受火时的表面最高温度在 400 ℃ 以上。该板极限荷载较火灾前下降约 25%,属于危险点。

　　火灾后三层顶 A、B 轴和 18、19 轴所围板如图 3.3.4.400 所示,该板为预制板,板周围钢管发生扭曲变形,说明环境温度高于 700 ℃。该板变形不大,板迎火面有细裂缝,混凝土呈浅灰白色,板无露筋,可判断板底受火时的表面最高温度在 400 ℃ 以上。该板极限荷载较火灾前下降约 25%,属于危险点。

图 3.3.4.399　火灾后三层顶 A、B 轴和 17、18 轴
　　　　　　 所围板

图 3.3.4.400　火灾后三层顶 A、B 轴和 18、19 轴
　　　　　　 所围板

　　火灾后三层顶 A、B 轴和 19、20 轴所围板如图 3.3.4.401 所示，该板由跨度为 3 000 mm、宽度为 600 mm 的预制板组成。该板变形不大，板迎火面有细裂缝，混凝土呈灰白色略显浅黄色，板与梁接触处部分混凝土脱落，板无露筋，可判断板底受火时的表面最高温度在 400 ℃ 以上。该板极限荷载较火灾前下降约 25％，属于危险点。

　　火灾后三层顶 B、C 轴和 13、14 轴所围板如图 3.3.4.402 所示，该板已完全坍塌。

图 3.3.4.401　火灾后三层顶 A、B 轴和 19、20 轴
　　　　　　 所围板

图 3.3.4.402　火灾后三层顶 B、C 轴和 13、14 轴
　　　　　　 所围板

　　火灾后三层顶 B、C 轴和 14、15 轴所围板如图 3.3.4.403 所示，该板为预制板，板周围钢管发生扭曲变形，说明环境温度高于 700 ℃。该板变形较大，板迎火面有较多贯穿裂缝，混凝土呈浅黄色，板表面严重脱落且有露筋，可判断板底受火时的表面最高温度在 400 ℃ 以上。该板极限荷载较火灾前下降约 25％，属于危险点。

　　火灾后三层顶 B、C 轴和 15、16 轴所围板如图 3.3.4.404 所示，该板已完全坍塌。

　　火灾后三层顶 B、C 轴和 16、17 轴所围板如图 3.3.4.405 示，该板为预制板，板周围钢管发生扭曲变形，说明环境温度高于 700 ℃。该板迎火面有贯穿裂缝，混凝土呈灰白色，板表面部分脱落，无露筋，可判断板底受火时的表面最高温度在 400 ℃ 以上。该板极限荷载较火灾前下降约 25％，属于危险点。

　　火灾后三层顶 B、C 轴和 17、18 轴所围板如图 3.3.4.406 所示，该板为预制板，板周围钢管发生扭曲变形，说明环境温度高于 700 ℃。该板迎火面有细裂缝，混凝土呈灰白色，板表面部分脱落，无露筋，可判断板底受火时的表面最高温度在 400 ℃ 以上。该板极限荷载较火灾前下降约 25%,属于危险点。

图 3.3.4.403　火灾后三层顶 B、C 轴和 14、15 轴
　　　　　　　所围板

图 3.3.4.404　火灾后三层顶 B、C 轴和 15、16 轴
　　　　　　　所围板

图 3.3.4.405　火灾后三层顶 B、C 轴和 16、17 轴
　　　　　　　所围板

图 3.3.4.406　火灾后三层顶 B、C 轴和 17、18 轴
　　　　　　　所围板

　　火灾后三层顶 B、C 轴和 18、19 轴所围板如图 3.3.4.407 所示,该板为预制板,板周围
钢管发生扭曲变形,说明环境温度高于 700 ℃。该板迎火面有细裂缝,混凝土呈灰白色,
板表面部分脱落,无露筋,可判断板底受火时的表面最高温度在 400 ℃ 以上。该板极限
荷载较火灾前下降约 25%,属于危险点。

　　火灾后三层顶 B、C 轴和 19、20 轴所围板如图 3.3.4.408 所示,该板为预制板,板周围
钢管发生扭曲变形,说明环境温度高于 700 ℃。该板迎火面较多裂缝,混凝土呈灰白色略
显浅黄色,板表面部分脱落,无露筋,可判断板底受火时的表面最高温度在 400 ℃ 以上。
该板极限荷载较火灾前下降约 25%,属于危险点。

　　火灾后三层顶 C、D 轴和 10、11 轴所围板如图 3.3.4.409 所示,该板为预制板,板周围
钢管发生扭曲变形,说明环境温度高于 700 ℃。该板迎火面有贯穿裂缝,混凝土呈灰白色
略显浅黄色,板表面部分脱落,无露筋,可判断板底受火时的表面最高温度在 400 ℃ 以
上。该板极限荷载较火灾前下降约 25%,属于危险点。

　　火灾后三层顶 C、D 轴和 11、12 轴所围板如图 3.3.4.410 所示,该板为预制板,板迎火
面有裂缝,混凝土呈灰白色,板表面无露筋,可判断板底受火时的表面最高温度在 400 ℃
以上。该板极限荷载较火灾前下降约 25%,属于危险点。

图 3.3.4.407　火灾后三层顶 B、C 轴和 18、19 轴　　图 3.3.4.408　火灾后三层顶 B、C 轴和 19、20 轴
　　　　　　　所围板　　　　　　　　　　　　　　　　　　　　所围板

 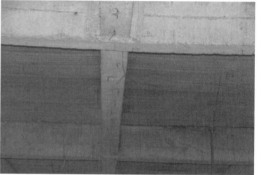

图 3.3.4.409　火灾后三层顶 C、D 轴和 10、11 轴　　图 3.3.4.410　火灾后三层顶 C、D 轴和 11、12 轴
　　　　　　　所围板　　　　　　　　　　　　　　　　　　　　所围板

　　火灾后三层顶 C、D 轴和 12、13 轴所围板如图 3.3.4.411 所示,该板为预制板,板迎火面有裂缝,混凝土呈灰白色,板表面无露筋,可判断板底受火时的表面最高温度在 400 ℃以上。该板极限荷载较火灾前下降约 25%,属于危险点。

　　火灾后三层顶 C、D 轴和 13、14 轴所围板如图 3.3.4.412 所示,该板已完全坍塌。

图 3.3.4.411　火灾后三层顶 C、D 轴和 12、13 轴　　图 3.3.4.412　火灾后三层顶 C、D 轴和 13、14 轴
　　　　　　　所围板　　　　　　　　　　　　　　　　　　　　所围板

　　火灾后三层顶 C、D 轴和 14、15 轴所围板如图 3.3.4.413 所示,该板已完全坍塌。

　　火灾后三层顶 C、D 轴和 15、16 轴所围板如图 3.3.4.414 所示,该板已完全坍塌。

图 3.3.4.413　火灾后三层顶 C、D 轴和 14、15 轴　　图 3.3.4.414　火灾后三层顶 C、D 轴和 15、16 轴
　　　　　　　所围板　　　　　　　　　　　　　　　　　　　所围板

火灾后三层顶 C、D 轴和 16、17 轴所围板已完全坍塌。

火灾后三层顶 C、D 轴和 17、18 轴所围板如图 3.3.4.415 所示,该板已完全坍塌。

火灾后三层顶 C、D 轴和 18、19 轴所围板如图 3.3.4.416 所示,该板为预制板,板迎火面有裂缝,混凝土呈灰白色,板表面无露筋,可判断板底受火时的表面最高温度在 400 ℃以上。该板极限荷载较火灾前下降约 25%,属于危险点。

图 3.3.4.415　火灾后三层顶 C、D 轴和 17、18 轴　　图 3.3.4.416　火灾后三层顶 C、D 轴和 18、19 轴
　　　　　　　所围板　　　　　　　　　　　　　　　　　　　所围板

火灾后三层顶 C、D 轴和 19、20 轴所围板如图 3.3.4.417 所示,该板为预制板,板迎火面有裂缝,混凝土呈灰白色,板表面无露筋,可判断板底受火时的表面最高温度在 400 ℃以上。该板极限荷载较火灾前下降约 25%,属于危险点。

火灾后三层顶 C、D 轴和 6、7 轴所围板如图 3.3.4.418 所示,该板为预制板,板大部分已坍塌。

火灾后三层顶 C、D 轴和 9、10 轴所围板如图 3.3.4.419 所示,该板为预制板,板周围钢管发生扭曲变形,说明环境温度高于 700 ℃。该板变形较大,板迎火面有较多贯穿裂缝,混凝土呈浅黄色,可判断板底受火时的表面最高温度在 400 ℃以上。该板极限荷载较火灾前下降约 25%,属于危险点。

火灾后三层顶 D、E 轴和 10、11 轴所围板如图 3.3.4.420 所示,该板为预制板,板变形较大且有部分坍塌,板迎火面有较多贯穿裂缝,混凝土呈浅黄色,可判断板底受火时的表面最高温度在 400 ℃以上。该板极限荷载较火灾前下降约 25%,属于危险点。

　　火灾后三层顶 D、E 轴和 11、12 轴所围板如图 3.3.4.421 所示，该板为预制板，板变形较大，板迎火面有较多贯穿裂缝，混凝土呈浅黄色，板表面严重脱落，可判断板底受火时的表面最高温度在 400 ℃ 以上。该板极限荷载较火灾前下降约 25％，属于危险点。

图 3.3.4.417　火灾后三层顶 C、D 轴和 19、20 轴　　图 3.3.4.418　火灾后三层顶 C、D 轴和 6、7 轴所
　　　　　　　所围板　　　　　　　　　　　　　　　　　　　　　围板

图 3.3.4.419　火灾后三层顶 C、D 轴和 9、10 轴
　　　　　　所围板

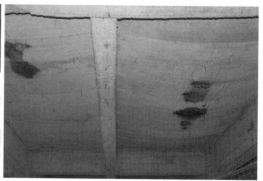

图 3.3.4.420　火灾后三层顶 D、E 轴和 10、11 轴　　图 3.3.4.421　火灾后三层顶 D、E 轴和 11、12 轴
　　　　　　　所围板　　　　　　　　　　　　　　　　　　　　　所围板

　　火灾后三层顶 D、E 轴和 12、13 轴所围板如图 3.3.4.422 所示，该板为预制板，板变形较大，板迎火面有较多贯穿裂缝，混凝土呈浅黄色，板表面严重脱落，可判断板底受火时的表面最高温度在 400 ℃ 以上。该板极限荷载较火灾前下降约 25％，属于危险点。

火灾后三层顶 D、E 轴和 13、14 轴所围板如图 3.3.4.423 所示,该板已完全坍塌。

图 3.3.4.422　火灾后三层顶 D、E 轴和 12、13 轴　　图 3.3.4.423　火灾后三层顶 D、E 轴和 13、14 轴
　　　　　　　所围板　　　　　　　　　　　　　　　　　　　　所围板

火灾后三层顶 D、E 轴和 14、15 轴所围板如图 3.3.4.424 所示,该板已完全坍塌。

火灾后三层顶 D、E 轴和 15、16 轴所围板如图 3.3.4.425 所示,该板已完全坍塌。

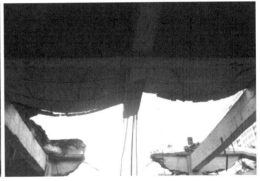

图 3.3.4.424　火灾后三层顶 D、E 轴和 14、15 轴　　图 3.3.4.425　火灾后三层顶 D、E 轴和 15、16 轴
　　　　　　　所围板　　　　　　　　　　　　　　　　　　　　所围板

火灾后三层顶 D、E 轴和 16、17 轴所围板如图 3.3.4.426 所示,该板为预制板,板变形较大,板迎火面有较多贯穿裂缝,混凝土呈浅黄色,板表面严重脱落,可判断板底受火时的表面最高温度在 400 ℃ 以上。该板极限荷载较火灾前下降约 25%,属于危险点。

火灾后三层顶 D、E 轴和 17、18 轴所围板如图 3.3.4.427 所示,该板为预制板,板迎火面有较多裂缝,混凝土呈灰白色,板表面部分脱落,可判断板底受火时的表面最高温度在 400 ℃ 以上。该板极限荷载较火灾前下降约 25%,属于危险点。

火灾后三层顶 D、E 轴和 18、19 轴所围板如图 3.3.4.428 所示,该板为预制板,板迎火面混凝土呈灰白色,板表面有少许裂纹,可判断板底受火时的表面最高温度在 400 ℃ 以上。该板极限荷载较火灾前下降约 25%,属于危险点。

火灾后三层顶 D、E 轴和 19、20 轴所围板如图 3.3.4.429 所示,该板为预制板,板迎火面有较多裂缝,混凝土呈灰白色,板表面部分脱落,可判断板底受火时的表面最高温度在 400 ℃ 以上。该板极限荷载较火灾前下降约 25%,属于危险点。

图 3.3.4.426　火灾后三层顶 D、E 轴和 16、17 轴
所围板　　图 3.3.4.427　火灾后三层顶 D、E 轴和 17、18 轴
所围板

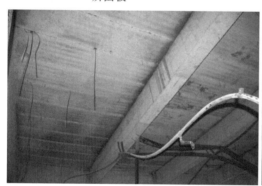

图 3.3.4.428　火灾后三层顶 D、E 轴和 18、19 轴
所围板　　图 3.3.4.429　火灾后三层顶 D、E 轴和 19、20 轴
所围板

　　火灾后三层顶 D、E 轴和 6、7 轴所围板如图 3.3.4.430 所示,该板为预制板,板周围钢
管发生扭曲变形,说明环境温度高于 700 ℃。该板迎火面混凝土呈灰白色,板表面有少许
裂纹,可判断板底受火时的表面最高温度在 400 ℃ 以上。该板极限荷载较火灾前下降约
25%,属于危险点。

　　火灾后三层顶 D、E 轴和 7、8 轴所围板如图 3.3.4.431 所示,该板已完全坍塌。

图 3.3.4.430　火灾后三层顶 D、E 轴和 6、7 轴所
围板　　图 3.3.4.431　火灾后三层顶 D、E 轴和 7、8 轴所
围板

　　火灾后三层顶 D、E 轴和 8、9 轴所围板如图 3.3.4.432 所示,该板大部分已坍塌。

火灾后三层顶 D、E 轴和 9、10 轴所围板如图 3.3.4.433 所示,该板部分已坍塌。

图 3.3.4.432　火灾后三层顶 D、E 轴和 8、9 轴所　　图 3.3.4.433　火灾后三层顶 D、E 轴和 9、10 轴
　　　　　　　围板　　　　　　　　　　　　　　　　　　所围板

　　火灾后三层顶 E、F 轴和 10、11 轴所围板如图 3.3.4.434 所示,该板为预制板,板周围钢管发生扭曲变形,板迎火面有较多裂缝,混凝土呈浅黄色,板表面部分脱落,可判断板底受火时的表面最高温度在 400 ℃ 以上。该板极限荷载较火灾前下降约 25%,属于危险点。

　　火灾后三层顶 E、F 轴和 11、12 轴所围板如图 3.3.4.435 所示,该板为预制板,板周围钢管发生扭曲变形。该板迎火面有较多裂缝,混凝土呈浅黄色,板表面部分脱落,可判断板底受火时的表面最高温度在 400 ℃ 以上。该板极限荷载较火灾前下降约 25%,属于危险点。

图 3.3.4.434　火灾后三层顶 E、F 轴和 10、11 轴　　图 3.3.4.435　火灾后三层顶 E、F 轴和 11、12 轴
　　　　　　　所围板　　　　　　　　　　　　　　　　　　所围板

　　火灾后三层顶 E、F 轴和 12、13 轴所围板如图 3.3.4.436 所示,该板为预制板,板周围钢管发生扭曲变形,板迎火面有较多裂缝,混凝土呈灰白色,板表面部分脱落,可判断板底受火时的表面最高温度在 400 ℃ 以上。该板极限荷载较火灾前下降约 25%,属于危险点。

　　火灾后三层顶 E、F 轴和 13、14 轴所围板如图 3.3.4.437 所示,该板为预制板,板周围钢管发生扭曲变形,板迎火面有较多裂缝,混凝土呈灰白色,板表面部分脱落,可判断板底受火时的表面最高温度在 400 ℃ 以上。该板极限荷载较火灾前下降约 25%,属于危险点。

图 3.3.4.436　火灾后三层顶 E、F 轴和 12、13 轴　　图 3.3.4.437　　火灾后三层顶 E、F 轴和 13、14 轴
　　　　　　　所围板　　　　　　　　　　　　　　　　　　　　所围板

　　火灾后三层顶 E、F 轴和 14、15 轴所围板如图 3.3.4.438 所示,该板部分已坍塌。

　　火灾后三层顶 E、F 轴和 15、16 轴所围板如图 3.3.4.439 所示,该板为预制板,板周围钢管发生扭曲变形,板迎火面有较多裂缝,混凝土呈浅黄色,板表面部分脱落,可判断板底受火时的表面最高温度在 400 ℃ 以上。该板极限荷载较火灾前下降约 25%,属于危险点。

图 3.3.4.438　火灾后三层顶 E、F 轴和 14、15 轴　　图 3.3.4.439　　火灾后三层顶 E、F 轴和 15、16 轴
　　　　　　　所围板　　　　　　　　　　　　　　　　　　　　所围板

　　火灾后三层顶 E、F 轴和 16、17 轴所围板如图 3.3.4.440 所示,该板为预制板,板周围钢管发生扭曲变形,板迎火面混凝土呈灰白色,可判断板底受火时的表面最高温度在 400 ℃ 以上。该板极限荷载较火灾前下降约 25%,属于危险点。

　　火灾后三层顶 E、F 轴和 17、18 轴所围板如图 3.3.4.441 所示,该板为预制板,板周围钢管发生扭曲变形,板迎火面混凝土呈灰白色,可判断板底受火时的表面最高温度在 400 ℃ 以上。该板极限荷载较火灾前下降约 25%,属于危险点。

　　火灾后三层顶 E、F 轴和 18、19 轴所围板如图 3.3.4.442 所示,该板为预制板,板周围钢管发生扭曲变形,板迎火面混凝土呈灰白色,可判断板底受火时的表面最高温度在 400 ℃ 以上。该板极限荷载较火灾前下降约 25%,属于危险点。

　　火灾后三层顶 E、F 轴和 19、20 轴所围板如图 3.3.4.443 所示,该板为预制板,板周围钢管发生扭曲变形,板迎火面混凝土呈灰白色,可判断板底受火时的表面最高温度在 400 ℃ 以上。该板极限荷载较火灾前下降约 25%,属于危险点。

图 3.3.4.440　火灾后三层顶 E、F 轴和 16、17 轴　图 3.3.4.441　火灾后三层顶 E、F 轴和 17、18 轴
　　　　　　　所围板　　　　　　　　　　　　　　　　　　　所围板

图 3.3.4.442　火灾后三层顶 E、F 轴和 18、19 轴　图 3.3.4.443　火灾后三层顶 E、F 轴和 19、20 轴
　　　　　　　所围板　　　　　　　　　　　　　　　　　　　所围板

　　火灾后三层顶 E、F 轴和 6、7 轴所围板如图 3.3.4.444 所示,该板已完全坍塌。

　　火灾后三层顶 E、F 轴和 7、8 轴所围板如图 3.3.4.445 所示,该板为预制板,板周围钢管发生扭曲变形,板迎火面有较多裂缝,混凝土呈浅黄色,可判断板底受火时的表面最高温度在 400 ℃ 以上。该板极限荷载较火灾前下降约 25%,属于危险点。

图 3.3.4.444　火灾后三层顶 E、F 轴和 6、7 轴所　图 3.3.4.445　火灾后三层顶 E、F 轴和 7、8 轴所
　　　　　　　围板　　　　　　　　　　　　　　　　　　　　围板

　　火灾后三层顶 E、F 轴和 8、9 轴所围板如图 3.3.4.446 所示,该板为预制板,板周围钢管发生扭曲变形,板迎火面有细裂缝,混凝土呈灰白色,可判断板底受火时的表面最高温

度在 400 ℃ 以上。该板极限荷载较火灾前下降约 25％,属于危险点。

火灾后三层顶 E、F 轴和 9、10 轴所围板如图 3.3.4.447 所示,该板为预制板,板周围钢管发生扭曲变形,板迎火面有细裂缝,混凝土呈灰白色,可判断板底受火时的表面最高温度在 400 ℃ 以上。该板极限荷载较火灾前下降约 25％,属于危险点。

图 3.3.4.446　火灾后三层顶 E、F 轴和 8、9 轴所　　图 3.3.4.447　火灾后三层顶 E、F 轴和 9、10 轴
围板　　　　　　　　　　　　　　　　　　　　　所围板

1～4 轴和 A～F 轴所辖一层顶板损伤中等,可判断板底受火时的表面最高温度在 300 ℃ 左右。该板极限荷载较火灾前下降约 13％,不属于危险点。5～20 轴和 A～F 轴所辖一层顶板损伤严重,可判断板底受火时的表面最高温度在 400 ℃ 以上。该板极限荷载较火灾前下降约 25％,属于危险点。

火灾后一部分三层顶板几乎未损伤(1～20 轴和 A～F 轴所辖区之外的板),在此不再赘述。

3.4　勘查结果

3.4.1　柱损伤状况

根据火灾后负一层至三层柱损伤状况,将火灾后负一层至三层柱分为属于危险构件、不属于危险构件两类。负一层柱共 136 根,危险构件有 40 根,占柱总数的 29.4％;一层柱共 136 根,危险构件有 70 根,占柱总数的 51.5％;二层柱共 136 根,危险构件有 112 根,占柱总数的 82.4％;三层柱共 136 根,危险构件有 112 根,占柱总数的 82.4％。负一层至三层柱损伤状况见表 3.1。

表 3.1　负一层至三层柱损伤状况

楼层	总数／根	属于危险构件量／所占比例	不属于危险构件量／所占比例
负一层	136	40/29.4％	96/70.6％
一层	136	70/51.5％	66/48.5％
二层	136	112/82.4％	24/17.6％
三层	136	112/82.4％	24/17.6％

3.4.2　梁损伤状况

将火灾后负一层顶至三层顶梁分为属于危险构件、不属于危险构件两类。负一层顶的梁共 322 跨,主梁 227 跨,次梁 95 跨;属于危险构件的主梁 59 跨,占主梁总数的 26%,不属于危险构件的主梁 168 跨,占主梁总数的 74%;属于危险构件的次梁 24 跨,占次梁总数的 25.3%,不属于危险构件的次梁 71 跨,占次梁总数的 74.7%。一层顶的梁共 332 跨,主梁 227 跨,次梁 105 跨;属于危险构件的主梁 144 跨,占主梁总数的 63.4%,不属于危险构件的主梁 83 跨,占主梁总数的 36.6%;属于危险构件的次梁 85 跨,占次梁总数的 81%,不属于危险构件的次梁 20 跨,占次梁总数的 19%。二层顶的梁共 332 跨,主梁 227 跨,次梁 105 跨;属于危险构件的主梁 144 跨,占主梁总数的 63.4%,不属于危险构件的主梁 83 跨,占主梁总数的 36.6%;属于危险构件的次梁 85 跨,占次梁总数的 81%,不属于危险构件的次梁 20 跨,占次梁总数的 19%。三层顶的梁共 332 跨,主梁 227 跨,次梁 105 跨;属于危险构件的主梁 144 跨,占主梁总数的 63.4%,不属于危险构件的主梁 83 跨,占主梁总数的 36.6%;属于危险构件的次梁 85 跨,占次梁总数的 81%,不属于危险构件的次梁 20 跨,占次梁总数的 19%。负一层顶至三层顶梁损伤状况见表 3.2。

表 3.2　负一层顶至三层顶梁损伤状况

楼层	构件位置	构件总数	危险构件数量 / 所占比例	非危险构件数量 / 所占比例
负一层	主梁	227	59/26%	168/74%
	次梁	95	24/25.3%	71/74.7%
一层	主梁	227	144/63.4%	83/36.6%
	次梁	105	85/81%	20/19%
二层	主梁	227	144/63.4%	83/36.6%
	次梁	105	85/81%	20/19%
三层	主梁	227	144/63.4%	83/36.6%
	次梁	105	85/81%	20/19%

3.4.3　板损伤状况

将火灾后负一层顶至三层顶的板分为属于危险构件、不属于危险构件两类。负一层顶的板共 141 块,属于危险构件的板 24 块,占板总数的 17%,不属于危险构件的板 117 块,占板总数的 83%;一层顶的板共 141 块,属于危险构件的板 78 块,占板总数的 55.3%,不属于危险构件的板 63 块,占板总数的 44.7%;二层顶的板共 141 块,属于危险构件的板 78 块,占板总数的 55.3%,不属于危险构件的板 63 块,占板总数的 44.7%;三层顶的板共 141 块,属于危险构件的板 78 块,占板总数的 55.3%,不属于危险构件的板 63 块,占板总数的 44.7%。负一层顶至三层顶板损伤状况见表 3.3 。

表3.3　负一层顶至三层顶板损伤状况

楼层	总数	属于危险构件量/所占比例	不属于危险构件量/所占比例
负一层	141	24/17%	117/83%
一层顶	141	78/55.3%	63/44.7%
二层顶	141	78/55.3%	63/44.7%
三层顶	141	78/55.3%	63/44.7%

3.4.4　结构危险性鉴定

依据《危险房屋鉴定标准》(JGJ 125—2016)的相关规定,该商厦承重结构中危险构件百分数为65.4%,A级的隶属函数为$\mu_A=0.3$,B级的隶属函数为$\mu_B=0.3$,C级的隶属函数为$\mu_C=0.60$,D级的隶属函数为$\mu_D=0.39$,$\max(\mu_A,\mu_B,\mu_C,\mu_D)=\mu_C$,则该商厦结构安全的危险性等级为C级,局部危房。

3.5　思考与启示

3.5.1　消防安全、人人有责

(1)在房屋使用过程中,应保持防火分区的有效性。

(2)在房屋使用过程中,应保障消防通道的畅通和有效。

(3)在房屋使用过程中,应保持原设计的使用功能。杜绝在民用建筑和公共建筑中存放火灾危险品。

(4)在房屋使用过程中,应保持消防设施的正常运转。

(5)消防措施应与高层建筑和大体量公共建筑等现代土木建筑的消防安全相适应。

(6)形成建筑火灾风险评估与扑救系统。

3.5.2　混凝土结构抗火设计仍有提升空间

除建筑防火设计应满足《建筑设计防火规范》(GB 50016—2014)的要求外,建筑结构设计还应着力注意以下问题:

(1)混凝土结构应满足火灾下不爆裂,火灾时/后不坍塌,不高于设计耐火极限的火灾后可修复的要求。我国相关设计标准还有待充实和完善。

(2)受力钢筋搭接连接是我国《混凝土结构设计规范》(GB 50010—2010)中钢筋连接的一种形式,但在受火过程中,钢筋搭接区混凝土保护层的剥落会使受力钢筋在搭接区域的作用失效。

(3)火灾时结构的内力分布与常温下存在较大差别,钢筋的截断和弯起位置以及钢筋的用量应考虑火灾作用的影响。

3.6　　本章小结

　　本章主要介绍了某商厦加固背景,并对火灾后该商厦进行了全面细致的勘查。首先简要介绍了原结构以及火灾的基本情况。然后对结构的柱、梁、板等种类构件进行了详细的勘查并做了全面的记录,力求准确掌握火灾后结构的性能。随后,依据勘查所掌握的材料,综合各方面因素,判断结构具有加固的价值,最后,给出了启示与思考。本章结果可直接用于加固方案的确定,为后续解决加固中的关键问题提供依据。

第4章 基于加大截面法的加固设计(方案一)

4.1 结构加固方案整体思路

根据火灾后结构的损伤情况以及业主出于经营需求提出本次加固工程中在结构总高度变化不大的情况下新增一层的要求,综合提出了本次加固的总体方案。原结构为地下一层(层高为 4.45 m),地上三层(每层层高为 4.8 m),结构地上总高为 14.4 m。为实现在结构总高变化不大的情况下新增一层,故一层层高不变,仍为 4.8 m,原二层和三层层高均变为 3.9 m,并将原平屋面改为坡度为 4.6% 的双坡屋面,于是第四层层高为 3.3 m。结构地上总高度为 15.9 m。

根据柱、梁的火损情况,提出对负一层至三层的柱、负一层顶与一层顶的梁采用加大截面法进行加固。由于二层与三层需要降低层高,原二层顶与三层顶原梁需要拆除,同时由于二层与三层的层高由原来 4.8 m 变为 3.9 m,为尽量减小降低层高造成的使用净高不足,原 700(650) mm 高的梁拆除后不再重做,而是采用板柱结构。因此,二层顶板与三层顶板以及屋面板采用预应力板方案,而负一层顶板局部修复,一层顶板换为普通现浇板即可。基础在本次火灾中几乎未受影响,不需要加固。负一层防水已丧失使用功能且外墙体渗水严重,拟采用硬防水做法对其修复。

本章将对上述加固方案展开详细的研究并加以阐述,并对加固过程中会遇到的技术难点进行解决。

4.2 冬季施工保温措施

为确保冬季施工所要求的温度,对该商厦进行冬季施工保温,具体措施为:首先,封闭破损门窗,做临时保温大门。商厦三层顶部分楼板被烧穿如图 4.2.0.1 所示,商厦三层顶被烧穿区域如图 4.2.0.2 所示,为确保冬季施工时商厦的温度,需在三层顶被烧穿区域设置临时保温,即天棚设支承,在暂没有倒塌危险的梁上沿字母轴方向间距 300 mm 铺设脚手架钢管并固定,钢管上铺设木板与彩条布作为临时保温天棚。其次,临时恢复室内供暖系统,保证室内温度,达到施工要求,安装热风系统。

图 4.2.0.1　商厦三层顶部分楼板被烧穿

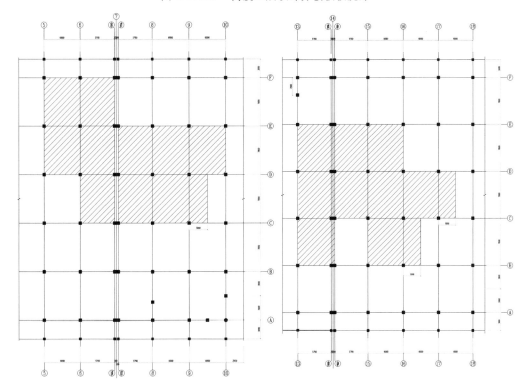

图 4.2.0.2　商厦三层顶被烧穿区域

4.3　柱加固设计

　　根据某商厦火灾后负一层至三层柱混凝土爆裂、露筋等损伤情况,将火灾后负一层至三层柱判定为严重损伤、中等损伤、轻微损伤或基本无损伤三类。按上述损伤判定原则,负一层 1 轴至 9 轴所辖柱判定为严重损伤,10 轴至 20 轴所辖柱判定为中等损伤;一层至三层 1/1、20/1 轴所辖柱、过 A/1 和 F/1 轴的柱及与内墙相连柱判定为轻微损伤或基本无损伤,1 轴至 4 轴所辖柱、20 轴与 D 轴所交柱判定为中等损伤,5 轴至 19 轴所辖柱判定为严重损伤,一层至三层柱加固修复方案如图 4.3.0.1 所示,图中 1—JZ1 表示严重损伤柱,1—

JZ2 表示中等损伤柱,未标注的表示轻微损伤柱。

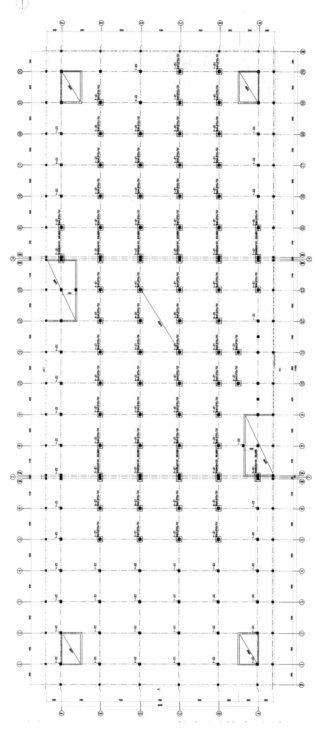

图 4.3.0.1　一层至三层柱加固修复方案

4.3.1　轻微损伤柱修复

　　一层至三层 1/1、20/1 轴所辖柱、过 A/1 和 F/1 轴的柱及与内墙相连柱判定为轻微损伤或基本无损伤,轻微损伤柱(一层 F 轴和 14 轴所交双柱)如图 4.3.1.1 所示,该类柱受火温度不高,一般情况下只是受到火烟熏烤,柱表面抹灰层几乎未脱落,但是有积炭,柱的受力性能基本无变化,可判断柱受火时的表面最高温度在 300 ℃ 以下。该柱承载力较火灾前下降约 3%,不属于危险构件。因此,对于轻微损伤柱,只需恢复外观,即可重新投入使用。

图 4.3.1.1　轻微损伤柱(一层 F 轴和 14 轴所交双柱)

4.3.2　中等损伤柱修复

　　负一层 10 轴至 20 轴所辖柱判定为中等损伤;一层至三层 1 轴至 4 轴所辖柱、20 轴与 D 轴所交柱判定为中等损伤。中等损伤柱(一层 B 轴和 2 轴所交柱)如图 4.3.2.1 所示。该类柱表面水泥砂浆抹灰大部分脱落,混凝土局部开裂,柱周围可燃物较少,可判断柱受火时的表面最高温度约为 400 ℃。该柱承载力较火灾前下降约 10%,不属于危险构件。因此,对中等损伤柱的修复,需剔除原柱松散混凝土,再用 M25 砂浆替换被剔除混凝土。M25 砂浆中需掺入苯板胶和 UEA 膨胀剂,苯板胶液为水泥用量的 0.4(质量比),UEA 膨胀剂掺量为水泥用量的 8%(质量比)。

图 4.3.2.1　中等损伤柱(一层 B 轴和 2 轴所交柱)

4.3.3 严重损伤柱加固

负一层1轴至9轴所辖柱与一层至三层5轴至19轴所辖柱判定为严重损伤,严重损伤柱(一层B轴和16轴所交柱)如图4.3.3.1所示。该类柱表面水泥砂浆抹灰大面积脱落,柱角部混凝土开裂剥落,混凝土黄色发红,石子石灰化,柱角露出钢筋,周围钢材严重变形,可判断柱受火时的表面最高温度在500 ℃以上。该柱承载力较火灾前下降约20%,属于危险构件。因此,可用加大截面法进行加固。首先需要剔除原柱松散酥碎混凝土,即剔除锤击声沉闷至锤击声清脆范围内的混凝土(从柱表面至500 ℃等温线的距离,约为60 mm),在柱外侧设置纵向钢筋和箍筋,并在新增柱截面内注入水泥浆,用加大截面法加固。柱模在安装过程中需密闭,以确保在灌浆过程中不漏浆。灌浆料采用P·O42.5或P·O52.5普通硅酸盐水泥、UEA膨胀剂和FDN高效减水剂。

图4.3.3.1 严重损伤柱(一层B轴和16轴所交柱)

4.3.4 加固柱承载力计算

基于安全的设计原则,对严重损伤柱的加固采用新增柱截面部分即可承担所有荷载作用的方式对柱进行加固设计。基于此,将柱截面增大到700 mm×700 mm。荷载取值时负一层顶与一层顶恒载6.5 kN/m²,活荷载3.5 kN/m²;二层顶与三层顶恒载8.5 kN/m²,活荷载3.5 kN/m²;四层顶恒载8.5 kN/m²,活荷载0.5 kN/m²。

负一层严重损伤柱承受荷载:

$$S_c = \sum_{i=-1}^{4} A_i Q_{Li} + N_{zb} + N_{zc} =$$
$$(12.7 \times 6 \times 7.8 \times 2 + 15.1 \times 6 \times 7.8 \times 2 + 10.9 \times 6 \times 7.8) +$$
$$240 + 250 = 3\ 602.2\ (kN)$$

新增柱截面承载力:

$$R_c = (A_n - A_o) f_c = (700^2 - 380^2) \times 14.3 \times 10^{-3} =$$
$$4\ 942.08\ (kN) > S_c = 3\ 602.2\ (kN)$$

在柱新增截面部分配置 12 Φ 16(2 412 mm²),满足柱受力纵筋最小配筋率 0.65%(2 247 mm²)的要求,箍筋配置 12@100/150。为保证柱截面加大部分与原柱紧密结合、形成新的整体共同工作,从而达到补强加固、改变受力,使荷载有效地传递到复合柱上的目的,需对柱子加大截面部分的新增纵向钢筋做如下处理:每层柱子根部 4 根角筋植入下一层顶板100 mm,成孔直径 20 mm,注入喜利得胶;每层柱子根部的每侧中部纵筋植入下一层顶梁 210 mm,成孔直径 20 mm,注入喜利得胶;对于每层柱子顶部,柱子 4 根角筋植入本层顶板 130 mm,成孔直径 20 mm,注入喜利得胶;对于柱子顶部的每侧中部纵筋,若该层顶梁为原有梁,则纵筋植入原梁 210 mm,成孔直径 20 mm,注入喜利得胶,若该层顶梁为新浇筑的混凝土梁,则锚入新梁 520 mm。

为防止原混凝土柱由于地震等偶然因素发生压溃,对原柱周围新增的柱造成侧向挤压作用,导致柱的承载力下降以致结构局部甚至大面积坍塌,故在剔除原柱松散混凝土后在原柱各侧面植入箍筋,12@100/150(深度 120 mm),使新旧柱形成整体。

原柱矩形箍与八边形箍加密区体积配箍率:

$$\rho_{V1} = \frac{n_1 A_{s1} l_1 + n_2 A_{s2} l_2}{A_{cors}} =$$

$$\frac{2 \times 50.3 \times 450 + 2 \times 50.3 \times 450}{450^2 \times 100} \times 2 \times 100\% = 0.89\%$$

新增矩形箍加密区体积配箍率:

$$\rho_{V2} = \frac{n_1 A_{s1} l_1 + n_2 A_{s2} l_2}{A_{cors}} = \frac{2 \times 113.1 \times 660 + 2 \times 113.1 \times 660}{660^2 \times 100} \times 100\% = 0.69\%$$

由于该商厦建于 20 世纪 90 年代,当时所用箍筋为一级钢筋 HPB235,出于安全原则,本次加固使用的箍筋为 HPB300。在计算最小体积配箍率时箍筋屈服强度统一取为 210 MPa。

最小体积配箍率:

$$\lambda_V \frac{f_c}{f_{yv}} = 0.15 \times \frac{16.7}{210} \times 100\% = 1.2\% < \rho_{V1} + \rho_{V2} = 1.58\%$$

柱模板内灌浆料采用 P·O42.5 或 P·O52.5 普通硅酸盐水泥、UEA 膨胀剂和 FDN 高效减水剂,灌浆料配合比见表 4.1。

表 4.1　灌浆料配合比

水灰比	膨胀剂 UEA(占水泥用量)	减水剂 FDN(占水泥用量)
0.4	7%	0.7%

在正式灌浆前需制作21个直径为150 mm、高度为450 mm的圆柱体水泥石试件,并进行标准养护。标准养护3 d后对其中7个试件进行试压,当7个试件的实测平均值强度不小于 31 MPa 后方可灌浆。严重损伤柱加固方案如图 4.3.3.2 所示。

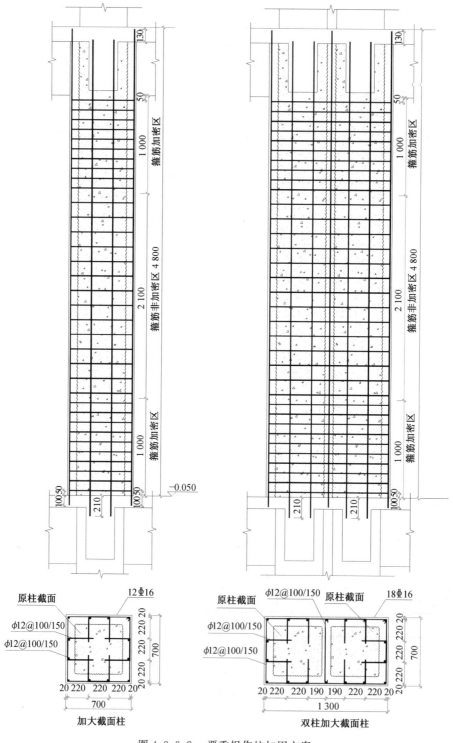

图 4.3.3.2 严重损伤柱加固方案

4.4   梁加固设计

根据某商厦火灾后负一层顶至三层顶梁烧断、混凝土爆裂、露筋等损伤情况,将火灾后梁判定为烧断、严重损伤、中等损伤、轻微损伤或基本无损伤四类。根据上述判定原则,火灾后负一层顶1~9轴与B~E轴所辖区主梁、次梁判定为严重损伤;火灾后大部分负一层顶梁判定为中等损伤,即负一层顶1~9轴与B~E轴所辖区之外的梁判定为中等损伤;一层顶梁的1轴至4轴所辖梁判定为中等损伤;5轴至19轴与A轴、F轴所辖区域梁判定为严重损伤,需进行加固处理,在此区域内含数根已经烧断的梁;二层顶梁与三层顶梁由于降低层高需要拆除,不需要再加固。其余梁均判定为轻微损伤。四川消防科学研究所提供的高温后Ⅱ级热轧钢筋应力－应变曲线如图4.4.0.1所示,温度作用后混凝土立方体抗压强度与常温时的比值见表4.2,以此为依据,对梁的承载力进行验算。

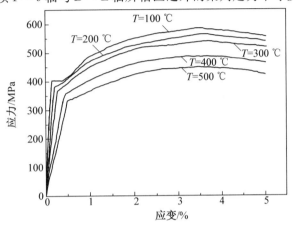

图 4.4.0.1   高温后 Ⅱ 级热轧钢筋的应力－应变曲线

表 4.2   温度作用后混凝土立方体抗压强度与常温时的比值

温度 / ℃	100	200	300	400	500	600	700	800
比值	0.94	0.87	0.76	0.62	0.50	0.38	0.28	0.17

4.4.1   轻微损伤梁修复

火灾后由于一层A轴与F轴顶梁下有隔墙防火作用,使其相应梁及以外的悬挑梁轻微损伤或基本无损伤。对轻微损伤或基本无损伤的梁,只需恢复外观即可重新投入使用。

4.4.2   中等损伤梁修复

火灾后负一层顶10~20轴与B~E轴所辖区以及一层顶的1轴至4轴所辖区域的主梁、次梁判定为中等损伤。对中等损伤梁,需剔除原梁松散酥碎混凝土,再用 M25 砂浆替换被剔除的混凝土。M25 砂浆中需掺入苯板胶和 UEA 膨胀剂,苯板胶掺量为水泥用量的0.4(质量比),UEA 膨胀剂掺量为水泥用量的 8%(质量比)。

4.4.3   严重损伤梁加固

火灾后负一层顶1~9轴与B~E轴所辖区主梁、次梁,一层顶的5轴至19轴与A轴、

F 轴所辖区域梁判定为严重损伤,需进行加固处理,在此区域内含数根已经烧断的梁。对烧断的梁,按原配筋重新布置梁纵筋与箍筋,再按原截面尺寸浇筑 C30 混凝土;对严重损伤梁,剔除原梁松散酥碎混凝土,再用加大截面法加固。首先需要剔除原梁松散酥碎混凝土,即剔除锤击声沉闷至锤击声清脆范围内的混凝土(即从梁底面至 500 ℃ 等温线的距离,约为 80 mm,梁侧面至 500 ℃ 等温线距离,约为 60 mm),在梁外侧设置纵向钢筋(侧面 4C20,底部 4C18)、箍筋(8@100/200)以及抗剪连接件,在梁模内注入水泥浆,用加大截面法加固(由原截面向外侧各增加 75 mm,即梁宽增加 150 mm,梁高增加 75 mm)。梁模板密闭,以确保在灌浆过程中不漏浆。灌浆料采用 P·O42.5 或 P·O52.5 普通硅酸盐水泥、UEA 膨胀剂和 FDN 高效减水剂。

取 KJ−5 CD 跨、DE 跨的一层顶、二层顶主梁进行验算。原梁跨中底部配 4B16、顶部配 2B12 架立筋,梁支座处底部配 4B16、顶部配 4B25,箍筋为 6@100/200。楼板荷载取值为恒载 6.5 kN/m² 和活荷载 3.5 kN/m²。

梁跨中承担的弯矩:

$$S_{b1} = \frac{1}{24}(6N_L + 1.2N_z)L^2 =$$
$$\frac{1}{24} \times (6 \times 12.7 + 1.2 \times 0.45 \times 0.675 \times 25) \times 7.8^2 = 216.3 \ (kN \cdot m)$$

梁支座承担的弯矩以及剪力:

$$S_{b2} = \frac{1}{12}(6N_L + 1.2N_z)L^2 =$$
$$\frac{1}{12} \times (6 \times 12.7 + 1.2 \times 0.45 \times 0.675 \times 25) \times 7.8^2 = 432.6 \ (kN \cdot m)$$
$$V_{b2} = \frac{1}{2}(6N_L + 1.2N_z)L =$$
$$\frac{1}{2} \times (6 \times 12.7 + 1.2 \times 0.45 \times 0.675 \times 25) \times 7.8 = 322.8 \ (kN)$$

梁跨中剩余承载力:

$$\varepsilon = \frac{A_s}{bh_0} \times \frac{f_y}{\alpha_1 f_c} = \frac{804}{180 \times 520} \times \frac{300}{1.0 \times 14.3 \times 0.5} = 0.432\ 5$$
$$M = \alpha_1 f_c bh_0^2 \varepsilon(1 - 0.5\varepsilon) =$$
$$1.0 \times 14.3 \times 0.5 \times 180 \times 520^2 \times 0.432\ 5 \times 0.783\ 7 = 117.96 \ (kN \cdot m)$$

梁跨中新增承载力:

$$\varepsilon = \frac{A_s}{bh_0} \times \frac{f_y}{\alpha_1 f_c} = \frac{1\ 017}{450 \times 640} \times \frac{360}{1.0 \times 14.3 \times 0.5} = 0.168\ 7$$
$$M_0 = \alpha_1 f_c bh_0^2 \varepsilon(1 - 0.5\varepsilon) =$$
$$1.0 \times 14.3 \times 0.5 \times 450 \times 640^2 \times 0.168\ 7 \times 0.915\ 6 =$$
$$203.56 \ (kN \cdot m) < 219.7 \ (kN \cdot m)$$
$$R_{b1} = M_0 + M = 203.56 + 117.96 = 321.52 \ (kN \cdot m) > 219.7 \ (kN \cdot m)$$

梁支座处剩余承载力:

$$M_1 = A'_s f'_y (h_0 - \alpha'_s) = 804 \times 300 \times (520 - 25) \times 10^{-6} = 119.39 \text{ (kN·m)}$$

$$\varepsilon = \frac{A_{s2}}{bh_0} \times \frac{f_y}{\alpha_1 f_c} = \frac{1\,964 - 804}{180 \times 520} \times \frac{300}{1.0 \times 14.3 \times 0.5} = 0.52 < 0.55$$

$$M_2 = \alpha_{s2} bh_0^2 \alpha_1 f_c = 0.385 \times 180 \times 520^2 \times 14.3 \times 0.5 = 133.98 \text{ (kN·m)}$$

$$M' = M_1 + M_2 = 253.37 \text{ (kN·m)}$$

$$R_{Vb} = 0.7 f_t bh_0 + 1.25 f_{yv} \frac{A_{sv}}{s} h_0 =$$

$$\left(0.7 \times 14.3 \times 0.5 \times 180 \times 520 + 1.25 \times 210 \times \frac{57}{100} \times 520 \right) \times$$

$$10^{-3} = 124.65 \text{ (kN)}$$

梁支座处新增承载力:

$$M_1 = A_s f_y (h_0 - \alpha'_s) = 1\,256 \times 360 \times (640 - 35) \times 10^{-6} =$$

$$273.56 \text{ (kN·m)} < 439.3 \text{ (kN·m)}$$

$$R_{b2} = M_1 + M' = 273.56 + 253.37 = 526.93 \text{ (kN·m)} > 439.3 \text{ (kN·m)}$$

$$R_{Vb} = 0.7 f_t bh_0 + 1.25 f_{yv} \frac{A_{sv}}{s} h_0 =$$

$$\left(0.7 \times 14.3 \times 0.5 \times 450 \times 640 + 1.25 \times 270 \times \frac{101}{100} \times 640 \right) \times 10^{-3} =$$

$$1\,659.6 \text{ (kN)} > 337.93 \text{ (kN)}$$

由上述计算可知 $S_{b1} > M_0$、$S_{b2} > M_1$、$V_{b2} < R_{Vb}$,即支座处剪力小于相应抗力,跨中弯矩与支座处弯矩大于相应的新增承载力,但考虑到原梁剩余承载力,梁跨中弯与支座截面受弯承载力亦能满足要求。

为了使新增梁截面与原梁共同参与受力形成组合梁,需要在梁加固施工时,在原梁上植入足够数量的抗剪连接件使之成为完全组合梁。对于完全组合梁,要求在达到极限弯矩时新梁与原梁之间界面上产生的纵向剪力由抗剪连接件全部承担,并且连接件不发生破坏。由于原梁截面高度远远大于新增梁截面高度,显然组合梁的中和轴在原梁中通过。采用直径为 8 mm 的 HRB400 钢筋,通过植入原梁 100 mm、伸入至梁表面(75 mm)的方式作为组合梁的抗剪连接件($h/d = 21.8$)。

组合梁界面处剪力:

$$V = b_e h_{c1} f_{cm} = 300 \times 75 \times 16.5 \times 10^{-3} = 371.25 \text{ (kN)}$$

单个抗剪连接件的抗剪承载力:

$$N_V^c = 0.43 A_s \sqrt{f_c E_c} = 0.43 \times 50.3 \times \sqrt{14.3 \times 3 \times 10^4} \times 10^{-3} = 14.16 \text{ (kN)} >$$

$$0.7 A_s f = 0.7 \times 50.3 \times 360 \times 10^{-3} = 12.67 \text{ (kN)}$$

支座至连续梁反弯点区段所需剪力连接件个数:

$$n = \frac{V}{N_V^c} = \frac{371.25}{12.67} = 29.3 (\text{个})$$

7.8 m 跨方向该区段长度为 1.648 m,6 m 跨方向该区段长度为 1.268 m。因此,7.8 m 跨沿梁长方向抗剪连接件按间距 300 mm 布置一排,每排 6 个;6 m 跨沿梁长方向抗剪连接件按间距 250 mm 布置一排,每排 6 个。两个方向主梁的抗剪连接件均按上述方式全梁布置。严重损伤梁加固方案如图 4.4.3.1 所示。

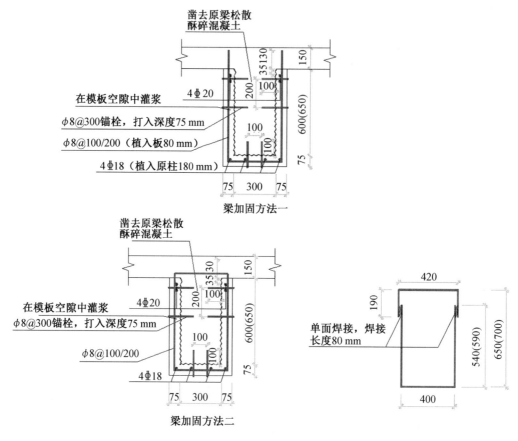

图 4.4.3.1　严重损伤梁加固方案

4.5　楼板加固设计

某商厦除负一层顶板原为现浇板外,一层至三层顶板均原为预制空心板。在现场勘查中,一层至三层顶板火损严重,需要大面积修复。负一层顶板由于为现浇板,且负一层火灾相对于地上楼层轻微,因此只有局部楼板底部钢筋裸露,只需对其进行局部处理。一层顶板则需要拆除原来的预制空心板,新做普通混凝土板即可。由于二层与三层需要降层高,原二层顶与三层顶原梁需要拆除,同时由于二层与三层层高由原来 4.8 m 变为 3.9 m,为尽量减小降低层高造成的使用净高不足,原 700(650) mm 高的梁拆除后不再重做,而是采用板柱结构。因此,二层顶板与三层顶板以及屋面板采用预应力板方案。

4.5.1　负一层顶板修复

负一层顶 C 轴、D 轴与 2 轴、7 轴所辖板,D 轴、E 轴与 3 轴、4 轴所辖板,E 轴、F 轴与 3 轴、4 轴所辖板,E 轴、F 轴与 6 轴、7 轴所辖板需进行加固,板火损情况(负一层顶 C、D 轴和

2、3 轴所辖板)如图 4.5.1.1 所示。

鉴于板中受力钢筋均为非预应力筋,受火冷却后其受力性能可基本恢复,对板的加固主要是为原受力钢筋提供保护层并恢复其与混凝土的黏结锚固性能。具体修复措施为:清除火灾影响区板底的散落混凝土,将火灾过程中喷水冷却致混凝土剥落区域凿毛,然后双向植入 M8@500 锚栓,锚栓露出纵筋以下 20 mm,在原纵筋下布双向 $\phi6@250$ 钢筋网,通过焊接工艺使钢筋网与锚栓可靠连接。在板底混凝土剥落区涂刷水泥素浆(或 107 胶)之后,用 M15 砂浆抹平,板加固修复方案如图 4.5.1.2 所示。

图 4.5.1.1 板火损情况(负一层顶 C、D 轴
和 2、3 轴所辖板)

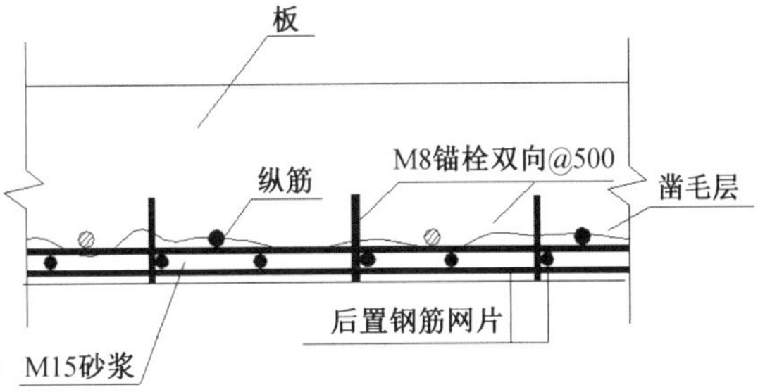

图 4.5.1.2 板加固修复方案

4.5.2 一层顶板设计

依据《建筑结构荷载规范》(GB 50009—2012)与《混凝土结构设计规范》(GB 50010—2010)对其进行配筋计算。基本设计信息为:板厚为 120 mm,采用 C30 混凝土,钢筋采用 HRB400 级,保护层厚度为 20 mm,楼板荷载取值为恒载 6.5 kN/m^2 和活荷载 3.5 kN/m^2。一层顶板计算图示如图 4.5.2.1 所示。

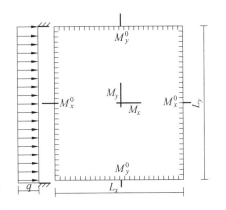

X 向(6 m 跨)板底弯矩为 14.331 kN·m,钢筋配置为 C14@110;支座弯矩为 31.399 kN·m,钢筋配置为 C14@130。Y 向(7.8 m 跨)板底弯矩为 8.808 kN·m,钢筋配置为 C14@125;支座弯矩为

图 4.5.2.1 一层顶板计算图示

25.726 kN·m,钢筋配置为 C14@160。跨中挠度为 29.092 mm,小于规范要求的 30 mm 限值。最大裂缝宽度为 0.210 2 mm,小于规范要求的 0.3 mm。由于需要控制挠度,所以出现了跨中荷载效应没有支座处大,但配筋反而比支座处多的情况。

综上,上述板的方案符合规范要求,一层顶板配筋如图 4.5.2.2 所示。

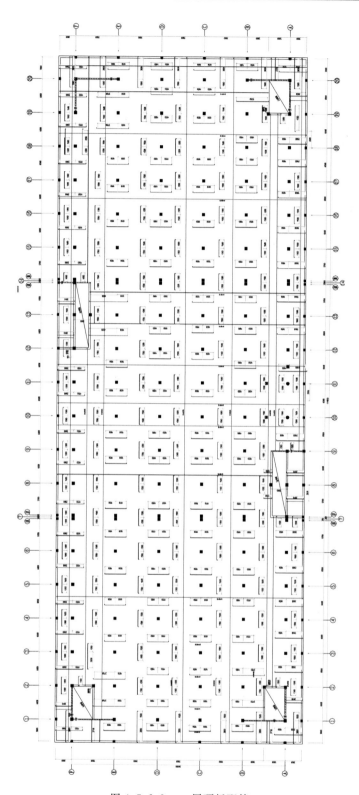

图 4.5.2.2 一层顶板配筋

4.5.3　预应力板设计

1. 楼板设计

由于二层与三层需要降低层高,原二层顶与三层顶梁需要拆除,同时由于二层与三层层高由原来 4.8 m 变为 3.9 m,为尽量减小降低层高造成使用净高不足的影响,原 700(650) mm 高的梁拆除后不再重做,而是采用板柱结构。因此,二层顶板与三层顶板以及屋面板采用预应力板方案。

基本设计信息为:商厦柱网尺寸为 6 m×7.8 m,板厚为 200 mm,采用 C40 混凝土,无黏结预应力筋为 1860 级 7 股钢绞线,钢筋采用 HRB400 级,保护层厚度为 20 mm,楼板荷载取值为恒载 8.5 kN/m² 和活荷载 3.5 kN/m²。板的计算如图 4.5.2.1 所示。

X 向(6 m 跨)预应力筋为 $\Phi^s 15.2@800$,普通钢筋配置为 C12@200,柱下板带板顶钢筋配置为 C12@200;每米宽板最不利荷载为 51.7 kN·m,小于板的承载力 60.2 kN·m;跨中挠度为 9 mm,满足要求。Y 向(7.8 m 跨)预应力筋为 $\Phi^s 15.2@400$,普通钢筋配置为 C12@200,柱下板带板顶钢筋配置为 C12@200,每米宽板最不利荷载为 85.8 kN·m,小于板的承载力 92.9 kN·m;跨中挠度为 16.9 mm,满足要求。在结构的纵横向边跨部位,由于悬挑结构需要承载本层外围护墙自重,因此在上述板配筋的基础上纵向边跨再加 $\Phi^s 15.2@200$,横向边跨再加 $\Phi^s 15.2@300$。

综上,上述板的方案符合要求,楼板预应力筋布置如图 4.5.3.1 所示,楼板普通钢筋配筋布置如图 4.5.3.2 所示。

2. 板柱节点设计

原二层顶、三层顶板与梁拆除后,不再重新浇筑梁而是直接新做预应力混凝土楼板,柱子则是原柱加大后继续使用。因此,需要解决板柱节点的连接问题。板柱节点连接如图 4.5.3.3 所示。

将原梁混凝土砸除,并将梁钢筋下弯到新楼板标高处与角钢肢背焊接连接。角钢为 200 mm×20 mm 等边角钢。角钢沿原柱 4 个表面通过钢筋植入与柱连接,钢筋植入柱时对边分别向上弯折 45°与向下弯折 45°,避免钢筋碰头,植入柱深度为 12 倍钢筋直径,植入板里长度为 40 倍钢筋直径。角钢另一肢背托在柱新增截面上。为防止角钢失稳,在每块角钢上增设 3 块 180 mm×180 mm×12 mm 的加劲肋,布置位置如图 4.5.3.3 所示。

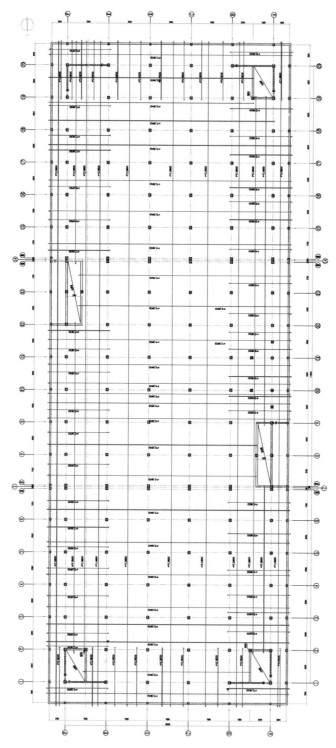

图 4.5.3.1　楼板预应力筋布置

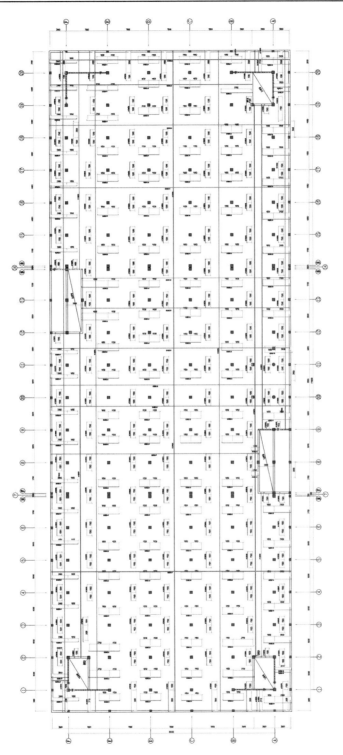

图 4.5.3.2　楼板普通钢筋配筋布置

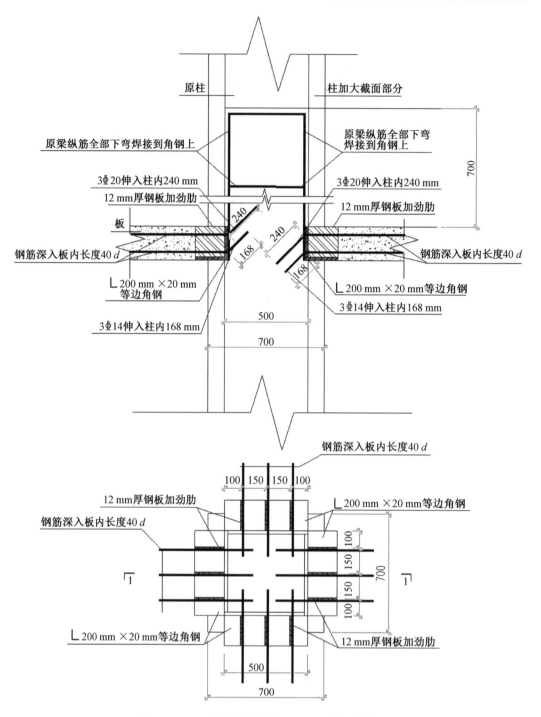

图 4.5.3.3　板柱节点连接(1∶20,d 为钢筋直径)

4.6　墙体修复

对一层外围护墙,经过现场踏勘确认,20 轴南侧外墙无明显损伤;1 轴北侧外墙 A 轴至 F 轴无明显损伤,但北侧与东西两侧连接处的 L 转角处的外墙开裂严重。东、西两侧 1 轴至 20 轴的外墙无明显损伤。对一层内隔墙,一层 14、15 轴与 E、F 轴所辖的隔墙由于各楼层受火变形差,致其开裂严重。一层 18、19 轴与 E、F 轴所辖的隔墙开裂严重;20 轴南侧与 C、D 轴所辖的隔墙开裂严重;其余部分隔墙基本无损伤。二层至三层西侧外墙的 13 轴至 20 轴所辖区段与东侧 1 轴至 10 轴所辖区段外墙有较大裂缝,墙体明显向外倾斜,需拆除重砌。

对明显无损伤的墙,需将墙体原抹灰打磨剔除掉,重新抹灰。为了避免墙体抹灰出现裂纹、空鼓现象,内墙抹灰粉刷时采用网眼 20 mm×20 mm、丝径为 0.5 mm 的镀锌电焊网来挂网抹灰,如图 4.6.0.1 所示。为增加结构的抗侧刚度,同时不影响结构的使用功能,将商厦 6 处楼梯的隔墙替换为剪力墙,厚度为 180 mm,双向配筋,10@250,分布筋植入上下梁各 20d,剪力墙布置及配筋如图 4.6.0.2 所示。

图 4.6.0.1　墙体挂网抹灰

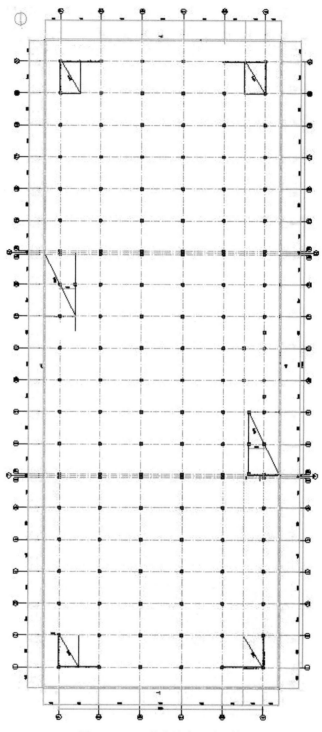

图 4.6.0.2　剪力墙布置及配筋

4.7 负一层外墙防水修复

受火灾影响,商厦负一层防水已丧失使用功能且外墙体渗水严重,负一层外墙如图4.7.0.1所示。为满足正常使用功能,需对负一层防水进行修复。

由于商厦处于市区核心商圈地带,结构周围场地使用受限,不宜对结构外围进行开挖。因此,防水方案采用内防水做法。为恢复商厦负一层防水功能,在负一层底板、四边外墙设置3道苯乙烯－丁二烯－苯乙烯(SBS)防水层,在SBS防水层外侧浇筑厚度

图 4.7.0.1 负一层外墙

为 160 mm 的混凝土板,混凝土用抗渗等级 S8 的 C40 混凝土,混凝土板内布置双向 Φ12@200 钢筋网片,负一层防水修复措施如图 4.7.0.2 所示。

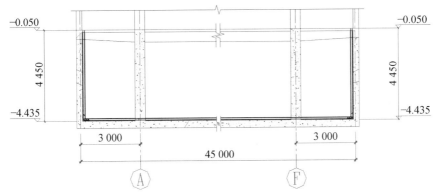

地下室防水做法横向剖面1:50

地下室防水做法纵向剖面1:50

图 4.7.0.2 负一层防水修复措施

4.8 新增层结构设计

由于经营需求,业主提出对原结构进行加固的同时,能够在地上第三层结构上新接一层。而结构北侧和东侧有住宅,不能明显影响周围居民采光,即在结构总高度不增加太多的条件下新增一层。原结构为地下一层(层高4.45 m)、地上三层(每层层高4.8 m),结构地上总高14.4 m。为实现在结构总高增加不多的情况下新增一层,一层层高不变,仍为4.8 m,原二层和三层层高均变为3.9 m,并将原平屋面改为坡度为4.6%的双坡屋面,于是第四层层高为3.3 m。结构地上总高度为15.9 m。这样既可以为新增层获得一定的空间,也可以尽量减少对周围住宅采光的影响。新增层初步方案如图4.8.0.1所示。而新增层结构形式则采用混凝土结构,屋面为预应力混凝土板。

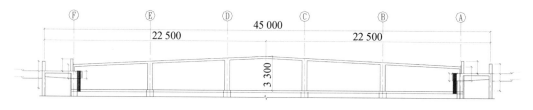

图 4.8.0.1 新增层初步方案

4.8.1 屋面设计

屋面为双坡屋面,坡度为4.6%,板为预应力混凝土板。基本设计信息为:板厚为200 mm,采用C40混凝土,无黏结预应力筋为1860级7股钢绞线,钢筋采用HRB400级,保护层厚度为20 mm,屋面荷载取值为恒载8.5 kN/m² 和活荷载0.5 kN/m²,荷载组合后为10.9 kN/m²。板的计算如图4.5.2.1所示。

X向(6 m跨)预应力筋为Φ^s15.2@800,普通钢筋配置为C12@200,柱下板带板顶钢筋配置为C12@200;每米宽板最不利荷载为40.4 kN·m,小于板的承载力60.2 kN·m;跨中挠度为6.8 mm,满足要求。Y向(7.8 m跨)预应力筋为Φ^s15.2@400,普通钢筋配置为C12@200,柱下板带板顶钢筋配置为C12@200,每米宽板最不利荷载为66.3 kN·m,小于板的承载力92.9 kN·m;跨中挠度为15.5 mm,满足要求。屋面板预应力筋布置如图4.8.1.1所示,屋面板普通钢筋配筋如图4.8.1.2所示。屋面排水如图4.8.1.3所示。

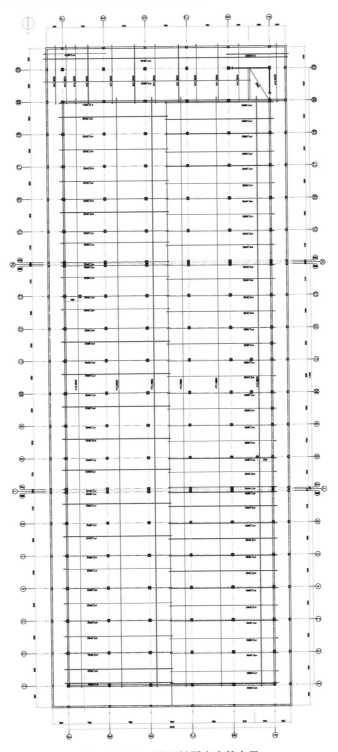

图 4.8.1.1　　屋面板预应力筋布置

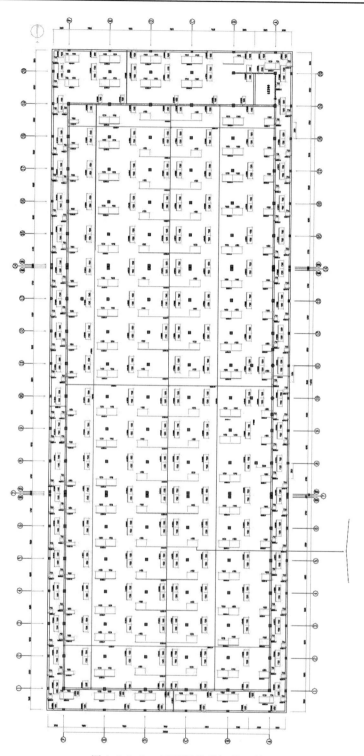

图 4.8.1.2　屋面板普通钢筋配筋

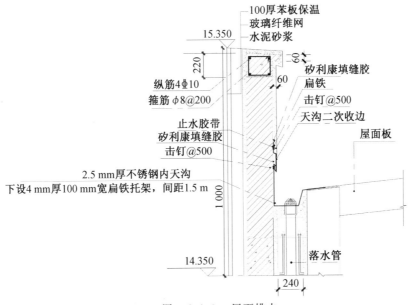

100厚苯板保温
玻璃纤维网
水泥砂浆
15.350
220
矽利康填缝胶
扁铁
纵筋4Φ10
击钉@500
箍筋Φ8@200
天沟二次收边
屋面板
止水胶带
矽利康填缝胶
击钉@500
2.5 mm厚不锈钢内天沟
1 000
下设4 mm厚100 mm宽扁铁托架, 间距1.5 m
14.350
落水管
240

图 4.8.1.3　屋面排水

4.8.2　四层柱设计

负一层至三层顶柱大部分柱加固后截面尺寸为 700 mm × 700 mm,其余部分柱为 500 mm × 500 mm。屋面采用预应力混凝土板屋面,荷载较大。为了新接柱子易于施工,提出将原三层柱伸至四层顶,即将原三层顶柱顶混凝土凿除,按规范所要求的钢筋连接方式,接入四层柱的钢筋,按 500 mm × 500 mm 截面大小浇筑四层柱,柱混凝土为 C30,保护层厚度为 30 mm。

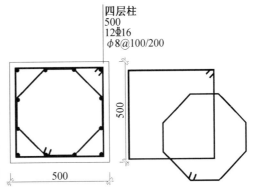

四层柱
500
12Φ16
Φ8@100/200
500
500

图 4.8.2.1　四层柱配筋

原三层柱配筋纵筋为 12B16,箍筋为矩形箍与八角形箍。为保证柱纵筋的连贯,四层柱子纵筋也为 12ΦC16,箍筋为矩形箍与八角形箍,8@100/200。柱顶无柱帽,为提高板柱节点受冲切承载力,在节点区域双向各配置 3 根 C20 钢筋,钢筋在伸入板 800 mm 处截断。四层柱配筋如图 4.8.2.1 所示。

4.9　消防水箱处局部加固

根据消防功能要求,需要在 19 轴、20 轴与 B 轴、C 轴所辖区域的结构三层顶放置50 t 的消防水箱。水箱底部由 5 根 200 mm × 500 mm 素基础梁将水箱荷载传到 B、C 轴梁上。为此,需对该区域的梁柱结构进行加固设计。

4.9.1 柱加固设计

水箱设置处下的 19 轴与 B、C 轴所交柱,20 轴与 B、C 轴所交柱加固方案采用 4.3.4 节所述方案。对该区域负一层至三层顶的柱承载力校核,见表4.3。从表4.3可知,柱承载力均满足要求。19 轴、20 轴与 D 轴所交柱(地下一层至三层顶的柱)与上述柱加固方法相同。

表 4.3　柱承载力校核　　　　　　　　　　kN

层	承载力				荷载
	19 轴与 B 轴	19 轴与 C 轴	20 轴与 B 轴	20 轴与 C 轴	
三层	3 520.6	3 520.6	3 718.1	3 520.6	1 002.38
二层	3 520.6	3 520.6	3 718.1	3 520.6	1 786.45
一层	3 520.6	3 520.6	3 968	3 520.6	2 570.56
负一层	3 520.6	3 520.6	5 340.2	3 853.7	3 327.2

4.9.2 梁加固设计

由于水箱为 50 t 重载,水箱底部由 5 根 200 mm×500 mm 素基础梁将水箱荷载传到 B、C 轴框梁上,且结构受火后性能大幅下降,故将原三层顶预制板拆除,在原三层顶梁上新做 200 mm×500 mm 框架梁,原屋面荷载由原梁承担,新增的水箱荷载由新做的梁承担。根据内力梁按双筋配置4C22+4C16、G4C10、8@100/200,新梁通过抗剪连接件与原梁一起承担荷载。钢筋混凝土梁如图 4.9.2.1 所示。

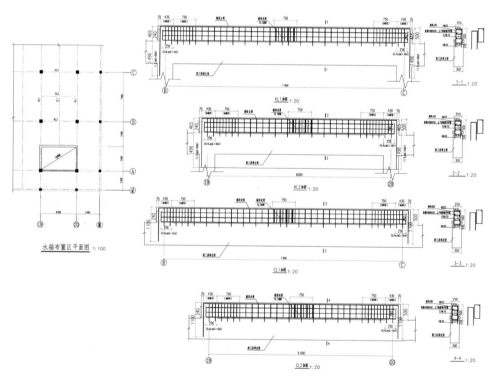

图 4.9.2.1　钢筋混凝土梁

4.10　本章小结

　　本章以加大截面法对结构的梁柱进行加固,通过降低二层与三层层高并将二、三层原梁板柱结构改成板柱结构,以保证二、三层的使用空间,并为新增层预留部分空间。而楼板与屋面板均采用预应力混凝土板。由于火灾未对基础造成影响,此外地下水位高于基础,因此负一层的消防积水对基础也基本没有影响,故无须对基础进行加固。

第5章 基于钢模注浆技术的加固设计(方案二)

5.1 结构加固方案整体思路

根据火灾后结构柱、梁的损伤情况以及加固环节施工工期紧等具体情况,提出运用焊接密闭钢模注浆加固技术对商厦中的负一层至三层顶的柱、一层和二层梁进行加固。该新技术目前只在常温下既有建筑加固中使用过,在火灾后钢筋混凝土结构的加固中使用尚属首次。由于要为新增的一层结构省出部分高度,需把三层顶梁标高降低,为了保证室内在冬季能够继续正常施工,提出在原三层顶梁下方布置新的 H 形钢梁替代原梁,待次年气温回暖后拆除原三层顶,进行四层施工。经鉴定后一层顶板至三层顶板绝大部分需要拆除重做,方案拟采用以压型钢板为模板的组合楼板设计。对于第四层设计,首先通过适当降低第三层层高,并将屋面由原来的水平屋面改为双坡屋面来获得一定的高度,以此实现在结构总高度增加少许的情况下新增一层的目标;而结构形式则采用钢结构形式以及岩棉夹芯保温屋面板做屋面。在加固过程中,采用逆作法首先对板进行修复,待板浇筑完成后叠加采用平行施工法同时对负一层、一层、二层的柱、梁、墙以及三层柱进行加固,这样可以节省工期并充分利用冬歇期施工。本章将对上述加固方案展开详细的研究并加以阐述,对加固过程中会遇到的技术难点进行解决。冬季施工保温措施与墙体修复措施与方案一相同,本章不再赘述。

5.2 楼板加固设计

商厦除负一层顶板为现浇板外,一层至三层顶板均为预制空心板。在现场勘查中,一层至三层顶板火损严重,需要大面积修复。负一层顶板由于为现浇板,且负一层火灾相对于地上楼层轻微,因此只有局部楼板底部钢筋裸露,只需对其进行局部处理。为节省工期,需在结构的修复过程中采用平行施工对负一层、一层、二层的柱、梁、墙以及三层的柱同时进行加固,则要求率先将一层顶板与二层顶板修复,形成施工工作面,以方便柱、梁、墙的加固施工。本节阐述一层顶与二层顶的组合楼板设计过程。以施工阶段最大无支承跨度预估板厚,以抗弯承载力进行配筋。另外,还将对负一层顶板提出加固方案。

5.2.1 施工可行性

火灾过后,结构的柱、梁等构件的力学性能均大幅下降,能否在不对柱、梁进行加固的情况下先对楼板进行修复,需要严谨地验算(本节内钢筋符号说明:φ是 Ⅰ 级钢,为 HPB300;φ是 Ⅱ 级钢,为 HRB335)。

　　由于混凝土在经历大于 500 ℃ 的高温作用后的力学性能大幅降低,因此,在对火灾后构件的加固过程中,大致以 500 ℃ 等温线来确定损伤混凝土的凿去厚度。本书中的某商厦 2014 年 9 月 1 日晚 20:59 失火,到 9 月 2 日零时,火势已得到基本控制,大火持续约 3 h。由过镇海相关研究成果(图 5.2.1.1 和图 5.2.1.2)可知,四面受火方柱在火灾延烧 3 h 时,从柱表面至 500 ℃ 等温线距离约为 60 mm,至 400 ℃ 等温线距离约为 75 mm,至 300 ℃ 等温线距离约为 100 mm;梁底面至 500 ℃ 等温线距离约为 80 mm,至 400 ℃ 等温线距离约为 115 mm,至 300 ℃ 等温线距离约为 200 mm;梁侧面至 500 ℃ 等温线距离约为 60 mm,至 400 ℃ 等温线距离约为 80 mm,至 300 ℃ 等温线距离约为 120 mm。梁柱截面凿去深度如图 5.2.1.3 所示。按照图 4.4.0.1 和表 4.2 的数据,对柱、梁的承载力进行验算。

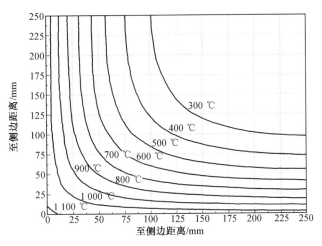

图 5.2.1.1　四面受火方柱(500 mm × 500 mm)截面的等温线($t = 180$ min)

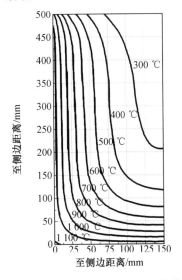

图 5.2.1.2　三面受火构件(300 mm × 500 mm)的等温线($t = 180$ min)

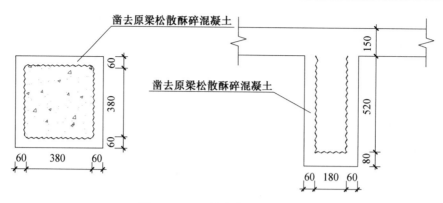

图 5.2.1.3　梁柱截面凿去深度

依据火灾后对商厦的勘查可知,负一层过火温度不高,受火并不严重,柱、梁、板等构件只是受到火烟熏烤,其力学性能变化不大,修复其外观后方可继续使用。因此,在验算对柱不加固就进行楼板施工时的承载力,控制点则是一层柱,它承担着一层顶和二层顶的楼面荷载。荷载取值时考虑板自重(3 kN/m²)以及施工活荷载(3 kN/m²)。对柱按照 400~500 ℃ 之间的混凝土强度折减 0.5,300~400 ℃ 之间混凝土强度折减 0.62,300 ℃ 以内的混凝土强度折减 0.76,进行剩余承载力估计。

楼面荷载:

$$N_L = (1.2 S_{GK} + 1.4 S_{QK}) = (1.2 \times 3 + 1.4 \times 3) = 7.8 \ (kN/m^2)$$

一层柱承担的荷载:

$$S_c = L \times A \times 2 + N_{zb} + N_{zc} = 7.8 \times 6 \times 7.8 \times 2 + 377.26 + 131.23 = 1\ 238.57 \ (kN)$$

一层柱的剩余承载力:

$$R_c = \sum_{i=1}^{3} A_{ci} f_{ci} =$$

$$[(380^2 - 350^2) \times 14.3 \times 0.5 + (350^2 - 300^2) \times$$

$$14.3 \times 0.62 + 300^2 \times 14.3 \times 0.76] \times 10^{-3} = 1\ 422.85 \ (kN)$$

由上述计算可知,$R_c > S_c$,柱的剩余承载力能够满足在对其不加固的情况下对楼板进行施工的要求。

取 KJ－5 CD 跨、DE 跨的一层顶、二层顶主梁进行验算。由于热轧钢筋的生产工艺原本就是高温热轧成形,所以即使钢筋在经历高温后强度有一定程度的下降,但是幅度并不是很明显。对于高温后 Ⅱ 级钢筋的屈服强度取 300 MPa 是合理的。目前有图5.2.1.2 所示的三面受火构件(300 mm × 500 mm)的等温线($t = 180$ min),缺乏 300 mm × 600 mm 梁的等温曲线。将三面受火构件(300 mm × 300 mm,$t = 180$ min)的等温线与三面受火构件(300 mm × 500 mm,$t = 180$ min)的等温线对比发现,梁高对等温线的分布影响不大。因此,本书中 300 mm × 600 mm 的梁采用 300 mm × 500 mm 的等温曲线图。为安全起见,500 ℃ 等温线以内混凝土强度统一折减 0.5。梁跨中底部配 4B16、顶部配 2B12 架立筋,梁支座处底部为 4B16、顶部为 4B25,箍筋为 6@100/200。

梁跨中承担的弯矩:

$$S_{b1} = \frac{1}{24}(6N_L + 1.2N_z)L^2 =$$

$$\frac{1}{24} \times (6 \times 7.8 + 1.2 \times 0.3 \times 0.6 \times 25) \times 7.8^2 = 132.33 \ (\text{kN} \cdot \text{m})$$

梁支座承担的弯矩以及剪力：

$$S_{b2} = \frac{1}{12}(6N_L + 1.2N_z)L^2 =$$

$$\frac{1}{12} \times (6 \times 7.8 + 1.2 \times 0.3 \times 0.6 \times 25) \times 7.8^2 = 264.66 \ (\text{kN} \cdot \text{m})$$

$$V_{b2} = \frac{1}{2}(6N_L + 1.2N_z)L =$$

$$\frac{1}{2} \times (6 \times 7.8 + 1.2 \times 0.3 \times 0.6 \times 25) \times 7.8 = 203.60 \ (\text{kN})$$

梁跨中剩余承载力：

$$\varepsilon = \frac{A_s}{bh_0} \times \frac{f_y}{\alpha_1 f_c} = \frac{804}{180 \times 520} \times \frac{300}{1.0 \times 14.3 \times 0.5} = 0.432\ 5$$

$$R_{b1} = \alpha_1 f_c bh_0^2 \varepsilon(1 - 0.5\varepsilon) =$$

$$1.0 \times 14.3 \times 0.5 \times 180 \times 520^2 \times 0.432\ 5 \times 0.783\ 7 = 117.96 \ (\text{kN} \cdot \text{m})$$

梁支座处剩余承载力：

$$M_1 = A'_s f'_y (h_0 - \alpha'_s) = 804 \times 300 \times (520 - 25) \times 10^{-6} = 119.39 \ (\text{kN} \cdot \text{m})$$

$$\varepsilon = \frac{A_{s2}}{bh_0} \times \frac{f_y}{\alpha_1 f_c} = \frac{1\ 964 - 804}{180 \times 520} \times \frac{300}{1.0 \times 14.3 \times 0.5} = 0.52 < 0.55$$

$$M_2 = \alpha_{s2} bh_0^2 \alpha_1 f_c = 0.385 \times 180 \times 520^2 \times 14.3 \times 0.5 = 133.98 \ (\text{kN} \cdot \text{m})$$

$$R_{b2} = M_1 + M_2 = 253.37 \ (\text{kN} \cdot \text{m})$$

$$R_{Vb} = 0.7 f_t bh_0 + 1.25 f_{yv} \frac{A_{sv}}{s} h_0 =$$

$$\left(0.7 \times 14.3 \times 0.5 \times 180 \times 520 + 1.25 \times 210 \times \frac{57}{100} \times 520 \right) \times$$

$$10^{-3} = 124.65 \ (\text{kN})$$

由上述计算可知，$S_{b1} > R_{b1}$、$S_{b2} > R_{b2}$、$V_{b2} > R_{Vb}$，即跨中弯矩、支座处弯矩与剪力均大于相应承载力，显然不能在对原梁无处理的条件下先对板进行施工。如果将梁截面宽度范围内的 150 mm 厚板纳入到梁的受压部分考虑，其承载力如下。

梁跨中承载力：

$$\varepsilon = \frac{A_s}{bh_0} \times \frac{f_y}{\alpha_1 f_c} = \frac{804}{180 \times 670} \times \frac{300}{1.0 \times 14.3 \times 0.5} = 0.280$$

$$R_{b1} = \alpha_1 f_c bh_0^2 \varepsilon(1 - 0.5\varepsilon) =$$

$$1.0 \times 14.3 \times 0.5 \times 180 \times 670^2 \times 0.280 \times 0.860 = 139.11 \ (\text{kN} \cdot \text{m})$$

梁支座处承载力：

$$M_1 = A'_s f'_y (h_0 - a'_s) = 804 \times 300 \times (670 - 175) \times 10^{-6} = 119.39 \ (\text{kN} \cdot \text{m})$$

$$\varepsilon = \frac{A_{s2}}{bh_0} \times \frac{f_y}{\alpha_1 f_c} = \frac{1\,964 - 804}{180 \times 670} \times \frac{300}{1.0 \times 14.3 \times 0.5} = 0.404 < 0.55$$

$$M_2 = \alpha_{s2} bh_0^2 \alpha_1 f_c = 0.320 \times 180 \times 670^2 \times 14.3 \times 0.5 = 184.87 \ (\text{kN} \cdot \text{m})$$

$$R_{b2} = M_1 + M_2 = 304.26 \ (\text{kN} \cdot \text{m})$$

$$R_{Vb} = 0.7 f_t bh_0 + 1.25 f_{yv} \frac{A_{sv}}{s} h_0 =$$

$$(0.7 \times 14.3 \times 0.5 \times 180 \times 520 + 0.7 \times 14.3 \times 180 \times 150 + 1.25 \times 210 \times$$

$$\frac{57}{100} \times 670) \times 10^{-3} = 174.12 \ (\text{kN})$$

由上述计算可知，$S_{b1} < R_{b1}$、$S_{b2} < R_{b2}$、$V_{b2} > R_{Vb}$，在将梁截面宽度范围内的 150 mm 厚板纳入到梁的受压部分考虑后，跨中抗弯承载力与支座处抗弯承载力均满足要求。支座处抗剪承载力不满足要求，相差 14.5%。为解决支座处的抗剪承载力不足的问题，同时防止梁在楼板施工过程中挠度过大造成后期梁加固时施工困难，采用在柱根以及梁跨中处合理布置钢管支承方案，同时对于梁截面宽度范围内的板，考虑在施工时植入一定数量的抗剪连接件，使梁截面宽度范围内的板与梁共同参与受力。这样，便可在不对柱、梁进行加固的情况下先对楼板进行修复。

5.2.2　组合楼板设计

1.临时支承布置

为满足施工时梁支座处的抗剪要求，同时防止梁在楼板施工过程中挠度过大，需要在柱根以及梁跨中处合理布置钢管支承。为了快速完成钢管支承并进行楼板修复，采用规格为 159 mm、厚度为 6 mm 的圆钢管，并用榔头打入木楔使钢管与板和梁底紧密接触。临时钢管支承布置如图 5.2.2.1 所示。

首先，在 6 轴至 20 轴、A 轴至 F 轴所辖范围内的负一层顶框架主梁各跨梁的跨中处布置 1 根圆钢管，对该区域有裂纹的次梁，可在次梁跨中处设置 1 根直圆钢管；在该区域每根框架柱主梁两边各设置 1 根圆钢，用榔头打入木楔使钢管与板和梁底紧密接触顶紧。

然后，同样在 6 轴至 20 轴、A 轴至 F 轴所辖范围内的一层顶框架主梁各跨梁的跨中处布置 1 根圆钢管，对该区域有裂纹的次梁，可在次梁跨中处设置 1 根直圆钢管；在该区域每根框架柱主梁两边各设置 1 根圆钢，用榔头打入木楔使钢管与板和梁底紧密接触顶紧。完成之后进行一层顶板施工。待一层顶板具有一定强度之后，对二层顶框架进行与一层顶框架同样的支承布置，进行二层顶板施工。

在施工过程中应保证上一层钢管位置与下一层钢管位置对中，即力的作用线在负一层、一层、二层呈一条直线。

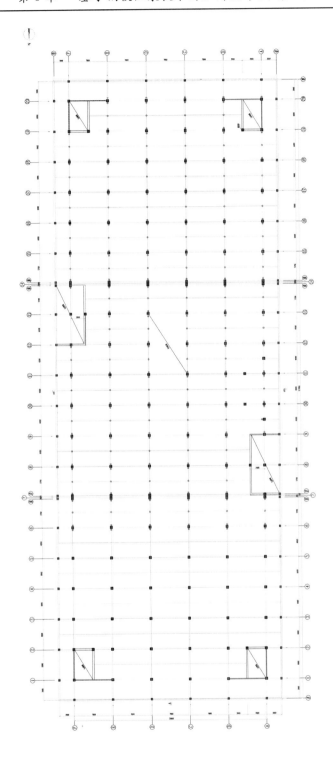

图 5.2.2.1　临时钢管支承布置(1∶100)

2.楼板设计

采用 YX76－344－688 型组合楼板。商厦柱网尺寸为 7.8 m×6 m，6 m 跨跨中处布置有次梁。因此，楼板为单跨 3 m。基于楼板施工阶段无支承原则，采用 0.9 mm 厚压型钢板、板厚 150 mm 的设计，组合楼板剖面如图 5.2.2.2 所示。本组合楼板施工阶段单跨最大无支承跨度为 3.07 m，符合要求。楼板荷载取值为恒载 6.5 kN/m² 和活荷载 3.5 kN/m²，按单向简支板且不考虑压型钢板对承载力的贡献，单个波距内的荷载由以图 5.2.2.2 中填充截面部分提供抗力来进行配筋计算。

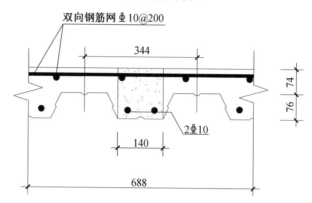

图 5.2.2.2　组合楼板剖面

单个波距(344 mm)范围内板跨中承担的弯矩：

$$M = \frac{1}{8}(0.344Q_L)L^2 = \frac{1}{8} \times (0.344 \times 12.7) \times 3^2 = 4.92 \ (\text{kN} \cdot \text{m})$$

采用 C30 混凝土，板保护层厚度为 20 mm，每个波距凹槽内底部配置 2C10 钢筋，板顶配筋按构造要求双向配置 C10@200。

为了使梁截面宽度范围内的板与原梁共同参与受力形成组合梁，需要板施工时在原梁上植入足够数量的抗剪连接件，使之成为完全组合梁。对于完全组合梁，要求在达到极限弯矩时混凝土板与原梁之间的界面上产生的纵向剪力由抗剪连接件全部承担，并且连接件不发生破坏。由于原梁截面高度远远大于板厚，所以组合梁的中和轴在原梁中通过。采用直径为 12 mm 的 HRB400 钢筋，通过植入原梁 100 mm、伸入板内 80 mm 的方式作为组合梁的抗剪连接件(h/d＝15)。

组合梁界面处剪力：

$$V = b_e h_{cl} f_{cm} = 180 \times 150 \times 16.5 \times 10^{-3} = 445.50 \ (\text{kN})$$

单个抗剪连接件的抗剪承载力：

$$N_V^c = 0.43A_S \sqrt{f_c E_c} = 0.43 \times 113.1 \times \sqrt{14.3 \times 3 \times 10^4} \times 10^{-3} = 31.85 \ (\text{kN}) >$$
$$0.7A_S f = 0.7 \times 113.1 \times 360 \times 10^{-3} = 28.50 \ (\text{kN})$$

支座至连续梁反弯点区段所需剪力连接件个数：

$$n = \frac{V}{N_V^c} = \frac{445.5}{28.5} = 15.6(\text{个})$$

7.8 m 跨方向该区段长度为 1.648 m，6 m 跨方向该区段长度为 1.268 m。因此，

7.8 m 跨沿梁长方向抗剪连接件按间距 200 mm 布置一排,每排 2 个;6 m 跨沿梁长方向抗剪连接件按间距 150 mm 布置一排,每排 2 个。两个方向主梁的抗剪连接件均按上述方式全梁布置。

负一层顶板修复措施与方案一的 4.5.1 节相同,本节不再赘述。

5.3　柱加固设计

根据商厦火灾后负一层至三层柱混凝土爆裂、露筋等损伤情况,将火灾后负一层至三层柱判定为严重损伤、中等损伤、轻微损伤或基本无损伤三类。按上述损伤判定原则,负一层 1 轴至 9 轴所辖柱判定为严重损伤,10 轴至 20 轴所辖柱判定为中等损伤;一层至三层 1/1、20/1 轴所辖柱、过 A/1 和 F/1 轴的柱及与内墙相连柱判定为轻微损伤或基本无损伤,1 轴至 4 轴所辖柱、20 轴与 D 轴所交柱判定为中等损伤,5 轴至 19 轴所辖柱判定为严重损伤。一层至三层柱加固修复方案如图 4.3.0.1 所示,图中 1—JZ1 表示严重损伤柱,1—JZ2 表示中等损伤柱,未标注的表示轻微损伤柱。轻微损伤柱与中等损伤柱加固措施与方案一的 4.3.1 节,4.3.2 节相同,此处不再赘述。

负一层 1 轴至 9 轴所辖柱与一层至三层 5 轴至 19 轴所辖柱判定为严重损伤,严重损伤柱(一层 B 轴和 16 轴所交柱)如图 5.3.0.1 所示。该类柱表面水泥砂浆抹灰大面积脱落,柱角部混凝土开裂剥落,混凝土黄色发红,石子石灰化,柱角露出钢筋,周围钢材严重变形,可判断柱受火时的表面最高温度在 500 ℃ 以上。该柱承载力较火灾前下降约 20%,属于危险构件。因此,可用钢模注浆加大截面法进行加固。首先需要剔除原柱松散酥碎混凝土,即剔除锤击声沉闷至锤击声清脆范围内的混凝土(即从柱表面至500 ℃ 等温线的距离,约为 60 mm),在柱外侧设置钢模与纵向钢筋和箍筋,在钢模内注入水泥浆,用加大截面法加固。柱外包钢板厚度为

图 5.3.0.1　严重损伤柱(一层 B 轴和 16 轴所交柱)

8 mm,采用密封焊接,以确保在灌浆过程中不漏浆。灌浆料采用 P·O42.5 或 P·O52.5 普通硅酸盐水泥、UEA 膨胀剂和 FDN 高效减水剂。

基于安全的设计原则,对严重损伤柱的加固本着新增柱截面部分即可承担所有荷载作用,对柱进行加固设计。基于此,将柱截面增大到 650 mm × 650 mm(含钢板厚度)。

负一层严重损伤柱承受荷载:

$$S_c = \sum_{i=-1}^{4} A_i Q_{Li} + N_{zb} + N_{zc} =$$
$$(12.7 \times 6 \times 7.8 \times 2 + 12.1 \times 6 \times 7.8 \times 2 + 3.06 \times 6 \times 7.8) +$$
$$460.1 + 298.8 = 3\ 223.39\ (kN)$$

新增柱截面承载力：

$$R_c = (A_n - A_o) f_c = (650^2 - 380^2) \times 14.3 \times 10^{-3} =$$
$$3\,976.83\,(\text{kN}) > S_c = 3\,223.39\,(\text{kN})$$

在柱新增截面部分配置 12C16(2 412 mm²)，大于柱受力纵筋最小配筋率 0.65%（1 808 mm²）的要求，箍筋配置 8@100/200。为保证柱截面加大部分与原柱紧密结合，形成新的整体共同工作，从而达到补强加固、改变受力、使荷载有效地传递到复合柱上的目的，需对柱子加大截面部分的新增纵向钢筋做如下处理：一层柱子根部 4 根角筋植入负一层顶板 100 mm，成孔直径为 20 mm，注入喜利得胶；一层柱子根部的每侧中部纵筋植入负一层顶梁 210 mm，成孔直径为 20 mm，注入喜利得胶；对于一层柱子顶部，柱子 4 根角筋植入一层顶板 130 mm，成孔直径为 20 mm，注入喜利得胶；对于柱子顶部的每侧中部纵筋，若一层顶梁为原有梁，则纵筋植入原梁 210 mm，成孔直径为 20 mm，注入喜利得胶，若一层顶梁为新浇筑的混凝土梁，则锚入新梁 520 mm。二层、三层也采用同样方法处理。

为防止原混凝土柱由于地震等偶然因素发生压溃，对原柱周围新增的柱造成侧向挤压作用，导致柱的承载力下降以致结构局部甚至大面积坍塌，在剔除原柱松散酥碎混凝土后的柱表面配置螺旋箍筋，8@100/200，对原柱提供侧向约束作用。

原柱矩形箍与八边形箍加密区体积配箍率：

$$\rho_{V1} = \frac{n_1 A_{s1} l_1 + n_2 A_{s2} l_2}{A_{cor} s} =$$
$$\frac{2 \times 50.3 \times 450 + 2 \times 50.3 \times 450}{450^2 \times 100} \times 2 \times 100\% = 0.89\%$$

新增螺旋箍筋与矩形箍加密区体积配箍率：

$$\rho_{V2} = \frac{4 A_{ss1}}{d_{cor} s} + \frac{n_1 A_{s1} l_1 + n_2 A_{s2} l_2}{A_{cor} s} =$$
$$\frac{4 \times 50.3}{380 \times 100} \times 100\% + \frac{2 \times 50.3 \times 580 + 2 \times 50.3 \times 580}{580^2 \times 100} \times 100\% = 0.88\%$$

由于该商厦建于 20 世纪 90 年代，当时所用箍筋一级钢筋为 HPB235，本次加固使用的箍筋为 HPB300，出于安全原则，在计算最小体积配箍率时箍筋屈服强度统一取 210 MPa。

最小体积配箍率：

$$\lambda_V \frac{f_c}{f_{yv}} = 0.15 \times \frac{16.7}{210} \times 100\% = 1.2\% < \rho_{V1} + \rho_{V2} = 1.77\%$$

钢板内灌浆料采用 P·O42.5 或 P·O52.5 普通硅酸盐水泥、UEA 膨胀剂和 FDN 高效减水剂，灌浆料配合比见表 4.1。在正式灌浆前需制作 21 个直径为 150 mm、高度为 450 mm 的圆柱体水泥石试件，并进行标准养护。标准养护 3 d 后对其中 7 个试件进行试压，当 7 个试件的实测平均值强度不小于 31 MPa 后方可灌浆。严重损伤柱加固方案如图 5.3.0.2 所示。

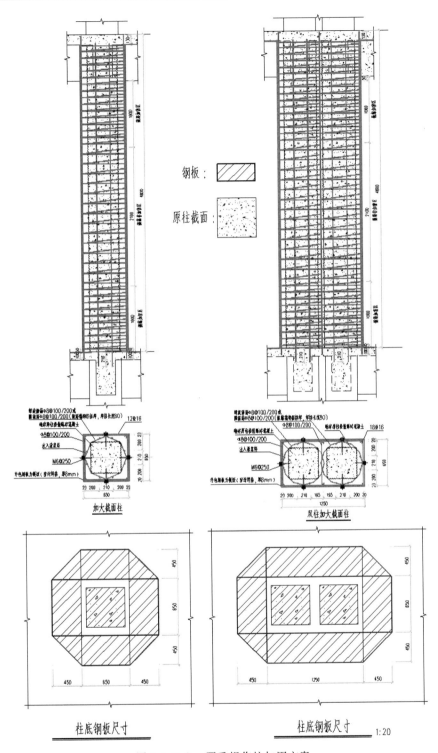

图 5.3.0.2　严重损伤柱加固方案

5.4 梁加固设计

在对楼板进行施工时,由于梁的抗弯及抗剪均不满足施工要求,便对其进行了临时的处理。本节将对梁进行加固设计,使加固后的梁的力学性能满足要求。

根据商厦火灾后负一层顶至二层顶梁烧断、混凝土爆裂、露筋等损伤情况,将火灾后一层顶梁判定为烧断、严重损伤、中等损伤、轻微损伤或基本无损伤四类。根据上述判定原则,火灾后负一层顶1～9轴与B～E轴所辖区主梁、次梁承载力判定为严重损伤;火灾后大部分负一层顶梁判定为中等损伤,即负一层顶1～9轴与B～E轴所辖区之外的梁承载力判定为中等损伤;一层至二层顶梁的1轴至4轴判定为中等损伤;5轴至19轴与A轴、F轴所辖区域梁判定为严重损伤,需进行加固处理,此区域内含数根已经烧断的梁。其余梁均判定为轻微损伤。轻微损伤梁、中等损伤梁加固措施与方案一的4.4.1节和4.4.2节相同,此处不再赘述。

5.4.1 严重损伤梁加固

火灾后负一层顶1～9轴与B～E轴所辖区主梁、次梁,一层至二层顶的5轴至19轴与A轴、F轴所辖区域梁判定为严重损伤,需进行加固处理,此区域内含数根已经烧断的梁。对烧断的梁,按原配筋重新布置梁纵筋与箍筋,再按原截面尺寸浇筑C30混凝土;对严重损伤梁,剔除原梁松散酥碎混凝土,再用钢模注浆加大截面法加固。首先需要剔除原梁松散酥碎混凝土,即剔除锤击声沉闷至锤击声清脆范围内的混凝土(即从梁底面至500 ℃等温线的距离,约为80 mm,梁侧面至500 ℃等温线距离,约为60 mm),在梁外侧设置钢模、纵向钢筋(侧面4C20、底部4C18)、箍筋(8@100/200)以及抗剪连接件,在钢模内注入水泥浆,用加大截面法加固(由原截面向外侧各增加75 mm,即梁宽增加150 mm,梁高增加75 mm)。柱外包钢板厚度为8 mm,采用密封焊接,以确保在灌浆过程中不漏浆。灌浆料采用P·O42.5或P·O52.5普通硅酸盐水泥、UEA膨胀剂和FDN高效减水剂。

同样取KJ－5中CD跨、DE跨的一层顶、二层顶主梁进行验算。原梁跨中底部配4B16、顶部配2B12架立筋,梁支座处底部为4B16、顶部为4B25,箍筋为6@100/200。楼板荷载取值为恒载6.5 kN/m² 和活荷载3.5 kN/m²。

梁跨中承担的弯矩:

$$S_{b1} = \frac{1}{24}(6N_L + 1.2N_z)L^2 =$$

$$\frac{1}{24} \times (6 \times 12.7 + 1.2 \times 0.45 \times 0.675 \times 25 + 1.2 \times 0.014\ 27 \times 78) \times$$

$$7.8^2 = 219.7\ (kN \cdot m)$$

梁支座承担的弯矩以及剪力:

$$S_{b2} = \frac{1}{12}(6N_L + 1.2N_z)L^2 =$$

$$\frac{1}{12} \times (6 \times 12.7 + 1.2 \times 0.45 \times 0.675 \times 25 + 1.2 \times 0.014\ 27 \times 78) \times$$

$$7.8^2 = 439.3\ (\text{kN} \cdot \text{m})$$

$$V_{b2} = \frac{1}{2}(6N_L + 1.2N_z)L =$$

$$\frac{1}{2} \times (6 \times 12.7 + 1.2 \times 0.45 \times 0.675 \times 25 + 1.2 \times 0.014\ 27 \times 78) \times$$

$$7.8 = 337.93\ (\text{kN})$$

梁跨中新增承载力：

$$\varepsilon = \frac{A_s}{bh_0} \times \frac{f_y}{\alpha_1 f_c} = \frac{1\ 017}{450 \times 640} \times \frac{360}{1.0 \times 14.3 \times 0.5} = 0.168\ 7$$

$$M_0 = \alpha_1 f_c bh_0^2 \varepsilon(1 - 0.5\varepsilon) =$$

$$1.0 \times 14.3 \times 0.5 \times 450 \times 640^2 \times 0.168\ 7 \times 0.915\ 6 =$$

$$203.56\ (\text{kN} \cdot \text{m}) < 219.7\ (\text{kN} \cdot \text{m})$$

$$R_{b1} = M_0 + M = 203.56 + 117.96 = 321.52\ (\text{kN} \cdot \text{m}) > 219.7\ (\text{kN} \cdot \text{m})$$

梁支座处新增承载力：

$$M_1 = A_s f_y(h_0 - \alpha_s') =$$

$$1\ 256 \times 360 \times (640 - 35) \times 10^{-6} = 273.56\ (\text{kN} \cdot \text{m}) < 439.3\ (\text{kN} \cdot \text{m})$$

$$R_{b2} = M_1 + M' = 273.56 + 253.37 =$$

$$526.93\ (\text{kN} \cdot \text{m}) > 439.3\ (\text{kN} \cdot \text{m})$$

$$R_{Vb} = 0.7 f_t bh_0 + 1.25 f_{yv} \frac{A_{sv}}{s} h_0 =$$

$$(0.7 \times 14.3 \times 0.5 \times 450 \times 640 + 1.25 \times 270 \times \frac{101}{100} \times 640) \times$$

$$10^{-3} = 1\ 659.6\ (\text{kN}) > 337.93\ (\text{kN})$$

由上述计算可知，$S_{b1} > M_0$、$S_{b2} > M_1$、$V_{b2} < R_{Vb}$，即支座处剪力小于相应抗力，跨中弯矩与支座处弯矩大于相应的新增承载力，但考虑到原梁剩余承载力，梁跨中弯与支座截面受弯承载力亦能满足要求。

为了使新增梁截面与原梁共同参与受力而形成组合梁，需要在梁加固施工时在原梁上植入足够数量的抗剪连接件使之成为完全组合梁。对于完全组合梁，要求在达到极限弯矩时新梁与原梁之间界面上产生的纵向剪力由抗剪连接件全部承担，并且连接件不发生破坏。由于原梁截面高度远远大于新增梁截面高度，所以组合梁的中和轴在原梁中通过。采用直径为 8 的 HRB400 钢筋，通过植入原梁 100 mm、伸入至梁表面（75 mm）的方式作为组合梁的抗剪连接件（$h/d = 21.8$）。

组合梁界面处剪力：

$$V = b_e h_{c1} f_{cm} = 300 \times 75 \times 16.5 \times 10^{-3} = 371.25\ (\text{kN})$$

单个抗剪连接件的抗剪承载力：

$$N_V^c = 0.43 A_s \sqrt{f_c E_c} = 0.43 \times 50.3 \times \sqrt{14.3 \times 3 \times 10^4} \times 10^{-3} = 14.16 \text{ (kN)} >$$
$$0.7 A_s f = 0.7 \times 50.3 \times 360 \times 10^{-3} = 12.67 \text{ (kN)}$$

支座至连续梁反弯点区段所需剪力连接件个数：

$$n = \frac{V}{N_V^c} = \frac{371.25}{12.67} = 29.3（个）$$

7.8 m 跨方向该区段长度为 1.648 m，6 m 跨方向该区段长度为 1.268 m。因此，7.8 m 跨沿梁长方向抗剪连接件按间距 300 mm 布置一排，每排 6 个；6 m 跨沿梁长方向抗剪连接件按间距 250 mm 布置一排，每排 6 个。两个方向主梁的抗剪连接件均按上述方式全梁布置。严重损伤梁加固方案如图 5.4.1.1 所示。

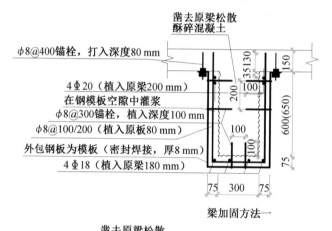

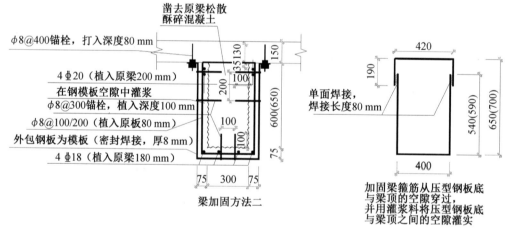

图 5.4.1.1　严重损伤梁加固方案

5.4.2　三层顶梁设计

由于要为新增的一层结构省出部分高度，需把三层顶梁标高降低，为了保证室内在冬季能够继续正常施工，提出在原三层顶梁下方布置新的 H 形钢梁替代原梁，待次年气温回暖后拆除原三层顶，进行四层施工。钢梁简支，以承载力选择 H 形钢（Q345）梁规格，主梁选用 450 mm × 300 mm × 11 mm × 18 mm，次梁选用 400 mm × 300 mm ×

10 mm×16 mm,以变形校核。三层顶梁平面布置如图 5.4.2.1 所示。

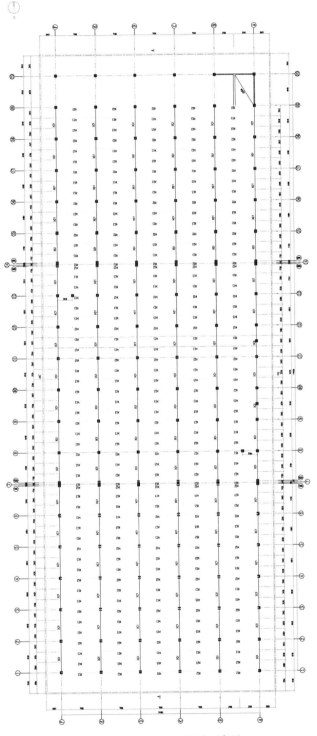

图 5.4.2.1　三层顶梁平面布置

7.8 m 跨主梁跨中承担的弯矩：

$$S_{b1} = \frac{1}{8}(2N_L + 1.2N_z)L^2 =$$

$$\frac{1}{8} \times (2 \times 12.1 + 0.015\,74 \times 78 \times 1.2) \times 7.8^2 = 195.25\,(\text{kN} \cdot \text{m})$$

$$\sigma = \frac{S_{b1}}{W} = \frac{195.25 \times 10^6}{2\,550 \times 10^3} = 76.57\,(\text{N/mm}^2) < 295\,(\text{N/mm}^2)$$

7.8 m 跨主梁变形：

$$\upsilon = \frac{5ql^4}{384EI} = \frac{5 \times 20.23 \times 7\,800^4}{384 \times 2.06 \times 10^5 \times 5.61 \times 10^8} = 8.44\,(\text{mm}) < [\upsilon_T] =$$

$$\frac{l}{400} = 19.5\,(\text{mm})$$

6 m 跨主梁跨中承担的弯矩：

$$S_{b2} = \frac{1}{3} \times \left(\frac{1}{2} \times (2 \times 7.8N_L + 1.2N_z) \right) L =$$

$$\frac{1}{6} \times (2 \times 7.8 \times 12.1 + 0.015\,74 \times 78 \times 1.2) \times 6 = 190.23\,(\text{kN} \cdot \text{m})$$

$$\sigma = \frac{S_{b1}}{W} = \frac{190.23 \times 10^6}{2\,550 \times 10^3} = 74.6\,(\text{N/mm}^2) < 295\,(\text{N/mm}^2)$$

6 m 跨主梁变形：

$$\upsilon = \frac{23Fl^3}{648EI} = \frac{23 \times 74.7 \times 10^3 \times 6\,000^3}{648 \times 2.06 \times 10^5 \times 5.61 \times 10^8} = 4.96\,(\text{mm}) < [\upsilon_T] =$$

$$\frac{l}{400} = 19.5\,(\text{mm})$$

次梁跨中承担的弯矩：

$$S_{b2} = \frac{1}{8}(2N_L + 1.2N_z)L^2 =$$

$$\frac{1}{8} \times (2 \times 12.1 + 0.013\,67 \times 78 \times 1.2) \times 7.8^2 = 193.77\,(\text{kN} \cdot \text{m})$$

$$\sigma = \frac{S_{b2}}{W} = \frac{193.77 \times 10^6}{2\,000 \times 10^3} = 96.89\,(\text{N/mm}^2) < 310\,(\text{N/mm}^2)$$

次梁变形：

$$\upsilon = \frac{5ql^4}{384EI} = \frac{5 \times 20.07 \times 7\,800^4}{384 \times 2.06 \times 10^5 \times 3.89 \times 10^8} = 12.1\,(\text{mm}) < [\upsilon_T] =$$

$$\frac{l}{400} = 19.5\,(\text{mm})$$

三层顶梁柱节点如图 5.4.2.2 所示。

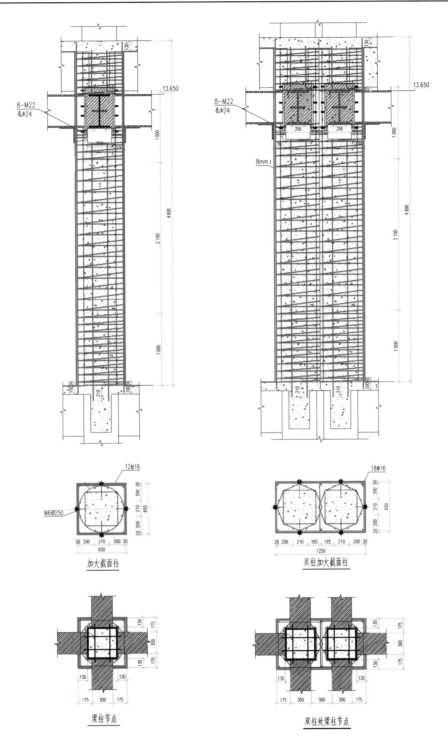

图 5.4.2.2　三层顶梁柱节点

5.5 负一层外墙防水修复

受火灾影响,商厦负一层防水已丧失使用功能且外墙体渗水严重,如图 4.7.0.1 所示。为满足商厦正常使用功能,需对负一层防水进行修复。由于商厦处于市区核心商圈地带,结构周围场地使用受限,不宜对结构外围进行开挖。因此,在防水方案上采用内防水做法。另外,由于商厦邻近松花江,在对负一层外墙防水抹灰层凿除后,发现结构所在的地下水位较高,从负一层地面起 1.0 m 高范围内,水压力较大,负一层外墙淌水如图 5.5.0.1 所示。如果采用正常施工做法,那么水泥、砂浆等胶凝材料在硬化前即被水冲掉,根本无法施工。

图 5.5.0.1　负一层外墙淌水

为此,防水方案采用"防"与"引"相结合的方式,即提出引流降压修复方案。具体做法为:首先通过每隔一定区域在墙上钻孔插管做引流,使外墙外的地下水通过水管流出,降低地下水位对负一层外墙防水层的压力,然后对负一层外墙做防水,待防水层具有足够强度后,截断引流水管,并将引流水管堵死。防水处理采用网眼为 60 mm×60 mm,丝径为 3 mm 的镀锌钢丝网来挂网抹灰,然后在其上涂上 AD688 型防水注浆料,再在其上挂网眼为 60 mm×60 mm,丝径为 3 mm 的镀锌钢丝网抹灰,由此形成两硬夹一软的防水层。

5.6 新增层结构设计

由于经营需要,业主提出在对原结构进行加固的同时,能够在地上第三层结构上新接一层。而结构北侧和东侧有住宅,不能明显影响周围居民采光,即在结构一层、二层层高不变且结构总高度不能增加太多的条件下新增一层。为此,计划将 1 轴至 19 轴、A 轴至 F 轴范围所辖(含 1 轴、19 轴、A 轴与 F 轴)三层顶梁往下降低 700 mm,即在原三层顶混凝土梁下新做三层顶梁,采用 H 形钢梁。在冬季即对三层顶 H 形钢梁进行施工,待次年气温回暖后,砸除 1 轴至 19 轴、A 轴至 F 轴范围所辖(不含 1 轴、19 轴、A 轴与 F 轴)原三层顶混凝土梁,新做三层顶板。而屋面结构则采用双坡屋面,即从原结构的女儿墙顶向下300 mm 处开始起坡,坡度为 4.6%。这样既可以为新增层获得一定的空间,也可以尽量减少对周围住宅采光的影响。新增层初步方案如图 5.6.0.1 所示。而新增层结构形式则采用钢结构,屋面则用岩棉夹芯保温屋面板。

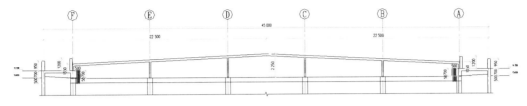

图 5.6.0.1　新增层初步方案

5.6.1　三层顶板设计

三层顶板采用 YX51－240－720 型组合楼板。商厦柱网尺寸为 7.8 m×6 m,三层顶梁 6 m 跨内布置有 2 跨次梁。因此,楼板为单跨 2 m。本着楼板施工阶段无支承原则,采用0.8 mm 厚压型钢板、板厚 120 mm 的设计,三层顶组合楼板如图 5.6.1.1 所示。本组合楼板施工阶段单跨最大无支承跨度为 2.25 m,故符合要求。楼板荷载取值为恒载 6.0 kN/m² 和活荷载3.5 kN/m²,按单向简支板且不考虑压型钢板对承载力的贡献、单个波距内的荷载由以图 5.6.1.1 中填充截面部分提供抗力来进行配筋计算(本节内钢筋符号说明:φ是 Ⅰ 级钢,为 HPB300;Φ是 Ⅲ 级钢,为 HRB400)。

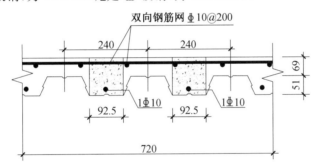

图 5.6.1.1　三层顶组合楼板

单个波距(240 mm)范围内板跨中承担的弯矩:

$$M = \frac{1}{8}(0.240Q_L)L^2 = \frac{1}{8} \times (0.240 \times 12.1) \times 2^2 = 1.45 \text{ (kN·m)}$$

采用 C30 混凝土,板保护层厚度为 20 mm,每个波距凹槽内底部配置 1C10 钢筋,板顶配筋按构造要求双向配置 C10@200。

5.6.2　屋面设计

屋面结构采用夹芯保温板形式,屋面荷载取值为恒载 1.9 kN/m² 和活荷载 0.5 kN/m²,荷载组合后为 3.06 kN/m²。屋顶结构为钢框架结构(钢材为 Q345B),梁连接为螺栓连接,计算时为简支模型。

7.8 m 跨框架梁选用工字钢 28a(280 mm×122 mm×8.5 mm×13.7 mm)。

7.8 m 跨主梁跨中承担的弯矩:

$$S_{b1} = \frac{1}{3} \times \left(\frac{1}{2} \times (2.6 \times 6N_L + 1.35N_z) \right) L =$$

$$\frac{1}{6} \times (2.6 \times 6 \times 3.06 + 1.35 \times 0.44) \times 6 = 48.33 \ (kN \cdot m)$$

$$\sigma = \frac{S_{b1}}{W} = \frac{48.33 \times 10^6}{508.2 \times 10^3} =$$

$$95.1 \ (N/mm^2) < 310 \ (N/mm^2)$$

7.8 m 跨主梁变形:

$$\upsilon = \frac{23Fl^3}{648EI} = \frac{23 \times 18.94 \times 10^3 \times 6\,000^3}{648 \times 2.06 \times 10^5 \times 0.711\,5 \times 10^8} =$$

$$9.9 \ mm < [\upsilon_T] = \frac{l}{400} = 19.5 \ (mm)$$

6 m 跨框架梁选用工字钢 25a(250 mm × 116 mm × 8.0 mm × 13.0 mm)。

6 m 跨主梁跨中承担的弯矩:

$$S_{b2} = \frac{1}{3} \times \left(\frac{1}{2} \times (2 \times 7.8N_L + 1.35N_z) \right) L =$$

$$\frac{1}{6} \times (2 \times 7.8 \times 3.06 + 1.35 \times 0.39) \times 6 = 48.27 \ (kN \cdot m)$$

$$\sigma = \frac{S_{b1}}{W} = \frac{48.27 \times 10^6}{401.4 \times 10^3} =$$

$$120.24 \ (N/mm^2) < 310 \ (N/mm^2)$$

6 m 跨主梁变形:

$$\upsilon = \frac{23Fl^3}{648EI} = \frac{23 \times 18.92 \times 10^3 \times 6\,000^3}{648 \times 2.06 \times 10^5 \times 0.501\,7 \times 10^8} =$$

$$14.1 \ (mm) < [\upsilon_T] = \frac{l}{400} = 19.5 \ (mm)$$

次梁选用 C 形钢(160 mm × 70 mm × 20 mm × 3.0 mm)。

屋面梁平面布置如图 5.6.2.1 所示。梁柱节点设计如图 5.6.2.2 所示。摩擦面的处理及抗滑移系数:本层钢结构主要构件的现场安装连接均采用摩擦型高强度螺栓连接形式,构件摩擦面采用喷砂处理,处理后的摩擦面的抗滑系数 $u \geqslant 0.45$(Q345 钢);钢构件在制作完毕后应进行除锈处理,除锈等级为 Sa21/2;摩擦面抗滑移系数应按照《钢结构高强度螺栓连接技术规程》(JGJ 82—2011)的规定进行试验,对于因加工误差而无法进行施工的构件螺栓孔,不得采用锤击螺栓强行穿入方法或用气割扩孔。M22 螺栓(10.9 级)的预拉力 $P = 190$ kN。

按照岩棉夹芯保温屋面板做屋面的一般做法,即在钢框梁上设檩托与檩条,然后再在檩条上放置岩棉夹芯保温板。仅仅屋面结构高度就达 600 mm,由于需要对结构高度完全有效的利用,因此,传统岩棉夹芯保温屋面板做法在本结构中不再适用,而提出将槽钢作为夹芯保温屋面板的龙骨含在板内,在槽钢外围包上薄壁 C 形钢,将槽钢与 C 形钢在腹板处通过螺栓连接。C 形钢的作用是为了便于上下彩钢板通过自攻螺钉与龙骨连接。这样,本结构的屋面高度可降低一半,为 300 mm。屋面板做法详图如图 5.6.2.3 所示。天沟做法如图 5.6.2.4 所示。

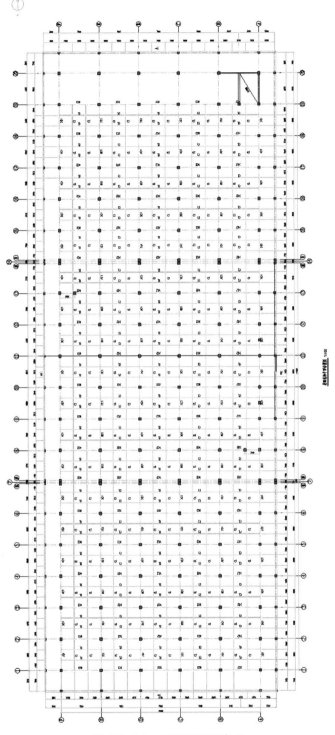

图 5.6.2.1 屋面梁平面布置

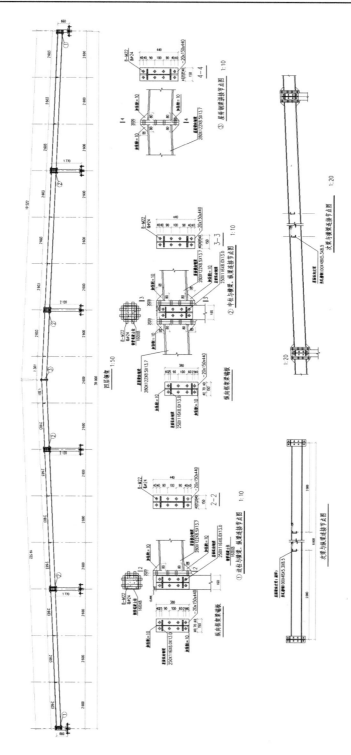

图 5.6.2.2　梁柱节点设计

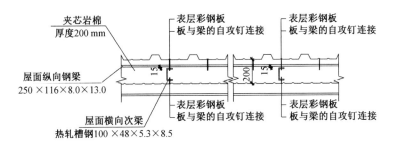

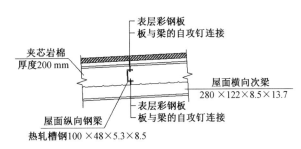

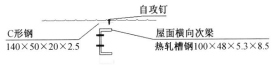

图 5.6.2.3　屋面板做法详图

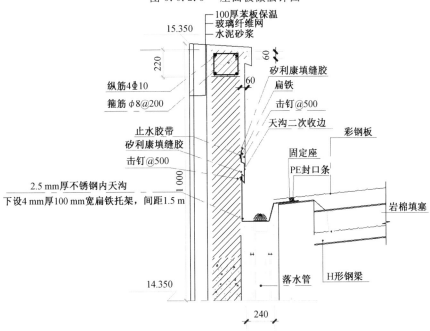

图 5.6.2.4　天沟做法

5.6.3　四层柱设计

四层柱控制截面荷载为压力 $N=153.5\,\text{kN}$、$M=20.9\,\text{kN·m}$。柱子采用方钢管混凝

土柱。方钢管规格为 160 mm×8 mm，截面特性：截面面积 $S=4\ 324.2\ \text{cm}^2$、截面惯性矩 $I_x=1\ 411.8\ \text{cm}^4$、回转半径 $i_x=5.714\ \text{cm}$。混凝土采用 C30。

（1）强度验算。

净截面抗压承载力设计值：

$$N_{un}=fA_{sn}+f_cA_c=(310\times4\ 324.2+144^2\times14.3)\times10^{-3}=1\ 637\ (\text{kN})$$

钢管内混凝土受压区高度：

$$d_n=\frac{A_s-2Bt}{(B-2t)\dfrac{f_c}{f}+4t}=\frac{4\ 324.2-2\times160\times8}{(160-16)\times\dfrac{14.3}{310}+4\times8}=45.7\ (\text{mm})$$

只有弯矩作用时净截面的抗弯承载力设计值：

$$\begin{aligned}M_{un}&=[0.5A_{sn}(D-2t-d_n)+Bt(t+d_n)]f=\\&\quad[0.5\times4\ 324.2\times(160-16-45.7)+160\times8\times(8+45.7)]\times\\&\quad310\times10^{-6}=87.2\ (\text{kN}\cdot\text{m})\end{aligned}$$

混凝土工作承担系数：

$$\alpha_c=\frac{f_cA_c}{f_cA_c+fA_s}=\frac{14.3\times144^2}{14.3\times144^2+310\times4\ 324.2}=0.181\ 1$$

强度验算：

$$\frac{N}{N_{un}}+(1-\alpha_c)\frac{M}{M_{un}}=\frac{153.5}{1\ 637}+(1-0.181\ 1)\times\frac{20.9}{87.2}=0.29<1$$

强度满足要求。

（2）稳定验算。

平面内稳定验算：

$$\frac{N}{\varphi_xN_{un}}+(1-\alpha_c)\frac{\beta M}{\left(1-0.8\dfrac{N}{N'_{Ex}}\right)M_{un}}=$$

$$\frac{153.5}{0.936\times1\ 637}+(1-0.181\ 1)\times\frac{20.9}{\left(1-0.8\times\dfrac{153.5}{11\ 053.7}\right)\times87.2}=0.3<1$$

且 $$\frac{\beta M}{\left(1-0.8\dfrac{N}{N'_{Ex}}\right)M_{un}}=\frac{20.9}{\left(1-0.8\times\dfrac{153.5}{11\ 053.7}\right)\times87.2}=0.25<1$$

平面外稳定验算：

$$\frac{N}{\varphi_yN_{un}}+\frac{\beta M}{1.4M_{un}}=\frac{153.5}{0.936\times1\ 637}+\frac{20.9}{1.4\times87.2}=0.28<1$$

稳定性满足要求。

四层柱与三层柱顶连接做法如图 5.6.3.1 所示。

施工时对于焊缝应注意以下几点:焊缝原则上为连续焊缝(满焊);所有柱、梁加劲板均与柱、梁翼缘板平齐;组合型钢如 H 形钢及 T 形钢,除特别注明外,一般焊接尺寸见表 5.1;坡口焊均为全熔透形式,其坡口尺寸符合《气焊、手工电弧焊及气体保护焊焊缝坡口的基本形式与尺寸》(GB 985—88) 的要求;构件拼接皆采用全熔透的等强焊接;而其他未注明焊缝的构件连接,皆采用沿接触边满焊之角焊缝连接,焊脚尺寸见表 5.1,同时焊缝高度不小于 $1.5\sqrt{t_1}$(t_1 为较厚板厚) 且不得大于 $1.2t_2$(t_2 为较薄板厚)。

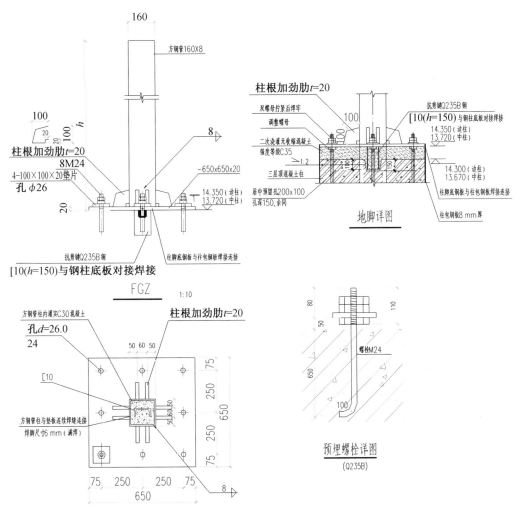

图 5.6.3.1　四层柱与三层柱顶连接做法

表 5.1　焊脚尺寸表

tw	tf < 12			12 ≤ tf < 19			19 ≤ tf < 28		
	其余	埋弧焊	手工电弧焊	其余	埋弧焊	手工电弧焊	其余	埋弧焊	手工电弧焊
6 mm	5.5	5.0	5.5	6.5	6.0	6.5	8.0	8.0	8.0
8 mm	5.5	5.0	5.5	6.5	6.0	6.5	8.0	8.0	8.0
10 mm	5.5	5.0	6.0	6.5	6.0	6.5	8.0	8.0	8.0
12 mm	6.0	5.0	7.0	6.5	6.0	7.0	8.0	8.0	8.0

5.7　消防水箱处局部加固

根据消防功能要求,需要在 19 轴、20 轴与 B 轴、C 轴所辖区域的结构三层顶放置 50 t 的消防水箱。水箱底部由 5 根 200 mm×500 mm 素基础梁将水箱荷载传到 B、C 轴梁上。为此,需对该区域的梁柱结构进行加固设计。

5.7.1　柱加固设计

水箱设置处下的 19 轴与 B、C 轴所交柱,20 轴与 B、C 轴所交柱加固方案采用 4.3.1 节中所述方案。对该区域负一层至三层顶的柱承载力校核,见表 5.2。从表 5.2 可知,柱承载力均满足要求。19 轴、20 轴与 D 轴所交柱(负一层至三层顶的柱)与上述柱一样进行加固。

表 5.2　柱承载力校核　　　　　　　　　　　　　　　　kN

层	承载力				荷载
	19 轴与 B 轴	19 轴与 C 轴	20 轴与 B 轴	20 轴与 C 轴	
三层	3 520.6	3 520.6	3 718.1	3 520.6	1 002.38
二层	3 520.6	3 520.6	3 718.1	3 520.6	1 786.45
一层	3 520.6	3 520.6	3 968	3 520.6	2 570.56
负一层	3 520.6	3 520.6	5 340.2	3 853.7	3 327.2

5.7.2　梁加固设计

由于三层顶 19 轴、20 轴及其悬挑区域部分结构标高不变,即该区域的梁板不拆除,只对其进行修复,而结构受火后受力性能大幅下降,已不能完全承受 50 t 水箱荷载。为便于施工,于是提出在原三层顶梁下新设钢梁来提高结构承载力,以便水箱设置。

在原三层顶梁下新设 500 mm×300 mm×11 mm×18 mm(KL1、KL2、CL1)钢梁,水箱底部由 5 根 200 mm×500 mm 素基础梁将水箱荷载传到 B、C 轴框梁上。因此,在素混凝土基础梁下对应设计 5 根钢次梁,水箱区域钢梁布置如图 5.7.2.1 所示。

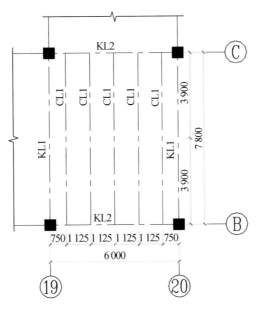

图 5.7.2.1　水箱区域钢梁布置

钢梁计算模型为简支,跨中荷载为 $M = 470.63$ kN·m,支座处剪力 $V = 297.5$ kN。钢梁选用 H 形钢(Q345B),规格为 500 mm $\times 300$ mm $\times 11$ mm $\times 18$ mm,截面惯性矩 $I_x = 71\,400$ cm^4、$W_x = 2\,930$ cm^3。验算承载力与变形。

强度验算:

$$\sigma = \frac{M}{W} = \frac{470.63 \times 10^6}{2\,930 \times 10^3} = 160.63 \ (\text{N/mm}^2) < 295 \ (\text{N/mm}^2)$$

$$\tau = \frac{VS}{I_x t_w} = \frac{297.5 \times 10^3 \times 1.645\,2 \times 10^6}{7.14 \times 10^8 \times 11} = 62.3 \ (\text{N/mm}^2) < 170 \ (\text{N/mm}^2)$$

变形:

$$\upsilon = \frac{1\,707 Fl^3}{24\,576 EI} + \frac{5 q l^3}{384 EI} =$$
$$11.8 \ (\text{mm}) < [\upsilon_T] =$$
$$\frac{l}{400} = 15 \ (\text{mm})$$

强度与变形均满足要求。

钢次梁和钢主梁采用铰接连接,主次梁铰接节点如图 5.7.2.2 所示。而主梁通过钢套筒与柱连接,钢套筒如图 5.7.2.3 所示。梁柱节点如图 5.7.2.4 所示。

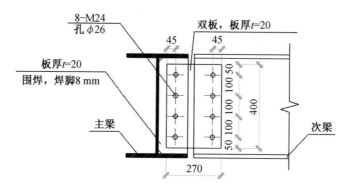

图 5.7.2.2　主次梁铰接节点

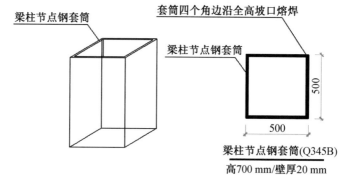

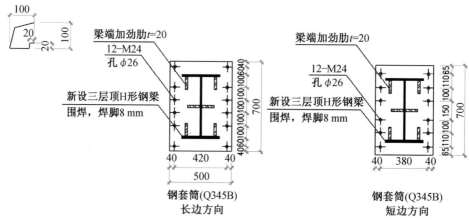

图 5.7.2.3　钢套筒

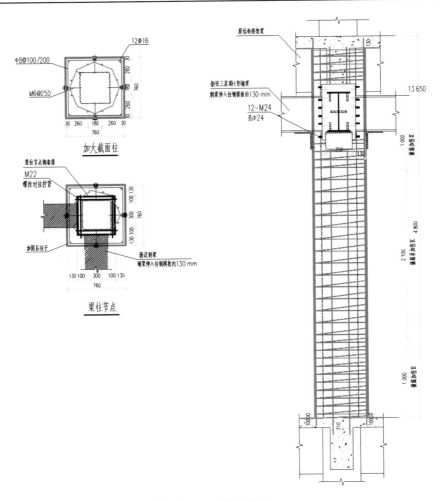

图 5.7.2.4　梁柱节点

5.8　悬挑区域加固

　　商厦从一层顶至三层顶在 A 轴与 F 轴向外悬挑了 3 m,在 1 轴与 20 轴向外悬挑了 3.9 m。为防止由于悬挑过大且荷载较大而导致的倾覆,需要对悬挑部位进行加固。

　　商厦一层悬挑区域根据柱网间距被隔墙分隔成了临街商铺,而二层、三层的悬挑区域则与其他区域形成了一个无隔断的大空间。原悬挑部分的传力路径为:二层外墙荷载以及悬挑区域的楼面荷载由一层顶的悬挑梁承担;同样三层的由二层顶悬挑梁承担,屋面女儿墙重以及屋面荷载由三层顶悬挑梁承担。根据已有的建筑平面布置特点,悬挑区加固尽量不影响原有功能的继续使用,提出对一层悬挑区域的隔墙进行墙体加固以用于承重,即将原一层隔墙两侧挂上 10@200 双向钢筋网(钢筋网植入原梁与柱 100 mm),两钢筋网对拉钢筋双向,8@400 一道,然后在钢筋网外侧抹 75 mm 厚 M10 砂浆形成夹板墙。二层与三层紧贴外墙在悬挑梁端设置 300 mm×300 mm×10 mm×15 mm 的 H 形钢柱,通过柱端承板用锚栓将柱与悬挑梁连接。悬挑部位加固如图 5.8.0.1 所示。

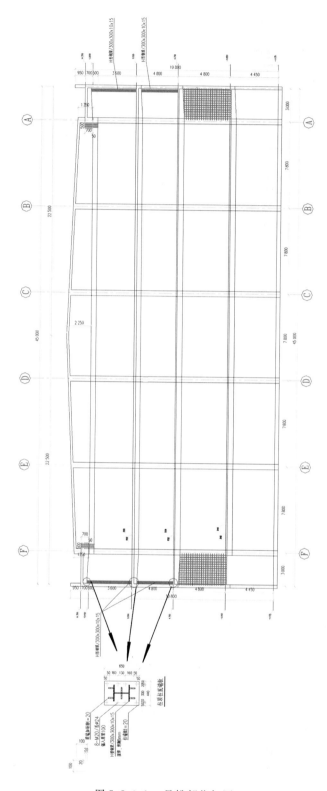

图 5.8.0.1　悬挑部位加固

　　为了使加固后的结构更好地形成一个整体,同一层梁柱之间,上下层柱与柱间除了通过钢筋植入形成一个整体外,还需要进行螺栓连接。节点连接如图 5.8.0.2 所示。

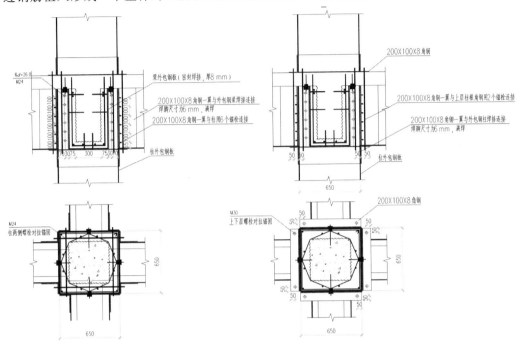

图 5.8.0.2　节点连接

5.9　本章小结

　　为了缩短工期,在加固过程中,采用逆作法首先对板进行修复,待板浇筑完成后叠加采用平行施工法同时对负一层、一层、二层的柱、梁、墙以及三层柱进行加固。楼板采用以压型钢板为模板的组合楼板设计,采用钢模注浆加固技术对梁柱进行加固。降低三层层高,将原三层顶的混凝土结构改为钢混结构,新增层为钢结构。冬季施工保温措施与墙体修复措施与方案一相同,本章不再赘述。

第6章　加固实施效果

加固方案一的工程造价低,但是需要拆除二、三层顶梁,且在浇筑楼板与梁柱加固时需要支模和拆模,因此施工工期比较长;加固方案二虽然工程造价相对较高,但是施工工期较短。综合考虑之后,业主选择了方案二对结构进行加固。商厦加固工程从2014年9月中旬开始,整个冬季一直在进行室内施工。至今,已完成所有加固,重焕生机。本章将展示第5章加固方案二的加固效果。

6.1　屋面烧穿区域冬季临时保温

为确保冬季施工所要求的温度,对商厦进行冬季施工保温,需在三层顶被烧穿区域设置临时保温,即天棚设支承,在暂没有倒塌危险的梁上沿字母轴方向以间距300 mm铺设脚手架钢管并固定,钢管上铺设木板与彩条布,做临时保温天棚。商厦三层顶楼板烧穿部分临时封闭保温施工效果如图6.1.0.1所示。

图6.1.0.1　商厦三层顶楼板烧穿部分临时封闭保温施工效果

6.2　组合楼板加固效果

为节省工期,在结构的修复过程中采用平行施工法,率先将一层顶板与二层顶板修复,一层顶板与二层顶板为组合楼板。楼板施工前,采用规格为 159 mm、厚度为 6 mm 的圆形钢管进行临时支护。楼板施工效果如图 6.2.0.1 所示。

图 6.2.0.1　楼板施工效果

6.3　柱加固效果

根据商厦火灾后负一层至三层柱混凝土爆裂、露筋等损伤情况,将火灾后负一层至三层柱判定为严重损伤、中等损伤、轻微损伤或基本无损伤三类。按上述损伤判定原则,负一层 1 轴至 9 轴所辖柱判定为严重损伤,10 轴至 20 轴所辖柱判定为中等损伤;一层至三层 1/1、20/1 轴所辖柱、过 A/1 和 F/1 轴的柱及与内墙相连柱判定为轻微损伤或基本无损伤,1 轴至 4 轴所辖柱、20 轴与 D 轴所交柱判定为中等损伤,5 轴至 19 轴所辖柱判定为严重损伤。

6.3.1　轻微损伤柱

一层 1/1、20/1 轴所辖柱、过 A/1 和 F/1 轴的柱及与内墙相连柱判定为轻微损伤或基本无损伤,对于轻微损伤这一类柱,只需恢复外观即可重新投入使用。一层 F 轴和 14 轴所交双柱如图 6.3.1.1 所示。

图 6.3.1.1　一层 F 轴和 14 轴所交双柱

6.3.2　中等损伤柱

负一层 10 轴至 20 轴所辖柱判定为中等损伤,对中等损伤柱的修复,需剔除原柱松散混凝土,再用 M25 砂浆替换被剔除混凝土。M25 砂浆中需掺入苯板胶和 UEA 膨胀剂,苯板胶掺量为水泥用量的 0.4(质量比),UEA 膨胀剂掺量为水泥用量的 8%(质量比)。负一层中等损伤柱加固效果如图 6.3.2.1 所示。

图 6.3.2.1　负一层中等损伤柱加固效果

6.3.3　严重损伤柱

负一层 1 轴至 9 轴所辖柱与一层至三层 5 轴至 19 轴所辖柱判定为严重损伤,对其采用钢模注浆加大截面法进行加固。首先需要剔除原柱松散酥碎混凝土,即剔除锤击声沉闷至锤击声清脆范围内的混凝土。在柱外侧设置钢模与纵向钢筋和箍筋,在钢模内注入水泥浆。柱外包钢板厚度为 8 mm,采用密封焊接,以确保在灌浆过程中不漏浆。灌浆料采用 P·O42.5 或 P·O52.5 普通硅酸盐水泥、UEA 膨胀剂和 FDN 高效减水剂。严重损伤柱加固效果如图 6.3.3.1 所示。

(a)　　　　　　　　　　　　　　　　(b)

(c)　　　　　　　　　　　　　　　　(d)

图 6.3.3.1　严重损伤柱加固效果

6.4　梁加固效果

　　根据商厦火灾后负一层顶至二层顶梁烧断、混凝土爆裂、露筋等损伤情况,将火灾后一层顶梁判定为烧断、严重损伤、中等损伤、轻微损伤或基本无损伤四类。根据上述判定原则,火灾后负一层顶 1～9 轴与 B～E 轴所辖区主梁、次梁承载力判定为严重损伤;火灾后大部分负一层顶梁判定为中等损伤,即负一层顶 1～9 轴与 B～E 轴所辖区之外的梁承载力判定为中等损伤;一层至二层顶梁的 1 轴至 4 轴判定为中等损伤;一层至二层顶梁的 5 轴至 19 轴与 A 轴、F 轴所辖区域梁判定为严重损伤,需进行加固处理,此区域内含数根已经烧断的梁。其余梁均判定为轻微损伤。

6.4.1　轻微损伤梁

　　火灾后由于一层 A 轴与 F 轴顶梁下有隔墙起防火作用,使其相应梁及以外的悬挑梁判定为轻微损伤或基本无损伤。对轻微损伤或基本无损伤的梁,只需恢复外观即可重新投入使用。轻微损伤梁加固效果如图 6.4.1.1 所示。

6.4.2　中等损伤梁

火灾后负一层顶 10～20 轴与 B～E 轴所辖区以及一层至二层顶的 1 轴至 4 轴所辖区域的主梁、次梁评定为中等损伤。对中等损伤梁的修复,需剔除原梁松散酥碎混凝土,再用 M25 砂浆替换被剔除混凝土。M25 砂浆中需掺入苯板胶和 UEA 膨胀剂,苯板胶掺量为水泥用量的 0.4(质量比),UEA 膨胀剂掺量为水泥用量的 8%(质量比)。中等损伤梁加固效果如图 6.4.2.1 所示。

图 6.4.1.1　轻微损伤梁加固效果　　　　　　图 6.4.2.1　中等损伤梁加固效果

6.4.3　严重损伤梁

火灾后负一层顶 1～9 轴与 B～E 轴所辖区主梁、次梁,一层至二层顶的 5 轴至 19 轴与 A 轴、F 轴所辖区域梁评定为严重损伤,需进行加固处理,此区域内含数根已经烧断的梁。对烧断的梁,按原配筋重新布置梁纵筋与箍筋,再按原截面尺寸浇筑 C30 混凝土;对严重损伤梁,剔除原梁松散酥碎混凝土,再用钢模注浆加大截面法加固。首先需要剔除原梁松散酥碎混凝土,即剔除锤击声沉闷至锤击声清脆范围内的混凝土,在梁外侧设置钢模与纵向钢筋(侧面 4C20,底部 4C18)、箍筋(2ϕ8@100/200)以及抗剪连接件,在钢模内注入水泥浆,用加大截面法加固。柱外包钢板厚度为 8 mm,采用密封焊接,以确保在灌浆过程中不漏浆。灌浆料采用 P·O42.5 或 P·O52.5 普通硅酸盐水泥、UEA 膨胀剂和 FDN 高效减水剂。严重损伤梁加固效果如图 6.4.3.1 所示。

6.4.4　三层顶梁

由于要为新增的一层结构省出部分高度,需把三层顶梁标高降低,为了保证冬季在室内能够继续正常施工,于是提出在原三层顶梁下方布置新的 H 形钢梁替代原梁,待次年气温回暖后拆除原三层顶,进行四层施工。钢梁简支,以承载力选择 H 形钢(Q345)梁规格,主梁选用 450 mm×300 mm×11 mm×18 mm,次梁选用 400 mm×300 mm×10 mm×16 mm,以变形校核。三层顶梁加固效果如图 6.4.4.1 所示。

图 6.4.3.1   严重损伤梁加固效果　　　　图 6.4.4.1   三层顶梁加固效果

6.5   墙体修复效果

对明显无损伤的墙,需将墙体原抹灰打磨剔除掉,重新抹灰。为了避免墙体抹灰出现裂纹、空鼓现象,内墙抹灰粉刷时采用网眼为 20 mm×20 mm,丝径为 0.5 mm 的镀锌电焊网来挂网抹灰,墙体加固效果如图 6.5.0.1 所示。

图 6.5.0.1   墙体加固效果

6.6   负一层外墙防水修复效果

防水方案采用"防"与"引"相结合的方式,即提出引流降压修复方案。具体做法是:首先通过每隔一定区域在墙上钻孔插管做引流,使外墙外的地下水通过水管流出,以降低地下水位对负一层外墙防水层的压力,然后对负一层外墙做防水,待防水层具有足够强度后,截断引流水管,并将引流水管堵死。防水处理采用网眼为 60 mm×60 mm,丝径为 3 mm 的镀锌钢丝网来挂网抹灰,然后在其上涂 AD688 型防水注浆料,再在其上挂网眼为 60 mm×60 mm,丝径为 3 mm 的镀锌钢丝网用于抹灰,由此形成两硬夹一软的防水层。负一层外墙防水修复如图 6.6.0.1 所示。

(a)

(b)

(c)

(d)

图 6.6.0.1　负一层外墙防水修复

6.7　加固效果

屋面结构采用双坡屋面,即从原结构的女儿墙顶向下 300 mm 处开始起坡,坡度为 4.6%。这样既可以为新增层获得一定的空间,也可以尽量减少对周围住宅采光的影响。而新增层结构形式则采用钢结构,屋面采用岩棉夹芯保温屋面板。新增层现场施工情况如图 6.7.0.1 所示。

图 6.7.0.1　新增层现场施工情况

经过损伤评估及加固修复，商厦于 2015 年重焕生机，加固修复后的商厦外貌如图 6.7.0.2 所示。

图 6.7.0.2　加固修复后商厦外貌

6.8　本章小结

本章主要介绍了商厦过火后的加固效果。本章第一节阐述了为确保冬季施工温度的临时保温措施效果。为了缩短工期，在加固过程中，采用逆作法首先对板进行修复，在6.2节中展示了组合楼板的修复效果。待板浇筑完成后叠加采用平行施工法同时对负一层、一层、二层的柱、梁、墙以及三层柱进行加固。为此，在 6.3 节至 6.6 节中按照上述流程依次对柱、梁、墙、负一层防水展示了加固效果。由于经营需要，业主提出对原结构进行加固的同时，能够在地上第三层结构上新接一层，6.7 节展示了加固后的商厦效果。

参考文献

[1] 吴波,唐贵和. 近年来混凝土结构抗火研究进展[J]. 建筑结构学报,2010,31(6):110-121.

[2] 郑文忠,闫凯,王英. 预应力混凝土结构抗火研究进展[J]. 建筑结构学报,2011,32(12):52-61.

[3] 钮宏,陆洲导,陈磊. 高温下钢筋与混凝土本构关系的试验研究[J]. 同济大学学报,1990,18(3):287-297.

[4] 朱伯龙,陆洲导,胡克旭. 高温(火灾)下混凝土与钢筋的本构关系[J]. 四川建筑科学研究,1991,17(1):37-43.

[5] 过镇海,时旭东. 钢筋混凝土的高温性能及其计算[M]. 北京:清华大学出版社,2003:10-223.

[6] 李明,朱永江,王正霖. 高温下预应力筋和非预应力筋的力学性能[J]. 重庆建筑大学学报,1998,20(4):73-77.

[7] 王孔藩,许清风,刘挺林. 高温下及高温冷却后钢筋力学性能的实验研究[J]. 施工技术,2005,34(8):3-5.

[8] 吴波,梁悦欢. 高温下混凝土和钢筋强度的统计分析[J]. 自然灾害学报,2010,19(1):136-142.

[9] INGBERG S H,SALE P D. Compressive strength and deformation of structural steel and cast-iron shapes at temperatures to 950 ℃[J]. Proceedings of the American Society for Testing and Materials,1926,26:33-55.

[10] HARMATHY T Z,STANZAK W W. Elevated-temperature tensile and creep properties of some structural and prestressing steels[J]. ASTM Special Technical Publication,1970,464:186-207.

[11] LIE T T. A procedure to calculate fire resistance of structural members[J]. Fire & Materials,1984,8(1):40-48.

[12] LIE T T. Fire resistance of circular steel columns filled with bar-reinforced concrete[J]. Journal of Structural Engineering,1994,120(5):1489-1509.

[13] LIE T T. Structural fire protection. ASCE manuals and reports on engineering practice No. 78[R]. New York:American Society of Civil Engineering,1992.

[14] 郑文忠,侯晓萌,闫凯. 预应力混凝土高温性能及抗火设计[M]. 哈尔滨:哈尔滨工业大学出版社,2012:3-22.

[15] American Concrete Institute 216. Code requirements for determining fire resistance of concrete and masonry construction assemblies:ACI 216.

1-07/TMS-216-07 [S]. Farmington Hills, MI, American Concrete Institute, 2007.

[16] British Standards Institution. Eurocode 2: Design of Concrete Structures-Part 1.2: General Rules—Structural Fire Design: EN 1992-1-2 [S]. London: British Standards Institution, 2004.

[17] 齐岳, 王琨, 郑文忠. 焊接密闭铁模注浆加固技术探索与应用[J]. 哈尔滨工业大学学报, 2012(4): 12-16.

[18] 侯晓萌, 郑文忠. 欧洲规范中混凝土结构抗火设计主要内容(一): 火灾下荷载效应、抗力效应、材料性能与基于表格的抗火设计方法[J]. 工业建筑, 2008, 38(4): 98-103.

[19] ELGHAZOULI A Y, CASHELL K A, IZZUDDIN B A. Experimental evaluation of the mechanical properties of steel reinforcement at elevated temperature[J]. Fire Safety Journal, 2009, 44(6): 909-919.

[20] KODUR V K R, DWAIKAT M M S. Effect of high temperature creep on the fire response of restrained steel beams[J]. Materials and Structures, 2010, 43(10): 1327-1341.

[21] DORN J E. Some fundamental experiments on high temperature creep[J]. Journal of the Mechanics and Physics of Solids, 1955, 3(2): 85-116.

[22] HARMATHY T Z. A comprehensive creep model[J]. Journal of Basic Engineering, 1967, 89(3): 496-502.

[23] ABRAMS M S, CRUZ C R. The behavior at high temperature of steel strand for prestressed concrete [J]. Journal of the PCA Research and Development Laboratories, 1961, 3(3): 8-19.

[24] KODUR V K R, DWAIKAT M B. A numerical model for predicting the fire behavior of reinforced concrete beams[J]. Cement & Concrete Composites, 2008, 30(5): 431-443.

[25] FELICETTI R, GAMBAROVA P G, MEDA A. Residual behavior of steel rebars and R/C sections after a fire[J]. Constr Build Mater, 2009, 23(12): 3546-3555.

[26] DAY M F, JENKINSON E A, SMITH A I. Effect of elevated temperatures on high-tensile-steel wires for prestressed concrete[J]. Proceedings Instituting of civil Engineers, 1960, 16(5): 55-70.

[27] 范进, 吕志涛. 高温(火灾)下预应力钢丝性能的试验研究[J]. 建筑技术, 2001, 32(12): 833-834.

[28] 范进, 吕志涛. 受高温作用时预应力钢绞线性能的试验研究[J]. 建筑结构, 2002, 32(3): 50-63.

[29] 陈礼刚, 袁建东, 李晓东, 等. 高温下预应力钢丝的应力应变关系[J]. 重庆建筑大学学报, 2006, 28(4): 47-50.

[30] 陈礼刚, 高立堂, 袁建东. 不同温度-应力途径下预应力钢丝的强度试验研究[J]. 建筑结构, 2007, 37(6): 99-101, 104.

[31] HOU Xiaomeng, ZHENG Wenzhong, KODUR V K R, et al. Effect of

temperature on mechanical properties of prestressing bars[J]. Construction and Building Materials,2014,61(30):24-32.

[32] 郑文忠,胡琼,张昊宇.高温下及高温后1770级 ϕ^P5 低松弛预应力钢丝力学性能试验研究[J].建筑结构学报,2006,27(2):120-128.

[33] 张昊宇,郑文忠.1860级低松弛钢绞线高温下力学性能[J].哈尔滨工业大学学报,2007,39(6):861-865.

[34] 张爱林,武丽英.预应力钢丝钢绞线的高温蠕变性能研究[J].钢结构,2008,23(1):6-9.

[35] 华毅杰.预应力混凝土结构火灾反应及抗火性能研究[D].上海:同济大学,2000.

[36] 蔡跃,黄鼎业,熊学玉.预应力混凝土结构材料高温下的力学性能及模型[J].四川建筑科学研究,2003,29(4):82-84.

[37] 张昊宇,郑文忠.高温下1770级 ϕ^P5 钢丝蠕变及应力松弛性能试验研究[J].土木工程学报,2006,39(8):7-13.

[38] 周焕廷,李国强,蒋首超.高温下钢绞线材料力学性能的试验研究[J].四川大学学报(工程科学版),2008,40(5):106-110.

[39] 周焕廷,聂河斌,李国强,等.高温作用下1860级预应力钢绞线蠕变性能试验研究[J].建筑结构学报,2014,35(6):123-129.

[40] 郑文忠,张昊宇,胡琼.基于温度历程的高强钢丝应变及应力计算方法[J].建筑材料学报,2007,10(3):288-294.

[41] MALHOTRA H L. The effect of temperature on the compressive strength of concrete[J]. Magazine of Concrete Research,1956,8(23):85-94.

[42] CRUZ C R. Elastic proprieties of concrete at high temperature[J]. Journal of PCA Research and Development Laboratories,1966,8(1):37-45.

[43] BALDWIN R,NORTH M A. A stress-strain relationship for concrete at high temperatures[J]. Magazine of Concrete Research,1973,25(85):208-212.

[44] ABRAMS MS. Compressive strength of concrete at temperatures to 1600F[J]. Temperature and Concrete,American Concrete Institute,1971(SP-25):33-58.

[45] CASTILLO C,DURRANI A J. Effect of transient high temperature on high-strength concrete[J]. ACI Materials Journal,1990,87(1):47-53.

[46] DIEDERICHS U,JUMPPANEN U M,SCHNEIDER U. High temperature properties and spalling behavior of high strength concrete[C]// Proceedings of 4th Weimar Workshop on High Performance Concrete:Material Properties and Design. Weimar,German,HAB,1995:219-236.

[47] SCHNEIDER U. Concrete at high temperatures—a general review[J]. Fire Safety Journal,1988,13(1):55-68.

[48] THENIEL K-CH,ROSTARY F S. Strength of concrete subjected to high temperature and biaxial stress:experiments and modeling[J]. Materials and Structures,1995,28(10):575-581.

［49］ARIOZ O. Effects of elevated temperatures on properties of concrete[J]. Fire Safety Journal,2007,42(8):516-522.

［50］KODUR V K R,DWAIKAT M M S,DWAIKAT M B. High temperature properties of concrete for fire resistance modeling of structures[J]. ACI Materials Journal,2008,105(5):517-527.

［51］GAWIN D,PESAVENTO F,SCHREFLER B A. Modelling of hygro-thermal behavior of concrete at high temperature with thermo-chemical and mechanical material degradation[J]. Computer Methods in Applied Mechanics and Engineering,2003,192(13/14):1731-1771.

［52］FURUMURA F,ABE T,SHINOHARA Y. Mechanical properties of high strength concrete at high temperatures[C]// Proceedings of 4th Weimar Workshop on High Performance Concrete:Material Properties and Design. Weimar,German,HAB,1995:237-254.

［53］HAMMER T A. High strength concrete phase 3,compressive strength and E-modulus at elevated temperatures ［R］. Trondheim,Norway:Report No. 6. 1, SINTEF Structures and Concrete,STF70 A95023,1995:3-7.

［54］XIAO Jianzhuang,KÖNIG G. Study on concrete at high temperature in China—an overview[J]. Fire Safety Journal,2004,39(1):89-103.

［55］KODUR V K R. Properties of concrete at elevated temperatures[J]. ISRN Civil Engineering,2014(2014):1-15.

［56］广东省住房和城乡建设厅.建筑混凝土结构耐火设计技术规程:DBJ/T 15-81—2011 [S].北京:中国建筑工业出版社,2011.

［57］BAZANT Z P,PANULA L. Practical prediction of time-dependent deformations of concrete:Part IV:Temperature effect on basic creep[J]. Materials and Structures,1978,11(66):424-434.

［58］HARMATHY T Z. Fire safety design and concrete. concrete design and construction series[M]. UK:Longman,1993.

［59］KHOURY G A. Deformation of concrete and cement paste loaded at constant temperatures from 140 to 724 ℃[J]. Materials and Structures,1986, 19(110):97-104.

［60］邢万里,时旭东,倪健刚.基于试验的混凝土高温短期徐变计算模型[J]. 工程力学, 2011,28(4):158-163.

［61］ANDERBERG Y,THELANDERSSON S. Stress and deformation characteristics of concrete at high temperatures,2-experimental investigation and material behavior model[R]. Bulletin of Division of Structural Mechanics and Concrete Construction,Bulletin 54. 1976:1-84.

［62］南建林,过镇海,时旭东.混凝土的温度-应力耦合本构关系[J].清华大学学报(自然科学版),1997,37(6):89-92.

［63］胡海涛，董毓利.高温时高强混凝土瞬态热应变的试验研究［J］.建筑结构学报，2002,23(4):32-35,47.

［64］胡海涛，董毓利.高温时高强混凝土强度和变形的试验研究［J］.土木工程学报，2002,35(6):44-47.

［65］DWAIKAT M B,KODUR V K R. Hydrothermal model for predicting fire-induced spalling in concrete structural systems［J］. Fire safety Journal,2009,44:425-434.

［66］吴波.火灾后钢筋混凝土结构的力学性能［M］.北京:科学出版社,2003:18-23.

［67］KODUR V K R,CHENG F,WANG T,et al. Effect of strength and fiber reinforcement on the fire resistance of high strength concrete columns［J］. Journal of Structural Engineering,ASCE,2003,129(2):1-22.

［68］KODUR V K R,WANG T,CHENG F. Predicting the fire resistance behavior of high strength concrete columns［J］. Cement Concrete Composite,2004,26(2):141-153.

［69］XIAO Jianzhuang, FALKNER H. On residual strength of high-performance concrete with and without polypropylene fibres at elevated temperatures［J］. Fire Safety Journal,2006,41(2):115-121.

［70］BREITENB CKER R. High strength concrete C105 with increased fire resistance due to polypropylene fibres［C］// 4th International Symposium on the Utilization of High-Strength/High-Performance Concrete,Paris,France,1996:571-577.

［71］KALIFA P,CHENE G,GALLE C. High-temperature behavior of HPC with polypropylene fibres:From spalling to microstructure［J］. Cement and concrete research,2001,31(10):1487-1499.

［72］CHEN Bing,LIU Juanyu. Residual strength of hybrid-fiber-reinforced high-strength concrete after exposure to high temperatures［J］. Cement and Concrete Research,2004,34(6):1065-1069.

［73］POON CS,SHUI ZH,LAM L. Compressive behavior of fiber reinforced high-performance concrete subjected to elevated temperatures［J］. Cement and Concrete Research,2004,34(12):2215-2222.

［74］RICHARD P,CHEYREZY M. Reactive powder concrete with high ductility and 200 MPa-800 MPa compressive strength ［J］. ACI Special Publication,1994(SP 144):507-518.

［75］郑文忠，吕雪源.活性粉末混凝土研究进展［J］.建筑结构学报,2015,36(10):44-58.

［76］吕雪源，王英，符程俊，等.活性粉末混凝土基本力学性能指标取值［J］.哈尔滨工业大学学报,2014,46(10):1-9.

［77］LÜ Xueyuan,WANG Ying,FU Chengjun,et al. Basic mechanical property indexes of reactive powder concrete［J］. Journal of Harbin Institute of Technology,2014,46(10):1-9.

［78］JU Yang,LIU Hongbin,LIU Jinhui,et al.Investigation on thermo physical properties of reactive powder concrete [J].Science China:Technological Sciences, 2011,54(12):3382-3403.

［79］郑文忠,王睿,王英.活性粉末混凝土热工参数试验研究[J].建筑结构学报,2014, 35(9):107-114.

［80］刘红彬.活性粉末混凝土的高温力学性能与爆裂的试验研究[D].北京:中国矿业大学,2012.

［81］LIU Hongbin.Experimental study on the mechanical properties and explosive spalling of reactive powder concrete exposed to high temperatures[D].Beijing: China University of Mining and Technology,2012.

［82］陈强.高温对活性粉末混凝土高温爆裂行为和力学性能的影响[D].北京:北京交通大学,2010.

［83］ZHENG Wenzhong,LUO Baifu,WANG Ying.Microstructure and mechanical properties of RPC containing PP fibres at elevated temperatures [J].Magazine of Concrete Research,2014,66(8):397-408.

［84］ZHENG Wenzhong,LUO Baifu,WANG Ying.Compressive and tensile properties of reactive powder concrete with steel fibres at elevated temperatures[J]. Construction and Building Materials,2013,41:844-851.

［85］AYDIN S,BARADAN B.High temperature resistance of alkali-activated slag-and portland cement-based reactive powder concrete[J].ACI Materials Journal,2012, 109(4):463-470.

［86］CANBAZ M.The effect of high temperature on reactive powder concrete[J]. Construction and Building Materials,2014,15(70):508-513.

［87］JU Yang,LIU Jinhui,LIU Hongbin,et al.On the thermal spalling mechanism of reactive powder concrete exposed to high temperature:Numerical and experimental studies[J].International Journal of Heat and Mass Transfer, 2016(98):493-507.

［88］DIEDERICHS U,SCHNEIDER U.Bond strength at high temperature[J]. Magazine of Concrete Research,1981,33(115):75-84.

［89］MORLEY P D,ROYLES R.Response of the bond in reinforced concrete to high temperature[J].Magazine of Concrete Research,1983,35(123):67-74.

［90］ROYLES R,MORLEY P D.Further responses of the bond in reinforced concrete to high temperatures[J].Magazine of Concrete Research,1983,35(124):157-163.

［91］袁广林,郭操,吕志涛.高温下钢筋混凝土粘结性能的试验与分析[J].工业建筑, 2006,36(2):57-60.

［92］胡克旭.高温下钢砼粘结滑移性能及钢砼门式框架抗火性能研究[D].上海:同济大学,1989.

［93］HUANG Zhaohui.Modelling the bond between concrete and reinforcing steel in a fire[J]. Engineering Structures,2010,32(11):3660-3669.

[94] GAO Wanyang,DAI Jianguo,TENG Jinguang,et al. Finite element modeling of reinforced concrete beams exposed to fire[J]. Engineering Structures,2013,52:488-501.

[95] THOMPSON J P. Fire resistance of reinforced concrete floors[J]. Journal of the American Concrete Institute,1953,24 (7):677-680.

[96] GUSTAFERRO A H. Factors influencing the fire resistance of concrete[J]. Fire Technology,1966,2:187-195.

[97] ABRAMS M S,GUSTAFERRO A H. Fire endurance of two-course floors and roofs[J]. Journal of the American Concrete Institute,1969,66(2),92-102.

[98] GUSTAFERRO A H,ABRAMS M S,LITVIN A. Fire resistance of lightweight insulating concretes[R]. PCA research and development Bulletin (RDO04.01B), Portland Cement Association,1970.

[99] LIE T T. Calculation of the fire resistance of composite concrete floor and roof slabs[J]. Fire Technology,1978,14(1):28-45.

[100] 陈正昌.钢筋混凝土楼板的耐火性能[J].消防科技,1983(1):23-27,32.

[101] 陈礼刚,李晓东,董毓利.钢筋混凝土三跨连续板边跨受火性能试验研究[J].工业建筑,2004,34(1):66-68,75.

[102] 陈礼刚,董毓利,李晓东.钢筋混凝土三跨连续板中跨受火试验研究[J].建筑结构,2004,34(4):39-41,53.

[103] 陈礼刚,高立堂,李晓东,等.两邻跨受火 RC 三跨连续板抗火性能试验研究[J].西安建筑科技大学学报(自然科学版),2006,38(1):100-104.

[104] BAILEY C G,TOH W S. Small-scale concrete slab tests at ambient and elevated temperatures[J]. Engineering Structures,2007,29(10):2775-2791.

[105] 王滨,董毓利.四边简支钢筋混凝土双向板火灾试验研究[J].建筑结构学报,2009,30(6):23-33.

[106] 王滨,董毓利.钢筋混凝土双向板火灾试验研究[J].土木工程学报,2010,43(4):53-62.

[107] 杨志年,董毓利,吕俊利,等.整体结构中钢筋混凝土双向板火灾试验研究[J].建筑结构学报,2012,33(9):96-103.

[108] 王勇,董毓利,彭普维,等.足尺钢框架结构中楼板受火试验研究[J].建筑结构学报,2013,34(8):1-11.

[109] HUANG Zhaohui,BURGESS I W,PLANK R J. Nonlinear analysis of reinforced concrete slabs subjected to fire[J]. ACI Structural Journal,1999,96(1):127-135.

[110] HUANG Zhaohui,BURGESS I W,PLANK R J. Modelling membrane action of concrete slabs in composite buildings in fire i:theoretical development[J]. Journal of Structural Engineering,ASCE,2003,129(8):1093-1102.

[111] HUANG Zhaohui,BURGESS I W,PLANK R J. Modelling membrane action of

concrete slabs in composite buildings in fireii:validations[J]. Journal of Structural Engineering- ASCE,2003,129(8):1103-1112.

[112] ZHANG Y X,BRADFORD M A. Nonlinear analysis of moderately thick reinforced concrete slabs at elevated temperatures using a rectangular layered plate element with timoshenko beam functions[J]. Engineering Structures, 2007,29(10):2751-2761.

[113] WANG Yong,DONG Yuli,ZHOU Guangchun. Nonlinear numerical modeling of two-way reinforced concrete slabs subjected to fire[J]. Computers & Structures,2013,12(29):23-36.

[114] ELLINGWOOD B,SHAVER J R. Effects of fire on reinforced concrete members[J]. Journal of the Structural Division,ASCE,1980,106(11):2151-2166.

[115] LIN T D,ELLINGWOOD B,PIET O. Flexural and shear behavior of reinforced concrete beams during fire tests[R]. Report no. NBS-GCR-87-536,Center for Fire Research,National Bureau of Standards,1987:3-15.

[116] ELLINGWOOD B,LIN T D. Flexural and shear behavior of concrete beams during fires[J]. Journal of Structural Engineering,ASCE,1991,117(2):440-458.

[117] DOTREPPE J C,FRANSSEN J M. The use of numerical models for the fire analysis of reinforced concrete and composite structures [J]. Engineering Analysis,1985,2(2):67-74.

[118] WU H J,LIE T T,HU J Y. Fire resistance of beam-slab specimens-experimental studies[R]. Internal Report No. 641,Institute for Research in Construction, National Research Council Canada,Canada,1993.

[119] LIN T D,GUSTAFERRO A H,ABRAMS M S. Fire endurance of continuous reinforced concrete beams[R]. R & D Bulletin RD 072. 01B. IL(USA):Portland Cement Association,1981.

[120] 陆洲导,朱伯龙,周跃华. 钢筋混凝土简支梁对火灾反应的试验研究[J]. 土木工程学报,1993,26(3):47-54.

[121] 冯雅,陈启高,王尔其. 钢筋混凝土火灾下热湿耦合热过程研究[J]. 重庆建筑大学学报,1999,21(3):41-44.

[122] 向延念,李守雷,徐志胜. 钢筋混凝土简支梁高温力学性能的试验研究[J]. 华北科技学院学报,2006,3(01):57-61.

[123] 张威振. 高温下足尺钢筋混凝土梁试验研究及数值分析[J]. 哈尔滨工业大学学报,2009,41(2):198-201.

[124] SHI Xudong,TAN T H. Effect of force-temperature paths on behaviors of reinforced concrete flexural members [J]. Journal of Structural Engineering, ASCE,2002,128 (3):365-373.

[125] 苗吉军,陈娜,侯晓燕,等. 使用损伤与高温耦合作用下钢筋混凝土梁火灾试验研究与数值分析[J]. 建筑结构学报,2013,34(3):1-11.

[126] 苗吉军,刘芳,刘延春,等.考虑海洋环境损伤的钢筋混凝土梁抗火性能试验研究[J].建筑结构学报,2014,35(9):64-71.

[127] 查晓雄,王晓璐,谢先义.GFRP筋混凝土梁耐火性能的试验研究[J].防灾减灾工程学报,2012,32(1):50-55.

[128] 王晓璐,查晓雄,朱庸.GFRP筋混凝土梁耐火性能计算方法[J].建筑结构学报,2014,35(3):119-127.

[129] 郑文忠,陈伟宏,张建华.碱矿渣胶凝材料作胶粘剂的植筋性能研究[J].武汉理工大学学,2009,31(14):10-14

[130] BRATINA S,PLANINC I,SAJE M,et al. Non-linear fire-resistance analysis of reinforced concrete beams[J]. Structural Engineering and Mechanics,2003, 16(6):695-712.

[131] BRATINA S,SAJE M,PLANINC I,et al. The effects of different strain contributions on the response of RC beams in fire[J]. Engineering Structures, 2007;29(3):418-430.

[132] ZHA Xiaoxiong. Three-dimensional non-linear analysis of reinforced concrete members in fire[J]. Building and Environment,2003,38(2):297-307.

[133] DWAIKAT M B,KODUR V K R. A numerical approach for modeling the fire induced restraint effects in reinforced concrete beams[J]. Fire Safety Journal, 2008,43(4),291-307.

[134] DWAIKAT M B,KODUR V K R. Response of restrained concrete beams under design fire exposure[J]. Journal of Structural Engineering,ASCE,2009, 135(11):1408-1417.

[135] DWAIKAT M B,KODUR V K R. Fire induced spalling in high strength concrete beams[J]. Journal of Fire Technology,2010,46(1),251-274.

[136] WU B,LU J Z. A numerical study of the behavior of restrained RC beams at elevated temperatures[J]. Fire Safety Journal,2009,44(4):522-531.

[137] 吴波,乔长江.混凝土约束梁升降温全过程的耐火性能试验[J].工程力学,2011, 28(6):88-95.

[138] 徐明,杨大峰,尹万云,等.钢筋增强超高韧性水泥基复合材料约束梁耐火性能试验研究[J].建筑结构学报,2016,37(3):29-35.

[139] LIE T T,LIN T D,ALLEN D E,et al. Fire resistance of reinforced concrete columns[R]. National Research Council of Canada,Division of Building Research,NRCC 23065,Ottawa,Canada,1984.

[140] LIE T T. Fire resistance of reinforced concrete columns:a parametric study[J]. Journal of Fire Protection Engineering,1989,1(4):121-129.

[141] 苏南,林铜柱,LIE T T. 钢筋混凝土柱的抗火性能[J]. 土木工程学报,1992, 25(6):25-36.

[142] DOTREPPE J C,FRANSSEN J M,BRULS A,et al. Experimental research on

the determination of the main parameters affecting the behavior of reinforced concrete columns under fire conditions[J]. Magazine of Concrete Research, 1997,49(179):117-127.

[143] TAN KH,YAO Y. Fire resistance of four-face heated reinforced concrete columns[J]. Journal of Structural Engineering,ASCE,2003,129(9):1220-1229.

[144] TAN KH,YAO Y. Fire resistance of reinforced concrete columns subjected to 1-,2-,and 3-face heating[J] Journal of Structural Engineering,ASCE,2004, 130(11):1820-1828.

[145] KODUR V K R,MCGRATH R C. Fire endurance of high strength concrete columns[J]. Fire Technology,2003,39 (1):73-87.

[146] 吴波,唐贵和,王超. 不同受火方式下混凝土柱耐火性能的试验研究[J]. 土木工程学报,2007,40(4):27-31,72.

[147] WU Bo,ZHOU Hong,TANG Guihe,et al. Fire resistance of reinforced concrete columns with square cross section[J]. Advances in Structural Engineering,2007, 10(4):353-369.

[148] WU Bo,LI Yihai,CHEN Shuliang. Effect of heating and cooling on axially restrained RC columns with special-shaped cross section[J]. Fire Technology, 2010,46(1):231-249.

[149] XU Yuye,WU Bo. Fire resistance of reinforced concrete columns with L-,T- and +-shaped cross sections[J]. Fire Safety Journal,2009,44(6):869-880.

[150] WU Bo,XU Yuye. Behavior of axially-and-rotationally restrained concrete columns with '+'-shaped cross section and subjected to fire[J]. Fire Safety Journal,2009,44(2):212-218.

[151] 陆洲导,朱伯龙,姚亚雄. 钢筋混凝土框架火灾反应分析[J]. 土木工程学报,1995, 28(6):18-27.

[152] BAILEY CG. Holistic behavior of concrete buildings in fire[J]. Proceedings of the Institution of Civil Engineers—Structures and Buildings,2002, 152(3):199-212.

[153] 刘永军. 钢筋混凝土结构火灾反应数值模拟及软件开发[D]. 大连:大连理工大学,2002.

[154] 吴波,何喜洋. 高温下钢筋混凝土框架的内力重分布研究[J]. 土木工程学报,2006, 39(9):54-61.

[155] 陈适才,陆新征,任爱珠,等. 基于纤维梁模型的火灾下多层混凝土框架非线性分析[J]. 建筑结构学报,2009,30(6):44-53.

[156] YAN Kai,ZHENG Wenzhong,WANG Ying. Elasto-plastic analysis of masonry with anisotropic plasticity material model [J]. Journal of Harbin Institute of Technology,2011,18(5):74-80.

[157] YAN Kai,ZHENG Wenzhong,WANG Ying. Modelling and analysis of the

bottom frames of multi-story masonry buildings exposed to fire [J]. Advanced Materials Research,2011,255-260:704-708.

[158] ASHTON L A,MALHOTRA H L. The fire resistance of prestressed concrete beams[R]. Fire Research Notes 65,1953.

[159] GUSTAFERRO A H,SELVAGGIO S L. Fire endurance of simply-supported prestressed concrete slabs [J]. Journal of the Prestressed Concrete Institute, 1967,12(1):37-52.

[160] ABRAMS M S,GUSTAFERRO A H. Fire endurance of prestressed concrete units coated with spray-applied insulation[J]. Journal of the Prestressed Concrete Institute,1972,17(1):82-103.

[161] JOSEPH T R,SON I. Report on unbonded post-tensioned prestressed, reinforced concrete flat plate floor with expanded shale aggregate[J]. Journal of the Prestressed Concrete Institute,1968,13(2):45-56.

[162] HERBERGHEN P V,DAMME M V. Fire resistance of post-tensioned continuous flat floor slabs with unbonded tendons[R]. [S. L.]: FIP Notes, 1983:3-11.

[163] 袁爱民,孙宝俊,董毓利,等. 无粘结预应力混凝土简支板火灾试验研究[J]. 工业建筑,2005,35(4):38-42.

[164] YUAN Aimin,SUN Baojun,DONG Yuli,et al. Experimental investigation of unbounded prestressed concrete simply-supported slab subjected to fire[J]. Industrial Construction,2005,35(4):38-42.

[165] BAILEY C G,ELLOBODY E. Fire tests on unbonded post-tensioned one-way concrete slabs[J]. Magazine of Concrete Research,2009,61(1):67-76.

[166] ELLOBODY E,BAILEY C G. Modelling of unbonded post-tensioned concrete slabs under fire conditions[J]. Fire Safety Journal,2009,44(2):159-167.

[167] Civil Engineering and Building Structures Standards Committee. Structural use of concrete,code of practice for special circumstances:BS8110-2[S]. London: British Standards Institution,1985.

[168] 袁爱民,董毓利,戴航,等. 无粘结预应力混凝土三跨连续板火灾试验研究[J]. 建筑结构学报,2006,27(6):60-66.

[169] 高立堂,董毓利,袁爱民. 无粘结预应力混凝土连续板边中两跨受火试验[J]. 哈尔滨工业大学学报,2009,41(8):179-182.

[170] 高立堂,陈礼刚,李晓东,等. 无粘结预应力混凝土连续板火灾行为的试验分析[J]. 混凝土,2006 (9):80-83.

[171] 袁爱民,董毓利,戴航,等. 预应力混凝土连续板不同跨受火火灾行为[J]. 哈尔滨工业大学学报,2008,40(10):1633-1638.

[172] 王中强,余志武. 高温下无粘结预应力混凝土扁梁试验研究[J]. 建筑结构学报,2011,32(2):98-106.

[173] 王中强,余志武.高温下无粘结预应力混凝土受弯构件的非线性有限元分析[J].土木工程学报,2011,44(2):42-49.

[174] ZHENG Wenzong,HOU Xiaomeng.Experiment and analysis on the mechanical behavior of pc simply-supported slabs subjected to fire[J].Advances in Structural Engineering,2008,11(1):71-89.

[175] HOU Xiaomeng,KODUR V K R,ZHENG Wenzhong.Factors governing the fire response of bonded prestressed concrete continuous beams[J].Materials and structures,2015,48(9):2885-2900.

[176] HOU Xiaomeng,ZHENG Wenzhong,KODUR V K R.Response of unbonded prestressed concrete continuous slabs under fire exposure[J].Engineering Structures,2013,56(11):2139-2148.

[177] 胡琼,许名鑫,郑文忠.火灾下混凝土构件正截面承载力估算方法[J].哈尔滨工业大学学报,2006,38(1):56-58,66.

[178] 胡琼,许名鑫,郑文忠.火灾下无粘结预应力筋应力-应变全过程分析[J].计算力学学报,2011,28(6):891-897.

[179] 侯晓萌,郑文忠.预应力混凝土连续梁板抗火性能非线性分析[J].哈尔滨工业大学学报,2011,43(12):36-41.

[180] 郑文忠,侯晓萌.混凝土及预应力混凝土结构抗火设计建议[J].建筑科学,2013,29(5):67-70,76.

[181] ZHENG Wenzhong,OUYANG Zhiwei.Influence of key factors on deflection of bonded prestressed concrete simply supported slabs subjected to fire[J].Journal of Harbin Institute of Technology,2010,17(5):615-621.

[182] ZHENG Wenzhong,HOU Xiaomeng,XU Mingxin.Research into rational concrete cover of prestressed concrete beams and slabs for fire resistance[J].Journal of Harbin Institute of Technology,2009,16(5):99-106.

[183] VENANZI I,BRECCOLOTTI M,D'ALESSANDRO A,et al.Fire performance assessment of HPLWC hollow core slabs through full-scale furnace testing[J].Fire Safety Journal,2014,69:12-22.

[184] SHAKYA A M,KODUR V K R.Response of precast prestressed concrete hollowcore slabs under fire conditions[J].Engineering Structures,2015,87(15):126-138.

[185] KODUR V K R,SHAKYA A M.Modeling the response of precast prestressed concrete hollowcore slabs exposed to fire[J].PCI Journal,2014,59(3):78-94.

[186] 周绪红,邓利斌,吴方伯,等.预制混凝土叠合楼板耐火性能试验研究及有限元分析[J].建筑结构学报,2015,36(12):82-90.

[187] 陆洲导,李刚,许立新.无粘结预应力混凝土框架火灾下结构反应分析[J].土木工程学报,2003,36(10):30-35.

[188] GALES J,BISBY L A,GILLIE M.Unbonded post tensioned concrete in fire:a

review of data from furnace tests and real fires[J]. Fire Safety Journal,2011, 46(4):151-163.

[189] ZHENG Wenzhong,HOU Xiaomeng,SHI Dongsheng,et al. Experimental study on concrete spalling in prestressed slabs subjected to fire[J]. Fire Safety Journal,2010,45(5):283-297.

[190] 中华人民共和国住房和城乡建设部. 无粘结预应力混凝土结构技术规程:JGJ 92—2016 [S]. 北京:中国建筑工业出版社,2016.

[191] WU Bo,SU Xiaoping,LI Hui,et al. Effect of high temperature on residual mechanical properties of confined and unconfined high-strength concrete[J]. ACI Materials Journal,2002,99(4):399-407.

[192] ZHENG Wenzhong,LI Haiyan,WANG Ying. Compressive behavior of hybrid fiber-reinforced reactive powder concrete after high temperature[J]. Materials & Design,2012,41:403-409.

[193] 郑文忠,李海艳,王英. 高温后不同聚丙烯纤维掺量的活性粉末混凝土力学性能试验研究[J]. 建筑结构学报,2012,33(9):119-126.

[194] 李海艳,郑文忠,罗百福. 高温后RPC立方体抗压强度退化规律研究[J]. 哈尔滨工业大学学报,2012,44(4):17-22.

[195] 李海艳,王英,解恒燕,等. 高温后活性粉末混凝土微观结构分析[J]. 华中科技大学学报(自然科学版),2012,40(5):71-75.

[196] LI Haiyan,WANG Ying,XIE Hengyan,et al. Microstructure analysis of reactive powder concrete after exposed to high temperature[J]. Journal of Huazhong University of Science & Technology(Natural Science Edition),2012, 40(5):71-75.

[197] 郑文忠,李海艳,王英. 高温后混杂纤维RPC单轴受压应力-应变关系[J]. 建筑材料学报,2013,16(3):388-395.

[198] 经建生,侯晓萌,郑文忠. 高温后预应力钢筋和非预应力钢筋的力学性能[J]. 吉林大学学报(工学版),2010,40(2):441-446.

[199] 吴波,宿晓萍,李惠,等. 高温后约束高强混凝土力学性能的试验研究[J]. 土木工程学报,2002,35(2):26-32.

[200] 吴波,马忠诚,欧进萍. 高温后钢筋混凝土柱抗震性能的试验研究[J]. 土木工程学报,1999,32(2):53-58.

[201] 郑文忠,侯晓萌,陈伟宏. 火灾后预应力混凝土简支板力学性能试验[J]. 哈尔滨工业大学学报,2011,43(2):8-13.

[202] 侯晓萌,郑文忠. 火灾后预应力混凝土连续板力学性能试验与分析[J]. 湖南大学学报(自然科学版),2010,37(2):6-13.

[203] 郑文忠,陈伟宏,侯晓萌. 火灾后配筋混凝土梁受力性能试验与分析[J]. 哈尔滨工业大学学报,2008,40(12),1861-1867.

[204] 侯晓萌,郑文忠,孙洪宇. 火灾作用下锚具对预应力钢棒锚固性能退化规律研究

[J].建筑结构学报,2014,35(3):110-118.

[205] 郑文忠,陈伟宏,王英.碱矿渣胶凝材料的耐高温性能[J].华中科技大学学报(自然科学版),2009,37(10):96-99.

[206] 郑文忠,陈伟宏,徐威,等.用碱激发矿渣耐高温无机胶在混凝土表面粘贴碳纤维布试验研究[J].建筑结构学报,2009,30(4):138-144.

[207] 万夫雄,郑文忠.无机胶粘贴碳纤维布加固板防火涂层厚度取值[J].哈尔滨工业大学学报,2012,44(2):11-16.

[208] 郑文忠,万夫雄,李时光.用无机胶粘贴 CFRP 布加固混凝土板抗火性能试验研究[J].建筑结构学报,2010,31(10):89-97.

[209] 郑文忠,朱晶.无机胶凝材料粘贴碳纤维布加固混凝土结构研究进展[J].建筑结构学报,2013,34(6):1-12.

名词索引